2019 全国注册消防工程师资格考试辅导教材

消防轻松记忆通关一本通

姜 宁 黄明峰 吕小兵 主编

武汉大学出版社

图书在版编目(CIP)数据

消防轻松记忆通关一本通/姜宁,黄明峰,吕小兵主编.—武汉:武汉大学出版社,2019.7(2019.9 重印)
全国注册消防工程师资格考试辅导教材
ISBN 978-7-307-20984-8

Ⅰ.消… Ⅱ.①姜… ②黄… ③吕… Ⅲ.消防—资格考试—自学参考资料 Ⅳ.TU998.1

中国版本图书馆 CIP 数据核字(2019)第 126930 号

责任编辑:鲍 玲　　责任校对:汪欣怡　　版式设计:韩闻锦

出版发行:武汉大学出版社　(430072　武昌　珞珈山)
(电子邮箱:cbs22@whu.edu.cn　网址:www.wdp.com.cn)
印刷:武汉科源印刷设计有限公司
开本:787×1092　1/16　印张:31.75　字数:810 千字
版次:2019 年 7 月第 1 版　2019 年 9 月第 2 次印刷
ISBN 978-7-307-20984-8　定价:128.00 元

版权所有,不得翻印;凡购我社的图书,如有质量问题,请与当地图书销售部门联系调换。

2019 全国注册消防工程师
资格考试辅导教材

编委会

主　编　姜　宁　黄明峰　吕小兵

副主编　刘　谛　孔　健　焦　伟　陈　晓　袁　晶
　　　　南志鸯　赵太刚

编　委　姜　宁　黄明峰　吕小兵　刘　谛　孔　健
　　　　焦　伟　陈　晓　袁　晶　南志鸯　赵太刚
　　　　王　梅　王启方　李宗兵　曾　飞　李　娟
　　　　陶　焰　肖子龙　代　印　谭明明　刘国春
　　　　张　雷　丁炜亮　任　静

监　制　湖北集大师慧传媒有限公司

前言

"师者，所以传道授业解惑也。"——韩愈《师说》

谈起一级注册消防工程师，大多数考生反映其难度不亚于李白的《蜀道难》，"难于上青天"；注册消防工程师考试难在专业性太强，考试知识面广，官方教材书籍厚，对于零基础的考生来说学习起来吃力，甚至无从下手。

由于注册消防工程师考试的难度偏大，从2015年第一次注册消防工程师考试开始，这几年通过考试的人也是寥寥无几。正因为考试的低通过率，造就了注册消防工程师证书的高含金量，也带动了整个消防工程师的学习热潮。

另外，社会需要实践，各企业需要官方认可的具有执业资格的消防工程师，更需要有相关工作经验的人才。出于这两个目的，本书编委组织了一批具有丰富注册消防工程师考试培训经验的讲师来编写教材，化繁为简，让晦涩难懂的知识点变得趣味盎然：

大篇幅的文字，记不住，我们去掉多余的部分，仅留下关键的知识点。

繁杂的工作流程，看不懂，我们做成流程图，变文字为图片，再难的知识点也能轻易记住。

大量的规范性数据，容易混淆，我们用记忆法，不仅记得住，还能记得准。

动不动十几项要求，我们编成打油诗，顺口溜，用有趣的方式记住知识点。

同时，我们还邀请了注册消防工程师考试《消防安全技术实务》教材编委姜宁老师，以及拥有多年高校消防教师经验和施工现场实践经验，主要从事国家一级消防工程师课程培训的黄明峰讲师、吕小兵讲师作为该书主编，三位老师均在培训行业工作多年，实践经验丰富。他们的加入使本教材内容极具实践性，对于从事消防工作的人员具有很强的参考价值。

本书为《消防安全技术实务》、《消防安全技术综合能力》、《消防安全案例分析》三本辅导书的合辑，共500页，将三本教材中的知识点、重点、难点进行了部分提炼、精简，插入了历年的部分考试真题作为练习题，全书为四色彩色印刷，图表的形式让人容易理解。相较于三本教材1200多页的文字，本书逻辑性、条理性更明显，趣味性更强。

最后，祝愿各位学生，都能通过考试，取得你们的注册消防工程师证书！

编 者

2019年6月

温馨提示

文中：红色字体为历年考点，蓝色字体为重要知识点，绿色字体为习题、注释及补充内容，黑色字体为一般知识点。

消防轻松记忆通关一本通

历年分值统计

《消防安全技术实务》	2015	2016	2017	2018
第一篇　消防基础知识	3	5	5	4
第二篇　建筑防火	37	37	37	37
第三篇　建筑消防设施	54	53	53	59
第四篇　其他建筑、场所防火	20	20	19	19
第五篇　消防安全评估	6	5	6	1
合计	120	120	120	120

《消防安全技术综合能力》	2015	2016	2017	2018
第一篇　消防法及相关法律法规与消防职业道德	8	6	7	10
第二篇　建筑防火检查	33	37	37	39
第三篇　消防设施安装、检测与维护管理	66	65	59	59
第四篇　消防安全评估方法与技术	4	2	4	4
第五篇　消防安全管理	9	10	13	8
合计	120	120	120	120

学习建议

由《消防安全技术实务》和《消防安全技术综合能力》历年分值统计可知,重点主要集中在第二篇(建筑防火)和第三篇(建筑消防设施);而《消防安全案例分析》每年的考法都一样,都是两道建筑防火题,三道消防设施题,一道消防安全管理题,所以建议大家多花精力在这两部分,只要拿到这两部分的大部分分值,通关无忧!

目录

第一篇 消防基础知识 …… 1
第一章 燃烧 …… 1
- 第一节 燃烧条件 …… 1
- 第二节 燃烧类型及其特点 …… 2
- 第三节 燃烧产物 …… 5

第二章 火灾 …… 7
- 第一节 火灾的定义、分类与危害 …… 7
- 第二节 火灾发生的常见原因 …… 8
- 第三节 建筑火灾发展及蔓延机理 …… 8
- 第四节 防火和灭火的基本原理与方法 …… 10

第三章 爆炸 …… 11
- 第一节 爆炸的概念及分类 …… 11
- 第二节 爆炸极限 …… 12
- 第三节 爆炸危险源 …… 13

第四章 易燃易爆危险品 …… 14
- 第一节 易燃气体 …… 14
- 第二节 易燃液体 …… 15
- 第三节 易燃固体、易于自燃的物质、遇水放出易燃气体的物质 …… 15

第二篇 建筑防火 …… 17
第一章 概述 …… 18
第二章 储存和生产物品的火灾危险性分类 …… 18
第三章 建筑分类与耐火等级 …… 26
- 第一节 建筑分类及建筑高度 …… 26
- 第二节 建筑材料的燃烧性能及分级 …… 32
- 第三节 建筑构件的燃烧性能和耐火极限 …… 32
- 第四节 建筑耐火等级要求 …… 34

第四章 总平面布局和平面布置 …… 40
- 第一节 建筑消防安全布局 …… 40
- 第二节 建筑防火间距 …… 43
- 第三节 建筑平面布置 …… 53

第五章 防火防烟分区与分隔 …… 66
- 第一节 防火分区 …… 66
- 第二节 防火分隔 …… 72
- 第三节 防火分隔设施与措施 …… 79
- 第四节 防烟分区 …… 88

第六章 安全疏散 …… 91
- 第一节 安全疏散基本参数 …… 91
- 第二节 安全出口和疏散出口 …… 99

第三节 疏散走道与避难走道 ··· 105
　　第四节 疏散楼梯与楼梯间 ··· 108
　　第五节 避难层（间） ··· 119
　　　　第六节 逃生疏散辅助设施 ··· 127
　第七章 建筑电气防火 ·· 132
　　　　第一节 电气线路防火 ··· 132
　　　　第二节 用电设备防火 ··· 132
　第八章 建筑防爆 ·· 135
　　　　第一节 建筑防爆基本原则和措施 ······································· 135
　　　　第二节 爆炸危险性厂房、库房的布置 ··································· 135
　　　　第三节 爆炸危险性建筑的构造防爆 ····································· 138
　　第四节 爆炸危险环境电气防爆 ··· 139
　第九章 建筑设备防火防爆 ·· 141
　　　　第一节 采暖系统防火防爆 ··· 141
　　　　第二节 通风与空调系统防火防爆 ······································· 141
　第十章 建筑装修、保温材料防火 ·· 144
　　　　第一节 装修材料的分类与分级 ··· 144
　　　　第二节 特别场所 ··· 146
　　　　第三节 单层、多层公共建筑装修防火 ··································· 147
　　第四节 建筑外保温系统防火 ··· 149
　第十一章 灭火救援设施 ·· 156
　　　　第一节 消防车道 ··· 156
　　　　第二节 消防登高面、消防救援场地和灭火救援窗 ························· 158
　　　　第三节 消防电梯 ··· 163
　　第四节 直升机停机坪 ··· 166

第三篇 建筑消防设施 ·· 168
　第一章 消防设施质量控制、维护保养与消防控制室管理 ·························· 169
　　　　第一节 消防设施安装调试与检测验收 ··································· 169
　　　　第二节 消防设施维护管理 ··· 172
　　　　第三节 消防控制室管理 ··· 174
　第二章 消防给水系统 ·· 177
　　　　第一节 消防给水及设施 ··· 178
　　　　第二节 系统组件（设备）安装前检查 ··································· 201
　　　　第三节 系统安装调试与检测验收 ······································· 202
　　第四节 系统维护管理 ··· 211
　第三章 室内外消火栓系统 ·· 213
　　　　第一节 室外消火栓系统 ··· 213
　　　　第二节 室内消火栓系统 ··· 217
　　　　第三节 设计参数 ··· 226
　　第四节 系统组件（设备）安装前检查 ······································· 231
　　　　第五节 系统安装调试与检测验收 ······································· 236
　　　　第六节 系统维护管理 ··· 238
　第四章 自动喷水灭火系统 ·· 241
　　　　第一节 系统的分类与组成 ··· 241
　　　　第二节 系统的工作原理与适用范围 ····································· 241

第三节　系统设计主要参数 ·· 251
第四节　系统主要组件及设置要求 ·· 255
　　第五节　系统的控制 ··· 264
　　第六节　系统组件（设备）安装前检查 ··································· 265
　　第七节　系统组件安装调试与检测验收 ·································· 270
　　第八节　系统维护管理 ··· 277
第五章　水喷雾灭火系统 ·· 286
　　第一节　系统灭火机理 ··· 286
　　第二节　系统分类 ··· 286
　　第三节　系统工作原理与适用范围 ······································· 287
第四节　系统设计参数 ·· 287
　　第五节　系统安装调试与检测验收 ······································· 288
　　第六节　系统维护管理 ··· 289
第六章　细水雾灭火系统 ·· 291
　　第一节　系统灭火机理 ··· 291
　　第二节　系统分类 ··· 291
　　第三节　系统组成、工作原理与适用范围 ································· 292
第四节　系统设计参数 ·· 292
　　第五节　系统组件（设备）安装前检查 ··································· 293
　　第六节　系统组件安装调试与检测验收 ·································· 293
　　第七节　系统维护管理 ··· 295
第七章　气体灭火系统 ·· 297
　　第一节　系统灭火机理 ··· 297
　　第二节　系统分类和组成 ··· 298
　　第三节　系统工作原理及控制方式 ······································· 298
第四节　系统适用范围 ·· 300
　　第五节　系统设计参数 ··· 301
　　第六节　系统组件及设置要求 ··· 304
　　第七节　系统部件、组件（设备）安装前检查 ····························· 308
　　第八节　系统组件的安装与调试 ··· 308
　　第九节　系统的检测与验收 ··· 311
　　第十节　系统维护管理 ··· 313
第八章　泡沫灭火系统 ·· 317
　　第一节　系统的灭火机理 ··· 317
　　第二节　系统的组成和分类 ··· 317
　　第三节　系统型式的选择 ··· 321
第四节　系统的设计要求 ·· 322
　　第五节　系统组件及设置要求 ··· 323
　　第六节　泡沫液和系统组件（设备）现场检查 ····························· 326
　　第七节　系统组件安装调试与检测验收 ·································· 328
　　第八节　系统维护管理 ··· 333
第九章　火灾自动报警系统 ·· 336
　　第一节　火灾探测器、手动火灾报警按钮和火灾自动报警系统分类 ········· 336
　　第二节　系统组成、工作原理和适用范围 ································· 339
　　第三节　系统设计要求 ··· 341

第四节 可燃气体探测报警系统 ………………………………… 357
　　　　第五节 电气火灾监控系统 …………………………………… 358
　　　　第六节 消防控制室 …………………………………………… 360
　　　　第七节 系统安装调试 ………………………………………… 361
　　　　第八节 系统检测与维护 ……………………………………… 366
　　第十章 防烟排烟系统 ……………………………………………… 370
　　　　第一节 自然通风与自然排风 ………………………………… 371
　　　　第二节 机械加压送风系统 …………………………………… 376
　　　　第三节 机械排烟系统 ………………………………………… 379
　　第四节 防烟排烟系统的联动控制 ………………………………… 384
　　　　第五节 系统组件（设备）安装前检查 ……………………… 388
　　　　第六节 系统的安装检测与调试 ……………………………… 388
　　　　第七节 系统验收 ……………………………………………… 393
　　　　第八节 系统维护管理 ………………………………………… 394
　　第十一章 消防应急照明和疏散指示系统 ………………………… 396
　　　　第一节 系统的分类与组成 …………………………………… 396
　　　　第二节 系统的工作原理与性能要求 ………………………… 396
　　　　第三节 系统安装与调试 ……………………………………… 399
　　第四节 系统检测与维护 …………………………………………… 401
　　第十二章 城市消防远程监控系统 ………………………………… 404
　　　　第一节 系统组成 ……………………………………………… 404
　　　　第二节 系统安装与调试 ……………………………………… 404
　　　　第三节 系统检测与维护 ……………………………………… 405
　　第十三章 建筑灭火器配置 ………………………………………… 406
　　　　第一节 灭火器的分类 ………………………………………… 406
　　　　第二节 灭火器的构造 ………………………………………… 407
　　　　第三节 灭火器的灭火机理与适用范围 ……………………… 409
　　第四节 灭火器的配置要求 ………………………………………… 411
　　　　第五节 安装设置 ……………………………………………… 415
　　　　第六节 竣工验收 ……………………………………………… 418
　　　　第七节 维护管理 ……………………………………………… 420
　　第十四章 消防供配电 ……………………………………………… 424
　　　　第一节 消防用电及负荷等级 ………………………………… 424
　　　　第二节 消防电源供配电系统 ………………………………… 426
　　　　第三节 电气防火要求及技术措施 …………………………… 426

第四篇 其他建筑、场所防火 ………………………………………… 431
　第一章 石油化工防火 ……………………………………………… 431
　　　　第一节 生产防火 ……………………………………………… 431
　　　　第二节 储运防火 ……………………………………………… 432
　第二章 地铁防火 …………………………………………………… 434
　第三章 城市交通隧道防火 ………………………………………… 435
　　　　第一节 隧道分类 ……………………………………………… 435
　　　　第二节 隧道建筑防火设计要求 ……………………………… 435
　第四章 加油加气站防火 …………………………………………… 437
　　　　第一节 加油加气站的分类分级 ……………………………… 437

第二节　加油加气站的防火设计要求·························438
　　第五章　汽车库、修车库防火·······································441
　　　第一节　汽车库、修车库的分类·································441
　　　第二节　汽车库、修车库的防火设计要求······················441
　　第六章　人民防空工程防火···446

第五篇　消防安全评估···448
　　第一章　火灾风险识别···448
　　第二章　火灾风险评估方法概述··································448
　　　第一节　安全检查表法··448
　　　第二节　事件树分析法··449
　　　第三节　事故树分析法··449
　　第三章　区域消防安全评估方法与技术要求·················449
　　第四章　建筑火灾风险分析方法与评估要求················451
　　第五章　建筑性能化防火设计评估······························453
　　　第一节　消防性能化设计的适应范围··························453
　　　第二节　建筑消防性能化设计的基本程序与设计步骤······454
　　　第三节　火灾场景和疏散场景设定·····························454
　　第四节　人员疏散分析··455

第六篇　消防法及相关法律法规与消防职业道德············457
　　第一章　消防法及相关法律法规··································458
　　　第一节　《中华人民共和国消防法》····························458
　　　第二节　相关法律··462
　　　第三节　部门规章··463
　　第四节　规范性文件···465
　　第二章　注册消防工程师职业道德······························467

第七篇　消防安全管理···469
　　第一章　消防安全管理概述··469
　　第二章　社会单位消防安全管理··································469
　　　第一节　消防安全重点单位······································470
　　　第二节　消防安全组织和职责···································471
　　　第三节　消防安全制度和落实···································473
　　　第四节　消防安全重点部位的确定和管理···················474
　　　第五节　火灾隐患及重大火灾隐患的判定···················475
　　　第六节　消防档案··477
　　第三章　社会单位消防宣传与教育培训·······················479
　　第四章　应急预案编制与演练····································480
　　　第一节　应急预案编制··480
　　　第二节　应急预案演练··481
　　第五章　施工消防安全管理··483
　　　第一节　施工现场的火灾风险···································483
　　　第二节　施工现场总平面布局···································483
　　　第三节　施工现场内建筑的防火要求··························484
　　　第四节　施工现场临时消防设施设置··························486
　　　第五节　施工现场的消防安全管理要求······················488
　　第六章　大型群众性活动消防安全管理·······················491

第一节　大型群众性活动消防安全责任···491
第二节　大型群众性活动消防工作实施···491
参考文献···493

01 第一篇 消防基础知识

01 第一章 燃烧

复习建议
1. 非重点章节；
2. 每年几乎都是一个选择题。

知识点框架图

燃烧 ── 燃烧条件【2015 单】
　　　── 燃烧类型及其特点【2016、2018 单】
　　　── 燃烧产物

第一节 燃烧条件

①燃烧是指可燃物与氧化剂作用发生的放热反应，通常伴有**火焰、发光和（或）发烟**现象。发光的气相燃烧区就是火焰，它是燃烧过程中最明显的标志。由于燃烧不完全等原因，会使产物中产生一些小颗粒，这样就形成了烟。
②燃烧可分为有焰燃烧和无焰燃烧。
③燃烧的发生和发展，必须具备三个必要条件：**可燃物、助燃物和引火源**（通常称为燃烧三要素）。

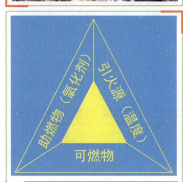

着火三角形

燃烧的充分条件可进一步表述为：
① 具备足够数量或浓度的可燃物；
② 具备足够数量或浓度的助燃物；
③ 具备足够能量的引火源；
　上述三者相互作用。

燃烧三要素

- 可燃物
  - 凡是能与空气中的氧或其他氧化剂起化学反应的物质，如木材、氢气、汽油、煤炭、纸张、硫等
  - 按其化学组成分为：无机可燃物和有机可燃物
  - 按其所处的状态分为：可燃固体、可燃液体和可燃气体
- 助燃物（氧化剂）
  - 凡是与可燃物结合能导致和支持燃烧的物质
  - 普通意义上，可燃物的燃烧均是指在空气中进行的燃烧
- 引火源（温度）
  - 使物质开始燃烧的外部热源（能源）
  - 常见类型
    - 明火
    - 电弧、电火花
    - 雷击
    - 高温

4. 链式反应自由基

自由基是一种高度活泼的化学基团，能与其他自由基和分子起反应，从而使燃烧按链式反应的形式扩展，也称游离基。自由基的链式反应是这些燃烧反应的实质，光和热是燃烧过程中的物理现象。

▶ 大部分燃烧发生和发展需要四个必要条件：【2015 单】

- ① 可燃物。
- ② 助燃物。
- ③ 引火源。
- ④ 链式反应自由基。

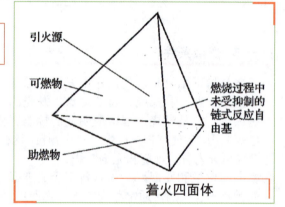

第二节 燃烧类型及其特点

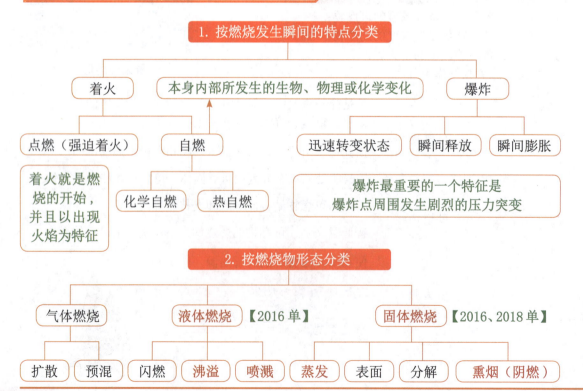

| 煤气灶打火 | 油锅着火 | 木炭着火 |

(1) 气体燃烧

扩散燃烧	定义	可燃性气体和蒸气分子与气体氧化剂互相扩散，边混合边燃烧。
	特点	比较稳定，温度较低，不运动，在喷口进行，不发生回火现象。
预混燃烧	定义	指可燃气体、蒸气预先同空气（或氧）混合，遇引火源产生带有冲击力的燃烧。
	特点	燃烧反应快，温度高，火焰传播速度快。（有可能会发生"回火"）

(2) 液体燃烧

易燃、可燃液体在燃烧过程中，并不是液体本身在燃烧，而是液体受热时蒸发出来的液体蒸气被分解、氧化达到燃点而燃烧，即蒸发燃烧。因此，液体能否发生燃烧、燃烧速率高低，与液体的蒸气压、闪点、沸点和蒸发速率等性质密切相关。

① 闪燃：
闪燃是指可燃性液体挥发出来的蒸气与空气混合达到一定的浓度或者可燃性固体加热到一定温度后，遇明火发生一闪即灭的燃烧。闪点则是指易燃或可燃液体表面产生闪燃的最低温度。

② 沸溢：
在含有水分、黏度较大的重质石油产品，如原油、重油、沥青油等燃烧时，其中的水汽化不易挥发形成膨胀气体使液面沸腾，沸腾的水蒸气带着燃烧的油向空中飞溅，这种现象称为扬沸（扬沸和喷溅）。

以原油为例，水分以乳化水和水垫两种形式存在。乳化水是原油在开采运输过程中，原油中的水由于强力搅拌成细小的水珠悬浮于油中而成。久放后，油水分离，水因密度大而沉降在底部形成水垫。

燃烧过程中，这些沸程较宽的重质油品产生热波，在热波向液体深层运动时，由于温度远高于水的沸点，因而热波会使油品中的乳化水汽化，大量的蒸汽就要穿过油层向液面上浮，在向上移动过程中形成油包气的气泡，即油的一部分形成了含有大量蒸汽气泡的泡沫。这样，必然使液体体积膨胀，向外溢出，同时部分未形成泡沫的油品也被下面的蒸汽膨胀力抛出罐外，使液面猛烈沸腾起来，这种现象叫沸溢。

上述沸溢过程说明，沸溢形成必须具备三个条件：
a. 原油具有形成热波的特性，即沸程宽，密度相差较大。
b. 原油中含有乳化水，水遇热波变成蒸汽。
c. 原油黏度较大，使水蒸气不容易从下向上穿过油层。

③喷溅：

在重质油品燃烧过程中，随着热波温度的逐渐升高，热波向下传播的距离也加大，当热波达到水垫时，水垫的水大量蒸发，蒸汽体积迅速膨胀，以至把水垫上面的液体层抛向空中，向罐外喷射，这种现象叫喷溅。一般情况下，发生沸溢要比发生喷溅的时间早得多。

> **温馨提示**
> 沸溢和喷溅要区别，一个体现在"沸"，一个体现在"喷"。

（3）固体燃烧

形式 特点	蒸发燃烧	表面燃烧（异相燃烧）	分解燃烧	熏烟燃烧（阴燃）
可燃固体	硫、磷、钾、钠、蜡烛、松香	木炭、焦炭、铁、铜	木材、煤、合成塑料、钙塑材料	纸张、锯末、纤维织物、胶乳橡胶
特点	受热蒸发与氧发生燃烧	在其表面由氧和物质直接作用而发生【无火焰】	受热分解与氧发生燃烧	只冒烟而无火焰

> **提示**
> 上述各种燃烧形式的划分不是绝对的，有些可燃固体的燃烧往往包含两种或两种以上的形式。
> 例如：在适当的外界条件下，木材、棉、麻、纸张等的燃烧会明显地存在分解燃烧、阴燃、表面燃烧等形式。

蜡烛燃烧

木炭燃烧

木材燃烧

纸张燃烧

3. 闪点、燃点、自燃点的概念

在规定的试验条件下

（1）闪点

（最低闪燃温度）

① 可燃液体和固体表面产生的蒸气在试验火焰作用下发生闪燃的最低温度。
② 是可燃性液体性质的主要标志之一，是衡量液体火灾危险性大小的重要参数。
③ 闪点越低，火灾危险性越大，反之则越小。

在规定的试验条件下

（2）燃点

（着火点）

① 物质在外部引火源作用下表面起火并持续燃烧一定时间所需的最低温度。

② 在一定条件下，物质的燃点越低，越易着火。

（3）自燃点

不需要明火而自行着火的最低温度

① 在规定的条件下，可燃物质产生自燃的最低温度。

② 在这一温度时，物质与空气（氧）接触，不需要明火的作用就能发生燃烧。

③ 自燃点是衡量可燃物质受热升温导致自燃危险的依据。

④ 可燃物的自燃点越低，发生自燃的危险性就越大。

（4）燃点与闪点的关系

① 易燃液体的燃点一般高出其闪点 1～5℃，并且闪点越低，这一差值越小。

② 一般用闪点评定易燃液体火灾危险性大小，用燃点衡量固体的火灾危险性大小。

第三节 燃烧产物

1. 燃烧产物的概念

燃烧产物：由燃烧或热解作用产生的全部物质

燃烧产物
- 完全燃烧产物 —— 可燃物中：
  - C 被氧化生成 CO_2（气）
  - H 被氧化生成 H_2O（液）
  - S 被氧化生成 SO_2（气）
- 不完全燃烧产物 —— CO、NH_3、醇类、醛类、醚类

2. 几类典型的燃烧产物

高聚物的燃烧产物 —— 燃烧过程物理和化学变化

主要分为三个阶段：受热软化熔融 → 热分解（关键阶段）→ 着火燃烧

所含成分	举例	危害（燃烧时）
只含碳和氢	聚乙烯、聚丙烯、聚苯乙烯等	有熔滴，易产生 CO 气体
含有氧	有机玻璃、赛璐珞等	变软，无熔滴，产生 CO 气体
含有氮	三聚氰胺甲酸树脂、尼龙等	有熔滴，会产生 CO、NO、HCN 等有毒气体
含有氯	聚氯乙烯等【2018 多】	无熔滴，有炭瘤，并产生 HCl 气体，有毒且溶于水后有腐蚀性
有木粉填料	酚醛树脂	会放出有毒的酚蒸气

消防轻松记忆通关一本通

习题 1 用着火四面体来表示燃烧发生和发展的必要条件时,"四面体"是指可燃物、氧化剂、引火源和（　　）。
A. 氧化反应　　　　　　　　　　B. 热分解反应
C. 链传递　　　　　　　　　　　D. 链式反应自由基
【答案】D

习题 2 汽油闪点低,易挥发,流动性好,存有汽油的储罐受热不会发生（　　）现象。
A. 蒸汽燃烧及爆炸　　　　　　　B. 容器爆炸
C. 泄漏产生流淌火　　　　　　　D. 沸溢和喷溅
【答案】D

习题 3 对于原油储罐,当罐内原油发生燃烧时,不会产生（　　）。
A. 闪燃　　　　　　　　　　　　B. 热波
C. 蒸发燃烧　　　　　　　　　　D. 阴燃
【答案】D

习题 4 木制桌椅燃烧时,不会出现的燃烧方式是（　　）。
A. 分解燃烧　　　　　　　　　　B. 表面燃烧
C. 熏烟燃烧　　　　　　　　　　D. 蒸发燃烧
【答案】D

习题 5 按照燃烧形成的条件和发生瞬间的特点,燃烧可分为（　　）。
A. 化学自燃和热自燃　　　　　　B. 点燃和自燃
C. 着火和爆炸　　　　　　　　　D. 化学自燃和物理自燃
【答案】C

02 第二章 火灾

知识点框架图

火灾
- 火灾的定义、分类与危害【2017 单】
- 火灾发生的常见原因
- 建筑火灾发展及蔓延机理【2017 单】
- 防火和灭火的基本原理与方法【2015 多、2016 单】

复习建议
1. 非重点章节；
2. 每年几乎都是一个选择题。

第一节 火灾的定义、分类与危害

1. 火灾的定义

火灾是指在时间或空间上失去控制的燃烧。

2. 火灾的分类

（1）按照燃烧对象的性质分类 【2017 单】【巧记】"姑爷去金殿烹饪"

类别	物质	危害（燃烧时）
A 类	固体	木材、棉、毛、麻、纸张等
B 类	液体或可熔化固体	汽油、煤油、原油、甲醇、乙醇、沥青、石蜡等
C 类	气体	煤气、天然气、甲烷、乙烷、氢气、乙炔等
D 类	金属	钾、钠、镁、钛、锆、锂等
E 类	带电火灾	变压器等带电燃烧的火灾
F 类	烹饪器具内的烹饪物	动物油脂或植物油脂

（2）按照火灾事故所造成的灾害损失程度分类

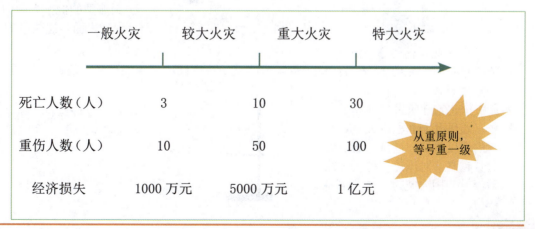

	一般火灾	较大火灾	重大火灾	特大火灾
死亡人数（人）	3	10	30	
重伤人数（人）	10	50	100	
经济损失	1000 万元	5000 万元	1 亿元	

从重原则，等号重一级

第二节　火灾发生的常见原因

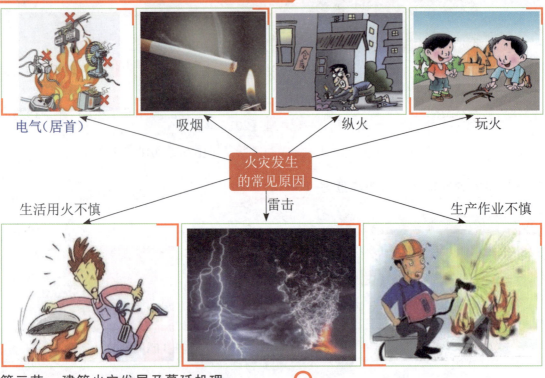

电气（居首）　　吸烟　　纵火　　玩火

火灾发生的常见原因

生活用火不慎　　雷击　　生产作业不慎

第三节　建筑火灾发展及蔓延机理

1. 建筑火灾蔓延的传热基础

热量传递有三种基本方式

热对流又称对流，是指流体各部分之间发生相对位移，冷热流体相互掺混引起热量传递的方式。

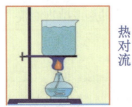

热对流

热对流中热量的传递与流体流动有密切的关系。

一般来说，建筑发生火灾过程中，<u>通风孔洞面积越大，热对流的速度越快；通风孔洞所处位置越高，对流速度越快。热对流对初期火灾的发展起重要作用</u>。

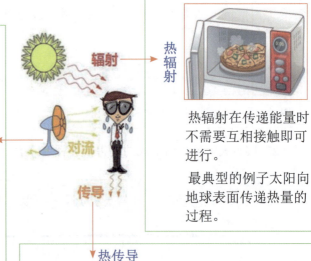

辐射　热辐射

对流

传导

热辐射在传递能量时不需要互相接触即可进行。

最典型的例子太阳向地球表面传递热量的过程。

热传导

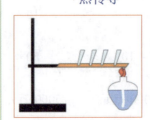

热传导又称导热，属于接触传热。

<u>在固体内部</u>【2017 单】只能依靠导热的方式传热。

2. 建筑火灾烟气的流动过程

（1）烟气流动的路线及特点

建筑发生火灾时，烟气扩散蔓延主要呈水平流动和垂直流动。

① 在建筑内部，烟气流动扩散一般有三条路线：
- ⓐ 第一条—— 着火房间→走廊→楼梯间→上部各楼层→室外（最主要）；
- ⓑ 第二条—— 着火房间→室外；
- ⓒ 第三条—— 着火房间→相邻上层房间→室外。

② 着火房间内的烟气流动：

ⓐ 烟气羽流：
燃烧中，火源上方的火焰及燃烧生成的流动烟气通常称为火羽流。
而火焰区上方为燃烧产物即烟气的羽流区，其流动完全由浮力效应控制，一般称其为烟气羽流或浮力羽流。

ⓑ 顶棚射流：
当烟气羽流撞击到房间的顶棚后，沿顶棚水平运动，形成一个较薄的顶棚射流层，称为顶棚射流。由于它的作用，使安装在顶棚上的感烟探测器、感温探测器和洒水喷头产生响应，实现自动报警和喷淋灭火。

研究表明，假设顶棚距离可燃物的垂直高度为 H，多数情况下顶棚射流层的厚度约为距离顶棚以下高度 H 的 5%～12%，而顶棚射流层内最大温度和最大速度出现在距离顶棚以下高度 H 的 1% 处。

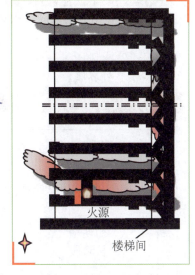

火源

楼梯间

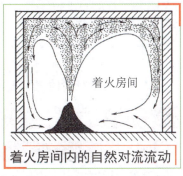

着火房间

着火房间内的自然对流流动

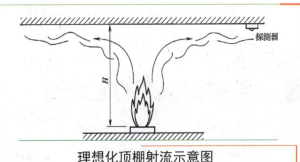

理想化顶棚射流示意图

浮力羽流区

间歇火焰区

连续火焰区

火源上方的火羽流示意图

ⓒ 烟气层沉降：
随着燃烧持续发展，新的烟气不断向上补充，室内烟气层的厚度逐渐增加。
在这一阶段，上部烟气的温度逐渐升高，浓度逐渐增大，如果可燃物充足，且烟气不能充分地从上部排出，烟气层将会一直下降，直到浸没火源。
发生火灾时，应设法通过打开排烟口等方式，将烟气层限制在一定高度内。否则，着火房间烟气层下降到房间开口位置，如门、窗或其他缝隙时，烟气会通过这些开口蔓延扩散到建筑的其他地方。

（2）烟气流动的驱动力

主要介绍烟囱效应、火风压和外界风的作用：
① 烟囱效应 —— 烟囱效应是造成烟气向上蔓延的主要因素；【影响全楼】
② 火风压 —— 火风压的影响主要在起火房间；【影响房间】 ← 区别
③ 外界风。

3. 建筑室内火灾发展的阶段

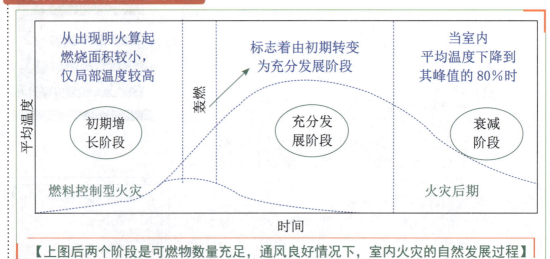

【上图后两个阶段是可燃物数量充足，通风良好情况下，室内火灾的自然发展过程】

4. 建筑室内火灾的特殊现象

（1）轰燃

轰燃是指室内火灾由局部向所有可燃物表面都燃烧的突出转变，所占时间较短，通常只有数秒或者几分钟。

（2）回燃

回燃是指当室内通风不良、燃烧处于缺氧状态时，由于氧气的引入导致热烟气发生的爆炸性或快速的燃烧现象。

第四节　防火和灭火的基本原理与方法

1. 防火的基本方法

燃烧三要素

2. 灭火的基本原理与方法

冷却灭火 → 冷却 → 水
隔离灭火 → 隔离（空气）→ 泡沫　【2015 多】
窒息灭火 → 降氧 → CO_2、N_2、蒸汽、水喷雾
化学抑制灭火 → 抑制自由基 → 干粉、七氟丙烷　【2016 单】

有焰燃烧是通过链式反应进行
对有焰燃烧火灾 ✓
对深位火灾 ✗

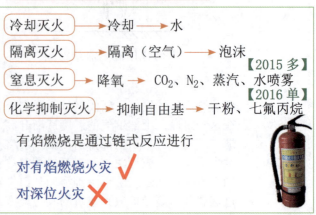

03 第三章 爆炸

知识点框架图

爆炸
- 爆炸的概念及分类
- 爆炸极限【2017 单】
- 爆炸危险源

复习建议
1. 非重点章节；
2. 每年几乎都是一个选择题。

第一节 爆炸的概念及分类

1. 按物质产生爆炸的原因和性质不同

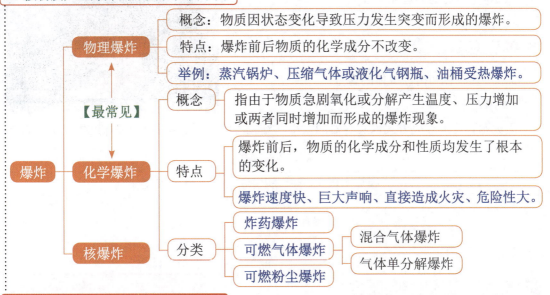

爆炸
- 物理爆炸
  - 概念：物质因状态变化导致压力发生突变而形成的爆炸。
  - 特点：爆炸前后物质的化学成分不改变。
  - 举例：蒸汽锅炉、压缩气体或液化气钢瓶、油桶受热爆炸。
- 化学爆炸【最常见】
  - 概念：指由于物质急剧氧化或分解产生温度、压力增加或两者同时增加而形成的爆炸现象。
  - 特点：爆炸前后，物质的化学成分和性质均发生了根本的变化。
  - 爆炸速度快、巨大声响、直接造成火灾、危险性大。
  - 分类：
    - 炸药爆炸
    - 可燃气体爆炸
      - 混合气体爆炸
      - 气体单分解爆炸
    - 可燃粉尘爆炸
- 核爆炸

2. 可燃粉尘爆炸一般具备三个条件

- 第一条：粉尘本身是可燃的，但并非所有的可燃粉尘都能发生爆炸。
- 第二条：粉尘必须悬浮在空气中，并且其浓度处于一定的范围。
- 第三条：有足以引起粉尘爆炸的引火源。

3. 常见具有爆炸性的粉尘

种 类	举 例
炭制品	煤、木炭、焦炭、活性炭等
肥料	鱼粉、血粉等
食品类	淀粉、砂糖、面粉、可可、奶粉、谷粉、咖啡粉等
木质类	木粉、软木粉、木质素粉、纸粉等
合成制品类	染料中间体、各种塑料、橡胶、合成洗涤剂等
农产品加工类	胡椒、除虫菊粉、烟草等
金属类	铝、镁、锌、铁、锰、锡、硅铁、钛、钡、锆等

4. 粉尘爆炸的特点

①与可燃气体爆炸相比，粉尘爆炸压力上升和下降速度都较缓慢，较高压力持续时间长，释放的能量大，爆炸的破坏性和对周围可燃物的烧毁程度较严重。

②粉尘初始爆炸产生的气浪会使沉积粉尘扬起，在新的空间内形成爆炸性混合物，从而可能会发生二次爆炸。

③粉尘爆炸比气体爆炸所需的点火能大、引爆时间长、过程复杂。

5. 影响粉尘爆炸的因素

①粉尘本身的物理化学性质；

②粉尘浓度；

③环境条件；

④可燃气体和惰性气体的含量；

⑤其他。

引火源强度或点火方式以及容器的大小、结构等因素，均会对粉尘爆炸产生一定的影响。

第二节　爆炸极限

↑ 爆炸上限　　能引起爆炸的最高浓度

爆炸范围

↓ 爆炸下限　　能引起爆炸的最低浓度

1. 气体和液体的爆炸极限

气体和液体的爆炸极限通常用体积分数（%）表示。
爆炸范围越大，下限越低，火灾危险性就越大。
通常，在氧气中的爆炸极限要比在空气中的爆炸极限范围宽。

除助燃物条件外，对于同种可燃气体，其爆炸极限受以下四方面的影响：

可燃混合气体中加入惰性气体，会使爆炸极限范围变小，一般上限降低，下限变化比较复杂。【2017单】

温馨提示
惰性气体有：
氦、氖、氩、氪、氙、氡

引燃混合气体的火源能量越大，可燃混合气体的爆炸极限范围越宽，爆炸危险性越大。

可燃混合气体初始压力增加，爆炸范围增大，爆炸危险性增加。

混合气体初温越高，混合气体的爆炸极限范围越大，爆炸危险性越大。

值得注意的是，干燥的一氧化碳和空气的混合气体，压力上升，其爆炸极限范围缩小。

除助燃物外四方面因素：火源能量、惰性气体、初始压力、初温

2. 可燃粉尘的爆炸极限

粉尘爆炸极限通常用<u>单位体积中所含粉尘的质量（g／m³）</u>来表示。由于粉尘沉降等原因，实际情况下很难达到爆炸上限值，因此，<u>粉尘的爆炸上限一般没有实用价值，通常只应用粉尘的爆炸下限。爆炸下限越低的粉尘，爆炸的危险性越大。</u>

第三节 爆炸危险源

两个基本要素：一是爆炸介质，二是引爆能源

```
地震、台风、雷击 ── 自然灾害                      ┌ 物料原因
放火、断水断电、毁 ─ 人的故意破坏 ─ 1. 引起爆炸的直接原因 ─┤ 作业行为原因
坏设备              生产工艺原因                  └ 生产设备原因
                    【巧记】"工作人物自卑"
```

2. 常见爆炸引火源

火源类别	火源举例
机械火源	撞击、摩擦
热火源	高温热表面、日光照射并聚焦
电火源	电火花、静电火花、雷电
化学火源	明火、化学反应热、发热自燃

3. 最小点火能

最小点火能是指在一定条件下，每一种爆炸混合物的起爆最小点火能。目前基本都采用毫焦（mJ）作为最小点火能的单位。

习题 1 下列初始条件中，可使甲烷爆炸极限范围变窄的是（　　）。
A．注入氮气　　　　　　　　B．提高温度
C．增大压力　　　　　　　　D．增大点火能量

【答案】A

习题 2 下列关于爆炸危险源的叙述中，错误的是（　　）。
A．引起爆炸的直接原因有：物料原因、作业行为原因、生产设备原因、生产工艺原因等。
B．发生爆炸必须具备两个基本要素：爆炸介质和引爆能源。
C．静电火花属于热火源。
D．所谓最小点火能量，是指每一种气体爆炸混合物，都有起爆的最小点火能量，低于该能量，混合物就不爆炸。

【答案】C

习题 3 除助燃物条件外，对于同种可燃气体，其爆炸极限还受（　　）的影响。
A．火源能量　　　　　B．初始压力　　　　　C．初温
D．湿度　　　　　　　E．蒸气浓度

【答案】ABC

04 第四章 易燃易爆危险品

知识点框架图

复习建议
1. 非重点章节；
2. 目前没有出过考题。

第一节 易燃气体

1. 易燃气体的分级

【氢气、乙炔气、一氧化碳、甲烷】

易燃气体分为两级

① Ⅰ级：爆炸下限＜10%；或者不论爆炸下限如何，爆炸极限范围≥12%。

② Ⅱ级：10%≤爆炸下限≤13%，并且爆炸极限范围＜12%。

实际应用中，通常还将爆炸下限＜10%的气体归为甲类火灾危险性物质，爆炸下限≥10%的气体归为乙类火灾危险性物质。

2. 易燃气体的火灾危险性

(1) 易燃易爆性

① 比液体、固体易燃，并且燃速快。

② 一般来说，由简单成分组成的气体［如氢气（H_2）］比复杂成分组成的气体［如甲烷（CH_4）、一氧化碳（CO）等］易燃，燃烧速度快，火焰温度高，着火爆炸危险性大。

③ 价键不饱和的易燃气体比相对应价键饱和的易燃气体的火灾危险性大。

(2) 扩散性

① 比空气轻的气体逸散在空气中可以无限制地扩散，与空气形成爆炸性混合物，并能够顺风飘散，迅速蔓延和扩展。

② 比空气重的气体泄漏出来时，往往飘浮于地表、沟渠、隧道、厂房死角等处，长时间聚集不散，易与空气在局部形成爆炸性混合气体，遇引火源发生着火或爆炸；同时，密度大的易燃气体一般都有较大的发热量，在火灾条件下易于使火势扩大。

③ 可缩性和膨胀性。
④ 带电性。
⑤ 腐蚀性、毒害性。

第二节 易燃液体

1. 易燃液体的分级

易燃液体分为以下三级：

① Ⅰ级：初沸点≤35℃。
② Ⅱ级：闪点＜23℃，初沸点＞35℃。
③ Ⅲ级：23℃≤闪点＜60℃，初沸点＞35℃。

实际应用中，通常
- 将闪点＜28℃的液体归为甲类火灾危险性物质。
- 将28℃≤闪点＜60℃的液体归为乙类火灾危险性物质。
- 将闪点≥60℃的液体归为丙类火灾危险性物质。

毒害性
带电性
流动性
→ 2. 易燃液体的火灾危险性 →
易燃性
爆炸性
受热膨胀性

【巧记】"毒瘤燃爆热点"

第三节 易燃固体、易于自燃的物质、遇水放出易燃气体的物质

1. 易燃固体

（1）易燃固体的分类与分级

① 易燃烧的固体和通过摩擦可能起火的固体。
② 固态退敏爆炸品，指为抑制爆炸性物质的爆炸性能，用水或酒精湿润爆炸性物质，或者用其他物质稀释爆炸性物质后，形成的均匀固态混合物，有时也称湿爆炸品，如含水量不少于10%（质量分数）的苦味酸铵、二硝基苯酚盐、硝化淀粉等。
③ 自反应物质，指即使没有氧气，也容易发生激烈放热分解的热不稳定物质。

（2）易燃固体的火灾危险性

① 燃点低、易点燃。
② 遇酸、氧化剂易燃易爆。
③ 本身或燃烧产物有毒。

2. 易于自燃的物质

（1）分类

① 发火物质：

指即使只有少量与空气接触，在不到5min内便燃烧的物质，包括混合物和溶液（液体和固体），如白磷、三氯化钛等。

② **自热物质：**
指发火物质以外的与空气接触无须能源供应便能自己发热的物质，如赛璐珞碎屑、油纸、潮湿的棉花等。

(2) 火灾危险性

① 遇空气自燃性。
② 遇湿易燃性。【起火时不可用水或泡沫扑救】
③ 积热自燃性。

3. 遇水放出易燃气体的物质

(1) 遇水或遇酸燃烧性
遇水或遇酸燃烧性是此类物质的共同危险性。着火时，不能用水及泡沫灭火剂扑救，应用干沙、干粉灭火剂、二氧化碳灭火剂等进行扑救。其中的一些物质与酸或氧化剂反应时，比遇水反应更剧烈，着火爆炸危险性更大。

(2) 自燃性

(3) 爆炸性

(4) 其他（如毒性）

习题 1 根据易燃液体储运特点和火灾危险性的大小，易燃液体分为甲、乙、丙三类。甲类是指（　　）。
A. 闪点＜28℃的液体　　　　　B. 28℃≤闪点＜60℃的液体
C. 闪点≥60℃的液体　　　　　D. 闪点≥40℃的液体

【答案】A

习题 2 下列易自燃的物质中，属于发火物质的是（　　）。
A. 油纸　　　　　　　　　　　B. 潮湿的棉花
C. 白磷　　　　　　　　　　　D. 赛璐珞碎屑

【答案】C

习题 3 易燃液体的火灾危险性表现在（　　）。
A. 毒害性　　　　　B. 流动性　　　　　C. 爆炸性
D. 易燃性　　　　　E. 积热自燃性

【答案】ABCD

01 第二篇 建筑防火

历年分值统计

《消防安全技术实务》第二篇		2015	2016	2017	2018
第一章	概述	0	0	0	0
第二章	生产和储存物品的火灾危险性分类	2	2	4	2
第三章	建筑分类与耐火等级	3	3	3	4
第四章	总平面布局和平面布置	7	6	6	7
第五章	防火防烟分区与分隔	4	4	4	3
第六章	安全疏散	9	7	5	10
第七章	建筑电气防火	1	2	2	0
第八章	建筑防爆	3	2	2	2
第九章	建筑设备防火防爆	1	3	3	1
第十章	建筑装修、保温材料防火	4	4	4	6
第十一章	灭火救援设施	3	4	4	2
	小计	37	37	37	37

《消防安全技术综合能力》第二篇		2015	2016	2017	2018
第一章	建筑分类和耐火等级检查	4	2	2	2
第二章	总平面布局和平面布置检查	7	8	8	6
第三章	防火防烟分区检查	7	6	7	7
第四章	安全疏散检查	10	12	10	13
第五章	防爆检查	2	4	5	6
第六章	建筑装修和保温系统检查	3	5	5	5
	小计	33	37	37	39

学习建议

由上表可知第二篇知识点比较多，所占分值也很大，技术实务的第二篇大分值都集中在第四、五、六章，其次是在第十章和第十一章；综合能力第二篇大分值都集中在第二、三、四章；而且技术实务和综合能力的知识点是相通的，都来自于《建筑设计防火规范》，建议大家在分值多的地方多下工夫。

01 第一章 概述

知识点框架图

- 概述
  - 建筑火灾的原因
  - 建筑火灾的危害
  - 建筑防火的原理和技术方法

> 复习建议
> 1. 非重点章节；
> 2. 目前没有出过考题。

- 建筑防火措施
  - 被动防火：建筑防火间距、建筑耐火等级、建筑防火构造、建筑防火分区分隔、建筑安全疏散设施
  - 主动防火：火灾自动报警系统、自动灭火系统、防排烟系统

02 第二章 储存和生产物品的火灾危险性分类

- 储存和生产物品的火灾危险性分类
  - 储存物品的火灾危险性分类【2016-2018 单】
  - 生产火灾危险性分类【2015、2018 单】

> 复习建议
> 1. 重点章节；
> 2. 每年至少一个选择题。

1. 评定物质火灾危险性的主要指标

物料状态	评定指标	火灾危险性大	其余影响因素
气体	爆炸极限	范围越大，下限越低	比重和扩散性、化学性质活泼与否、带电性和受热膨胀性等
	自燃点	越低	
液体	闪点	越低（蒸气压越高）	爆炸温度极限、受热蒸发性、流动扩散性和带电性
	自燃点	越低	
固体	熔点	越低	反应危险性、燃烧危险性、毒害性、腐蚀性和放射性
	燃点	越低	

评定**粉状可燃固体**是以**爆炸浓度下限**作为标志的，评定**遇水燃烧固体**是以**与水反应速度快慢和放热量**的大小为标志，评定**自燃性固体物料**是以其**自燃点**作为标志

2. 储存物品的火灾危险性分类方法

储存物品的火灾危险性分类及举例

类别	特征	举例
甲	①闪点＜28℃的液体。 ②爆炸下限＜10％的气体，受到水或空气中水蒸气的作用能产生爆炸下限＜10％气体的固体物质。 ③常温下能自行分解或在空气中氧化能导致迅速自燃或爆炸的物质。 ④常温下受到水或空气中水蒸气的作用能产生可燃气体并引起燃烧或爆炸的物质。 ⑤遇酸、受热、撞击、摩擦以及遇有机物或硫黄等易燃的无机物，极易引起燃烧或爆炸的强氧化剂。 ⑥受撞击、摩擦或与氧化剂、有机物接触时能引起燃烧或爆炸的物质。	①己烷、戊烷、石脑油，环戊烷，二硫化碳，苯、甲苯、甲醇、乙醇、乙醚、甲酸甲酯、醋酸甲酯、硝酸乙酯、汽油、丙酮、丙烯，酒精度为≥38°的白酒。【2017多】 ②乙炔、氢、甲烷、乙烯、丙烯、丁二烯、环氧乙烷、水煤气、硫化氢、氯乙烯、液化石油气、碳化钙（又名电石）、碳化铝。 ③硝化棉、硝化纤维胶片、喷漆棉、火胶棉、赛璐珞棉、黄磷。 ④金属钾、钠、锂、钙、锶、氢化锂、氢化钠、四氢化锂铝。 ⑤氯酸钾、氯酸钠、过氧化钾、过氧化钠、硝酸铵。 ⑥赤磷、五硫化二磷、三硫化二磷。

类别	特征	举例
乙	①闪点≥28℃至＜60℃的液体。 ②爆炸下限≥10％的气体。 ③不属于甲类的氧化剂。 ④不属于甲类的易燃固体。 ⑤助燃气体。 ⑥常温下与空气接触能缓慢氧化，热不散引起自燃的物品。	①煤油、松节油、丁烯醇、异戊醇、丁醚、醋酸丁酯、硝酸戊酯、乙酰丙酮、环己胺、溶剂油、冰醋酸、樟脑油、蚁酸（甲酸）【巧记】"咦？张杰美容油！" ②氨气、一氧化碳。【2018单】 ③硝酸铜、铬酸、亚硝酸钾、重铬酸钠、铬酸钾、硝酸、硝酸汞、硝酸钴、发烟硫酸、漂白粉。 ④硫黄、镁粉、铝粉、赛璐珞板（片）、樟脑、萘、生松香、硝化纤维漆布、硝化纤维色片。 ⑤氧气、氟气液氯。 ⑥漆布及其制品、油布及其制品、油纸及其制品、油绸及其制品。
丙	①闪点≥60℃的液体。 ②可燃固体。 【2015单】 【2017多】	①动物油、植物油、沥青、蜡、润滑油、机油、重油、闪点≥60℃的柴油、糖醛、白兰地成品库。 ②化学、人造纤维及其织物，纸张，棉、毛、丝、麻及其织物，谷物，面粉，粒径≥2mm的工业成型硫黄，天然橡胶及其制品，竹、木及其制品，中药材，电视机、收录机等电子产品，计算机房已录数据的磁盘储存间，冷库中的鱼、肉间。

【关于甲、乙、丙类储存的一些记忆小窍门】

带"甲乙丙烷烯苯氢磷"八字的为甲类	除丁烯醇、乙酰丙酮、甲酸（蚁酸）为乙类外	
油类	石脑油、汽油为甲类	煤油、樟脑油、溶剂油为乙类	动植物油，重、润滑、机油，柴油（闪点≥60℃）为丙类
带活跃性金属元素"钾钠锂钙锶"的为甲类【简记】"佳娜你该死"	亚硝酸钾、重铬酸钠、铬酸钾为乙类	
带"氢"、"过氧"的	为甲类	
碳化物为甲类	碳化钙（电石）、碳化铝	
危险棉状的为甲类	硝化棉、喷漆棉、火胶棉、赛璐珞棉	
丝、絮状绵类为丙类	化学、人造纤维及其织物，纸张、棉、毛、丝、麻及其织物	
单独记忆的	硝酸铵、液化石油气、酒精度为≥38°的白酒为甲类；一氧化碳、镁粉、铝粉为乙类；糖醛、白兰地成品库、面粉为丙类	
需进行对比	赛璐珞棉（甲类）、赛璐珞板（片）（乙类）；硝化纤维胶片（甲类）、硝化纤维色片（乙类）硫黄（乙类）、粒径≥2mm的工业成型硫黄（丙类）	

类别	特征	举例
丁	难燃烧物品	自熄性塑料及其制品，酚醛泡沫塑料及其制品，水泥刨花板
戊	不燃烧物品	钢材、铝材、玻璃及其制品、搪瓷制品、陶瓷制品、不燃气体、玻璃棉、岩棉、陶瓷棉、硅酸铝纤维、矿棉、石膏及其无纸制品、水泥、石、膨胀珍珠岩【2018 单】

【参考规范】

①同一座仓库或仓库的任一防火分区内储存不同火灾危险性物品时，仓库或防火分区的火灾危险性应按火灾危险性最大的物品确定。

②丁类、戊类储存物品仓库的火灾危险性。

当可燃包装

重量大于物品本身重量的1/4
体积大于物品本身体积的1/2

应按丙类确定

按危险性最大的确定

危险性小

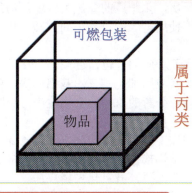
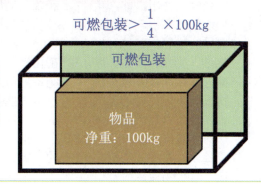

丁类、戊类储存物品仓库

可燃包装 —— 属于丙类

可燃包装 > $\frac{1}{4}$ × 100kg

物品 净重：100kg

3. 生产的火灾危险性分类

(1) 生产的火灾危险性分类方法

物质形态	危险性类别		
	甲	乙	丙
气体	爆炸下限＜10%	爆炸下限≥10%	
液体	闪点＜28℃	28℃≤闪点＜60℃	闪点≥60℃

(2) 生产的火灾危险性分类及举例

类别	特征	举例
甲	①闪点＜28℃的液体。	① 闪点小于28℃的油品和有机溶剂的提炼、回收或洗涤部位及其泵房，橡胶制品的涂胶和胶浆部位，二硫化碳的粗馏、精馏工段及其应用部位，青霉素提炼部位，原料药厂的非纳西丁车间的烃化、回收及电感精馏部位，皂素车间的抽提、结晶及过滤部位，冰片精制部位，农药厂乐果厂房，敌敌畏的合成厂房，氯乙醇厂房，环氧乙烷、环氧丙烷工段，苯酚厂房的硫化、蒸馏部位，焦化厂吡啶工段，胶片厂片基厂房，汽油加铅室，甲醇、乙醇、丙酮、丁酮异丙醇、醋酸乙酯、苯等的合成或精制厂房，集成电路工厂的化学清洗间（使用闪点＜28℃的液体），植物油加工厂的浸出车间；白酒液态法酿酒车间、酒精蒸馏塔，酒精度为38℃及以上的勾兑车间、灌装车间、酒泵房；白兰地蒸馏车间、勾兑车间、灌装车间、酒泵房。

续表

类别	特征	举例
甲	② 爆炸下限＜10%的气体。 ③ 常温下能自行分解或在空气中氧化即能导致迅速自燃或爆炸的物质。 ④ 常温下受到水或空气中水蒸气的作用，能产生可燃气体并引起燃烧或爆炸的物质。 ⑤ 遇酸、受热、撞击、摩擦、催化，以及遇有机物或硫黄等易燃的无机物，极易引起燃烧或爆炸的强氧化剂。 ⑥ 受撞击、摩擦或与氧化剂、有机物接触时能引起燃烧或爆炸的物质。 ⑦ 在密闭设备内操作温度不小于物质本身自燃点的生产。	② 乙炔站，氢气站，石油气体分馏（或分离）厂房，氯乙烯厂房，乙烯聚合厂房，天然气、石油伴生气、矿井气、水煤气或焦炉煤气的净化（如脱硫）厂房 压缩机室及鼓风机室，液化石油气罐瓶间，丁二烯及其聚合厂房，醋酸乙烯厂房，电解水或电解食盐厂房，环己酮厂房，乙基苯和苯乙烯厂房，化肥厂的氢氮气压缩厂房，半导体材料厂使用氢气的拉晶车间，硅烷热分解室。 ③ 硝化棉厂房及其应用部位，赛璐珞厂房，黄磷制备厂房及其应用部位，三乙基铝厂房，染化厂某些能自行分解的重氮化合物生产，甲胺厂房，丙烯腈厂房。 ④ 金属钠、钾加工房及其应用部位，聚乙烯厂房的一氯二乙基铝部位、三氯化磷厂房，多晶硅车间三氯氢硅部位、五氧化二磷厂房。 ⑤ 氯酸钠、氯酸钾厂房及其应用部位，过氧化氢厂房，过氧化钠、过氧化钾厂房，次氯酸钙厂房。 ⑥ 赤磷制备厂房及其应用部位，五硫化二磷厂房及其应用部位。 ⑦ 洗涤剂厂房石蜡裂解部位，冰醋酸裂解厂房。
乙	① 闪点≥28℃至＜60℃的液体。 ② 爆炸下限≥10%的气体，不属于甲类的氧化剂。 ③ 不属于甲类的易燃固体。 ④ 助燃气体。 ⑤ 能与空气形成爆炸性混合物的浮游状态的粉尘。 ⑥ 纤维，闪点≥60℃的液体雾滴。	① 28℃≤闪点＜60℃的油品和有机溶剂的提炼、回收、洗涤部位及其泵房，松节油或松香蒸馏厂房及其应用部位，醋酸酐精馏厂房，己内酰胺厂房，甲酚厂房，氯丙醇厂房，樟脑油提取部位，环氧氯丙烷厂房，松针油精制部位，煤油灌桶间。 ② 一氧化碳压缩机室及净化部位，发生炉煤气或鼓风炉煤气净化部位，氨压缩机房。 ③ 发烟硫酸或发烟硝酸浓缩部位、高锰酸钾厂房、重铬酸钠（红矾钠）厂房。 ④ 樟脑或松香提炼厂房、硫黄回收厂房、焦化厂精萘厂房。 ⑤ 氧气站、空分厂房。 ⑥ 铝粉或镁粉厂房、金属制品抛光部位、煤粉厂房、面粉厂的碾磨部位、活性炭制造及再生厂房、谷物筒仓工作塔、亚麻厂的除尘器和过滤器室。【2015 单】

续表

类别	特征	举例
丙	① 闪点≥60℃的液体。② 可燃固体。	① 闪点≥60℃的油品和有机液体的提炼、回收工段及其抽送泵房，香料厂的松油醇部位和乙酸松油脂部位，苯甲酸厂房，苯乙酮厂房，焦化厂焦油厂房，甘油、桐油的制备厂房，油浸变压器室，机器油或变压油灌桶间，柴油灌桶间，润滑油再生部位，配电室（每台装油量＞60kg的设备），沥青加工厂房，植物油加工厂的精炼部位。② 煤、焦炭、油母页岩的筛分、转运工段和栈桥或储仓，木工厂房，竹、藤加工厂房，橡胶制品的压延、成型和硫化厂房，针织品厂房，纺织、印染、化纤生产的干燥部位，服装加工厂房，棉花加工和打包厂房，造纸厂备料、干燥厂房，印染厂成品厂房，麻纺厂粗加工厂房，谷物加工房，卷烟厂的切丝、卷制、包装厂房，印刷厂的印刷厂房，毛涤厂选毛厂房，电视机、收音机装配厂房，显像管厂装配工段烧枪间，磁带装配厂房，集成电路工厂的氧化扩散间、光刻间，泡沫塑料厂的发泡、成型、印片压花部位，饲料加工厂房，畜（禽）屠宰、分割及加工车间、鱼加工车间。

▼【关于甲、乙、丙类储存和生产的一些记忆小窍门】

带"甲乙丙烷烯苯氢磷"八字的为甲类（与储存差不多）		甲酚厂房、氯丙醇厂房、环氧氯丙烷厂房为乙类、苯甲酸厂房、苯乙酮厂房为丙类
白酒	生产白酒的厂房，如酒精度为38度及以上、白兰地等为甲类	白兰地成品库为丙类
橡胶制品的涂胶和胶浆部位为甲类		橡胶制品的压延、成型和硫化厂房为丙类
药或农药为甲类	如青霉素提炼部位，农药厂乐果厂房，敌敌畏的合成厂房等	
单独记忆的	磺化法糖精厂房、焦化厂吡啶工段为甲类；甲酚厂房，氯丙醇厂房，环氧氯丙烷厂房为乙类；苯甲酸厂房，苯乙酮厂房为丙类	
需要对比的	赛璐珞厂房为甲类；储存：赛璐珞棉（甲类）、赛璐珞板（片）（乙类）；乙类第六项储存为乙类，在生产却为丙类 硫黄回收厂房、为乙类；储存：硫黄（乙类）、粒径≥2mm的工业成型硫黄（丙类） 面粉厂的碾磨部位、谷物筒仓工作塔为乙类，而面粉、谷物储存为丙类 植物油浸出车间为甲类，精炼部位为丙类；而植物油储存为丙类	

类别	特征	举例
丁	①对不燃烧物质进行加工，并在高温或熔化状态下经常产生强辐射热、火花或火焰的生产； ②利用气体、液体、固体作为燃料或将气体、液体进行燃烧作其他用的各种生产； ③常温下使用或加工难燃烧物质的生产； ④常温下使用或加工不燃烧物质的生产。	①金属冶炼、锻造、铆焊、热轧、铸造、热处理厂房； ②锅炉房，玻璃原料熔化厂房，灯丝烧拉部位，保温瓶胆厂房，陶瓷制品的烘干、烧成厂房，蒸汽机车库，石灰焙烧厂房，电石炉部位，耐火材料烧成部位，转炉厂房，硫酸车间焙烧部位，电极煅烧工段配电室（每台装油量≤60kg的设备）； ③难燃铝塑料材料的加工厂房，酚醛泡沫塑料的加工厂房，印染厂的漂炼部位，化纤厂后加工润湿部位； ④制砖车间，石棉加工车间，卷扬机室，不燃液体的泵房和阀门室，不燃液体的净化处理工段，金属（镁合金除外）冷加工车间，电动车库，钙镁磷肥车间（焙烧炉除外），造纸厂或化学纤维厂的浆粕蒸煮工段，仪表、器械或车辆装配车间，<u>氟利昂厂房</u>，水泥厂的轮窑厂房，加气混凝土厂的材料准备、构件制作厂房

【参考规范】

①任一防火分区内有不同火灾危险性生产时，火灾危险性类别应按火灾危险性较大的部分确定。

危险性较大的确定　　危险性小

②当生产过程中使用或产生易燃、可燃物的量较少，不足以构成爆炸或火灾危险时，可按实际情况确定。

③当符合下述条件之一时，可按火灾危险性较小的部分确定：

①同时满足：
ⓐ $S2 < 5\%S1$（丁、戊类厂房内的油漆工段 $S2 < 10\%S1$）。
ⓑ 且发生火灾事故时不足以蔓延到其他部位或 $S2$ 采取了有效的防火措施。

②丁、戊类厂房内的油漆工段（$S2 \leq 20\%S1$）同时满足，可按火灾危险性较小的部分确定：
ⓐ 采用封闭喷漆工艺。
ⓑ 封闭喷漆空间内应保持负压。
ⓒ 油漆工段应设置可燃气体探测报警系统或自动抑爆系统。

【丁、戊类厂房内】

【表格整理】

火灾危险性较大的生产部分占本层或本防火分区建筑面积的比例	且同时满足
＜5%	发生火灾事故时不足以蔓延到其他部位或对火灾危险性较大的生产部分采取了有效的防火措施
丁类、戊类厂房内的油漆工段＜10%	
丁类、戊类厂房内的油漆工段≤20%	①封闭喷漆工艺
	②保持负压
	③设置可燃气体探测报警系统或自动抑爆系统

习题 1 某面粉加工厂的面粉碾磨车间为 3 层钢筋混凝土结构建筑，建筑高度为 25m，建筑面积共 3600 m²。根据生产的火灾危险性分类标准，该面粉碾磨车间的火灾危险性类别应确定为（　　）。
A. 甲类　　　　　　　　　　B. 乙类
C. 丙类　　　　　　　　　　D. 丁类

【答案】B

习题 2 某仓库存储有百货、陶瓷器具、玻璃制品、塑料玩具、自行车。该仓库的火灾危险性类别应确定为（　　）。
A. 甲类　　　　　　　　　　B. 乙类
C. 丙类　　　　　　　　　　D. 丁类

【答案】C

习题 3 下列气体中，爆炸下限大于 10% 的是（　　）。
A. 一氧化碳　　　　　　　　B. 丙烷
C. 乙炔　　　　　　　　　　D. 丙烯

【答案】A

习题 4 下列储存物品仓库中，火灾危险性为戊类的是（　　）。
A. 陶瓷制品仓库（制品可燃包装与制品本身重量比为1:3）
B. 玻璃制品仓库（制品可燃包装与制品本身体积比为3:5）
C. 水泥刨花板制品仓库（制品无可燃包装）
D. 硅酸铝纤维制品仓库（制品无可燃包装）

【答案】D

习题 5 下列存储物品中，火灾危险性类别属于甲类的有（　　）。
A. 樟脑油　　　　B. 石脑油　　　　C. 汽油
D. 润滑油　　　　E. 煤油

【答案】BC

习题 6 下列物品中，储存与生产火灾危险性类别不同的有（　　）。
A. 铝粉　　　　　B. 竹藤家具　　　　C. 漆布
D. 桐油织物　　　E. 谷物面粉

【答案】CDE

03 第三章 建筑分类与耐火等级

建筑分类与耐火等级
- 建筑分类【2015 多】
- 建筑高度【2016、2018 单】
- 建筑材料的燃烧性能及分级【2016 单】
- 建筑构件的燃烧性能和耐火极限【2015-2017 单】
- 建筑耐火等级要求【2015-2018 单】

复习建议
1. 重点章节;
2. 每年至少一个选择题。

第一节 建筑分类及建筑高度

1. 建筑分类

将供人们生活、学习、工作、居住,以及从事生产和各种文化、社会活动的房屋称为**建筑物**,如**住宅、学校、影剧院**等;而人们不在其中生产、生活的建筑,则叫作"**构筑物**",如**水塔、烟囱、堤坝**等。

(1) 按使用性质分类

按建筑使用性质,可分为**民用建筑、工业建筑及农业建筑**。

民用建筑

民用建筑分类	细分	防火要求
居住建筑	住宅建筑	按住宅建筑
	非住宅类居住建筑(如宿舍、公寓)	按公共建筑
公共建筑		

名称	高层民用建筑		单、多层民用建筑
	一类【2015 多】	二类	
住宅建筑	建筑高度 $h > 54m$	建筑高度 $27m < h \leq 54m$	建筑高度 $h \leq 27m$
	包括设置商业服务网点(设置在首层或首层及二层单元建筑面积≤300㎡)的住宅建筑		
公共建筑	① 建筑高度 $h > 50m$ 的公共建筑; ② 建筑高度 $h > 24m$ 部分,任一楼层建筑面积大于 1000㎡ 的商店、展览、电信、邮政、财贸金融建筑和其他多种功能组合的建筑; ③ 医疗建筑、重要公共建筑、独立建造的老年人照料设施; ④ 省级及以上的广播电视和防灾指挥调度建筑、网局级和省级电力调度建筑; ⑤ 藏书超过 100 万册的图书馆、书库	除一类高层公共建筑外的其他高层公共建筑【2015 单】	① 建筑高度大于 24m 的单层公共建筑; ② 建筑高度 $h \leq 24m$ 的其他公共建筑【2018 单】

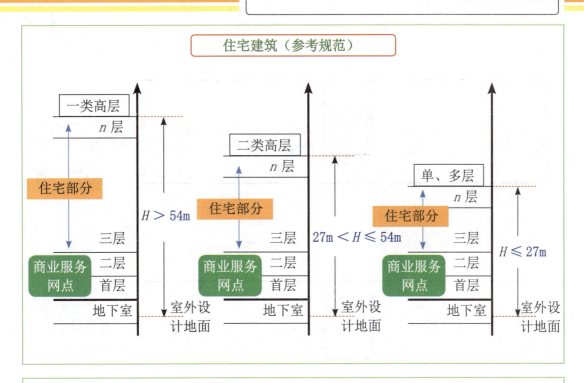

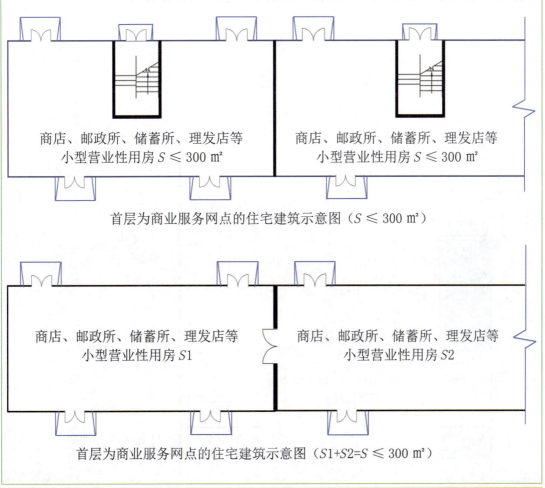

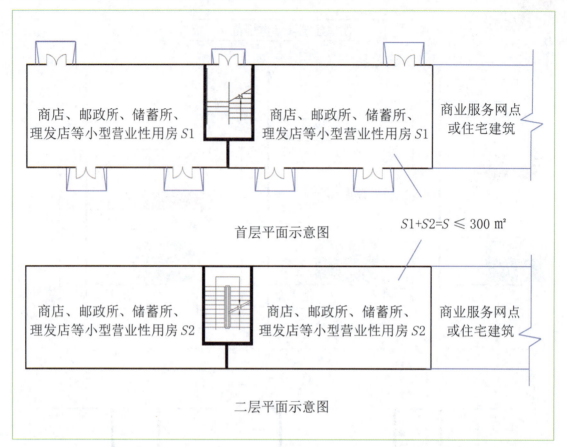
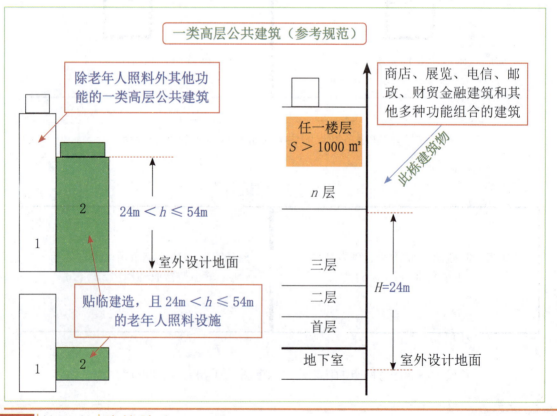

(2) 按建筑结构分类（主要承重构件）

按建筑结构形式和建造材料构成可分为：
木结构、砖木结构、砖与钢筋混凝土混合结构（砖混结构）、钢筋混凝土结构、钢结构、钢与钢筋混凝土混合结构（钢混结构）等。

(3) 按建筑高度分类

① 单层、多层建筑：建筑高度不超过 27m 的住宅建筑、建筑高度不超过 24m（或已超过 24m，但为单层）的公共建筑和工业建筑。

② 高层建筑：建筑高度大于 27m 的住宅建筑和其他建筑高度大于 24m 的非单层建筑。我国称建筑高度超过 100m 的高层建筑为超高层建筑。

名称\分类	单、多层	高层	超高层
住宅	$h \leq 27$	$h > 27$	$h > 100$
公共、工业	$h \leq 24$	$h > 24$	

2. 建筑高度

(1) 建筑高度计算

① 建筑屋面为坡屋面时，建筑高度为建筑室外设计地面至檐口与屋脊的平均高度（如图一）。

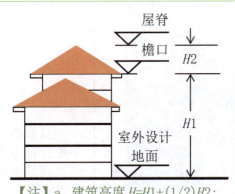

【注】a. 建筑高度 $H = H1 + (1/2)H2$；
b. 坡屋面坡度应 ≥ 3%。

图一（参考规范）

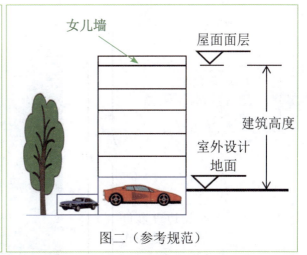

图二（参考规范）

② 建筑屋面为平屋面（包括有女儿墙的平屋面）时，建筑高度为建筑室外设计地面至屋面面层的高度（如图二）。

③ 同一座建筑有多种形式的屋面时，建筑高度按上述方法分别计算后，取其中最大值（如图三）。

④ 对于台阶式地坪，位于不同高程地坪上的同一建筑之间同时满足（如图四）：

  ⓐ 有防火墙分隔。
  ⓑ 各自有符合规范规定的安全出口。
  ⓒ 可沿建筑的两个长边设置贯通式或尽头式消防车道

可分别确定各自的建筑高度。否则，建筑高度按其中建筑高度最大者确定。

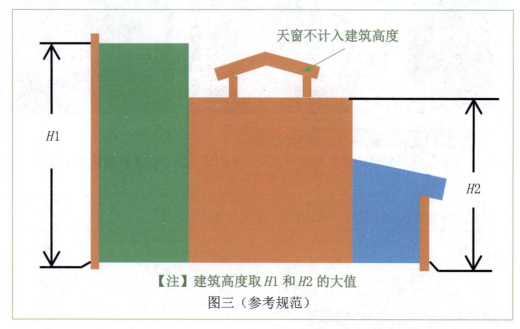

【注】建筑高度取 $H1$ 和 $H2$ 的大值
图三（参考规范）

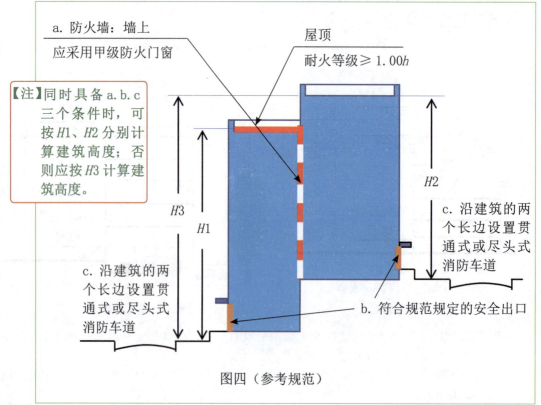

图四（参考规范）

⑤ 局部突出屋顶的瞭望塔、冷却塔、水箱间、微波天线间或设施、电梯机房、排风和排烟机房以及楼梯出口小间等辅助用房占屋面面积不大于1/4时,不需计入建筑高度(如图五)。

图五(参考规范)

⑥ 对于<u>住宅建筑</u>,设置在底部且室内高度不大于2.2m的自行车库、储藏室、敞开空间,室内外高差或建筑的地下或半地下室的顶板面高出室外设计地面的高度不大于1.5m的部分,不计入建筑高度(如图六)。

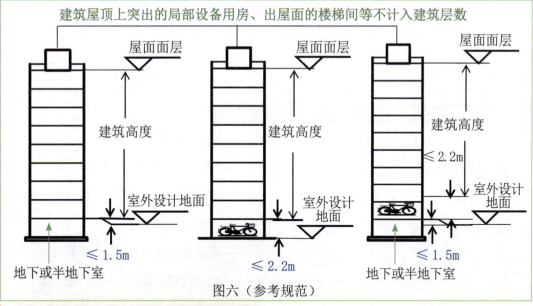

图六(参考规范)

(2) 建筑层数

建筑层数按建筑的自然层数确定,下列空间可不计入建筑层数:
① 室内顶板面高出室外设计地面的高度不大于1.5m的地下或半地下室;
② 设置在建筑底部且室内高度不大于2.2m的自行车库、储藏室、敞开空间;
③ 建筑屋顶上突出的局部设备用房、出屋面的楼梯间等。

注意

局部突出屋顶的瞭望塔、冷却塔、水箱间、微波天线间或设施、电梯机房、排风和排烟机房以及楼梯出口小间等辅助用房占屋面面积不大于1/4时,不需计入建筑高度。(无论这个面积大小多少,都不计入层数。)

(3)【补充知识点】（参考规范）
① 半地下室：房间地面低于室外设计地面的平均高度大于该房间平均净高 1/3，且不大于 1/2 者。
② 地下室：房间地面低于室外设计地面的平均高度大于该房间平均净高 1/2 者。

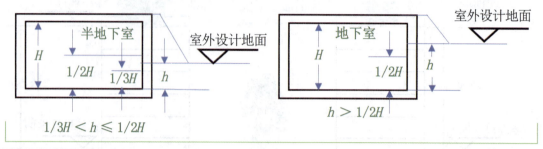

第二节 建筑材料的燃烧性能及分级

1. 建筑材料燃烧性能分级

燃烧性能等级	名　称
A	不燃材料（制品）
B1	难燃材料（制品）
B2	可燃材料（制品）
B3	易燃材料（制品）

2. 建筑材料及制品燃烧性能等级的附加信息和标识

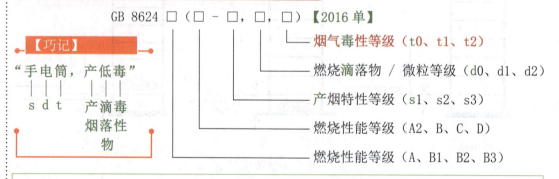

示例：GB8624B1（B-s1, d0, t1）
表示属于难燃B1级建筑材料及制品，燃烧性能细化分级为B级，产烟特性等级为s1级，燃烧滴落物/微粒等级为d0级，烟气毒性等级为t1级。

第三节 建筑构件的燃烧性能和耐火极限

1. 建筑构件的燃烧性能

建筑构件主要包括建筑内的墙、柱、梁、楼板、门、窗等。

建筑构件的耐火性能包括燃烧性能和耐火极限。

单材料燃烧性能	构件	在空气中受到火烧或高温作用时	举例
A 不燃	不燃	不起火、不微燃、不炭化	钢材、混凝土、砖、石、砌块、石膏板
B1 难燃	难燃	难起火、难微燃、难炭化，当火源移走后燃烧或微燃立即停止	沥青混凝土、经阻燃处理后的木材、塑料、水泥刨花板、板条抹灰墙
B2 可燃	可燃	立即起火或微燃，且火源移走后仍继续燃烧或微燃	木材、竹子、刨花板、宝丽板、塑料
B3 易燃			

2. 建筑构件的耐火极限

（1）耐火极限的概念

	失去（或）	指标
耐火试验时，从受到火的作用时至	承载能力	在一定时间内抵抗垮塌的能力
	完整性	在一定时间内防止火焰和热气穿透或在背火面出现火焰的能力
	隔热性	在一定时间内使其背火面温度不超过规定值的能力

（2）【补充知识点】（参考规范）【2016 单】

① 隔热性和完整性对应承载能力。
如果试件的"承载能力"已不符合要求，则将自动认为试件的"隔热性"和"完整性"不符合要求。

② 隔热性对应完整性。
如果试件的"完整性"已不符合要求，则将自动认为试件的"隔热性"不符合要求。

习题 1 某 16 层民用建筑，一层至三层为商场，每层建筑面积 3000㎡，4 至 16 层为单元式住宅，每层建筑面积为 1200㎡，建筑首层室内地坪标高为 0.000m，室外地坪标高为 -0.300m，商场平面层标高为 14.6m，住宅平面层标高为 49.700m，女儿墙标高为 50.9m，该建筑应确定为（　　）。
A. 二类高层公共建筑　　B. 一类高层公共建筑
C. 一类高层住宅建筑　　D. 二类高层住宅建筑
【答案】A

习题 2 某单位新建员工集体宿舍，室内地面标高 ±0.000m，室外地面标高 -0.0450m，地上七层，局部八层，一至七层为标准层，每层建筑面积 1200 ㎡，七层屋面层标高 ±21.000m，八层为设备用房，建筑面积 290 ㎡，八层屋面标高 ±25.000m。根据现行国家标准《建筑设计防火规范》（GB50016），该建筑类别为（　　）。
A. 二类高层住宅建筑　　B. 二类高层公共建筑
C. 多层住宅建筑　　　　D. 多层公共建筑
【答案】D

习题 3 根据《建筑材料及制品燃烧性能分级》(GB 8624－2012)，建筑材料及制品性能等级标识 GB 8624B1（B－S1, d0, t1）中，t1 表示（　　）等级。
A. 烟气毒性　　　　　　　B. 燃烧滴落物/颗粒
C. 产烟特性　　　　　　　D. 燃烧持续时间
【答案】A

习题 4 在标准耐火试验条件下，对一墙体进行耐火极限试验，试验记录显示，该墙体在受火作用至 0.50h 时粉刷层开始脱落，受火作用至 1.00h 时背火面的温度超过规定值，受火作用至 1.20h 时出现了穿透裂缝，受火作用至 1.50h 时墙体开始垮塌。该墙体的耐火极限是（　　）h。
A. 1.0　　　　　　　　　B. 0.5
C. 1.2　　　　　　　　　D. 1.5
【答案】A

习题 5 下列关于耐火极限判定条件的说法中，错误的是（　　）。
A. 如果试件失去承载能力，则自动认为试件的隔热性和完整性不符合要求
B. 如果试件的完整性被破坏，则自动认为试件的隔热性不符合要求
C. 如果试件的隔热性被破坏，则自动认为试件的完整性不符合要求
D. A 类防火门的耐火极限应以耐火完整性和隔热性作为判定条件
【答案】C

习题 6 在标准耐火试验条件下对 4 组承重墙试件进行耐火极限测定，实验结果如下表所示，表中数据正确的试验序号是（　　）。

序号	承载能力（min）	完整性（min）	隔热性（min）
1	130	120	115
2	130	135	115
3	115	120	120
4	115	115	120

A. 序号 2　　　　　　　　B. 序号 1
C. 序号 3　　　　　　　　D. 序号 4
【答案】B

第四节　建筑耐火等级要求

1. 建筑耐火等级的确定

在防火设计中，建筑整体的耐火性能是保证建筑结构在火灾时不发生较大破坏的根本，而单一建筑结构构件的燃烧性能和耐火极限是确定建筑整体耐火性能的基础。建筑耐火等级是由组成建筑物的墙、柱、楼板、屋顶承重构件和吊顶等主要构件的燃烧性能和耐火极限决定的，共分为四级。【2017 单】

2. 厂房和仓库及民用建筑的耐火等级

构件名称		耐火等级（工业建筑）			
		一级	二级	三级	四级
墙	防火墙	3.00	3.00	3.00	3.00
	承重墙	3.00	2.50	2.00	0.50
	楼梯间和前室的墙，电梯井的墙	2.00	2.00	1.50	0.50
	疏散走道两侧的隔墙	1.00	1.00	0.50	0.25
	非承重外墙、房间隔墙	0.75	0.50	0.50	0.25
柱		3.00	2.50	2.00	0.50
梁		2.00	1.50	1.00	0.50
楼板【2015 单】		1.50	1.00	0.75	0.50
屋顶承重构件		1.50	1.00	0.50	可燃性
疏散楼梯		1.50	1.00	0.75	可燃性
吊顶（包括吊顶搁栅）		0.25	0.25	0.15	可燃性

构件名称		耐火等级（民用建筑）			
		一级	二级	三级	四级
墙	防火墙	3.00	3.00	3.00	3.00
	承重墙	3.00	2.50	2.00	0.50
	非承重外墙	1.00	1.00	0.50	可燃性
	楼梯间和前室的墙，电梯井的墙，住宅建筑单元之间的墙和分户墙	2.00	2.00	1.50	0.50
	疏散走道两侧的隔墙	1.00	1.00	0.50	0.25
	房间隔墙	0.75	0.50	0.50	0.25
柱		3.00	2.50	2.00	0.50
梁		2.00	1.50	1.00	0.50
楼板		1.50	1.00	0.50	可燃性
屋顶承重构件		1.50	1.00	0.50	可燃性
疏散楼梯		1.50	1.00	0.50	可燃性
吊顶（包括吊顶格栅）		0.25	0.25	0.15	可燃性

耐火等级	主要构件要求
一级	都是不燃烧体
二级	除吊顶为难燃烧体外，其余都是不燃烧体
三级	除吊顶和房间隔墙为难燃烧体外，民用建筑的屋顶承重构件还可以采用可燃烧体（工业为难燃），其余都是不燃烧体
四级	除防火墙体为不燃烧体外，其余构件可采用难燃烧体或可燃烧体

①二级耐火等级建筑内采用不燃材料的吊顶，其耐火极限不限。
②除另有规定，以木柱承重且墙体采用不燃材料的建筑，其耐火等级按四级确定。
③对于甲、乙类生产或储存的厂房或仓库，由于其生产或储存的物品危险性大，因此这类生产场所或仓库不应设置在地下或半地下。一些性质重要、火灾扑救难度大、火灾危险性大的民用建筑，还应达到最低耐火等级要求，如地下或半地下建筑（室）和一类高层建筑的耐火等级不应低于一级；单、多层重要公共建筑和二类高层建筑的耐火等级不应低于二级。

3. 建筑构件的防火保护措施

钢结构等金属构件防火保护措施	无机耐火材料（砖石、砂浆、防火板等）包覆，可靠性更好，应优先采用	
	防火涂料喷涂	
建筑中金属夹芯板材	能用	非承重外墙、房间隔墙不宜用，确需采用时，夹芯材料应为A级，且符合对应构件的耐火极限要求
	不能用	防火墙、承重墙、楼梯间的墙、疏散走道隔墙、电梯井的墙以及楼板、上人屋面板
预制钢筋混凝土结构构件	节点和明露的钢支承构件部位是构件的防火薄弱环节和结构的重要受力点，应采取防火保护措施保证节点的耐火极限不低于相应构件的耐火极限	
一级耐火等级的单层、多层厂房（仓库）	采用自动喷水灭火系统进行全保护时，其屋顶承重构件的耐火极限不应低于1.00h（无保护≥1.5h）	

4. 耐火等级与建筑分类的适应性　【2016 单】

种类	名称	耐火等级	备注
民用建筑	地下或半地下建筑（室）和一类高层建筑	不低于一级	【2017 单】
	单、多层重要公共建筑和二类高层建筑	不低于二级	
汽车库修车库	地下、半地下和高层汽车库，甲、乙类物品运输车的汽车库，修车库和Ⅰ类汽车库、修车库	不低于一级	
	Ⅱ、Ⅲ类汽车库、修车库	不低于二级	
	Ⅳ类汽车库、修车库	不低于三级	
厂房仓库	高层厂房、甲、乙类厂房	不低于二级	建筑面积≤300 ㎡的独立甲、乙类单层厂房可采用三级耐火等级的建筑
	使用或产生丙类液体的厂房和有火花、赤热表面、明火的丁类厂房	不低于二级	当建筑面积≤500 ㎡的单层丙类厂房或建筑面积≤1000 ㎡的单层丁类厂房时为三级
	单、多层丙类厂房和多层丁、戊类厂房	不低于三级	
	高架仓库、高层仓库、甲类仓库、多层乙类仓库和储存可燃液体的多层丙类仓库	不低于二级	
	粮食筒仓	不低于二级	二级耐火等级的粮食筒仓可采用钢板仓
	粮食平房仓	不低于三级	二级耐火等级的散装粮食平房仓可采用无防火保护的金属承重构件
	单层乙类仓库，单层丙类仓库，储存可燃固体的多层丙类仓库和多层丁、戊类仓库	不低于三级	
	使用或储存特殊贵重的机器、仪表、仪器等设备或物品的建筑	不低于二级	
	锅炉房	不低于二级	当为燃煤锅炉房且锅炉的总蒸发量不大于4t/h时，可采用三级耐火等级的建筑
	油浸变压器室、高压配电装置室	不低于二级	

5. 最多允许层数和耐火等级的适应性

建筑性质	不同耐火等级的层数要求	
厂房	二级乙类最多为6层	
厂房	三级丙类最多为2层	
厂房	三级丁、戊类最多为3层	
厂房	四级丁、戊类只能为单层（甲类宜为单层）	
仓库	甲类	只能为单层
仓库	三级乙类	只能为单层
仓库	四级丁、戊类	只能为单层
仓库	三级丁、戊类最多为3层	
民用建筑	多层	三级最多为5层
民用建筑	多层	四级最多为2层
民用建筑	商店建筑、展览建筑、医院和疗养院的住院部分、教学建筑、食堂、菜市场、剧场、电影院、礼堂	三级最多为2层
民用建筑	商店建筑、展览建筑、医院和疗养院的住院部分、教学建筑、食堂、菜市场、剧场、电影院、礼堂	四级只能为单层

6. 钢结构防火涂料检查

对比样品	室内裸露钢结构、轻型屋盖钢结构及有装饰要求的钢结构，当规定其耐火极限≤1.5h时，钢结构防火涂料宜选用**薄涂型**
对比样品	室内隐蔽钢结构、高层全钢结构及多层厂房钢结构，当规定其耐火极限在>1.50h时，应选用**厚涂型**钢结构防火涂料
检查涂层外观	用0.75～1kg榔头轻击涂层检测其**强度**等，用1m**直尺**检测涂层平整度
检查涂层厚度	**厚涂型**钢结构防火涂层**最薄处**厚度**不低于**设计要求的85%且厚度不足部位的连续面积的长度不大于1m，并在5m范围内不再出现类似情况
检查膨胀倍数	薄型（膨胀型）钢结构防火涂料的**膨胀倍数**≥5
检查膨胀倍数	超薄型钢结构防火涂料的膨胀倍数≥10

第二篇 建筑防火

习题 1 建筑物的耐火等级由建筑主要构件的（　　）决定。
A. 燃烧性能
B. 耐火极限
C. 燃烧性能和耐火极限
D. 结构类型
【答案】C

习题 2 某单层建筑采用经阻燃处理的木柱承重，承重墙体采用砖墙，根据现行国家标准《建筑设计防火规范》(GB 50016-2014)，该建筑的耐火等级为（　　）。
A. 一级
B. 二级
C. 三级
D. 四级
【答案】D

习题 3 某二级耐火等级的单层家具生产厂房，屋顶承重构件为钢结构，当采用防火涂料对该屋顶承重构件进行防火保护时，其耐火极限不应小于（　　）h。
A. 0.50
B. 1.00
C. 1.50
D. 2.00
【答案】B

习题 4 某总建筑面积为900 ㎡的办公建筑，地上3层，地下1层，地上部分为办公用房，地下一层为自行车库和设备用房，该建筑地下部分最低耐火等级为（　　）h。
A. 二级
B. 一级
C. 三级
D. 四级
【答案】B

习题 5 南昌、衡阳和哈尔滨曾先后发生过3起建筑火灾坍塌事故，建筑分别在火灾发生后115min、196min、537min时坍塌。坍塌建筑的底部或底部数层均为钢筋混凝土框架结构，上部均为砖混结构。下列建筑结构中，耐火性能相对较低的是（　　）。
A. 砖混结构
B. 钢筋混凝土结构
C. 钢结构
D. 钢筋混凝土排架结构
【答案】C

习题 6 对工业建筑进行防火检查时，应注意检查工业建筑的火灾危险性、耐火等级和建筑面积，在下列工业建筑中，可以采用三级耐火等级的是（　　）。
A. 建筑面积为1500 ㎡的金属冶炼车间
B. 建筑面积为350 ㎡氨压缩机房
C. 蒸发量为7t/h的燃煤锅炉房
D. 独立建造的建筑面积为280 ㎡的单层制氢车间
【答案】D

04 第四章 总平面布局和平面布置

总平面布局和平面布置
- 建筑消防安全布局【2015-2017 单】
- 建筑防火间距【2015、2016 单】
- 建筑平面布置【2015-2018 单】【2015-2018 多】

复习建议
1. 重点章节；
2. 必考章节。

第一节 建筑消防安全布局

1. 建筑选址

周围环境	易燃易爆：设置在<u>城市的边缘</u>或者<u>相对独立的安全地带</u>	
地势条件	甲、乙、丙类液体的仓库	宜布置在<u>地势较低</u>的地方
		布置在<u>地势较高</u>处，采取<u>防止液体流散</u>的措施
	遇水容易发生火灾<u>爆炸</u>	严禁布置在可能<u>被水淹没</u>的地方【2016 单】
主导风向	液化石油气储罐区【2015 单】	全年最小频率风向的上风侧，并通风良好
	易燃材料露天堆场	天然水源充足和全年最小频率风向的上风侧

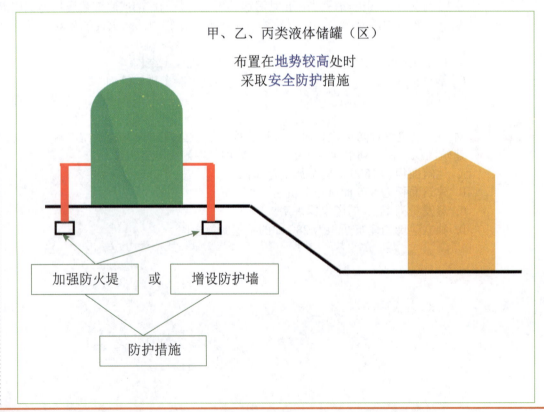

甲、乙、丙类液体储罐（区）
布置在<u>地势较高</u>处时
采取<u>安全防护</u>措施

加强防火堤 或 增设防护墙
防护措施

2. 城市总体布局的消防安全

(1)	易燃易爆物品的工厂、仓库，甲、乙、丙类液体储罐区，液化石油气储罐区，可燃、助燃气体储罐区，可燃材料堆场	城市（区域）的边缘或相对独立的安全地带 + 城市（区域）全年最小频率风向的上风侧【2016 单】
(2)	甲、乙、丙类液体储罐（区）	尽量布置在地势较低的地带；当条件受限确需布置在地势较高的地带时，需设置可靠的安全防护设施
(3)	可燃气体、蒸气和粉尘的工厂和大型液化石油气储存基地	全年最小频率风向的上风侧 + 与人员集中地区保持足够的防火安全距离
(4)	大中型石油化工企业、石油库、液化石油气储罐站	（沿城市、河流）布置在城市河流的下游，并且防止液体流入河流
(5)	汽车加油、加气站	远离人员集中场所和重要的公共建筑
(6)	一级加油站、一级加气站、一级加油加气合建站和 CNG 加气母站	城市建成区和中心区域以外的区域
(7)	装运液化石油气和其他易燃易爆化学物品的专用码头	与其他物品码头之间的距离不小于最大装运船舶长度的 2 倍
		距主航道的距离不小于最大装运船舶长度的 1 倍
(8)	街区道路中心线间距离	160m 以内
(9)	市政消火栓	沿可通行消防车的街区道路布置，间距不得大于 120m
(10) 注意	耐火等级低的建筑密集区和棚户区	拆除一些破旧房屋，建造一、二级耐火等级的建筑
	一时不能拆除重建	划分占地面积不大于 2500 ㎡ 的分区
		各分区之间留出不小于 6m 的通道或设置高出建筑屋面不小于 50cm 的防火墙（见下图）
	无市政消火栓或消防给水不足、无消防车通道的区域	增加给水管道管径和市政消火栓，或根据具体条件修建容量为 100～200m³ 的消防蓄水池

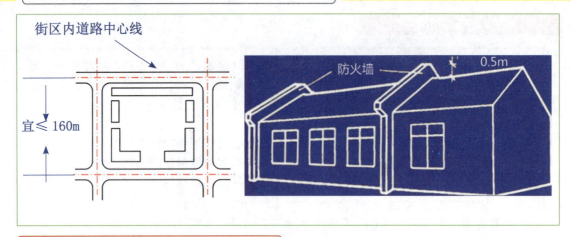

3. 常见企业总平面的布局【2015、2017 单】

石油化工企业	宜布置在人员集中场所及明火或散发火花地点的全年最小频率风向的上风侧；厂区主要出入口不少于两个，并设置在不同方位。消防站的设置位置便于消防车迅速通往工艺装置区和罐区，宜位于生产区全年最小频率风向的下风侧且避开工厂主要人流道路
火力发电厂	布置在厂区内的点火油罐区，检查围栅高度不小于 1.8m；当利用厂区围墙作为点火油罐区的围栅时，实体围墙的高度不小于 2.5m
钢铁冶金企业	布置在厂区边缘或主要生产车间、职工生活区全年最小频率风向上风侧。煤气罐区四周均设置围墙。当总容积不超过 200000m³ 时，罐体外壁与围墙的间距不宜小于 15.0m；当总容积大于 200000m³ 时，不宜小于 18.0m。储罐的净距均不得小于 2.0m

习题 1 某机械加工厂所在地区的年最小频率风向为西南风，最大频率风向为西北风，在厂区内新建一座总储量 15t 的电石仓库。该电石仓库的下列选址中符合防火要求的是（　　）。
A. 生产区内的西南角，靠近需要电石的戊类厂房附近地势比较低的位置
B. 辅助生产区内的东南角，地势比较低的位置
C. 储存区内的东北角，地势比较高的位置
D. 生产区的东北角，靠近需要电石的戊类厂房附近地势比较低的位置

【答案】C

习题 2 某石油化工企业的厂区设置办公区、动力设备用房、消防站、甲类和乙类液体储蓄罐、液体烃储蓄罐、装卸设施和桶装油品堆场。下列关于工厂总平面布置的做法中，正确的是（　　）。
A. 全厂性的高架火炬设置在生产区全年最小频率风向的上风侧
B. 采用架空电力线路进出厂区的总变电所布置在厂区中心
C. 消防站位于生产区全年最小频率风向的上风侧
D. 散发可燃气体的工艺装置和罐组布置在人员集中场所全年最小频率风向的下风侧

【答案】A

第二篇 建筑防火

习题 3 某厂为满足生产要求,要建设一个总储量为 1500m³ 的液化石油气罐储罐区。该厂所在地区的全年最小频率风向为东北风。在其他条件均满足规范要求的情况下。该储罐区宜布置在厂区的（　　）。
A. 东北侧　　　　　　　　B. 西北侧
C. 西南侧　　　　　　　　D. 东南侧

【答案】A

习题 4 某单位拟新建一座石油库,下列该石油库规划布局方案中,不符合消防安全布局原则的是（　　）。
A. 行政管理区布置在本单位全年最小频率风向的上风侧
B. 储罐区布置在本单位地势较低处
C. 储罐区泡沫站布置在罐组防火堤外的非防爆区
D. 铁路装卸区布置在地势高于石油库的边缘地带

【答案】A

第二节　建筑防火间距

1. 防火间距概念

防火间距是一座建筑物着火后,火灾不会蔓延到相邻建筑物的空间间隔,它是针对相邻建筑间设置的。

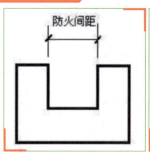

2. 防火间距设置

（1）民用建筑的防火间距（单位：m）

表一

建筑类别		高层民用建筑	裙房和其他民用建筑		
		一、二级	一、二级	三级	四级
高层民用建筑	一、二级	13	9	11	14
裙房和其他民用建筑	一、二级	9	6	7	9
	三级	11	7	8	10
	四级	14	9	10	12

小窍门

表一中,绿色点画线中,横向和竖向数字一样,"13、9、11、14"和"6、7、9";浅蓝虚线中的数字,分别是 8＋2=10,8+4=12；或者递进 +2：8+2=10,10+2=12；故,请记住："13 9 11 14 6 7 9 8"就可以了,连起来是不是一个电话号码？

附注

非高层：S=6+B1+B2（一二级 =0,三级 =1,四级 =3）

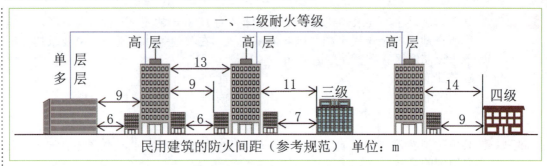

民用建筑的防火间距（参考规范）　单位：m

① 相邻两座单、多层建筑，当相邻外墙为不燃性墙体且无外露的可燃性屋檐，每面外墙上无防火保护的门、窗、洞口不正对开设且面积之和不大于该外墙面积的5%时，其防火间距可按本表规定减少25%（如图一）。

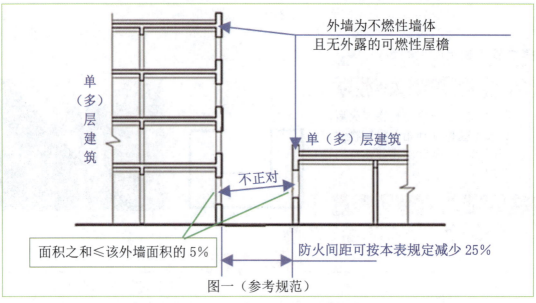

图一（参考规范）

② 两座建筑相邻较高一面外墙为防火墙，或高出相邻较低一座一、二级耐火等级建筑的屋面15m及以下范围内的外墙为防火墙时，其防火间距可不限（如图二）。

③ 相邻两座高度相同的一、二级耐火等级建筑中相邻任一侧外墙为防火墙，屋顶的耐火极限不低于1.00h时，其防火间距可不限（如图三）。

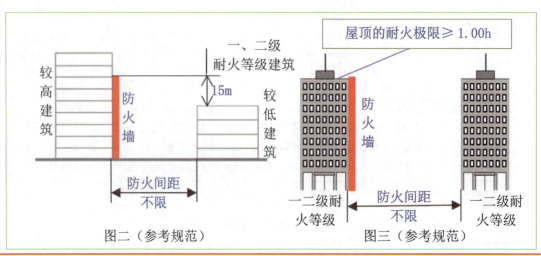

图二（参考规范）　　图三（参考规范）

④ 相邻两座建筑中较低一座建筑的耐火等级不低于二级，屋顶的耐火极限不低于1.00h屋顶无天窗且相邻较低一面外墙为防火墙时，其防火间距不应小于3.5m；对于高层建筑，不应小于4m（如图四）。

⑤ 相邻两座建筑中较低一座建筑的耐火等级不低于二级且屋顶无天窗，相邻较高一面外墙高出较低一座建筑的屋面15m及以下范围内的开口部位设置甲级防火门、窗，或设置符合规定的防火分隔水幕或防火卷帘时，其防火间距不应小于3.5m；对于高层建筑，不应小于4m（如图五）。

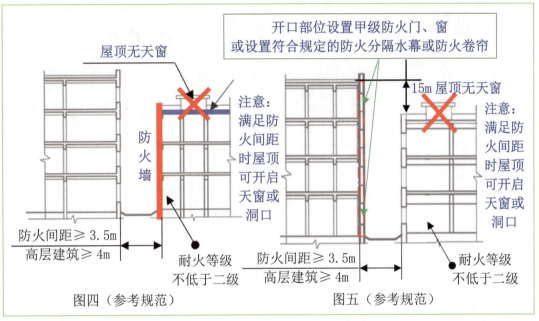

图四（参考规范）　　　图五（参考规范）

⑥ 相邻建筑通过底部的建筑物、连廊或天桥等连接时，其间距不应小于（表一）的规定（如图六）。

⑦ 耐火等级低于四级的既有建筑的耐火等级可按四级确定。

⑧ 建筑高度大于100m的民用建筑与相邻建筑的防火间距，当符合上述允许减小的条件时，仍不应减小。【2017 单】

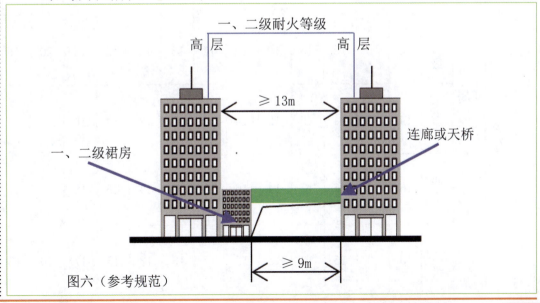

图六（参考规范）

(2) 厂房的防火间距

厂房之间及其与乙、丙、丁、戊类仓库、民用建筑等的防火间距（单位：m）见表二：

表二

名称			甲类厂房 单、多层 一二级	乙类厂房（仓库）			丙、丁、戊类厂房（仓库）				民用建筑				
				单、多层		高层	单、多层			高层	裙房，单、多层			高层	
			一二级	一二级	三级	一二级	一二级	三级	四级	一二级	一二级	三级	四级	一类	二类
甲类厂房	单层或多层	一二级	12	12	14	13	12	14	16	13					
乙类厂房	单层或多层	一二级	12	10	12	13	10	12	14	13	25			50	
		三级	14	12	14	15	12	14	16	15					
	高层	一二级	13	13	15	13	13	15	17	13					
丙类厂房	单层或多层	一二级	12	10	12	13	10	12	14	13	10	12	14	20	15
		三级	14	12	14	15	12	14	16	15	12	14	16	25	20
		四级	16	14	16	17	14	16	18	17	14	16	18		
	高层	一二级	13	13	15	13	13	15	17	13	13	15	17	20	15

续表

名称			甲类厂房 单、多层 一二级	乙类厂房（仓库）			丙、丁、戊类厂房（仓库）					民用建筑			
				单、多层		高层	单、多层			高层		裙房，单、多层			高层	
				一二级	三级	一二级	一二级	三级	四级	一二级		一二级	三级	四级	一类	二类
丁戊类厂房	单层或多层	一二级	12	10	12	13	10	12	14	13		10	12	14	15	13
		三级	14	12	14	15	12	14	16	15		12	14	16	18	15
		四级	16	14	16	17	14	16	18	17		14	16	18		
	高层	一二级	13	13	15	13	13	15	17	13		13	15	17	15	13
室外变配电站	变压器总油量 /t	≥5 ≤10	25	25	25	25	12	15	20	12		15	20	25	20	
		>10 ≤50					15	20	25	15		20	25	30	25	
		>50					20	25	30	20		25	30	35	30	

表二经整理，得到表三：

表三

名称			甲类厂房	乙（无四级）丙、丁、戊类厂房（仓库）			
			单、多层	单、多层			高层
			一二级	一二级	三级	四级	一二级
甲类厂房	单、多层	一二级	12	12	14	16	13
乙（无四级）丙、丁、戊类厂房（仓库）	单、多层	一二级		10	12	14	13
		三级			14	16	15
		四级				16	17
	高层	一二级					13

小窍门

防火间距 S=A+B1+B2
A（高层 =13，甲类 =12，乙丙丁戊 =10）
B1、B2（一二级 =0，三级 =2，四级 =4）

例如

甲类厂房与甲类一级单、多层厂房的防火间距
S=12+0+0=12
甲类厂房与丙类三级单、多层仓库的防火间距
S=12+0+2=14

▶ 厂房之间及其与乙、丙、丁、戊类仓库和民用建筑等之间的防火间距不应小于规范的规定，同时应注意以下几点：

① 乙（甲）类厂房与重要公共建筑的防火间距不宜（不应）小于 50m；与明火或散发火花地点的防火间距不宜（不应）小于 30m。单、多层戊类厂房之间及与戊类仓库的防火间距可按本表的规定减少 2m，与民用建筑的防火间距可将戊类厂房等同民用建筑，按民用建筑的规定执行。为丙、丁、戊类厂房服务而单独设置的生活用房应按民用建筑确定，与所属厂房的防火间距不应小于 6m。

② 两座厂房相邻较高一面外墙为防火墙时，或相邻两座高度相同的一、二级耐火等级建筑中相邻任一侧外墙为防火墙且屋顶的耐火极限不低于 1.00h 时，其防火间距不限，（同民建）但甲类厂房之间不应小于 4m。两座丙、丁、戊类厂房相邻两面外墙均为不燃性墙体，当无外露的可燃性屋檐，每面外墙上的门、窗、洞口面积之和各不大于该外墙面积的 5%，且门、窗、洞口不正对开设时，其防火间距可按表的规定减少 25%。（同单、多层民建）

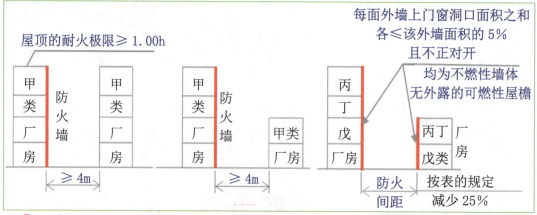

③ 两座一、二级耐火等级的厂房，当相邻较低一面外墙为防火墙且较低一座厂房的屋顶无天窗，屋顶的耐火极限不低于 1.00h，或相邻较高一面外墙的门、窗等开口部位设置甲级防火门、窗或防火分隔水幕，或按规定设置防火卷帘时，甲、乙类厂房之间的防火间距不应小于 6m；丙、丁、戊类厂房之间的防火间距不应小于 4m。

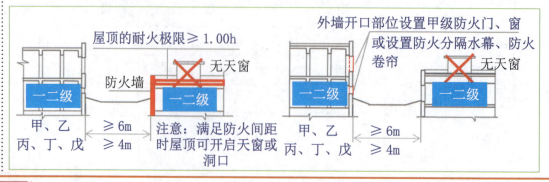

④ 发电厂内的主变压器的油量可按单台确定。
⑤ 耐火等级低于四级的既有厂房，其耐火等级可按四级确定。
⑥ 当丙、丁、戊类厂房与丙、丁、戊类仓库相邻时，应符合以上第②条和第③条的规定。

【表格整理】

放宽条件	防火间距	民用建筑	厂房
相邻外墙不燃无可燃性屋檐，各自无防火保护的洞口≤各自墙面的5%且不正对	减25%	单、多层之间	丙、丁、戊之间
相邻高一面全防火墙	不限		甲类之间4m限
相邻等高 二级，一面外墙全防火墙，且屋顶1.00h			

放宽条件	防火间距	民用建筑	厂房
相邻高一面比低屋面高出15m范围内为防火墙	不限	低建筑为一、二级	无此项
相邻低一、二级，低一面为防火墙，屋顶1.00h且无天窗		单、多层3.5m，出现高层应为4m	高也要一、二级。甲乙之间6m限，丙丁戊之间4m。
相邻低一、二级，高一面甲级门窗防火分隔水幕或防火卷帘		低屋顶无天窗，高出较低建筑15m范围内设置单、多层3.5m，出现高层应为4m	

	一、二级	三级	四级
一、二级	10	12	14
三级	12	14	16
四级	14	16	18

① 甲类+2；高层+3；同时都存在只加上一个3就行。
② 甲（乙）类厂房与重要公共建筑、高层民用建筑不应（不宜）<50m。
③ 甲（乙）类厂房与散发火花地点不宜（不应）<30m。
④ 甲（乙）类厂房与单多层民用建筑、裙房不宜（不应）<25m。

(3) 厂房外附设有化学易燃物品设备的防火间距

总容量不大于 15m³ 的丙类液体储罐,当直埋于厂房外墙外,且面向储罐一面 4.0m 范围内的外墙为防火墙时,其防火间距不限。

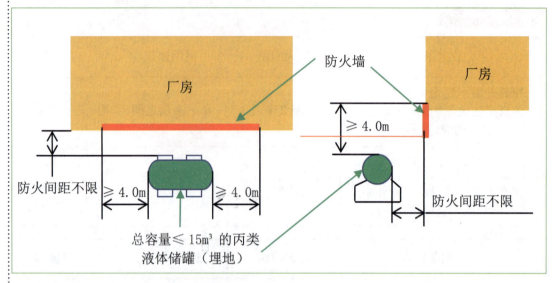

① 厂区围墙与厂区内建筑的间距不宜小于 5m,围墙两侧建筑的间距应满足相应建筑的防火间距要求。
② 同一座 U 形或山形厂房中相邻两翼之间的防火间距,不宜小于前述规定,但当厂房的占地面积小于规范规定的每个防火分区最大允许建筑面积时,其防火间距可为 6m。

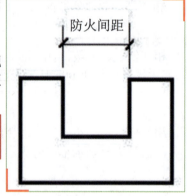

(4) 乙、丙、丁、戊类仓库之间及其与民用建筑之间的防火间距

详见表四(单位:m)

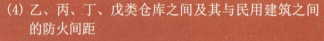

表四

乙、丙、丁、戊类仓库			乙类仓库		丙类仓库			丁、戊类仓库		
			单、多层	高层	单、多层		高层	单、多层		高层
			一二级	三级	一二级	三级	四级	一二级	三级	四级	一二级
单层或多层	一二级	10	12	13	10	12	14	13	10	12	14	13
	三级	12	14	15	12	14	16	15	12	14	16	15
	四级	14	16	17	14	16	18	17	14	16	18	17
高层	一二级	13	15	13	13	15	17	13	13	15	17	13

续表

			乙类仓库		丙类仓库			丁、戊类仓库			
			单、多层	高层	单、多层		高层	单、多层		高层	
			一二级	三级	一二级	三级	四级	一二级	一二级	三级	四级	一二级
民用建筑	裙房单、多层	一二级	25	10	12	14	13	10	12	14	13
		三级	25	12	14	16	15	12	14	16	15
		四级	25	14	16	18	17	14	16	18	17
	高层	一类	50	20	25	25	20	15	18	18	15
		二类	50	15	20	20	15	13	15	15	13

在执行表四时应注意以下几点：

① 单层、多层戊类仓库之间的防火间距，可按（表四）减少2m。

② 两座仓库的相邻外墙均为防火墙时，防火间距可以减小，但丙类不应小于6m；丁、戊类不应小于4m。两座仓库相邻较高一面外墙为防火墙，或相邻两座高度相同的一、二级耐火等级建筑中相邻任一侧外墙为防火墙且屋顶的耐火极限不低于1.00h，且总占地面积不大于规范规定的一座仓库的最大允许占地面积规定时，其防火间距不限。

③ 除乙类第6项物品（常温下与空气接触能缓慢氧化，积热不散引起自燃的物品）外的乙类仓库，与民用建筑之间的防火间距不宜小于25m，与重要公共建筑的防火间距不应小于50m。

3. 防火间距的计算

对防火间距进行实地测量时，沿建筑周围选择相对较近处测量间距，测量值的允许负偏差不得大于规定值的5%。

计算方法	(1) 建筑物之间：从**外墙**的最近水平距离计算，当**外墙有凸出**的可燃或难燃构件时，从其**凸出部分外缘**计算（图一）
	(2) 建筑物与储罐、堆场的防火间距，为建筑**外墙**至储罐**外壁**或堆场中相邻堆垛**外缘**的最近水平距离（图二）
	(3) 储罐之间的防火间距为相邻两储罐**外壁**的最近水平距离，储罐与堆场的防火间距为储罐**外壁**至堆场中相邻堆垛**外缘**的最近水平距离（图二）
	(4) 堆场之间的防火间距为两堆场中相邻堆垛**外缘**的最近水平距离（图三）
	(5) 变压器之间的防火间距为相邻变压器**外壁**的最近水平距离。变压器与建筑物、储罐或堆场的防火间距，为变压器外壁至建筑**外墙**、储罐外壁或相邻堆垛**外缘**的最近水平距离（图三）
	(6) 建筑物、储罐或堆场与道路、铁路的防火间距，为建筑外墙、储罐外壁或相邻堆垛外缘距道路最近一侧路边或铁路中心线的**最小水平距离**（图三）

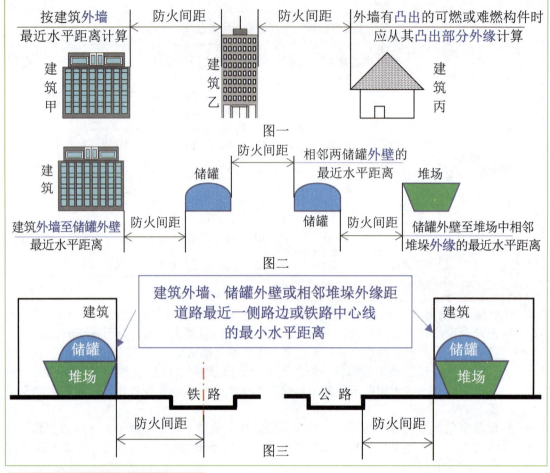

图一

图二

图三

4. 防火间距不足时的处理

①改变建筑内的生产或使用性质，尽量减少建筑物的火灾危险性；改变房屋部分结构的耐火性能，提高建筑物的耐火等级。
②调整生产厂房的部分工艺流程和库房的储存物品的数量；调整部分构件的耐火性能和燃烧性能。
③将建筑物的普通外墙改为防火墙或减少相邻建筑的开口面积。
④拆除部分耐火等级低、占地面积小、适用性不强且与新建建筑相邻的原有陈旧建筑物。
⑤设置独立的室外防火墙等。（注意：不是室内的）

巧记

"拆旧碉（堡）改为独立防火墙"

关键词：拆除 陈旧 调整 改变 改为 独立 墙 防火墙

习题1 在建筑高度为126.2m的办公塔楼短边侧拟建一座建筑高度为23.9m，耐火等级为二级的商业建筑，该商业建筑屋面板耐火极限为1.00h且无天窗、毗邻办公塔楼外墙为防火墙，其防火间距不应小于（　　）m。
A.9　　　　　　　　　　　　B.4
C.6　　　　　　　　　　　　D.13

【答案】A

习题 2 某工厂有一座建筑高度为 21m 的丙类生产厂房,耐火等级为二级。现要在旁边新建一座建筑耐火等级为二级、建筑高度为 15m、屋顶耐火极限不低于 1.00h 且屋面无天窗的丁类生产厂房。如该丁类生产厂房与丙类厂房相邻一侧的外墙采用无任何开口的防火墙,则两座厂房之间的防火间距不应小于（　　）m。
A. 10　　　　　　　　　　B. 3.5
C. 4　　　　　　　　　　D. 6

【答案】C

习题 3 某工厂的一座大豆油浸出厂房,其周边布置有二级耐火等级的多个建筑以及储油罐,下列关于该浸出厂房与周边建（构）筑物防火间距的做法中,正确的有（　　）。
A. 与大豆预处理厂房（建筑高度 27m）的防火间距为 12m
B. 与燃煤锅炉房（建筑高度 7.5m）的防火间距为 25m
C. 与豆粕脱溶烘干厂房（建筑高度 15m）的防火间距为 10m
D. 与油脂精炼厂房（建筑高度 21m）的防火间距为 12m
E. 与溶剂油储罐（钢制,容量 20m³）的防火间距为 15m

【答案】DE

习题 4 基于热辐射影响,在确定建筑防火间距时应考虑的主要因素有（　　）。
A. 相邻建筑的生产和使用性质
B. 相邻建筑外墙燃烧性能和耐火极限
C. 相邻建筑外墙开口大小及相对应位置
D. 建筑高差小于 15m 的相邻较低建筑的建筑层高
E. 建筑高差大于 15m 的较高建筑的屋顶天窗开口大小

【答案】ABC

习题 5 防火间距不足时可采取的防火技术措施有（）。
A. 改变建筑物的生产和使用性质
B. 调整全部构件的耐火性能
C. 将建筑物的普通外墙改造为防火墙
D. 拆除部分与新建筑物相邻的原有陈旧建筑物
E. 设置独立的室内防火墙

【答案】ACD

第三节　建筑平面布置

1. 布置原则

① 除为满足民用建筑使用功能所设置的附属库房外,民用建筑内不应设置生产车间和其他库房。

② 经营、存放和使用甲、乙类火灾危险性物品的商店、作坊和储藏间,严禁附设在民用建筑内。

2. 设备用房布置

设备用房	设置部位要求	
锅炉房、变压器室	宜设置在建筑外的专用房间内,确需贴邻民用建筑时,专用房间的耐火等级不应低于二级,应采用防火墙分隔,且不应贴邻人员密集场所	布置在民用建筑内时,不应布置在人员密集场所的上一层、下一层或贴邻
柴油发电机房		
消防控制室	单独建造的,耐火等级不应低于二级	
消防水泵房		

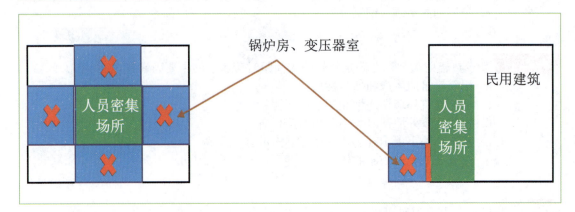

设备用房	设置部位要求	
锅炉房、变压器室	应在首层或地下一层的靠外墙部位	常(负)压燃油或燃气锅炉,可设置在地下二层或屋顶上。设置在屋顶上的常(负)压燃气锅炉,距离通向屋面的安全出口不小于6m。采用相对密度(与空气密度的比值)不小于0.75的可燃气体为燃料的锅炉,不得设置在地下或半地下
柴油发电机房	宜在首层及地下一、二层	
消防控制室	宜在首层或地下一层靠外墙部位	远离电磁场干扰较强及其他可能影响消防控制设备工作的设备用房。严禁与消防控制室无关的电气线路和管路穿过
消防水泵房	不应设置在地下三层及以下	不应设置在地下室内地面与室外出入口地坪高差大于10m的楼层内

续表

设备用房	疏散门	与其他部位的防火分隔	防火分隔上的门
柴油发电机房	直通室外或安全出口	2+1.5	甲级防火门、窗
锅炉房变压器室			
消防水泵房			
消防控制室			通风、空调机房和变、配电室（消防控制室和灭火设备室）开向建筑内的门应采用甲（乙）级防火门
消防设备用房			
功能区域分隔		2+1	乙级门（电影院、剧院、礼堂为甲级）

其他设置内容	要求
锅炉房、柴油发电机房的储油间	总储存量不得大于 1m³，且应采用耐火极限不低于 3.00h 的防火隔墙与锅炉间分隔；确需在防火隔墙上开设的门为甲级防火门
锅炉房、柴油发电机房、变压器室的消防设施	应设置火灾报警装置、独立的通风系统和与建筑规模相适应的灭火设施；建筑内其他部位设置自动喷水灭火系统时，其也要相应设置；燃油锅炉房应采用丙类液体作燃料
变压器容量	油浸变压器的总容量不大于 1260kV·A，单台容量不大于 630kV·A
变压器室防流散设施	油浸变压器、多油开关室、高压电容器室，设置防止油品流散的设施；对于油浸变压器，应设置能储存变压器全部油量的事故储油设施

3. 液化石油气瓶组

检查内容	要求
与所服务建筑的间距	应设置独立的瓶组间
	瓶组间不应与住宅建筑、重要公共建筑和其他高层公共建筑贴邻，液化石油气气瓶的总容积不大于 1m³ 的瓶组间与所服务的其他建筑贴邻时，应采用自然气化方式供气
设施	瓶组间应设置可燃气体浓度报警装置；总出气管道上设置紧急事故自动切断阀

液化石油气气瓶的独立瓶组间与所服务建筑的防火间距

液体石油气气瓶的总容积 $1m^3 < V \leq 4m^3$ 的独立瓶组间,与所服务建筑的防火间距应符合下表的规定。

名称		液化石油气气瓶的独立瓶组间的总容积 V（m³）	
		$V \leq 2$	$2 < V \leq 4$
明火或散发火花地点		25m	30m
重要公共建筑、一类高层民用建筑		15m	20m
裙房和其他民用建筑		8m	10m
道路（路边）	主要	10m	
	次要	5m	

注：气瓶总容积应按配置气瓶个数与单瓶几何容积的乘积计算

习题1 对民用建筑的附属用房进行防火检查，下列检查结果中，不符合现行国家消防技术标准的是（　　）。
A. 消防控制室采用耐火极限为 3.00h 的隔墙和 1.50h 的楼板与其他部位隔开，隔墙上的门为乙级防火门
B. 将常压燃油锅炉房设置在高层建筑屋顶上，距通向屋面的安全出口的距离为 6m
C. 将柴油发电机房设置在商业建筑地下一层
D. 将油浸变压器室设置在剧场建筑地上二层

【答案】D

习题2 某办公楼建筑，地上28层，地下3层，室外地坪标高为 -0.600m，地下三层的地面标高为 -10.000m。下列关于该建筑平面布置的做法中，错误的是（　　）。
A. 将消防控制室设置在地下一层，其疏散门直通紧邻的防烟楼梯间
B. 将使用天然气作燃料的常压锅炉房布置在屋顶，与出屋面的疏散楼梯间出口的最近距离为 7m
C. 将消防水泵房布置在地下三层，其疏散门直通紧邻的防烟楼梯间
D. 将干式变压器室布置在地下二层，其疏散门直通紧邻的防烟楼梯间

【答案】C

习题3 某大型地下商业建筑，占地面积为 30000m²。下列对该建筑防火分隔措施的检查结果中，不符合现行国家标准要求的有（　　）。
A. 消防控制室房间门采用乙级防火门
B. 空调机房房间门采用乙级防火门
C. 气体灭火系统储瓶间房间门采用乙级防火门
D. 变、配电室房间门采用乙级防火门
E. 通风机房房间门采用乙级防火门

【答案】BDE

习题 4 某商场建筑，地上 4 层，地下 2 层，每层建筑面积为 1000 ㎡，地下一层为库房和设备用房，地上一至四层均为营业厅，有关该建筑内设置柴油发电机房的下列设计方案中，正确的有（　　）。

A. 在储油间与发电机间之间设置耐火极限为 2.00h 的防火隔墙
B. 柴油发电机房与营业厅之间设置耐火极限为 2.00h 的防火隔墙
C. 将柴油发电机房设置在地下二层
D. 柴油发电机房与营业厅之间设置耐火极限为 1.50h 的楼板
E. 储油间的柴油总储存量为 1m³

【答案】CE

4. 人员密集场所布置

(1) 观众厅、会议厅、多功能厅

内容	要求
设置层数	在地下或半地下时，宜在地下一层，不得在地下三层及以下楼层
	在一、二级耐火等级的建筑内时，观众厅宜布置在首层、二层或三层
	在三级耐火等级的建筑内时，不得布置在三层及以上楼层
其他楼层	设置在一、二级耐火等级的其他楼层时，一个厅、室厅的建筑面积不宜大于 400 ㎡，且一个厅、室的疏散门不少于 2 个。当设置在高层建筑内时，应设置火灾自动报警系统和自动喷水等灭火系统

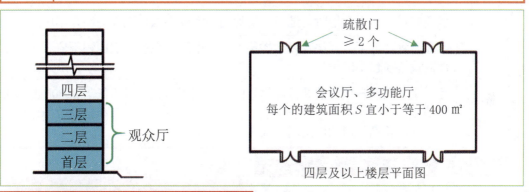

(2) 电影院、剧场、礼堂

内容	宜独立设置，设在其他建筑内的要求
设置层数	在地下或半地下时，宜在地下一层，不得在地下三层及以下楼层
	在一、二级耐火等级的建筑内时，观众厅宜布置在首层、二层或三层
	在三级耐火等级的建筑内时，不得布置在三层及以上楼层
其他要求	在四层及以上楼层时，每个观众厅的建筑面积不宜大于 400 ㎡，且一个厅、室的疏散门不少于 2 个。设置在高层建筑内时，应设置火灾自动报警系统及自动喷水灭火系统等自动灭火系统
防火分隔	至少设置 1 个独立的安全出口和疏散楼梯，并采用耐火极限不低于 2.00h 的防火隔墙和<u>甲级防火门分隔</u>

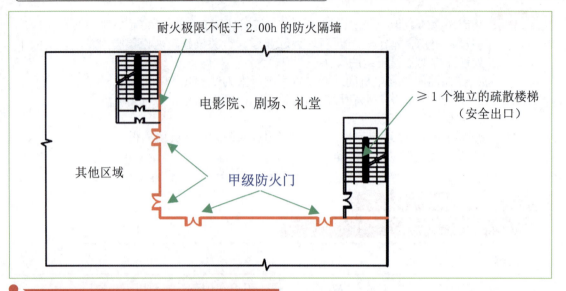

(3) 歌舞娱乐放映游艺场所

内容	要求
设置层数	不应布置在地下二层及以下楼层
	宜布置在一、二级耐火等级建筑物内的首层、二层或三层的靠外墙部位
	不宜布置在袋形走道的两侧或尽端
	确需布置在地下一层时，地下一层地面与室外出入口地坪的高差不应大于10m
	确需布置在地下或4层及以上楼层时，一个厅、室的建筑面积不应大于200 m²（设自喷也不能增加）
防火分隔	厅、室之间及与建筑的其他部位之间，应采用耐火极限不低于2.00h的防火隔墙和1.00h的不燃性楼板分隔，设置在厅、室墙上的门和该场所与建筑内其他部位相通的门均应采用乙级防火门

(4) 商店、展览建筑

检查内容	要求
设置层数	不应设置在地下三层及以下楼层
	设置在三级耐火等级建筑内的应在首层或二层
	设置在四级耐火等级建筑内的应在首层
商品种类	火灾危险性为甲、乙类的不得在地下、半地下经营
防火分隔	《建筑设计防火规范》（5.3.5）地下商业营业厅总建筑面积大于20000 m²时，应采用无门窗洞口的防火墙、耐火极限不低于2.00h的楼板进行分隔；对确需局部连通的相邻区域，采取下沉式广场、防火隔间、避难走道和防烟楼梯间等措施进行防火分隔

总建筑面积＞20000 ㎡的地下或半地下商店（参考规范）

5. 特殊场所布置

（1）儿童活动场所

检查内容	要　　求	
设置层数	不应设置在地下、半地下，宜独立设置	
	设在一、二级耐火等级建筑的首层、二层、三层	独立不超3层
	设在三级耐火等级的建筑的首层、二层	独立不超2层
	设在四级耐火等级建筑的首层	独立应为单层
安全出口	设置在高层建筑内时，应设置独立的安全出口和疏散楼梯	
	设置在单、多层建筑内时，宜设置独立的安全出口和疏散楼梯	
防火分隔	设置在其他民用建筑内时，应采用耐火极限不低于2.00h的防火隔墙和1.00h的楼板与其他场所或部位分隔，墙上必须设置的门窗应采用乙级防火门窗	

（2）老年人照料设施

检查内容	要　　求
设置层数	除木结构外，不应低于三级。一、二级不宜大于32m，不应大于54m；三级不超2层
	老年人公共活动用房、康复与医疗用房布置在地下一层或地上四层及以上楼层时，每间用房的建筑面积不应大于200 ㎡且使用人数不应大于30人
防火分隔	应采用耐火极限不低于2.00h的防火隔墙和1.00h的不燃性楼板与其他场所或部位隔开，墙上必须设置的门、窗应采用乙级防火门窗
消防设施	应设置火灾自动报警系统和自动喷水灭火系统等

(3) 医院和疗养院的住院部分

检查内容	要求	
设置层数	不应设置地下、半地下	
	设在三级耐火等级的建筑的首层、二层	独立不超2层
	设在四级耐火等级建筑的首层	独立应为单层
防火分隔	相邻护理单元之间应采用耐火极限不低于2.00h的防火隔墙分隔，隔墙上的门应采用乙级防火门，设置在走道上的防火门应采用常开防火门	

(4) 教学建筑、食堂、菜市场

检查内容	要求	
设置层数	设在三级耐火等级的建筑的首层、二层	独立不超2层
	设在四级耐火等级建筑的首层	独立应为单层

习题1 在对某高层多功能组合建筑进行防火检查时，查阅资料得知，该建筑耐火等级为一级，十层至顶层为普通办公用房，九层及以下为培训、娱乐、商业等功能，防火分区划分符合规范要求。该建筑的下列做法中，不符合现行国家消防技术标准的是（　　）。
A. 消防水泵房设于地下二层，其室内地面与室外出入口地坪高差为10m
B. 常压燃气锅炉房布置在主楼屋面上，使用管道天然气作燃料，距离通向屋面的安全出口10m
C. 裙楼五层的歌舞厅，各厅室的建筑面积均不大于200㎡，与其他区域共用安全出口
D. 主楼六层设有儿童早教培训班，设有独立的安全出口

【答案】D

习题2 下列建筑场所中，不应布置在民用建筑地下二层的是（　　）。
A. 礼堂　　　　　　　　B. 电影院观众厅
C. 歌舞厅　　　　　　　D. 会议厅

【答案】C

习题3 下列建筑或楼层中，可以开办幼儿园的是（　　）。
A. 租用消防验收合格后未经改造的设有一个疏散楼梯的6层单元式住宅的第三层
B. 租用消防验收合格、能提供一个独立使用的封闭楼梯间的高层办公楼裙房的第四层
C. 租用消防验收合格、建筑面积为500㎡，有2个防烟楼梯间的单独建造的半地下室
D. 建筑面积为600㎡，安全疏散和消防设置满足要求的单层砖木结构的房屋

【答案】D

习题 4 某建筑面积为 45000m² 的地下商场,采取防火分隔措施将商场分割为多个建筑面积不大于 20000m² 的区域。该商场对区域之间局部需要连通的部位采取的防火分隔措施中,符合现行国家标准《建筑设计防火规范》(GB50016)的是(　　)。
A. 采用防烟楼梯间分隔,楼梯间门为甲级防火门
B. 采用耐火极限为 3.00h 的防火墙分隔,墙上设置了甲级防火门
C. 采用防火隔间分隔,墙体采用耐火极限为 2.00h 的防火隔墙
D. 采用避难走道分隔,避难走道防火隔墙的耐火极限为 2.00h

【答案】A

习题 5 对民用建筑实施防火检查时,检查人员应注意查看特殊功能场所是否设置在地下或半地下,且不应设置在四层及四层以上的用房(　　)。
A. 托儿所、幼儿园的儿童用房　　　B. 医院的住院部分
C. 疗养院的住院部分　　　　　　　D. 儿童游乐厅等儿童活动场所
E. 老年人活动场所

【答案】AD

习题 6 下列办公建筑内会议厅的平面布置方案中,正确的是(　　)。
A. 耐火等级为二级的办公建筑,将建筑面积为 300 m² 的会议厅布置在地下一层
B. 耐火等级为一级的办公建筑,将建筑面积为 600 m² 的会议厅布置在地上四层
C. 耐火等级为一级的办公建筑,将建筑面积为 200 m² 的会议厅布置在地下二层
D. 耐火等级为二级的办公建筑,将建筑面积为 500 m² 的会议厅布置在地上三层
E. 耐火等级为三级的办公建筑,将建筑面积为 200 m² 的会议厅布置在地上三层

【答案】CD

6. 住宅建筑及设置商业服务网点的住宅建筑

内容	公共建筑	设置商业服务网点的住宅
住宅部分与非住宅部分分隔	应采用耐火极限不低于 2.00h 且无门、窗、洞口的防火隔墙和 1.50h 的不燃性楼板完全分隔	
	高层:不开设门窗洞口的防火墙(3.00h)+2.00h 楼板	
安全出口与疏散楼梯	住宅部分与非住宅部分的安全出口和疏散楼梯应分别独立设置	
	为住宅部分服务的地上车库设置独立的疏散楼梯或安全出口	

内容	公共建筑	设置商业服务网点的住宅
其他	住宅部分和非住宅部分的安全疏散、防火分区和室内消防设施配置,可根据各自的建筑高度分别按照规范有关住宅建筑和公共建筑的规定执行;该建筑的其他防火设计应根据建筑的总高度和建筑规模按公共建筑的规定执行	商业服务网点中每个分隔单元之间应采用耐火极限不低于 2.00h 且无门、窗、洞口的防火隔墙相互分隔,当每个分隔单元任一层建筑面积大于 200 m² 时,该层应设置 2 个安全出口或疏散门

7. 工业建筑附属用房布置

内容	厂房内	仓库内
员工宿舍	严禁设置	
办公室休息室	①甲、乙类厂房内，不应设置； ②确需贴邻时：耐火等级不低于二级；采用耐火极限不低于3.00h的防爆墙隔开；设置独立的安全出口	甲、乙类仓库，严禁设置并不得贴邻建造
办公室休息室	丙类厂房（丙、丁类仓库）内设置：采用耐火极限不低于2.50h的防火隔墙和1.00h的楼板隔开；至少设置1个独立安全出口；如隔墙上需开设相互连通的门，应采用乙级防火门	

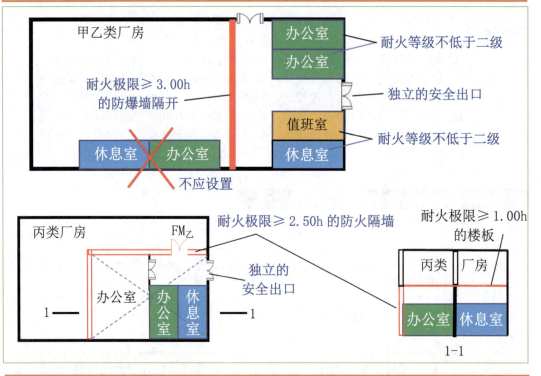

检查内容	要求
中间仓库	甲、乙类中间仓库：储量不宜超过一昼夜的需要量；靠外墙布置
	甲、乙、丙类：用防火墙和耐火极限不低于1.50h的楼板隔开
	丁、戊类：用耐火极限不低于2.00h的防火隔墙和1.00h的楼板隔开
	耐火等级和面积要同时符合仓库的相关规定，且与所服务车间的建筑面积之和不得大于该类厂房防火分区的最大允许建筑面积
	丙类液体中间储罐应设置在单独房间内，其容量不大于5m³ 应采用耐火极限不低于3.00h的防火隔墙和1.50h的楼板与其他部位分隔，房间门应为甲级防火门

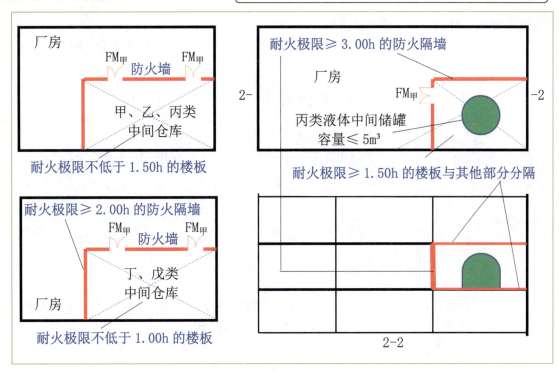

检查内容	要　求
变、配电站	不得设置在甲、乙类厂房内或贴邻建造，且不得设置在爆炸性气体、粉尘环境的危险区域内；供甲、乙类厂房专用的10kV及以下的变、配电站，当采用无门窗洞口的防火墙时，可与厂房一面贴邻建造。乙类厂房的配电站确需在防火墙上开窗时，应采用不能开启的甲级防火窗

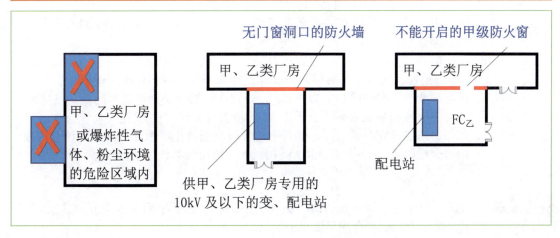

习题1 某座10层建筑，建筑高度为36m，一至五层为住宅，六至十层为办公用房。住宅部分与办公部分之间应采用耐火极限不低于（　　）h的不燃性楼板和无任何开口的防火墙完全分隔。

A. 1.00　　　　　　　　　　B. 2.00
C. 1.50　　　　　　　　　　D. 2.50

【答案】B

习题 2 关于建筑防火分隔的做法中，错误的是（　　）。

A. 卡拉 OK 厅各厅室之间采用耐火极限为 2.00h 的防火隔墙和 1.50h 的不燃性楼板和乙级防火门分隔

B. 柴油发电机房内的储油间（柴油储量为 0.8m³），采用耐火极限为 2.50h 的防火隔墙和 1.50h 的不燃性楼板和甲级防火门与其他部位分隔

C. 高层住宅建筑下部设置的商业服务网点，采用耐火极限为 2.50h 且无门、窗、洞口的防火隔墙和 1.50h 的不燃性楼板与其他部位分隔

D. 医院病房内相邻护理单元之间采用耐火极限为 2.00h 的防火隔墙和乙级防火门分隔

【答案】B

习题 3 某机加工企业需在生产车间内设置中间仓库储存硝酸。下列设置要求中，符合规范规定的是（　　）。

A. 中间仓库靠外墙布置，采用防火墙及耐火极限不低于 1.0h 的楼板与其他部位分隔，硝酸储量不超过昼夜用量

B. 中间仓库靠外墙布置，采用耐火极限不低于 2.5h 的防火隔墙和 1.5h 的楼板与其他部位分隔，硝酸储量不超过 1 昼夜用量

C. 中间仓库靠外墙布置，采用耐火极限不低于 2.0h 的防火墙和 1.5h 的楼板与生产部位分隔，硝酸储量不超过 1 昼夜用量

D. 中间仓库靠外墙布置，采用防火墙及耐火极限不低于 1.5h 的不燃性楼板与其他部位分隔，硝酸储量不超过 1 昼夜用量

【答案】D

习题 4 某丙类火灾危险性厂房，地上 4 层，耐火等级为二级，建筑高度为 22.5m。建筑面积为 25000m²，在第 4 层靠外墙部位设置成品喷漆工段，建筑面积为 120m²。下列做法中，符合规定的是（　　）。

A. 将厂房一层原 150m² 的办公区改建为 3 间员工宿舍，并采用防火墙与其他部分分隔

B. 在厂房二层新增 4 间办公室，该办公区采用耐火极限 2.50h 的防火隔墙和 1.00h 的楼板与其他部分隔离，并通过相邻车间的封闭楼梯间疏散

C. 丙类润滑油中间储罐容量为 4.7m³，设置在厂房一层的单独房间内，该房间采用防火墙和耐火极限不低于 1.5h 的楼板与其他部位分隔

D. 在厂房四层设置中间仓库，储存喷漆工段一昼夜生产所需的油漆，该仓库采用耐火极限为 2.5h 的防火隔墙和 1.5h 的楼板与其他部位分隔

【答案】C

习题 5 对厂房、仓库进行防火检查时，应检查厂房、仓库的平面布置情况。某家具厂的下列做法中，不符合规范要求的是（　　）。

A. 厂房内设置员工宿舍，采用防火墙和甲级防火门与生产车间分隔，并设置独立出口

B. 厂房内设置办公室，并采用耐火极限为 2.50h 的防火隔墙与生产车间分隔

C. 厂房内设置办公室，连通生产车间的门采用乙级防火门

D. 靠外墙设置存放油漆的中间仓库，采用防火墙与生产区分隔，且设置直通室外的出口

【答案】A

习题 6 在对某化工厂的电解食盐车间进行防火检查时,查阅资料得知,该车间耐火等级为一级。该车间的下列做法中,不符合现行国家消防技术标准的是（　　）。
A. 丙类中间仓库设置在该车间的地上二层
B. 该车间生产线贯通地下一层到地上三层
C. 丙类中间仓库与其他部位的分隔墙为耐火极限 3.00h 的防火墙
D. 丙类中间仓库无独立的安全出口

【答案】B/C

习题 7 对某动物饲料加工厂的谷物碾磨车间进行防火检查,查阅资料得知,该车间耐火等级为一级,防火分区划分符合规范要求。该车间的下列做法中,符合现行国家消防技术标准要求的有（　　）。
A. 配电站设于厂房内的一层,采用防火墙和耐火极限为 1.50h 的楼板与其他区域分隔,墙上的门为甲级防火门
B. 位于厂房三层的运行调度监控室采用防火墙和耐火极限为 1.50h 的楼板与其他部分分隔,且设有独立使用的防烟楼梯间
C. 车间办公室贴邻厂房外墙设置,采用耐火极限为 4.00h 的防火墙与厂房分隔,并设有独立的安全出口
D. 设置在一层的产品临时存放仓库单独划分防火分区
E. 位于二层的饲料添加剂仓库（丙类）采用防火墙和耐火极限为 1.5h 的楼板与其他部位分隔,墙上的门为甲级防火门

【答案】DE

第五章 防火防烟分区与分隔

防火防烟分区与分隔
- 防火分区【2015-2018 单；2015 多】
- 防火分隔【2018 单】
- 防火分隔设施与措施【2015-2018 单；2016、2017 多】
- 防烟分区【2015、2016、2018 单】

复习建议
1. 重点章节；
2. 必考章节。

第一节 防火分区

定义 指在建筑内部采用防火墙和楼板及其他防火分隔设施分隔而成，能在一定时间内阻止火势向同一建筑的其他区域蔓延的防火单元。

面积 防火分区的面积大小应根据建筑物的使用性质、高度、火灾危险性、消防扑救能力等因素确定。

1. 厂房的防火分区

（1）甲类厂房

甲类生产具有易燃、易爆的特性，容易发生火灾和爆炸，疏散和救援困难，如层数多则更难扑救，严重者对结构产生严重破坏。因此，甲类厂房除因生产工艺需要外，宜采用单层建筑。

为适应生产需要建设大面积厂房和布置连续生产线工艺时，防火分区采用防火墙分隔比较困难。对此，除甲类厂房外的一、二级耐火等级厂房，设置防火墙确有困难时，可采用防火分隔水幕或防火卷帘等进行分隔。厂房的防火分区面积应根据其生产的火灾危险性类别、厂房的层数和厂房的耐火等级等因素确定。【2015 多、2016 单】

（2）一些特殊的工业建筑

防火分区的面积可适当扩大，但必须满足规范规定的相关要求。
厂房内的操作平台、检修平台，当使用人数少于 10 人时，其面积可不计入所在防火分区的建筑面积内。

(3) 厂房的层数和每个防火分区的最大允许建筑面积　　【2015、2017 单】

生产的火灾危险性类别	厂房的耐火等级	最多允许层数	每个防火分区的最大允许建筑面积 / ㎡			
			单层厂房	多层厂房	高层厂房	地下或半地下厂房（包括地下或半地下室）
甲	一级 二级	宜采用单层	4000 3000	3000 2000	— —	— —
乙	一级 二级	不限 6	5000 4000	4000 3000	2000 1000	— —
丙	一级 二级 三级	不限 不限 2	不限 8000 3000	6000 4000 2000	3000 2000 —	500 500 —
丁	一、二级 三级 四级	不限 3 1	不限 4000 1000	不限 2000 —	4000 — —	1000 — —
戊	一、二级 三级 四级	不限 3 1	不限 5000 1500	不限 3000 —	6000 — —	1000 — —

① 厂房内设置自动灭火系统时，每个防火分区的最大允许建筑面积可按规定增加 1.0 倍。【2015、2017 单】
② 当丁、戊类的地上厂房内设置自动灭火系统时，每个防火分区的最大允许建筑面积不限。
③ 厂房内局部设置自动灭火系统时，其防火分区的增加面积可按该局部面积的 1.0 倍计算。

2. 仓库的防火分区

仓库物资储存比较集中，可燃物数量多，一旦发生火灾，灭火救援难度大，就极易造成严重经济损失。因此，除了对仓库总的占地面积进行限制外，仓库的防火分区之间的水平分隔必须采用防火墙分隔，不能采用其他分隔方式替代。

（1）甲、乙类仓库

甲、乙类仓库内的防火分区之间应采用不开设门、窗、洞口的防火墙分隔，且甲类仓库应为单层建筑。

（2）丙、丁、戊类仓库

对于丙、丁、戊类仓库，确因生产工艺物流等用途需要开口的部位，需采用与防火墙等效的措施，如甲级防火门、防火卷帘分隔，开口部位的宽度一般控制在不大于 6.0m，高度宜控制在 4.0m 以下，以保证该部位分隔的有效性。

（3）仓库的层数和面积 【2015-2018 单】

储存物品的火灾危险性类别		仓库的耐火等级	最多允许层数	每座仓库的最大允许占地面积和每个防火分区的最大允许建筑面积（m²）						
				单层仓库		多层仓库		高层仓库		地下或半地下仓库（包括地下或半地下室）
				每座仓库	防火分区	每座仓库	防火分区	每座仓库	防火分区	防火分区
甲	3、4项	一级	1	180	60	—	—	—	—	—
	1、2、5、6项	一、二级	1	750	250	—	—	—	—	—
乙	1、3、4项	一、二级	3	2000	500	900	300	—	—	—
		三级	1	500	250	—	—	—	—	—
	2、5、6项	一、二级	5	2800	700	1500	500	—	—	—
		三级	1	900	300	—	—	—	—	—
丙	1项	一级二级	5	4000	1000	2800	700	—	—	150
		三级	1	1200	400	—	—	—	—	—
	2项	一级二级	不限	6000	1500	4800	1200	4000	1000	300
		三级	3	2100	700	1200	400	—	—	—
丁		一、二级	不限	不限	3000	不限	1500	4800	1200	500
		三级	3	3000	1000	1500	500	—	—	—
		四级	1	2100	700	—	—	—	—	—
戊		一、二级	不限	不限	不限	不限	2000	6000	1500	1000
		三级	3	3000	1000	2100	700	—	—	—
		四级	1	2100	700	—	—	—	—	—

注意：仓库内设置自动灭火系统时

除冷库的防火分区外，每座仓库的最大允许占地面积和每个防火分区的最大允许建筑面积可按规定增加1倍。

3. 民用建筑的防火分区

名称	耐火等级	防火分区的最大允许建筑面积／m²	备注
高层民用建筑	一、二级	1500	对于体育馆、剧场的观众厅，防火分区的最大允许建筑面积可适当增加
单、多层民用建筑【2017 单】	一、二级	2500	—
	三级	1200	—
	四级	600	—
地下或半地下建筑（室）	一级	500	设备用房的防火分区最大允许建筑面积不应大于 1000 m²

① 当建筑内设置自动灭火系统时，防火分区最大允许建筑面积可按规定增加 1 倍。
② 局部设置时，防火分区的增加面积可按该局部面积的 1 倍计算。【2015 单】
③ 防火分区之间应采用防火墙分隔，确有困难时，可采用防火卷帘等防火分隔设施分隔。

一、二级耐火等级高层民用建筑 $S \leq (1500+S_A)$ m²
一、二级耐火等级单层或多层民用建筑 $S \leq (2500+S_A)$ m²
三级耐火等级 $S \leq (1200+S_A)$ m²
四级耐火等级 $S \leq (600+S_A)$ m²
地下、半地下建筑（室）$S \leq (500+S_A)$ m²
地下室设备用房 $S \leq (1000+S_A)$ m²

局部设置自动灭火系统（$2S_A$）时防火分区的最大允许建筑面积为 S

④ 裙房与高层建筑主体之间设置防火墙时，裙房的防火分区可按单、多层建筑的要求确定。

裙房的防火分区按单、多层建筑的要求确定

⑤ 一、二级耐火等级建筑内的营业厅、展览厅，当设置自动灭火系统和火灾自动报警系统并采用不燃或难燃装修材料时，每个防火分区的最大允许建筑面积可适当增加，并应符合下列规定：
　ⓐ 设置在高层建筑内时，不应大于 4000 m²。
　ⓑ 设置在单层建筑内或仅设置在多层建筑的首层内时，不应大于 10000 m²。
　ⓒ 设置在地下或半地下时，不应大于 2000 m²。【2015、2016、2018 单】

⑥ 总建筑面积大于 20000 ㎡ 的地下或半地下商店,应采用无门、窗、洞口的防火墙、耐火极限≥2.00h 的楼板分隔为多个建筑面积不大于 20000 ㎡ 的区域。相邻区域确需局部连通时,应采用符合规范规定的下沉式广场等室外开敞空间、防火隔间、避难走道、防烟楼梯间等方式进行连通。

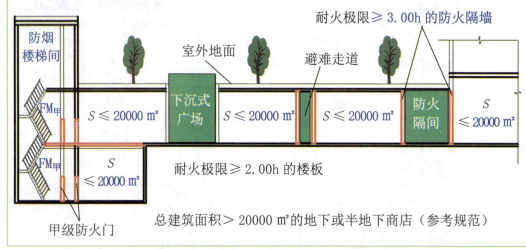

总建筑面积＞20000 ㎡ 的地下或半地下商店（参考规范）

⑦ 人防工程检查时,对于溜冰馆的冰场、游泳馆的游泳池、射击馆的靶道区、保龄球馆的球道区等,其面积可不计入溜冰馆、游泳馆、射击馆、保龄球馆的防火分区建筑面积；水泵房、污水泵房、水库、厕所、盥洗间等无可燃烧物的房间面积可不计入防火分区的建筑面积；设置的避难走道无须划分防火分区。【2015 单】

⑧ 建筑内设置自动扶梯、敞开楼梯、传送带、中庭等开口部位时,其防火分区的建筑面积应将上下相连通的建筑面积叠加计算。【2015 单】

同样,对于敞开式、错层式、斜楼板式的汽车库,其上下连通层的防火分区面积也需要叠加计算。

习题 1 生产厂房在划分防火分区时,确定防火分区建筑面积的主要因素有（　　）。
A. 生产的火灾危险性类别　　B. 厂房内火灾自动报警系统设置情况
C. 厂房的层数和建筑高度　　D. 厂房的耐火等级
E. 特殊生产工艺需要和灭火技术措施

【答案】ACDE

习题 2 某建筑的一层至三层为商场,四层至十七层为办公,地下一层为商场,地下二层部分为商场,其余部分为设备区。室内装修及消防设施设备均符合相关规定。下列关于该建筑地下商场及设备区防火分区建筑面积,正确的是（　　）。
A. 商场营业厅 3000㎡,设备区 2000㎡
B. 商场营业厅 4000㎡,设备区 1000㎡
C. 商场营业厅 4000㎡,设备区 2000㎡
D. 商场营业厅 2000㎡,设备区 2000㎡

【答案】D

习题 3 对防火分区进行检查时,应检查防火分区的建筑面积。根据现行国家消防技术标准的规定,下列因素中,不影响防火分区建筑面积划分的是（　　）。
A. 使用性质　　B. 耐火等级
C. 防火间距　　D. 建筑高度

【答案】C

习题 4 某钢筋混凝土结构的商场,建筑高度为 23.8m。其中,地下一层至地上五层为商业营业厅,地下二层为车库和设备用房,建筑全部设置自动喷水灭火系统和火灾自动报警系统等,并采用不燃性材料进行内部装修,下列关于防火分区划分的做法中,错误的是（   ）。
A. 地上一层的防火分区中最大一个的建筑面积为 9900 ㎡
B. 地下一层的防火分区中最大一个的建筑面积为 1980 ㎡
C. 地上二层的防火分区中最大一个的建筑面积为 4950 ㎡
D. 地下二层的设备用房划分为一个防火分区,建筑面积为 1090 ㎡

【答案】A

习题 5 某耐火等级为一级的公共建筑,地下 1 层,地上 5 层,建筑高度为 23m。地下一层为设备用房,地上一、二层为商店营业厅,三至五层为办公用房。该建筑设有自动喷水灭火系统和火灾自动报警系统,并采用不燃和难燃材料装修。下列该建筑的防火分区划分方案中,错误的是（   ）。
A. 地下一层防火分区建筑面积最大为 1000 ㎡
B. 首层防火分区建筑面积最大为 10000 ㎡
C. 二层防火分区建筑面积最大为 5000 ㎡
D. 三层防火分区建筑面积最大为 4000 ㎡

【答案】B

习题 6 下列关于防火分区的做法,错误的是（   ）。
A. 建筑局部设有自动灭火系统,防火分区的增加面积按该局部面积增加 0.5 倍计算
B. 建筑第一至三层设置自动扶梯,防火分区的建筑面积按连通 3 个楼层的建筑面积叠加计算,并按照规范规定划分防火分区
C. 叠加计算错层式样、汽车库上下连通层的建筑面积,防火分区的最大允许建筑面积可按规范增加 1 倍
D. 人防工程中的水泵房、污水泵房、水池、厕所等无可燃物的房间面积可不计入防火分区面积

【答案】A

习题 7 某三层内廊式办公室,建筑高 12.5m,三级耐火等级,设置自动喷水灭火系统,每层建筑面积均为 1400 ㎡,有 2 部采用双向弹簧门的封闭式楼梯间。该办公室每层一个防火分区的最大建筑面积为（   ）㎡。
A. 1200   B. 2400
C. 2800   D. 1400

【答案】D

习题 8 某耐火等级为一级的单层赛璐珞棉仓库,地面面积为 360㎡,未设置防火分隔和自动消防设施,对该仓库提出的下列整改措施中,正确的是（   ）。
A. 将该仓库作为 1 个防火分区,增设自动喷水灭火系统和火灾自动报警系统
B. 将该仓库用耐火极限为 4.00h 的防火墙平均划分为 4 个防火分区,并增设火灾自动报警系统
C. 将该仓库用耐火极限为 4.00h 的防火墙平均划分为 3 个防火区,并增设自动喷水灭火系统
D. 将该仓库用耐火极限为 4.00h 的防火墙平均划分为 6 个防火分区

【答案】C

第二节 防火分隔

1. 防火分区分隔

防火分区划分

① 目的是采取防火措施控制火势蔓延，减少人员伤亡和经济损失。
② 水平防火分区，即采用一定耐火极限的墙、楼板、门窗等防火分隔物进行分隔的空间。
③ 竖向防火分区，可把火灾控制在一定的楼层范围内，防止火灾向其他楼层垂直蔓延，主要采用具有一定耐火极限的楼板做分隔构件。
④ 高层建筑在垂直方向一般以每个楼层为单元划分防火分区。
⑤ 所有建筑物的地下室在垂直方向尽量以每个楼层为单元划分防火分区。

2. 中庭防火分隔

（1）中庭建筑的火灾危险性

（2）中庭建筑火灾的防火设计要求

在建筑物内设置中庭时，防火分区的建筑面积应按上、下层相连通的建筑面积叠加计算。当中庭相连通的建筑面积之和大于一个防火分区的最大允许建筑面积时，应符合下列规定：

防火分隔措施【2017单】	①防火隔墙，耐火极限不低于1.00h； ②防火玻璃墙，其耐火隔热性和耐火完整性不低于1.00h；采用耐火完整性不低于1.00h的非隔热性防火玻璃墙时，设置自动喷水灭火系统进行保护； ③防火卷帘，其耐火极限不低于3.00h； ④与中庭相连通的门、窗采用火灾时能自行关闭的甲级防火门、窗
消防设施	①中庭设置排烟设施； ②高层民用建筑中，中庭回廊应设置自动喷水灭火系统和火灾自动报警系统
使用功能	不应布置可燃物

3. 有顶棚的步行街 【2018单】

餐饮、商店等商业设施通过有顶棚的步行街连接，且步行街两侧的建筑需利用步行街进行安全疏散时，应符合下列规定：

①步行街两侧建筑的耐火等级不应低于二级。

② 步行街两侧建筑相对面的最近距离均不应小于本规范对相应高度建筑的防火间距要求且<u>不应小于 9m</u>。步行街的端部在各层<u>均不宜封闭</u>，确需封闭时，应在外墙上设置可开启的门窗，且<u>可开启门窗的面积不应小于该部位外墙面积的一半</u>。步行街的长度不宜大于 300m。

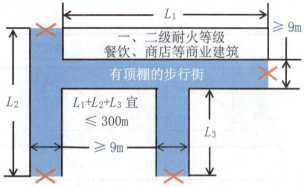

③ 步行街两侧建筑的商铺之间应设置耐火极限不低于 2.00h 的防火隔墙，每间商铺的建筑面积不宜大于 300 ㎡。

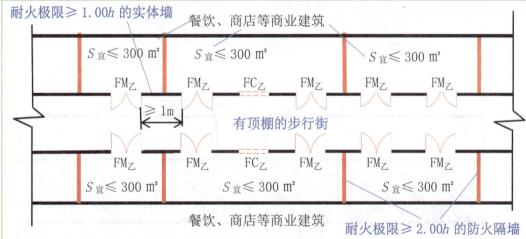

④ 步行街两侧建筑的商铺，其面向步行街一侧的围护构件的耐火极限不应低于 1.00h，并宜采用实体墙，其门、窗应采用乙级防火门、窗；当采用防火玻璃墙（包括门、窗）时，其耐火隔热性和耐火完整性不应低于 1.00h。

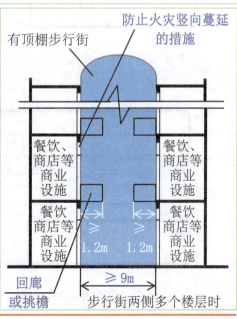

a. 采用耐火完整性不低于 1.00h 的非耐火隔热性防火玻璃墙（包括门、窗）时，应设置闭式自动喷水灭火系统进行保护。相邻商铺之间面向步行街一侧应设置宽度不小于 1.0m、耐火极限不低于 1.00h 的实体墙。

b. <u>当步行街两侧的建筑为多个楼层时，每层面向步行街一侧的商铺均应设置防止火灾竖向蔓延的措施</u>，并应符合《建筑设计防火规范》第 6.2.5 条的规定；设置回廊或挑檐时，其出挑宽度不应小于 1.2m。

c. 步行街两侧的商铺在上部各层需设置回廊和连接天桥时,应保证步行街上部各层楼板的开口面积不应小于步行街地面面积的37%,且开口宜均匀布置。

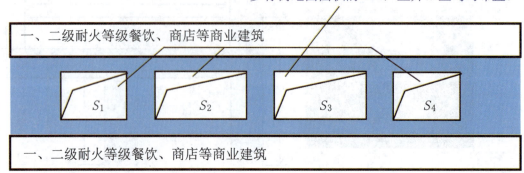

⑤步行街两侧建筑内的疏散楼梯应靠外墙设置并宜直通室外,确有困难时,可在首层直接通至步行街;首层商铺的疏散门可直接通至步行街,步行街内任一点到达最近室外安全地点的步行距离不应大于60m。步行街两侧建筑二层及以上各层商铺的疏散门至该层最近疏散楼梯口或其他安全出口的直线距离不应大于37.5m。

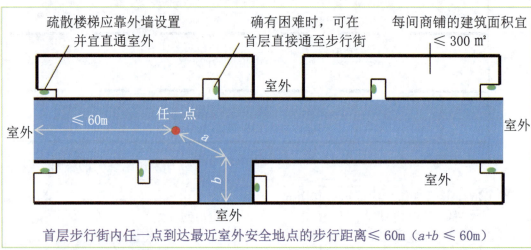

首层步行街内任一点到达最近室外安全地点的步行距离≤60m($a+b≤60m$)

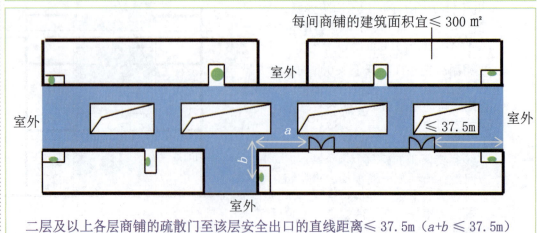

二层及以上各层商铺的疏散门至该层安全出口的直线距离≤37.5m($a+b≤37.5m$)

⑥步行街的顶棚材料应采用不燃或难燃材料，其承重结构的耐火极限不应低于1.00h。步行街内不应布置可燃物。【2018 单】

⑦步行街的顶棚下檐距地面的高度不应小于6.0m，顶棚应设置自然排烟设施并宜采用常开式的排烟口，且自然排烟口的有效面积不应小于步行街地面面积的25%。常闭式自然排烟设施应能在火灾时手动和自动开启。【2018 单】

⑧步行街两侧建筑的商铺外应每隔30m设置DN65的消火栓，并应配备消防软管卷盘或消防水龙头，商铺内应设置自动喷水灭火系统和火灾自动报警系统；每层回廊均应设置自动喷水灭火系统。步行街内宜设置自动跟踪定位射流灭火系统。

⑨步行街两侧建筑的商铺内外均应设置疏散照明、灯光疏散指示标志和消防应急广播系统。

顶棚材料应采用不燃或难燃材料，其承重结构的耐火极限 ≥1.00h

自然排烟设施并宜采用常开式的排烟口，且自然排烟口的有效面积应大于步行街地面面积的25%。

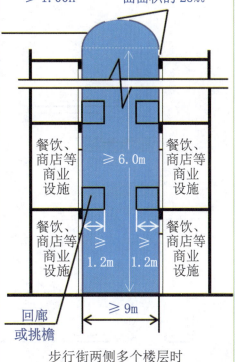

步行街两侧多个楼层时

4. 建筑幕墙防火分隔

①建筑外墙上、下层开口之间应设置高度不小于1.2m（设自喷0.8m）的实体墙。或挑出宽度不小于1.0m、长度不小于开口宽度的防火挑檐。

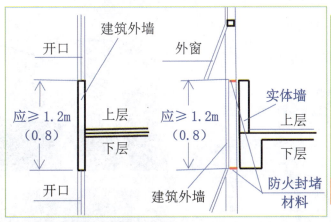

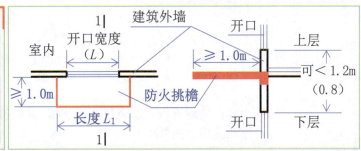

② 当上、下层开口之间设置实体墙确有困难时，可设置防火玻璃墙，但高层（多层）建筑的防火玻璃的耐火完整性不应低于1.00h（0.5h）。外窗的耐火完整性不应低于防火玻璃墙的耐火完整性。

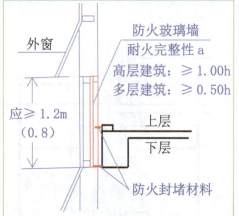

③ 住宅建筑外墙上相邻户开口之间的墙体宽度不应小于1.0m；小于1.0m时，应在开口之间设置突出外墙不小于0.6m的隔板。

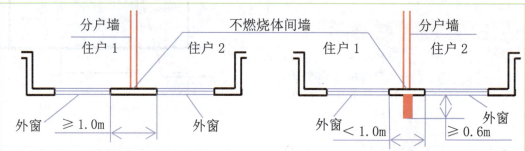

④ 实体墙、防火挑檐和隔板的耐火极限和燃烧性能，均不应低于相应耐火等级建筑外墙的要求。幕墙与每层楼板、隔墙处的缝隙的填充材料应采用防火封堵材料，以阻止火灾通过幕墙与墙体之间的空隙蔓延。

5. 竖井防火分隔

名称	防火要求
电梯井	❶ 应独立设置； ❷ 井内严禁敷设可燃气体和甲、乙、丙类液体管道，并不应敷设与电梯无关的电缆、电线等； ❸ 井壁应为耐火极限不低于2.0h的不燃性墙体； ❹ 井壁除开设电梯门、安全逃生门和通气孔洞外，不应开设其他洞口； ❺ 电梯门的耐火极限不应低于1.00h，并应符合国家相关规范的要求

名称	防火要求
电缆井 管道井 排烟道 排气道	❶ 这些竖井应分别独立设置； ❷ 井壁应为耐火极限不低于1.0h的不燃性墙体； ❸ 墙壁上的检查门应采用丙级防火门； ❹ 电缆井、管道井应每层在楼板处用相当于楼板耐火极限的不燃材料或防火材料封堵； ❺ 电缆井、管道井与房间、吊顶、走道等相连通的孔洞，应用不燃材料或防火封堵材料严密填实
垃圾道	❶ 宜靠外墙独立设置，不宜设在楼梯间内； ❷ 垃圾道排气口应直接开向室外； ❸ 垃圾斗宜设在垃圾道前室内，前室门应采用丙级防火门； ❹ 垃圾斗应用不燃材料制作并能自动关闭

6. 变形缝防火分隔

建筑物的伸缩缝、沉降缝、抗震缝等各种变形缝的设置，是为防止建筑变形影响建筑结构安全和使用功能，也是火灾蔓延的途径之一，尤其是纵向变形缝具有很强的拔烟、拔火作用。

①变形缝的材质。变形缝的填充材料和变形缝的构造基层须采用不燃材料。
②管道的敷设。变形缝内不得设置电缆、电线、可燃气体和甲、乙、丙类液体的管道。确需穿过时，在穿过处加设不燃材料制作的套管或采取其他防变形措施，并采用防火封堵材料封堵。当通风、空调系统的风管穿越防火分隔处的变形缝时，其两侧设置公称动作温度为70℃的防火阀。【2018 单】

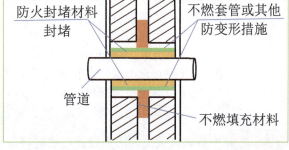

7. 管道孔隙防火封堵

防烟、排烟、供暖、通风和空气调节系统中的管道及建筑内的其他管道，在穿越防火隔墙楼板和防火分区的孔隙应采用防火封堵材料封堵。

习题 1 某大型城市综合体的餐饮、商店等商业设施通过有顶棚的步行街连接，且需利用步行街进行安全疏散。对该步行街进行防火检查，下列检查结果中，不符合现行国家标准要求的是（　　）。
A. 步行街的顶棚为玻璃顶
B. 步行街的顶棚距地面的高度为5.8m
C. 步行街顶棚承重结构采用经防火保护的钢构件，耐火极限为1.50h
D. 步行街两侧建筑之间的最近距离为13m

【答案】B

习题 2 对某建筑进行防火检查，变形缝的下列检查结果中，不符合现行国家标准要求的是（　　）。
A. 变形缝的填充材料采用防火枕
B. 空调系统的风管穿越防火分隔处的变形缝时，变形缝两侧风管设置公称动作温度为70℃的防火阀
C. 在可燃气体管道穿越变形缝处加设了阻燃PVC套管
D. 变形缝的构造基层采用镀锌钢板

【答案】C

习题 3 下列关于中庭与周围连通空间防火分隔的说法，错误的是（　　）。
A. 当采用防火隔墙时，其耐火极限不应低于2.00h
B. 当采用防火玻璃时，其耐火隔热性和耐火完整性不应低于1.00h
C. 当采用防火卷帘时，其耐火极限不应低于3.00h
D. 与中庭相连通的门、窗，应采用火灾时能自行关闭的甲级防火门、窗

【答案】A

习题 4 电梯井的防火要求有（　　）。
A. 应独立设置
B. 井内严禁敷设可燃气体和甲、乙、丙类液体管道，并不应敷设与电梯无关的电缆、电线等
C. 井壁应为耐火极限不低于3.00h的不燃性墙体
D. 井壁除开设电梯门洞和通气孔洞外，不应开设其他洞口
E. 电梯门不应采用栅栏门

【答案】ABDE

习题 5 中庭建筑火灾的防火设计要求有（　　）。
A. 当中庭相连通的建筑面积之和大于一个防火分区的最大允许建筑面积时，中庭与周围相连通的空间可以不进行防火分隔
B. 高层建筑内的中庭回廊应设置自动喷水灭火系统
C. 高层建筑内的中庭回廊应设置火灾自动报警系统
D. 中庭应设置排烟设施
E. 中庭内不应布置可燃物

【答案】BCDE

第三节 防火分隔设施与措施

1. 防火墙 【2015、2017 单，2017 多】

防火墙是防止火灾蔓延至相邻建筑或相邻水平防火分区且耐火极限不低于 3.00h 的不燃性墙体。

①防火墙应直接设置在基础或框架、梁等承重结构上，框架、梁等承重结构的耐火极限不应低于防火墙的耐火极限。

防火墙应从楼地面基层隔断至梁、楼板或屋面板的底面基层。当高层厂房（仓库）屋顶承重结构和屋面板的耐火极限低于 1.00h，其他建筑屋顶承重结构和屋面板的耐火极限低于 0.50h 时，防火墙应高出屋面 0.5m 以上。

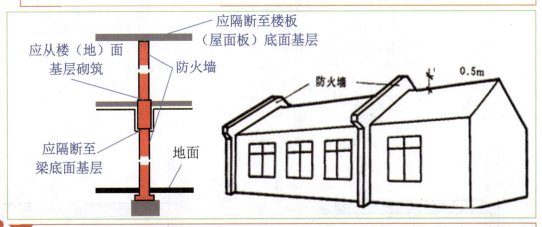

②防火墙横截面中心线水平距离天窗端面小于 4.0 m，且天窗端面为可燃性墙体时，应采取防止火势蔓延的措施。

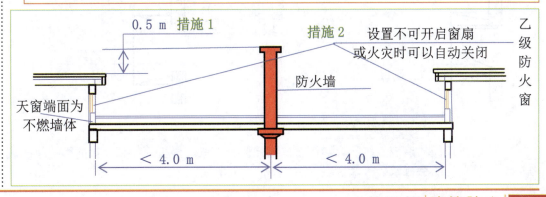

③建筑外墙为难燃性或可燃性墙体时,防火墙应凸出墙的外表面0.4m以上,且防火墙两侧的外墙均应为宽度≥2.0m的不燃性墙体,其耐火极限≥外墙的耐火极限。

建筑外墙为不燃性墙体时,防火墙可不凸出墙的外表面,紧靠防火墙两侧的门、窗、洞口之间最近边缘的水平距离不应小于2.0m;采取设置乙级防火窗等防止火灾水平蔓延的措施时,该距离不限。【2017多】

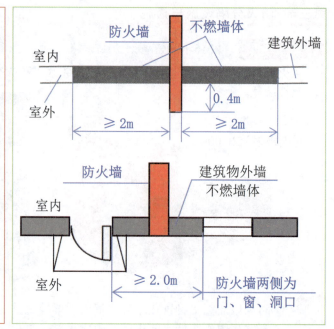

④防火墙上不应开设门、窗、洞口,确需开设时,应设置不可开启或火灾时能自动关闭的甲级防火门、窗。可燃气体和甲、乙、丙类液体的管道严禁穿过防火墙,其他管道不宜穿过防火墙,确需穿过时,应采用防火封堵材料将墙与管道之间的空隙紧密填实,穿过防火墙处的管道保温材料应采用不燃材料。当管道为难燃及可燃材料时,应在防火墙两侧的管道上采用防火措施。防火墙内不应设置排气道。

⑤建筑内的防火墙不宜设置在转角处,确需设置时,内转角两侧墙上的门、窗、洞口之间最近边缘的水平距离不应小于4.0m;采取设置乙级防火窗等防止火灾水平蔓延的措施时,该距离不限。

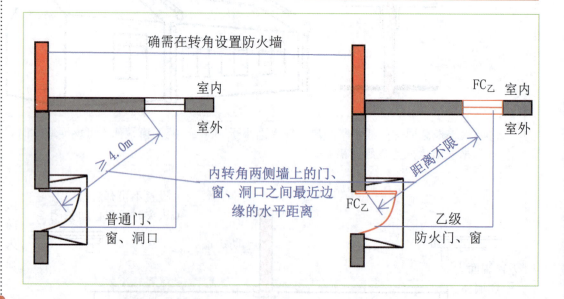

⑥防火墙的构造应能在防火墙任意一侧的屋架、梁、楼板等受到火灾的影响而被破坏时,不会导致防火墙倒塌。

2. 防火卷帘

防火卷帘主要用于需要进行防火分隔的墙体,特别是防火墙、防火隔墙上因生产、使用等需要开设较大开口而又无法设置防火门时的防火分隔。

	设置要求【2017 单】	
①	除中庭外,当防火分隔部位的宽度≤30m 时,防火卷帘的宽度≤10m; 当防火分隔部位的宽度＞30m 时,防火卷帘的宽度≤该部位宽度的 1/3,且≤20m	
②	应具有火灾时靠自重自动关闭的功能;不应采用水平、侧向防火卷帘	
③	耐火极限不应低于规范对所设置部位墙体的耐火极限要求	防火卷帘的耐火极限符合耐火完整性+耐火隔热性时,可不设置自动喷水灭火系统保护
		防火卷帘的耐火极限仅符合耐火完整性的判定条件时,应设置自动喷水灭火系统保护
④	防火卷帘应具有防烟性能	
⑤	防火卷帘的控制器和手动按钮盒底边距地面高度宜为 1.3～1.5m	

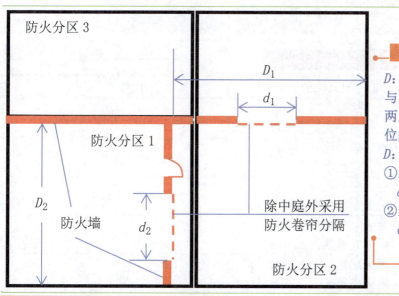

【注】
D:某一防火分隔区域与相邻防火分隔区域两两之间需要进行分隔部位的总宽度;
D:防火卷帘的宽度,
① 当 $D_1(D_2)$≤30m 时 $d_1(d_2)$≤10m
② 当 $D_1(D_2)$＞30m 时 $d_1(d_2)$≤1/3$D_1(D_2)$ 且 $d_1(d_2)$≤20m。

检查方法【2018 单】

检查内容	检查要求
双帘面卷帘	同时升降，两个帘面之间的高度差不大于 50mm
垂直卷帘	电动启闭运行速度在 2～7.5m/min
	自重下降速度不大于 9.5m/min
卷帘启闭运行的平均噪声	≤85dB（距卷帘表面的垂直距离 1m、距地面的垂直距离 1.5m 处）
卷门机具操作臂力	≤70N
自动控制功能	防火卷帘控制器接到感烟火灾探测器的报警信号后，控制防火卷帘自动关闭至中位（1.8m）处停止，接到感温火灾探测器的报警信号后，继续关闭至全闭。防火卷帘半降、全降的动作状态信号反馈到消防控制室

3. 防火门

防火门是指具有一定耐火极限，且在发生火灾时能自行关闭的门。

（1）按耐火性能分类

名称	耐火性能	代号
隔热防火门（A 类）	耐火隔热性≥0.50h 耐火完整性≥0.50h	A0.50（丙级）
	耐火隔热性≥1.00h 耐火完整性≥1.00h	A1.00（乙级）
	耐火隔热性≥1.50h 耐火完整性≥1.50h	A1.50（甲级）
	耐火隔热性≥2.00h 耐火完整性≥2.00h	A2.00
	耐火隔热性≥3.00h 耐火完整性≥3.00h	A3.00

(2) 防火门检查内容 【2018 单】

选型	① 常开防火门：经常有人通行处优先采用
	② 常闭防火门：其他位置
外观	① 常闭防火门应装有闭门器，双扇和多扇防火门应装有顺序器
	② 常开防火门装有在发生火灾时能自动关闭门扇的控制、信号反馈装置和现场手动控制装置
	③ 防火插销安装在双扇门或多扇门相对固定一侧的门扇上
安装	① 用于疏散的防火门应向疏散方向开启，在关闭后应能从任何一侧手动开启
	② 对设置在变形缝附近的防火门，应检查是否安装在楼层数较多的一侧，且门扇开启时不得跨越变形缝
	③ 钢质防火门门框内填充水泥砂浆，门框与墙体采用预埋钢件或膨胀螺栓等连接牢固，固定点间距不宜大于 600mm。防火门门扇与门框的搭接尺寸不小于 12mm
系统功能	常闭式防火门启闭功能，常开防火门联动控制功能、消防控制室手动控制功能和现场手动关闭功能

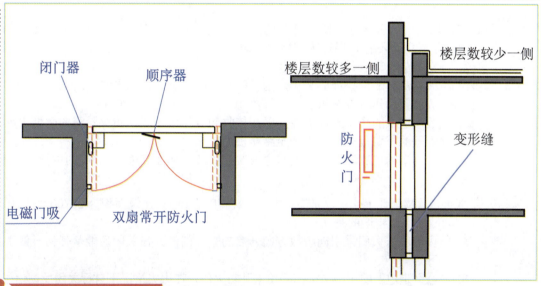

(3) 防火门检查方法 【2018 单】

① 查看防火门的外观，防火门门扇开启力不得大于 80N

② 开启防火门，从常闭防火门的任意一侧手动开启，能自动关闭。在正常使用状态下关闭后需要具备防烟性能（联动）

③ 模拟火灾报警信号，防火门应能自动关闭，并能将关闭信号反馈至消防控制室

④ 手动启动常开防火门电动关闭装置，接到消防控制室手动发出的关闭指令后，常开防火门能自动关闭，并将关闭信号反馈至消防控制室

习题 1 下列防火分隔措施的检查结果中,不符合现行国家消防技术标准的有（　　）。

A. 铝合金轮毂抛光厂房采用 3.00h 耐火极限的防火墙划分防火分区
B. 电石仓库采用 3.00h 耐火极限的防火墙划分防火分区
C. 高层宾馆防火墙两侧的窗采用乙级防火窗,窗洞之间最近边缘的水平距离为 1.0m
D. 烟草成品库采用 3.00h 耐火极限的防火墙划分防火分区
E. 通风机房开向建筑内的门采用甲级防火门,消防控制室开向建筑内的门采用乙级防火门

【答案】ABD

习题 2 某5层宾馆,中部有一个贯通各层的中庭,在二至五层的中庭四周采用防火卷帘与其他部位分隔,首层中庭未设置防火分隔措施;其他区域划分若干防火分区,防火分区面积符合规范要求。下列检查结果中,不符合现行国家消防技术标准的是（　　）。

A. 中庭区域火灾自动信号确认后,中庭四周的防火卷帘直接下降到楼板面
B. 一层 A、B 两个防火分区之间防火分隔部位的长度为 25m,使用防火墙和 10m 宽的防火卷帘作为防火分隔物
C. 分隔区之间的防火卷帘在切断电源后能依靠其自重下降,但不能自动上升
D. 二层 C、D 两个防火分区之间防火分隔部位的长度为 40m,使用防火墙和 15m 宽的防火卷帘作为防火分隔物

【答案】D

习题 3 某商场的防火分区采用防火墙和防火卷帘进行分隔。对该建筑防火卷帘的检查测试结果中,不符合现行国家标准要求的是（　　）。

A. 垂直卷帘电动启、闭的运行速度为 7m/min
B. 防火卷帘装配温控释放装置,当释放装置的感温元件周围温度达到 79℃时,释放装置动作,卷帘依自重下降关闭
C. 疏散通道上的防火卷帘的控制器在接收到专门用于联动防火卷帘的感烟火灾探测器的报警信号后,下降至距楼板面 1.8m 处
D. 防火卷帘的控制器及手动按钮盒安装在底边距地面高度为 1.5m 的位置

【答案】B

习题 4 某百货大楼,地上 4 层,局部 6 层,建筑高度为 36m,建筑面积为 28700 平方米。下列做法中,错误的是（　　）。

A. 防火墙的防火门采用向疏散方向开启的平开门,并在关闭后能从任何一侧手动开启
B. 办公区走道上的甲级防火门采用常开防火门,在火灾情况下自行关闭反馈信号
C. 变形缝附近的防火门设置在六层建筑一侧
D. 因消防电梯前室的门洞尺寸较大,防火门安装和使用不便,采用防火卷帘代替

【答案】D

习题 5 对某高层办公楼进行防火检查,设在走道上的常开式钢制防火门的下列检查中,不符合现行国家标准要求的是（　　）。

A. 门框内充填石棉材料
B. 从消防控制室手动发出关闭指令,防火门联动关闭
C. 双扇防火门的门扇之间间隙为 3mm
D. 防火门门扇的开启为 80N

【答案】A

4. 防火分隔水幕

防火分隔水幕可以起到防火墙的作用，在某些需要设置防火墙或其他防火分隔物而无法设置的情况下，可采用防火水幕进行分隔。

5. 防火阀与排烟防火阀 【2015-2017 单；2016、2017 多】

防火阀设置要求	①穿越防火分区处； ②穿越通风、空调机房的房间隔墙和楼板处； ③穿越重要或火灾危险性大的房间隔墙和楼板处； ④穿越防火分隔处的变形缝两侧； ⑤竖向风管与每层水平风管交接处的水平管段上
	当建筑内每个防火分区的通风、空气调节系统均独立设置时，水平风管与竖向总管的交接处可不设置防火阀
	公共建筑的浴室、卫生间和厨房的竖向排风管，需采取防止回流措施，在支管上设置防火阀（公称动作温度为70℃）
	公共建筑内厨房的排油烟管道，在与竖向排风管连接的支管处设置防火阀（公称动作温度为150℃）
排烟防火阀	安装在排烟系统管道上，平时呈开启状态，火灾时当管道内气体温度达到280℃时自动关闭安装部位：垂直风管与每层水平风管交接处的水平管段上；一个排烟系统负担多个防烟分区的排烟支管上；排烟风机入口处；穿越防火分区处

防火阀

排烟防火阀

6. 防火隔间 【2016 多】

防火隔间主要用于将大型地下或半地下商店分隔为多个建筑面积不大于 20000㎡ 的相对独立的区域。防火隔间的设置应符合下列规定：

① 防火隔间的建筑面积不应小于 6.0 ㎡。
② 防火隔间的门应采用甲级防火门。
③ 不同防火分区通向防火隔间的门不应计入安全出口，门的最小间距不应小于 4m。
④ 防火隔间内部装修材料的燃烧性能应为 A 级。
⑤ 不应用于除人员通行外的其他用途。

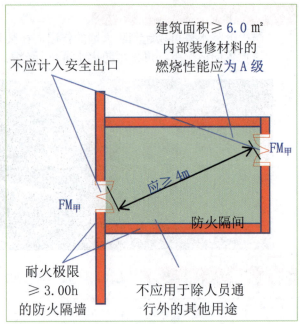

习题 1 关于防火阀和排烟防火阀在建筑通风和排烟系统中的设置要求，下列说法中，错误的是（　　）。
A. 排烟防火阀开启和关闭的动作信号应反馈至消防联动控制器
B. 防火阀和排烟防火阀应具备温感器控制方式
C. 安装在排烟风机入口总管处的排烟防火阀关闭后，应直接联动控制排风机停止运转
D. 当建筑内每个防火分区的通风、空调系统均独立设置时，水平风管与竖向总管的交接处应设置防火阀

【答案】D

习题 2 在对某办公楼进行检查时，调阅图纸资料得知，该楼为钢筋混凝土框架结构，柱、梁、楼板的设计耐火极限分别为 3.00h、2.00h、1.00h，每层划分为 2 个防火分区。下列检查结果中，不符合现行国家消防技术标准的是（　　）。
A. 将内走廊上原设计的常闭式甲级防火门改为常开式甲级防火门
B. 将二层原设计的防火墙移至一层餐厅中部的次梁对应位置上，防火分区面积仍然符合规范要求
C. 将其中一个防火分区原设计活动式防火窗改为常闭式防火窗
D. 排烟防火阀处于开启状态，但能遇火灾报警系统联动和现场手动关闭

【答案】B

习题 3 某商业建筑，建筑高度为 23.3m，地上标准层每层划分为面积相近的 2 个防火分区，防火分隔部位的宽度为 60m，该商业建筑的下列防火分隔做法中，正确的有（　　）。
A. 防火墙设置 2 个不可开启的乙级防火窗
B. 防火墙上设置 2 樘常闭式乙级防火门
C. 设置总宽度为 13m，耐火极限为 3.00h 的特级防火卷帘
D. 采用耐火极限为 3.00h 的不燃性墙体从楼地面基层隔断至梁或楼板地面基层
E. 通风管道在穿越防火墙处设置一个排烟防火阀

【答案】CD

习题 4 某消防服务机构对建筑面积为 30000 ㎡ 的大型地下商场进行安全评估，在对防火隔间进行检查时发现，防火分区通向防火隔间的门为乙级防火门，两个乙级防火门的间距为 4 米，隔间的装修为轻钢龙骨石膏板吊顶，阻燃壁纸装饰墙面，隔间内有几位顾客坐在座椅上休息。根据现行国家消防技术标准，该防火隔间不符合现行国家消防技术标准规定的有（　　）。

A. 防火隔间的门为乙级防火门　　B. 采用轻钢龙骨石膏板吊顶
C. 设置供人员休息用的座椅　　　D. 不同防火区开向防火隔间门的间距为 4m
E. 采用阻燃壁纸装饰墙面

【答案】ACE

习题 5 某建筑采用防火墙划分防火分区，下列防火墙的设置中，错误的是（　　）。

A. 输送柴油（闪点高于 60℃）的管道穿过该防火墙，穿墙管道四周缝隙采用防火堵料严密封堵
B. 防火墙直接采用加气混凝土砌块砌筑，耐火极限为 4.00h
C. 防火墙直接设置在耐火极限为 3.00h 的框架梁上
D. 防火墙上设置常开的甲级防火门，火灾时能够自行关闭

【答案】A

习题 6 下列关于防火分隔的做法中，正确的有（　　）。

A. 棉纺织厂房在防火墙上设置一宽度为 1.6m 且耐火极限为 2.00h 的双扇防火门
B. 5 层宾馆共用一套通风空调系统，在竖向风管与每层水平风管交接处的水平管段上设置防火阀，平时处于常开状态
C. 桶装甲醇仓库采用耐火极限为 4.00h 的防火墙划分防火分区，防火墙上设置 1m 宽的甲级防火门
D. 多层商场内防火分区处的一个分隔部位的宽度为 50m，该分隔部位使用防火卷帘进行分隔的最大宽度为 20m
E. 可停放 300 辆汽车的地下车库，每 5 个防烟分区共用一套排烟系统，排烟风管穿越防烟分区时设置排烟防火阀

【答案】ABE

第四节 防烟分区

- 划分的目的
  - 目的一：为了在火灾时将烟气控制在一定范围内
  - 目的二：为了提高排烟口的排烟效果
- 要求
  - 一般应结合建筑内部的功能分区和排烟系统的设计要求进行划分
  - 不设排烟设施的部位（包括地下室）可不划分防烟分区

1. 防烟分区面积划分　【2015、2016 单】

设置排烟系统的场所或部位应划分防烟分区。

①公共建筑、工业建筑防烟分区的最大允许面积及其长边最大允许长度应符合下表的规定，当工业建筑采用自然排烟系统时，其防烟分区的长边长度尚不应大于建筑内空间净高的 8 倍。

空间净高 H（m）	最大允许面积（m²）	长边最大允许长度（m）
$H \leq 3.0$	500	24
$3.0 < H \leq 6.0$	1000	36
$H > 6.0$	2000	60m；具有自然对流条件时，不应 > 75m

【注】
a. 公共建筑、工业建筑中的走道宽度不大于 2.5m 时，其防烟分区的长边长度不应大于 60m；
b. 当空间净高大于 9m 时，防烟分区之间可不设置挡烟设施。

②防烟分区应采用挡烟垂壁（不燃材料）、隔墙、防火卷帘、建筑横梁等划分。
【2015 单】

③防烟分区不应跨越防火分区。
④采用隔墙等形成封闭的分隔空间时，该空间宜作为一个防烟分区。
⑤当采用自然排烟方式时，储烟仓的厚度不应小于空间净高的20%，且不应小于500mm；当采用机械排烟方式时，不应小于空间净高的10%，且不应小于500mm。同时，储烟仓底部距地面的高度应大于安全疏散所需的最小清晰高度，最小清晰高度应按计算确定。对于有吊顶的空间，当吊顶开孔不均匀或开孔率≤25%时，吊顶内空间高度不得计入储烟仓厚度。
⑥有特殊用途的场所应单独划分防烟分区。

2. 挡烟设施检查方法 【2015、2016、2018 单】

挡烟垂壁外观	标牌牢固，标识清楚，金属零部件表面无明显凹痕或机械损伤，各零部件的组装、拼接处无错位	
挡烟垂壁的搭接宽度	卷帘式挡烟垂壁挡烟部件由两块或两块以上织物缝制时，搭接宽度不得小于20mm	
	采用多节垂壁搭接的形式使用时，卷帘式挡烟垂壁的搭接宽度不得小于100mm，翻板式挡烟垂壁的搭接宽度不得小于20mm	
	宽度测量值的允许负偏差不得大于规定值的5%	
挡烟垂壁边沿与建筑物结构表面的最小距离	不得大于60mm（参考《建筑防烟排烟系统技术标准 GB51251-2017》），测量值的允许正偏差不得大于规定值的5%	
活动式挡烟垂壁的下降	卷帘式挡烟垂壁的运行速度≥0.07m/s	
	翻板式挡烟垂壁的运行时间小于7s	
	挡烟垂壁设置限位装置，当其运行至上、下限位时，能自动停止	
联动	采用加烟的方法使感烟探测器发出模拟烟火灾报警信号	观察防烟分区内的活动式挡烟垂壁能自动下降至挡烟工作位置
	由消防控制中心发出控制信号	
断电试验	切断系统供电，观察挡烟垂壁能自动下降至挡烟工作位置	

> **习题 1** 在对层高为3.5m的地下车库进行防烟分区检查时，应注意检查挡烟垂壁的材质和挡烟垂壁的高度是否满足现行国家消防技术标准的要求。下列挡烟垂壁的做法中，错误的有（　　）。
> A. 挡烟垂壁的最下端低于机械排烟口
> B. 挡烟垂壁突出顶棚500mm
> C. 制作挡烟垂壁的材料为5mm厚的普通玻璃
> D. 在挡烟垂壁明显位置设置永久性标志铭牌
>
> 【答案】C

习题 2 对建筑划分防烟分区时，下列构件和设备中，不应用做防烟分区分隔构件和设施的是（　　）。
A. 特级防火卷帘　　　　　　B. 防火水幕
C. 防火隔墙　　　　　　　　D. 高度不小于 50cm 的建筑结构梁

【答案】B

习题 3 下列关于防烟分区划分的说法中，错误的是（　　）。
A. 防烟分区可采用防火隔墙划分
B. 设置防烟系统的场所应划分防烟分区
C. 一个防火分区可划分为多个防烟分区
D. 防烟分区可采用在楼板下突出 0.8m 的结构梁划分

【答案】B

习题 4 对某建筑物的防烟分区设置情况进行防火检查，下列不属于检查项目的是（　　）。
A. 防烟分区面积　　　　　　B. 挡烟垂壁的设置高度
C. 送风口的风速　　　　　　D. 防烟分区是否跨越防火分区

【答案】C

习题 5 某建筑进行防火检查，防烟分区的活动挡烟垂壁的下列检查结果中，不符合现行国家标准要求是（　　）。
A. 采用厚度为 1.00mm 的金属板材作挡烟垂壁
B. 挡烟垂壁的单节宽度为 2m
C. 挡烟垂壁的实际挡烟高度为 600mm
D. 挡烟的感温火灾探测器的报警信号作为挡烟垂壁的联动触发信号

【答案】D

06 第六章 安全疏散

安全疏散

- 安全疏散基本参数 【2015-2018 单；2016 多】
- 安全出口和疏散出口【2015-2018 单；2015、2018 多】
- 疏散走道和避难走道 【2015-2018 单】
- 疏散楼梯与楼梯间【2015-2018 单；2015-2018 多】
- 避难层（间）【2015-2018 单；2018 多】
- 逃生疏散辅助设施【2015-2018 单】

复习建议
1. 重点章节；
2. 必考章节。

第一节 安全疏散基本参数

1. 人员密度计算

（1）商场 【2017 单】

商业营业厅内的人员密度 （单位：人/㎡）

楼层位置	地下第二层	地下第一层	地上第一、二层	地上第三层	地上第四层及以上各层
人员密度	0.56	0.60	0.43～0.60	0.39～0.54	0.30～0.42

【注】对于建材商店、家具和灯饰展示建筑，其人员密度可按表中规定值的30%确定。

（2）歌舞娱乐放映游艺场所

① 录像厅的疏散人数应根据厅、室的建筑面积按不小于1.0人/㎡计算；
② 其他歌舞娱乐放映游艺场所的疏散人数应根据厅、室的建筑面积按不小于0.5人/㎡计算。

（3）有固定座位的场所

除剧场、电影院、礼堂、体育馆外，其疏散人数可按实际座位数的1.1倍计算。

（4）展览厅

① 展览厅的疏散人数应根据展览厅的建筑面积和人员密度计算；
② 展览厅的人员密度以不小于 0.75 人/㎡计算。

2. 疏散宽度指标

（1）百人宽度指标 【2017 单】

百人宽度指标是每百人在允许疏散时间内，以单股人流形式疏散所需的疏散宽度。

$$百人宽度指标 = \frac{单股人流宽度 \times 100}{疏散时间 \times 每分钟每股人流通过人数}$$

一般地，一、二级耐火等级建筑疏散时间控制为2min，三级耐火等级建筑疏散时间控制为1.5min。

（2）疏散宽度 【2015、2017 单】

① 其他民用建筑：
除剧场、电影院、礼堂、体育馆外的其他公共建筑的房间疏散门，安全出口、疏散走道和疏散楼梯的各自总净宽度，应按下表的要求计算确定。

其他公共建筑中疏散楼梯、安全出口和疏散走道的每百人所需最小疏散净宽度（单位：m/百人）

建筑层数		耐火等级		
		一、二级	三级	四级
地上楼层	1～2层	0.65	0.75	1.00
	3层	0.75	1.00	—
	≥4层	1.00	1.25	—
地下楼层	与地面出入口地面的高差≤10m	0.75	—	—
	与地面出入口地面的高差＞10m	1.00	—	—

······② 地下或半地下人员密集的厅、室和歌舞娱乐放映游艺场所：【2015 单】
其房间疏散门、疏散走道、安全出口和疏散楼梯的各自总宽度，应按每 100 人不小于 1.00m 计算确定。（当每层疏散人数不等时，疏散楼梯总净宽度可分层计算）

　　ⓐ 地上建筑内下层楼梯的总净宽度应按该层及以上各楼层疏散人数最多一层的人数计算。

　　ⓑ 地下建筑内上层楼梯的总净宽度应按该层及以下疏散人数最多一层的人数计算。

　　ⓒ 首层外门的总宽度应按该建筑疏散人数最多一层的人数计算确定，不供其他楼层人员疏散的外门，可按本层人数计算确定。

······③ 公共建筑内安全出口和疏散门的净宽度≥0.90m，疏散走道和疏散楼梯的净宽度≥1.10m。建筑高度≤18m 的住宅中一侧设有栏杆的疏散楼梯，其净宽度≥1m。

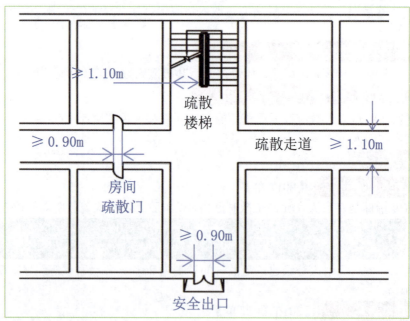

······④ 高层公共建筑的疏散宽度：【2016、2018 单】
高层公共建筑内楼梯间的首层疏散门、首层疏散外门和疏散走道的最小净宽度（单位：m）见下表。

建筑类别	楼梯间的首层疏散门、首层疏散外门	走道宽度		疏散楼梯
		单面布房	双面布房	
高层医疗建筑	1.30	1.40	1.50	1.30
其他高层公共建筑	1.20	1.30	1.40	1.20

人员密集的公共场所：

如营业厅、观众厅、礼堂、电影院、剧场和体育馆的观众厅，公共娱乐场所中的出入大厅、舞厅，候机（车、船）厅及医院的门诊大厅等面积较大，同一时间聚集人数较多的场所，疏散门的净宽度不应小于1.4m，室外疏散小巷的净宽度不应小于3.0m。

（注意：此宽度要同时满足防火间距的要求）

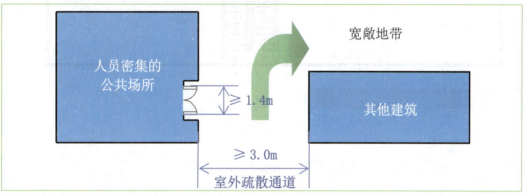

⑤ 厂房的疏散宽度：
厂房内的疏散楼梯、走道和门的总净宽度应根据疏散人数，按下表的规定计算确定。

厂房内疏散楼梯、走道和门的每100人最小疏散净宽度

厂房层数（层）	1～2	3	≥4
最小疏散净宽度（m/百人）	0.60	0.80	1.00

ⓐ 厂房内门的最小净宽度不宜小于0.9m，疏散走道的净宽度不宜小于1.4m，疏散楼梯的最小净宽度不宜小于1.1m。

ⓑ 首层外门的总净宽度应按该层及以上疏散人数最多一层的疏散人数计算，且该门的最小净宽度应不小于1.20m。

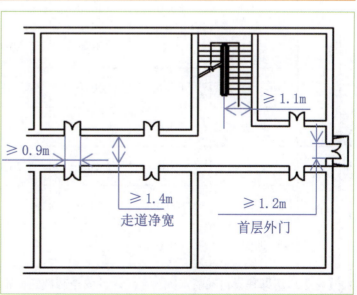

3. 疏散距离指标

安全疏散距离包括两个部分：
一是房间内最远点到房门的疏散距离；二是从房门到疏散楼梯间或外部出口的距离。

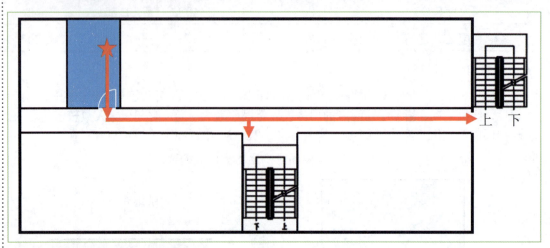

（1）厂房的安全疏散距离 【2018 单】

厂房的安全疏散距离 （单位：m）

生产类别	耐火等级	单层厂房	多层厂房	高层厂房	地下、半地下厂房或厂房的地下室、半地下室
甲	一、二级	30.0	25.0	—	—
乙	一、二级	75.0	50.0	30.0	—
丙	一、二级	80.0	60.0	40.0	30.0
丙	三级	60.0	40.0	—	—
丁	一、二级	不限	不限	50.0	45.0
丁	三级	60.0	50.0	—	—
丁	四级	50.0	—	—	—
戊	一、二级	不限	不限	75.0	60.0
戊	三级	100.0	75.0	—	—
戊	四级	60.0	—	—	—

【注】厂房即使设自动喷水灭火系统，其安全疏散距离也不可增加。

(2) 公共建筑的安全疏散距离 【2016 单】

直通疏散走道的房间疏散门至最近安全出口的直线距离 （单位：m）

名称			位于两个安全出口之间的疏散门			位于袋形走道两侧或尽端的疏散门		
			耐火等级			耐火等级		
			一、二级	三级	四级	一、二级	三级	四级
托儿所、幼儿园、老年人照料设施			25	20	15	20	15	10
歌舞娱乐放映游艺场所			25	20	15	9	—	—
医疗	单、多层		35	30	25	20	15	10
	高层	病房部分	24	—	—	12	—	—
		其他部分	30	—	—	15	—	—
教学建筑	单、多层		35	30	25	22	20	10
	高层		30	—	—	15	—	—
高层旅馆、展览建筑			30	—	—	15	—	—
其他建筑	单、多层		40	35	25	22	20	15
	高层		40	—	—	20	—	—

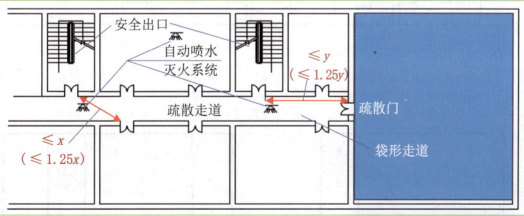

【注】建筑物内全部设置自动喷水灭火系统时，其安全疏散距离可增加25％。

① 建筑内开向敞开式外廊的房间，疏散门至最近安全出口的距离可按规定增加5m。

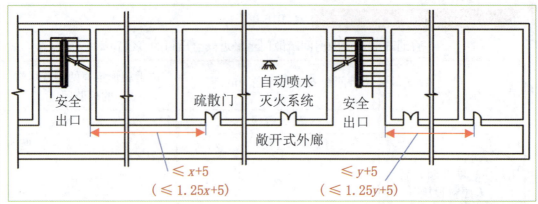

② 直通疏散走道的房间疏散门至最近敞开楼梯间的直线距离，当房间位于两个楼梯间之间时，按规定减少5m；当房间位于袋形走道两侧或尽端时，按规定减少2m。

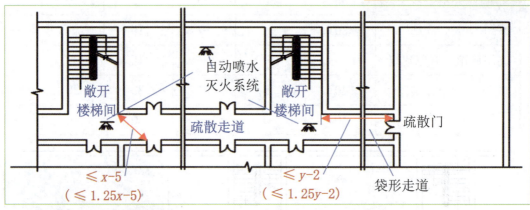

③ 楼梯间应在首层直通室外，确有困难时，可在首层采用扩大的封闭楼梯间或防烟楼梯间前室。当层数不超过4层且未采用扩大的封闭楼梯间或防烟楼梯间前室时，可将直通室外的门设置在离楼梯间不大于15m处。【2016 单】

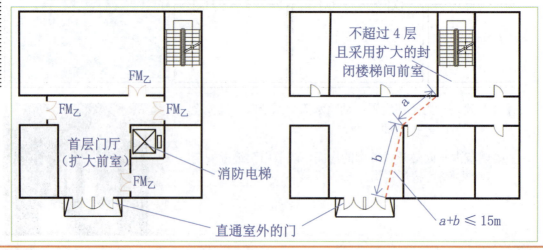

④ 房间内任一点至该房间直通疏散走道的疏散门的距离，不应大于表中规定的袋形走道两侧或尽端的疏散门至最近安全出口的距离。

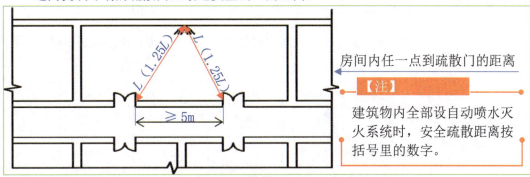

房间内任一点到疏散门的距离

【注】建筑物内全部设自动喷水灭火系统时，安全疏散距离按括号里的数字。

房间内任一点到疏散门的最大直线距离(L)

名称			一、二级	三级	四级
托儿所、幼儿园、老年人照料设施			20	15	10
歌舞娱乐放映游艺场所			9	—	—
医疗	单、多层		20	15	10
	高层	病房部分	12	—	—
		其他部分	15	—	—
教学建筑	单、多层		22	20	10
	高层		15	—	—
高层旅馆、展览建筑			15	—	—
其他建筑	单、多层		22	20	15
	高层		20	—	—

⑤ 一、二级耐火等级建筑内疏散门或安全出口不少于2个的观众厅、展览厅、多功能厅、餐厅、营业厅，其室内任一点至最近疏散门或安全出口的直线距离不应大于30m；当该疏散门不能直通室外地面或疏散楼梯间时，应采用长度不大于10m的疏散走道通至最近的安全出口。当该场所设置自动喷水灭火系统时，室内任一点至最近安全出口的安全疏散距离可分别增加25%。

（3）住宅建筑安全疏散距离

住宅建筑直通疏散走道的户门至最近安全出口的距离（单位：m）

名称	位于两个安全出口之间的疏散门			位于袋形走道两侧或尽端的疏散门		
	耐火等级			耐火等级		
	一、二级	三级	四级	一、二级	三级	四级
单、多层	40	35	25	22	20	15
高层	40	—	—	20	—	—

商业服务网点中每个分隔单元内的任一点至最近直通室外的出口的直线距离不应大于有关多层其他建筑位于袋形走道两侧或尽端的疏散门至最近安全出口的最大直线距离，室内楼梯的距离可按其水平投影长度的 1.50 倍计算。

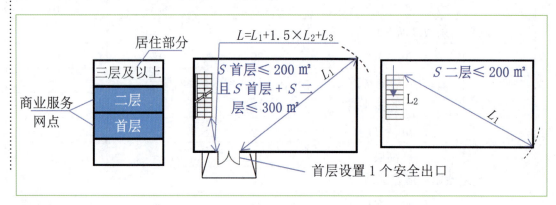

习题 1 某商业建筑，地上 4 层、地下 2 层，耐火等级一级，建筑高度为 20.6m。地上各层为百货、小商品和餐饮，地下一层为超市，地下二层为汽车库。地下一层设计疏散人数为 1500 人，地上一至三层每层设计疏散人数为 2000 人，四层设计疏散人数为 1800 人。地上一至三层疏散楼梯的最小总净宽度应是（　　）m。
A. 13　　　　　　　　　　B. 15
C. 20　　　　　　　　　　D. 18

【答案】C

习题 2 某耐火等级为二级的会议中心，地上 5 层，建筑高度为 30m，第二层采用敞开式外廊作为疏散走道。该外廊的最小净宽度应为（　　）。
A. 1.3m　　　　　　　　B. 1.1m
C. 1.2m　　　　　　　　D. 1.4m

【答案】A

习题 3 某耐火等级为二级的印刷厂房，地上 5 层，建筑高度 30m，厂房内设有自动喷水灭火系统。根据现行国家标准《建筑设计防火规范》（GB 50016-2014），该厂房首层任一点至最近安全出口的最大直线距离应为（　　）。
A. 40m　　　　　　　　B. 45m
C. 50m　　　　　　　　D. 60m

【答案】A

第二篇 建筑防火

习题 4 某二级耐火等级且设置自动喷水灭火系统的旅馆，建筑高度为 23.2m。"一"字形疏散内走道的东、西两端外墙上均设置采光、通风窗，在走道的两端各设置了一座疏散楼梯间，其中一座紧靠东侧外墙，另一座与西侧外墙有一定距离。建筑在该走道西侧尽端的房间门与最近一座疏散楼梯间入口门的允许最大直线距离为（　　）。

A. 15　　　　　　　　　　　　B. 20
C. 22　　　　　　　　　　　　D. 27.5

【答案】D

习题 5 安全疏散距离是安全疏散设计的一项重要内容，关于安全疏散距离的设置，下列说法中，符合现行国家消防技术标准要求的有（　　）。

A. 商场营业厅内任一点至疏散门的距离不应大于 30m
B. 设置自动喷水灭火系统的场所，室内任一点至安全出口的安全疏散距离可在规范规定值的基础上增加 25%
C. 高层建筑在首层未采用防烟楼梯间前室时，可将直通室外的门设置在离楼梯间不大于 15m 处
D. 采用敞开式外廊的建筑，安全疏散距离可在规范规定值的基础上增加 5m
E. 位于二级耐火等级建筑内的卡拉 OK 厅，厅内任一点至直通疏散走道的疏散门的直线距离不应大于 9m

【答案】ABDE

第二节　安全出口和疏散出口

1. 安全出口

（1）疏散楼梯

平面布置	竖向布置
①疏散楼梯宜设置在标准层（或防火分区）的两端，以便为人们提供两个不同方向的疏散路线； ②疏散楼梯宜靠近电梯设置。如果电梯厅为开敞式，为避免因高温烟气进入电梯井而切断通往疏散楼梯的通道，两者之间应进行防火分隔； ③疏散楼梯宜靠外墙设置。这种布置方式有利于采用带开敞前室的疏散楼梯间，同时，也便于自然采光、通风和进行火灾的扑救	①疏散楼梯应保持上、下畅通。高层建筑的疏散楼梯宜通至平屋顶，以便当向下疏散的路径发生堵塞或被烟气切断时，人员能上到屋顶暂时避难，等待消防机构利用登高车或直升机进行救援。通向屋面的门或窗应向外开启； ②应避免不同的人流路线相互交叉。高层部分的疏散楼梯不应和低层公共部分（指裙房）的交通大厅、楼梯间、自动扶梯混杂交叉，以免紧急疏散时两部分人流发生冲突，引起堵塞和意外伤亡

（2）疏散门

① 疏散门应向疏散方向开启，但人数不超过 60 人的房间且每樘门的平均疏散人数不超过 30 人时，其门的开启方向不限（除甲、乙类生产车间外）。

② 民用建筑及厂房的疏散门应采用向疏散方向开启的平开门，不应采用推拉门、卷帘门、吊门、转门和折叠门。但丙、丁、戊类仓库首层靠墙的外侧可采用推拉门或卷帘门。

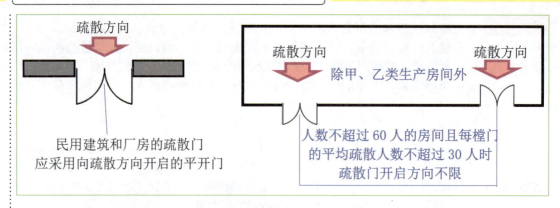

③ 当开向疏散楼梯或疏散楼梯间的门完全开启时，不应减小楼梯平台的有效宽度。

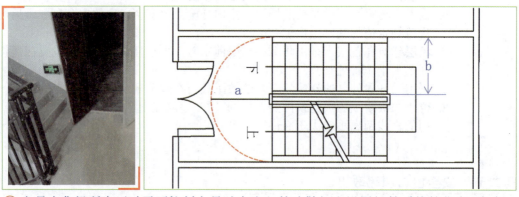

④ 人员密集场所内平时需要控制人员随意出入的疏散门和设置门禁系统的住宅、宿舍、公寓建筑的外门，应保证火灾时不需使用钥匙等任何工具即能从内部易于打开，并应在显著位置设置具有使用提示的标识。

⑤ 人员密集的公共场所、观众厅的入场门、疏散出口不应设置门槛，且紧靠门口内外各1.4m范围内不应设置台阶，疏散门应为推闩式外开门。

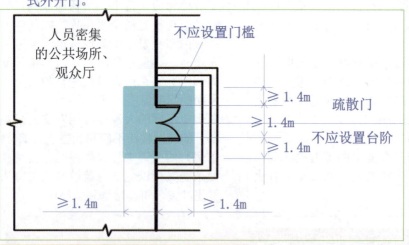

（3）公共建筑安全出口的设置要求

公共建筑每个防火分区或一个防火分区的每个楼层，安全出口不少于2个，且相邻2个安全出口最近边缘之间的水平距离不应小于5.0m。设置1个安全出口或1部疏散楼梯的公共建筑应符合下列条件之一：

① 除托儿所、幼儿园外，单层或多层公共建筑的首层，建筑面积不大于 200 ㎡ 且人数不超过 50 人。
② 除医疗建筑，老年人照料设施，托儿所、幼儿园的儿童用房，儿童游乐厅等儿童活动场所和歌舞娱乐放映游艺场所等外的公共建筑，其耐火等级、建筑层数、每层最大建筑面积和使用人数符合下表规定。

可设置 1 部疏散楼梯的公共建筑

耐火等级	最多层数	每层最大建筑面积（㎡）	人　　数
一、二级	3 层	200	第二、三层的人数之和不超过 50 人
三级	3 层	200	第二、三层的人数之和不超过 25 人
四级	2 层	200	第二层人数不超过 15 人

（4）安全出口设置的基本要求

一、二级耐火等级公共建筑内，当一个防火分区的安全出口全部直通室外确有困难时，符合下列规定的防火分区可利用通向相邻防火分区的甲级防火门作为安全出口。

① 应采用防火墙与相邻防火分区进行分隔。
② 建筑面积大于 1000 ㎡ 的防火分区，直通室外的安全出口数量不应少于 2 个；建筑面积小于或等于 1000 ㎡ 的防火分区，直通室外的安全出口数量不应少于 1 个。
③ 该防火分区通向相邻防火分区的疏散净宽度，不应大于计算所需总净宽度的 30%。

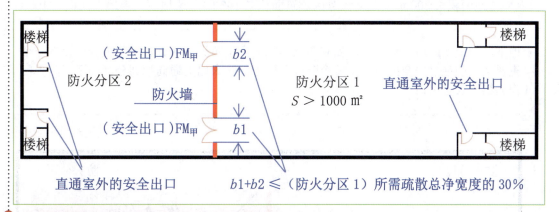

（5）住宅建筑安全出口的设置要求

建筑高度 h	单元层面积	或户门距最近出口	要求
h≤27m（单、多层）	> 650 ㎡	> 15m	每单元每层的安全出口不少于 2 个
27m＜h≤54m（二类高层）		> 10m	
h＞54m（一类高层）			

27m＜h≤54m，每个单元设置一座疏散楼梯时，户门需采用乙级防火门，疏散楼梯均通至屋面并能通过屋面与其他单元的疏散楼梯连通。不能直通屋面或不连通时，应设置 2 个安全出口。

（6）厂房、仓库安全出口的设置要求 【2015 单；2015，2018 多】

每个防火分区或一个防火分区的每个楼层的安全出口不应少于 2 个。仅设一个安全出口时，需满足下表：

空间净高 H（m）	最大允许面积（㎡）	最大允许面积（㎡）
甲类	≤ 100 ㎡	≤ 5 人
乙类	≤ 150 ㎡	≤ 10 人
丙类	≤ 250 ㎡	≤ 20 人
丁、戊类	≤ 400 ㎡	≤ 30 人
地下或半地下	≤ 50 ㎡	≤ 15 人
仓库占地面积≤ 300 ㎡	或防火分区建筑面积≤ 100 ㎡	或地下、半地下面积≤ 100 ㎡

地下、半地下厂房（仓库），如有防火墙隔成多个防火分区且每个防火分区设有一个直通室外的独立安全出口时，每个防火分区可将防火墙上通向相邻分区的甲级防火门作为第二安全出口

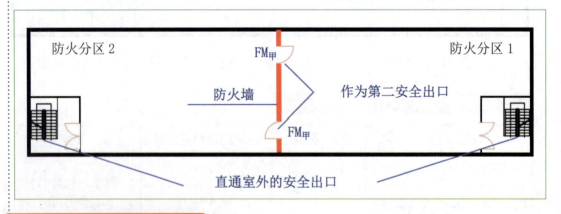

2. 疏散出口

（1）基本概念

疏散出口包括安全出口和疏散门。疏散门是直接通向疏散走道的房间门、直接开向疏散楼梯间的门（如住宅的户门）或室外的门，不包括套间内的隔间门或住宅套内的房间门。

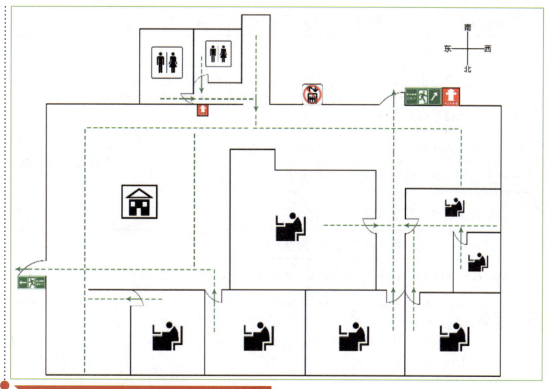

(2) 疏散出口设置的基本要求

① 建筑内的安全出口和疏散门应分散布置，并应符合双向疏散的要求。

② 公共建筑内各房间疏散门应经计算确定且不少于 2 个，每个房间相邻 2 个疏散门最近边缘之间的水平距离不应小于 5.0m。

③ 除托儿所、幼儿园、老年人照料设施、医疗建筑、教学建筑内位于走道尽端的房间外，当房间仅设一个疏散门时，需要满足下列条件之一：【2015、2017、2018 单】

 a. 位于两个安全出口之间或袋形走道两侧的房间，对于托儿所、幼儿园、老年人照料设施，其建筑面积≤ 50 ㎡；对于医疗建筑、教学建筑，其建筑面积≤ 75 ㎡；对于其他建筑或场所，其建筑面积≤ 120 ㎡。

 b. 位于走道尽端的房间，建筑面积< 50 ㎡且疏散门的净宽度≥ 0.90m。

 c. 由房间内任一点至疏散门的直线距离≤ 15m、建筑面积≤ 200 ㎡且疏散门的净宽≥ 1.40m。

 d. 位于歌舞娱乐放映游艺场所内的厅、室或房间，建筑面积≤ 50 ㎡且经常停留人数不超过 15 人。

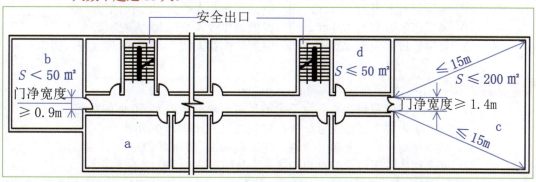

【温馨提示】图中标识的 a、b、c、d 处分别对应上面知识点中的第 a、b、c、d 点

(3) 地下、半地下（除歌舞娱乐放映游艺场所外）

防火分区建筑面积≤200㎡ 设备间	可设置一个安全出口或疏散楼梯
防火分区建筑面积≤50㎡ 且经常停留人数不超过 15 人的其他房间	

(4) 除规范另有规定外，地下、半地下

建筑面积≤200 ㎡的设备间	可设置一个疏散门
建筑面积≤50 ㎡且经常停留人数不超过 15 人的其他房间	

(5) 剧院、电影院和礼堂的观众厅

每个疏散门的平均疏散人数不超过 250 人	
当容纳人数超过 2000 人时	其超过 2000 人的部分，每个疏散门的平均疏散人数不超过 400 人。

习题 1 某集成电路工厂新建一个化学清洗间，建筑面积为 100 ㎡，设置 1 个安全出口，清洗作业使用火灾危险性为甲类的易燃液体，该清洗间同一时间内清洗操作人员不应超过（　　）人。
A. 10　　　　　　　　　　　　B. 5
C. 15　　　　　　　　　　　　D. 20

【答案】B

习题 2 消防技术人员对某工业区进行安全检查，下列仅设置一个安全出口的生产场所中，符合安全出口设置要求的场所有（　　）。
A. 某甲类厂房，每层建筑面积 120㎡，同一时间作业人数 3 人
B. 某戊类厂房，每层建筑面积 300㎡，同一时间作业人数 24 人
C. 某丁类厂房，每层建筑面积 350㎡，同一时间作业人数 20 人
D. 某乙类厂房，每层建筑面积 180㎡，同一时间作业人数 8 人
E. 某丙类厂房，每层建筑面积 260㎡，同一时间作业人数 18 人

【答案】BC

习题 3 下列厂房中，可设 1 个安全出口的有（　　）。
A. 每层建筑面积为 80 ㎡，同一时间的作业人数为 4 人的赤磷制备厂房
B. 每层建筑面积为 160 ㎡，同一时间的作业人数为 8 人的木工厂房
C. 每层建筑面积为 240 ㎡，同一时间的作业人数为 12 人的空分厂房
D. 每层建筑面积为 400 ㎡，同一时间的作业人数为 32 人的制砖车间
E. 每层建筑面积为 320 ㎡，同一时间的作业人数为 16 人的热处理厂房

【答案】ABE

习题 4 下列民用建筑的房间中，可设一个疏散门的是（　　）。
A. 老年人日间照料中心内位于走道尽端，建筑面积 50 ㎡的房间
B. 托儿所内位于袋形走道一侧，建筑面积为 60 ㎡的房间
C. 教学楼内位于袋形走道一侧，建筑面积为 70 ㎡的教室
D. 病房楼内位于两个安全出口之间、建筑面积为 80 ㎡的病房

【答案】C

习题 5

某多功能建筑，建筑高度为 54.8m，2 座楼梯间分别位于"一"字形内走廊的尽端，楼梯间形式和疏散宽度符合相关规范规定。地下一层建筑面积为 2600 ㎡，用途为餐厅、设备房；地上共 14 层，建筑面积为 24000 ㎡，用途为歌舞娱乐、宾馆、办公。该建筑按照规范要求设置建筑消防设施。下列关于该建筑房间疏散门的设置中，错误的是（　　）。

A. 九至十四层每层的会议室相邻两个疏散门最近边缘之间的水平距离为 6m
B. 位于地下一层的一个建筑面积为 50 ㎡、使用人数为 10 人的小餐厅，设置 1 个向内开启的疏散门
C. 位于三层的一个建筑面积为 80 ㎡、使用人数为 50 人的会议室，设置 2 个向内开启的疏散门
D. 位于一层的一个建筑面积为 60 ㎡、使用人数为 16 人的录像厅，设置 1 个向外开启的疏散门

【答案】D

习题 6

下列关于建筑中疏散门宽度的说法中，错误的是（　　）。

A. 电影院观众厅的疏散门，其净宽度不应小于 1.2m
B. 多层办公建筑内的疏散门，其净宽度不应小于 0.9m
C. 地下歌舞娱乐场所的疏散门，其总净宽应根据疏散人数按每 100 人不小于 1.0m 计算
D. 住宅建筑的户门，其净宽度不应小于 0.9m

【答案】A

习题 7

下列疏散出口的检查结果中，不符合现行国家消防技术标准的是（　　）。

A. 容纳 200 人的观众厅，其 2 个外开疏散门的净宽度均为 1.20m
B. 教学楼内位于两个安全出口之间的建筑面积为 55㎡，使用人数 45 人的教室设有 1 个净宽 1.00m 的外开门
C. 单层的棉花储备仓库在外墙上设置净宽 4.00m 的金属卷帘门作为疏散门
D. 建筑面积为 200㎡ 的房间，其相邻 2 个疏散门洞净宽为 1.5m，疏散门中心线之间的距离为 6.5m

【答案】A

第三节　疏散走道与避难走道

1. 疏散走道

基本概念：指发生火灾时，建筑内人员从火灾现场逃往安全场所的通道。

疏散走道设置的基本要求：
- 走道应简捷，并按规定设置疏散指示标志和诱导灯。
- 在 1.8m 高度内不宜设置管道、门垛等凸出物，走道中的门应向疏散方向开启。
- 尽量避免设置袋形走道。
- 疏散走道在防火分区处应设置常开甲级防火门。

2. 避难走道

指采用防烟措施且两侧设置耐火极限不低于 3.00 h 的防火隔墙，用于人员安全通行至室外的走道。【2015-2018 单】

①避难走道防火隔墙的耐火极限不应低于3.00h，楼板的耐火极限不应低于1.50h。
②避难走道直通地面的出口不应少于2个，并应设置在不同方向；当避难走道仅与一个防火分区相通且该防火分区至少有1个直通室外的安全出口时，可设置1个直通地面的出口。任一防火分区通向避难走道的门至该避难走道最近直通地面的出口距离不应大于60m。
③避难走道的净宽度不应小于任一防火分区通向该避难走道的设计疏散总净宽度。
④避难走道内部装修材料的燃烧性能应为A级。
⑤防火分区至避难走道入口应设置防烟前室，前室的使用面积不应小于6.0㎡，开向前室的门应采用甲级防火门，前室开向避难走道的门应采用乙级防火门。
⑥避难走道内应设置消火栓、消防应急照明、应急广播和消防专线电话。

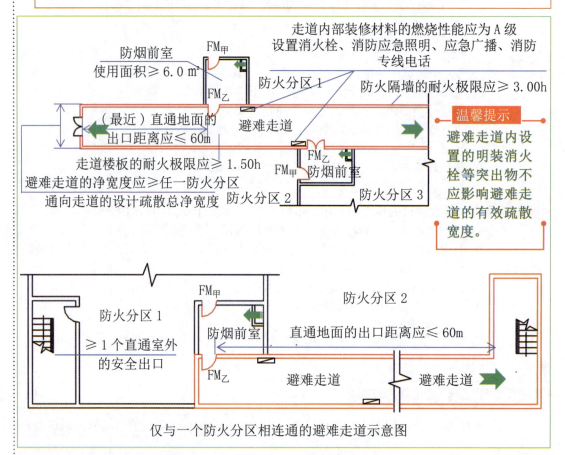

仅与一个防火分区相连通的避难走道示意图

习题1 避难走道楼板及防火隔墙的最低耐火极限应分别为（ ）。
A.1.00h、2.00h B.1.50h、3.00h
C.1.50h、2.00h D.1.00h、3.00h
【答案】B

习题2 高层医疗建筑采用双面布房的疏散走道，其净宽度根据疏散人数经计算确定，并应满足不小于（ ）m的要求。
A.1.1 B.1.2
C.1.5 D.1.4
【答案】C

习题 3 对某三层影院进行的防火检查,安全疏散设施的下列检查结果中,不符合现行标准要求的是( )。
A. 建筑室外疏散通道的净宽度为 3.5m
B. 首层疏散门净宽度为 1.30m
C. 首层疏散门外 1.50m 处设置踏步
D. 楼梯间在首层通过 15m 的疏散走道通至室外

【答案】B

习题 4 某 7 层病房大楼,建筑高度为 27m,每层划分 2 个防火分区,走道两侧双面布房,每层设计容纳人数为 110 人。下列对该病房大楼安全疏散设施的防火检查结果中,不符合现行国家标准要求的是( )。
A. 楼层水平疏散走道的净宽度为 1.60m
B. 疏散楼梯及首层疏散外门的净宽度均为 1.30m
C. 疏散走道在防火分区设置具有自行关闭和信号反馈功能的常开甲级防火门
D. 疏散走道与合用前室之间设置耐火极限 3.00h 且具有停滞功能的防火卷帘

【答案】D

习题 5 某地下商场,地下 1 层,建筑面积近 40000m²,通过设置避难走道划分为建筑面积小于 20000m² 的两个区域。下列关于避难走道的做法,错误的是( )。
A. 商场至避难走道入口处设防烟前室,商场开向前室的门采用乙级防火门
B. 避难走道在 2 个不同疏散方向上分别设置 1 个直通室外地面的出口
C. 避难走道入口处防烟前室的使用面积为 6.0m²
D. 避难走道的吊顶、墙面和地面采用不燃烧材料装修

【答案】A

习题 6 某大型人防工程内的避难走道,与 4 个防火分区相连,每个防火分区的建筑面积均为 2000 m²。对该避难走道进行防火检查,下列检查结果中,不符合现行国家消防技术标准的是( )。
A. 避难走道的两端各设置了 1 个直通地面的安全出口
B. 每个防火分区至避难走道入口处均设置了防烟前室,其使用面积为 6 m²
C. 避难走道内部采用轻钢龙骨石膏板做吊顶
D. 其中一个防火分区通向避难走道的门至该避难走道最近直通地面的出口的距离为 65m

【答案】D

习题 7 对某商业建筑进行防火检查,下列避难走道的检查结果中,符合现行国家标准要求的是( )。
A. 防火分区通向避难走道的门至避难走道直通地面的出口的距离最远为 65m
B. 避难走道仅与一个防火分区相通,该防火分区设有 2 个直通室外的安全出口,避难走道设置 1 个直通地面的出口
C. 避难走道采用耐火极限 3.00h 的防火墙和耐火极限 1.00h 的楼板与其他区域进行分隔
D. 防火分区至避难走道入口处设置防烟前室,每个前室的建筑面积为 6.0m²

【答案】B

第四节 疏散楼梯与楼梯间

1. 疏散楼梯间的一般要求 【2017单，2018多】

① 楼梯间应能天然采光和自然通风，并宜靠外墙设置。

靠外墙设置时，楼梯间及合用前室的窗口与两侧门、窗洞口最近边缘之间的水平距离不应小于1.0m。

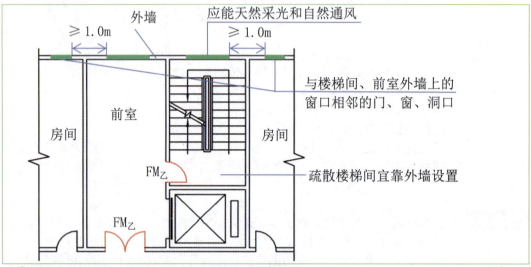

② 楼梯间内不应设置烧水间、可燃材料储藏室。
③ 封闭楼梯间、防烟楼梯间及其前室，不应设置卷帘。
④ 楼梯间内不应有影响疏散的凸出物或其他障碍物。
⑤ 楼梯间内不应敷设或穿越甲、乙、丙类液体的管道。
　　a. 封闭楼梯间、防烟楼梯间及其前室内禁止穿过或设置可燃气体管道。
　　b. 敞开楼梯间内不应设置可燃气体管道。
　　c. 住宅建筑的敞开楼梯间内确需设置可燃气体管道和可燃气体计量表时，应采用金属管和设置切断气源的阀门。
⑥ 除通向避难层错位的疏散楼梯外，建筑中的疏散楼梯间在各层的平面位置不应改变。
⑦ 除住宅建筑套内的自用楼梯外，地下、半地下室与地上层不应共用楼梯间，必须共用楼梯间时，在首层应采用耐火极限不低于2.00h的不燃烧体隔墙和乙级防火门将地下、半地下部分与地上部分的连通部位完全分隔，并应有明显标志。

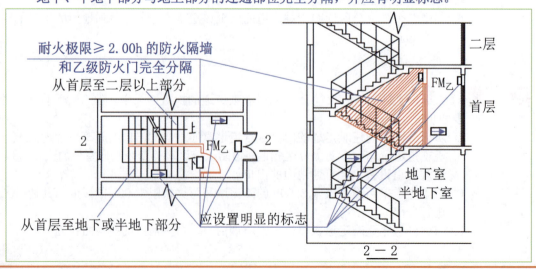

2. 敞开楼梯间

适用于低、多层的居住建筑和公共建筑中。

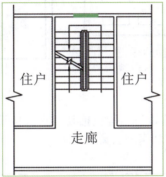

3. 封闭楼梯间

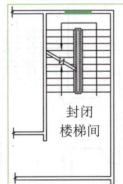

封闭楼梯间的设置要求

除应满足楼梯间的设置要求外，还应满足以下几方面：

① 不能自然通风或自然通风不能满足要求时，应设置机械加压送风系统或采用防烟楼梯间。

② 除楼梯间的出入口和外窗外，楼梯间的墙上不应开设其他门、窗、洞口。

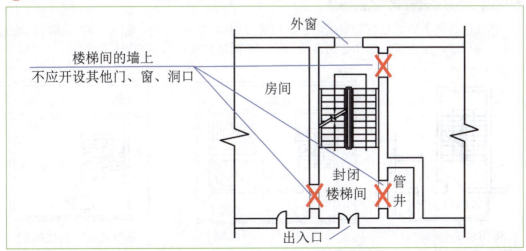

③ 高层建筑、人员密集的公共建筑、人员密集的多层丙类厂房，以及甲、乙类厂房，其封闭楼梯间的门应采用乙级防火门，并应向疏散方向开启；其他建筑，可采用双向弹簧门。【2017 单、2018 多】

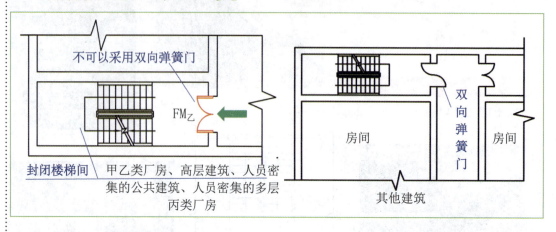

④ 楼梯间的首层可将走道和门厅等包括在楼梯间内形成扩大的封闭楼梯间，但应采用乙级防火门与其他走道和房间分隔。

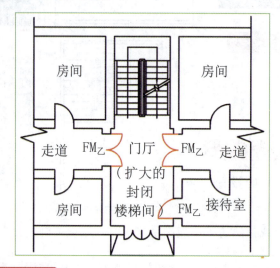

4. 防烟楼梯间

指在楼梯间入口处设有前室或阳台、凹廊，通向前室、阳台、凹廊和楼梯间的门均为防火门以防止火灾的烟和热进入楼梯间，是高层建筑中常用的楼梯间形式。

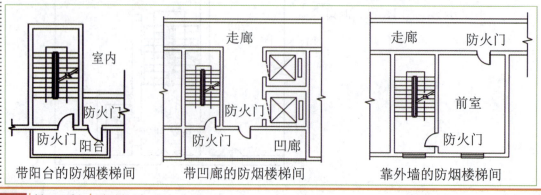

防烟楼梯间的设置要求　【2015 多】

除应满足疏散楼梯的设置要求外,还应满足以下要求:

①当不能天然采光和自然通风时,楼梯间应按规定设置防烟设施。
②在楼梯间入口处应设置防烟前室、开敞式阳台或凹廊等。
　前室可与消防电梯间的前室合用。

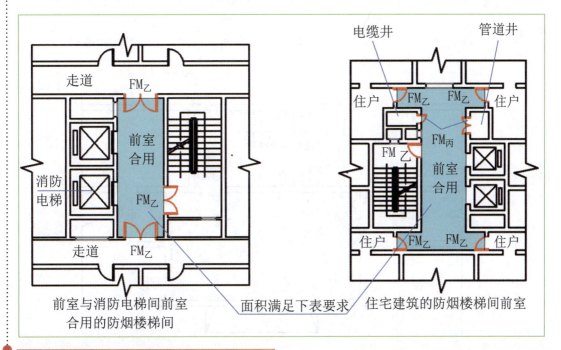

前室与消防电梯间前室合用的防烟楼梯间　　面积满足下表要求　　住宅建筑的防烟楼梯间前室

③防烟前室使用面积的要求如下表:

建筑类型	前室面积	与消防电梯合用前室面积
公共建筑、高层厂房(仓库)	≥6.0 m²	≥10.0 m²
住宅建筑	≥4.5 m²	≥6.0 m²

④疏散走道通向前室以及前室通向楼梯间的门应采用乙级防火门,并应向疏散方向开启。
⑤除住宅建筑的楼梯间前室外,防烟楼梯间和前室内的墙上不应开设除疏散门和送风口外的其他门、窗、洞口。

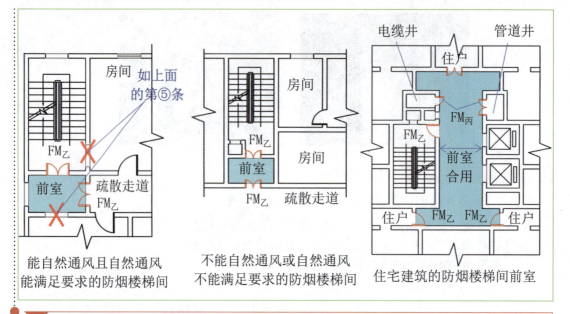

能自然通风且自然通风能满足要求的防烟楼梯间　　不能自然通风或自然通风不能满足要求的防烟楼梯间　　住宅建筑的防烟楼梯间前室

⑥楼梯间的首层可将走道和门厅等包括在楼梯间前室内，形成扩大的前室，但应采用乙级防火门等与其他走道和房间分隔。

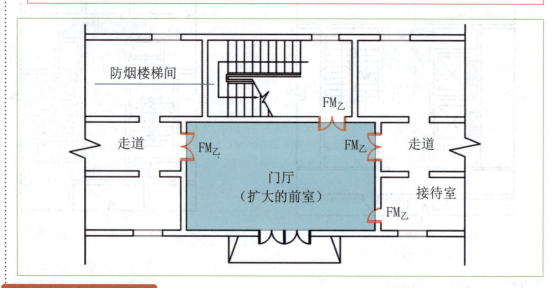

5. 室外疏散楼梯

在建筑的外墙上设置全部敞开的室外楼梯，不易受烟火的威胁，防烟效果和经济条件都较好。

室外楼梯的设置应符合下列要求：【2018 多】

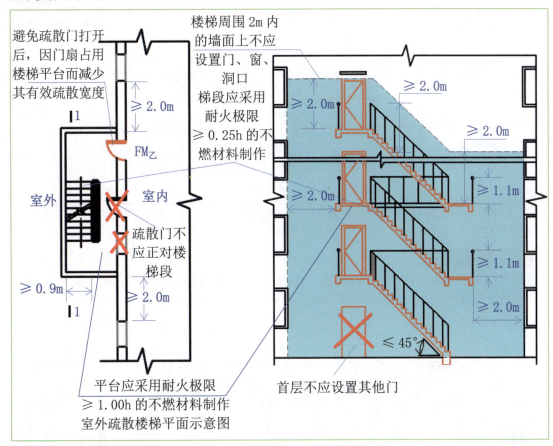

6. 楼梯间的设置要求　【2015-2017 单；2015、2018 多】

建筑类别	具体参数（建筑高度 h）	敞开	封闭	防烟
厂房	高层和甲、乙、丙类多层		√	
	$h > 32m$ 且任一层人数超过 10 人			√
高层仓库			√	
高层公共建筑	裙房和 $h ≤ 32m$ 的二类		√	
	一类和 $h > 32m$ 的二类、$> 24m$ 的老年人照料设施			√
多层公共建筑（除与敞开式外廊直接相连的楼梯间）	医疗、旅馆、老年人照料设施及类似功能		√	
	设置歌舞娱乐放映游艺的场所		√	
	商店、图书馆、展览、会议中心及类似功能		√	
	6 层及以上其他		√	

续表

建筑类别	具体参数（建筑高度h）	敞开	封闭	防烟
住宅	$h \leq 21m$（与电梯井相邻应封闭，户门乙级可敞开）	√		
	$21m < h \leq 33m$（户门乙级可敞开）		√	
	$h > 33m$			√
地下或半地下建筑（室）	其他		√	
	3层及以上或室内地面与室外出入口地坪高差大于10m的			√

【封闭楼梯间记忆口诀】"商图会展老医旅，歌舞娱乐6公建，甲乙丙类高仓库，地下10m两层限。"

【注】
建筑高度大于32m的老年人照料设施，宜在32m以上部分增设能连通老年人居室和公共活动场所的连廊，各层连廊应直接与疏散楼梯、安全出口或室外避难场地连通。

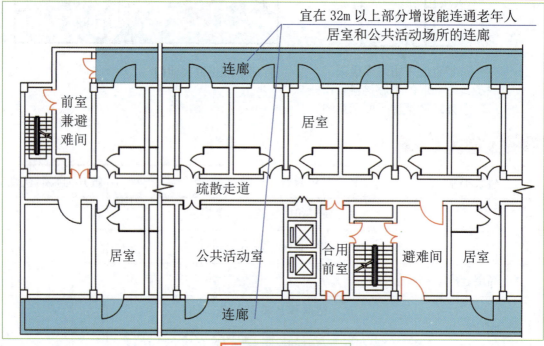

习题1 关于高层办公楼疏散楼梯设置的说法中，错误的是（　　）。
A. 疏散楼梯间内不得设置烧水间、可燃材料储存室、垃圾道
B. 疏散楼梯间内不得设有影响疏散的凸出物或其他障碍物
C. 疏散楼梯间必须靠外墙设置并开设外窗
D. 公共建筑的疏散楼梯间不得敷设可燃气体管道

【答案】C

习题2 下列安全出口的检查结果中，符合现行国家消防技术标准的有（　　）。
A. 防烟楼梯间在首层直接对外的出口门采用向外开启的安全玻璃门
B. 服装厂房设置的封闭楼梯间各层均采用常闭式乙级防火门，并向楼梯间开启
C. 多层办公楼封闭楼梯间的入口门采用常开的乙级防火门，并有自行关闭和信号反馈功能
D. 室外地坪标高 -0.15m、室内地坪标高 -10.00m 的地下2层建筑，其疏散楼梯采用封闭楼梯间
E. 高层宾馆中连接"一"字形内走廊的2个防烟楼梯间前室的入口中心线之间的距离为60m

【答案】ACDE

习题3 下列安全出口与疏散门的防火检查结果中，不符合现行国家标准要求的有（　　）。
A. 单层的谷物仓库在外墙上设置净宽为5.00m的金属推拉门作为疏散门
B. 多层老年人照料设施中位于走道尽端的康复用房，建筑面积为45㎡，设置一个疏散门
C. 多层建筑内建筑面积300㎡的歌舞厅室内最远点至疏散门的距离为12m
D. 多层办公楼封闭楼梯间的门采用双向弹簧门
E. 防烟楼梯间首层直接对外的门采用与楼梯间段等宽的向外开启的安全玻璃门

【答案】BC

习题4 楼梯间是重要的竖向安全疏散设施。下列建筑设置的楼梯间，不符合相关防火规范要求的是（　　）。
A. 建筑高度30m的写字楼，设置封闭楼梯间
B. 地上10层的医院病房楼，设置防烟楼梯间
C. 一类高层公共建筑的裙房，设置封闭楼梯间
D. 地上2层的内廊式老年人公寓，设置敞开楼梯间

【答案】D

习题5 对建筑进行防火检查时，应注意检查建筑的疏散楼梯的形式，下列建筑中，应采用防烟楼梯间的是（　　）。
A. 建筑高度为32m的高层丙类仓库　　B. 建筑高度为36m的住宅建筑
C. 建筑高度为23m的医院建筑　　D. 建筑高度为30m的学校办公楼

【答案】B

习题6 下列多层厂房中，设置机械加压送风系统的封闭楼梯间应采用乙级防火门的是（　　）。
A. 服装加工厂房　　B. 机械修理厂
C. 汽车厂总装厂房　　D. 金属冶炼厂房

【答案】A

习题 7 关于疏散楼梯间设置的做法，错误的是（　　）。

A. 2层展览建筑无自然通风条件的封闭楼梯间，在楼梯间直接设置机械加压送风系统
B. 与高层办公主体建筑之间设置防火墙的商业裙房，其疏散楼梯间采用封闭楼梯间
C. 建筑高度为33m的住宅建筑，户门均采用乙级防火门，其疏散楼梯间采用敞开楼梯间
D. 建筑高度为32m，标准层建筑面积为1500m²的电信楼，其疏散楼梯间采用封闭楼梯间

【答案】D

习题 8 下列无敞开式外廊的建筑中，可设置封闭楼梯间的有（　　）。

A. 4层且建筑高度为21m的医院门诊楼
B. 3层且建筑高度为12m、每层建筑面积为500 m²的小型商店
C. 3层且建筑高度为19.8m的纺织厂房
D. 6层且建筑高度为21.6m的办公楼
E. 宾馆建筑下部设置的3层地下设备房和汽车库

【答案】ABCD

习题 9 下列住宅建筑安全出口、疏散楼梯和户门的设计方案中，正确的有（　　）。

A. 建筑高度为27m的住宅，各单元每层的建筑面积为700 m²，每层设1个安全出口
B. 建筑高度为36m的住宅，采用封闭楼梯间
C. 建筑高度为18m的住宅，敞开楼梯间与电梯井相邻，户门采用乙级防火门
D. 建筑高度为30m的住宅，采用敞开楼梯间，户门采用乙级防火门
E. 建筑高度为56m的住宅，每个单元设置1个安全出口，户门采用乙级防火门

【答案】CD

习题 10 某公共建筑，共4层，建筑高度为22m，其中一至三层为商店，四层为电影院，电影院的独立疏散楼梯采用室外楼梯。该室外疏散楼梯的下列设计方案中，正确的有（　　）。

A. 室外楼梯平台耐火极限0.5h
B. 建筑二、三、四层通向该室外疏散楼梯的门采用乙级防火门
C. 楼梯栏杆扶手高度1.10m
D. 楼梯倾斜角度45°
E. 楼梯周围2m内墙面上不设门窗洞口

【答案】CDE

习题 11 某住宅小区，均为10层住宅楼，建筑高度为31m。每栋设有两个单元，每个单元标准层建筑面积为600m²，户门均采用乙级防火门且至最近安全出口的最大距离为12m，下列防火检查结果中，符合现行国家标准要求的有（　　）。

A. 抽查一层住宅的外窗，与楼梯间外墙上的窗最近边缘的水平距离为1.5m
B. 疏散楼梯采用敞开楼梯间
C. 敞开楼梯间内局部敷设的天然气管道采用钢套管保护并设置切断气源的装置
D. 每栋楼每个单元设置一部疏散楼梯，单元之间的疏散楼梯可通过屋面连通
E. 敞开楼梯间内设置垃圾道，垃圾道井口采用甲级防火门进行防火分隔

【答案】ABC

习题 12 下列关于建筑内疏散楼梯间的做法中，错误的是（　　）。

A. 设置敞开式外廊的 4 层教学楼，每层核定人数 500 人，设置 3 部梯段净宽度均为 2.00m 的敞开式疏散楼梯间

B. 建筑高度为 15m 的 3 层商用建筑，总建筑面积为 2400㎡，一、二层为美术教室和体形训练室，三层为卡拉 OK 厅和舞厅，设置 2 座梯段净宽度均为 2.00m 的敞开式疏散楼梯间

C. 电子厂综合装配大楼，建筑高度为 31.95m，每层作业人数 100 人，设置 2 座净宽度均为 1.2m 的防烟楼梯间

D. 建筑高度为 31.9m 的住宅建筑，每个单元的建筑面积为 500㎡，户门至楼梯间的最大水平距离为 2m，每个单元设置一座梯段净宽度为 1.10m 的封闭楼梯间

【答案】B

习题 13 某纺织厂房，地上 3 层，耐火等级为二级，建筑高度为 18m，建筑面积 16800㎡，设置 4 部疏散楼梯间。下列关于疏散楼梯间的做法，正确的有（　　）。

A. 厂房的 3 部疏散楼梯间靠外墙布置，并具备天然采光和自然通风条件，设置为封闭楼梯间

B. 厂房的 1 部疏散楼梯间不能自然通风采光，因厂房的建筑高度小于 32m，防烟楼梯间可不设置前室

C. 厂房的 1 部疏散楼梯间不能自然通风采光，将其改为防烟楼梯间

D. 封闭楼梯间、防烟楼梯间的顶棚、墙面和地面的装修材料均采用不燃烧材料

E. 其中 1 部封闭楼梯间开设防火门确有困难，采用防火卷帘替代替

【答案】ACD

7. 剪刀楼梯

剪刀楼梯，又称叠合楼梯或套梯，是在同一个楼梯间内设置了一对既相互交叉、又相互隔绝的疏散楼梯。剪刀楼梯的特点是：同一个楼梯间内设有两部疏散楼梯，并构成两个出口，有利于在较为狭窄的空间内组织双向疏散。

住宅单元和高层公共建筑的疏散楼梯，当分散设置确有困难时，且任一户门或从任一疏散门至最近疏散楼梯间入口的距离不大于 10m 时，可采用剪刀楼梯。剪刀楼梯的两条疏散通道是处在同一空间内，只要有一个出口进烟，就会使整个楼梯间充满烟气，影响人员的安全疏散，为防止出现这种情况应采取下列防火措施：

① 剪刀楼梯应具有良好的防火、防烟能力，应采用防烟楼梯间，并分别设置前室。

② 为确保剪刀楼梯两条疏散通道的功能，其梯段之间应设置耐火极限不低于 1.00h 的实体墙分隔。

③ 住宅建筑剪刀楼梯间前室共用时，前室的使用面积不小于 6.0㎡；与消防电梯的前室合用时，合用前室的使用面积不小于 12.0㎡，且短边不小于 2.4m。

8. 疏散楼梯的净宽度　【2017 多 2018 单】

建筑类型		疏散楼梯
公共建筑	高层医疗建筑	1.30m
公共建筑	其他高层公共建筑	1.20m
公共建筑	单、多层公共建筑	1.10m
住宅建筑	其他住宅建筑	1.10m
住宅建筑	高度≤18m 且疏散楼梯一边设置栏杆	1.0m
厂房、汽车库、修车库		1.10m
人防工程	商场、公共娱乐场所、健身体育场所	1.40m
人防工程	医院	1.30m
人防工程	其他建筑	1.10m

9. 检查方法　【2016 多】

①沿楼梯全程检查安全性和畅通性。需要注意的是，除与地下室连通的楼梯、超高层建筑中通向避难层的楼梯外，疏散楼梯间在各层的平面位置不得改变，必须上下直通；当地下室或半地下室与地上层共用楼梯间时，在首层与地下或半地下层的出入口处，需检查是否设置耐火极限不低于 2.00h 的隔墙和乙级的防火门隔开，并设有明显提示标志。

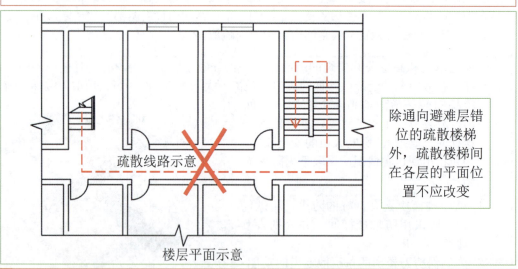

②在设计人数最多的楼层，选择疏散楼梯扶手与楼梯隔墙之间相对较窄处测量疏散楼梯的净宽度，并核查与消防设计文件的一致性。每部楼梯的测量点不少于 5 个，宽度测量值的允许负偏差不得大于规定值的 5%。
③测量前室（合用前室）使用面积，测量值的允许负偏差不得大于规定值的 5%。
④测量楼梯间（前室）疏散门的宽度，测量值的允许负偏差不得大于规定值的 5%，并核查防火门产品与市场准入文件、消防设计文件的一致性。

第二篇 建筑防火

习题 1 关于疏散楼梯最小净宽度的说法,符合现行国家技术标准的有( )。
A. 除规范另有规定外,多层公共建筑疏散楼梯的净宽度不应小于1.00m
B. 汽车库的疏散楼梯净宽度不应小于1.10m
C. 高层病房楼的疏散楼梯净宽度不应小于1.30m
D. 高层办公建筑疏散楼梯的净宽度不应小于1.40m
E. 人防工程中商场的疏散楼梯净宽度不应小于1.20m

【答案】BC

习题 2 某鳗鱼饲料加工厂,其饲料加工车间,地上6层,建筑高度为36m,每层建筑面积为2000m²,同时工作人数8人;饲料仓库,地上3层,建筑高度为20m,每层建筑面积300m²,同时工作人数3人。对该厂的安全疏散设施进行防火检查,下列检查结果中,不符合现行国家标准要求的是( )。
A. 饲料仓库室外疏散楼梯周围1.50m处的墙面上设置一个通风高窗
B. 饲料加工车间疏散楼梯采用封闭楼梯间
C. 饲料仓库仅设置一部室外疏散楼梯
D. 饲料加工车间疏散楼梯净宽度为1.10m

【答案】A

习题 3 对建筑的疏散楼梯进行工程验收时,下列关于疏散楼梯间检查的做法中,正确的有( )。
A. 检查疏散楼梯间在各层的位置是否改变
B. 检查地下与地上共用的楼梯间在首层与地下层的出入口处是否设置防火隔墙和乙级防火门完全隔开
C. 测量疏散楼梯间的门完全开启时楼梯平台的有效宽度
D. 检查通向建筑屋面的疏散楼梯间的门的开启方向是否正确
E. 测量疏散楼梯的净宽度,每部楼梯的测量点不少于3处

【答案】ABCD

第五节 避难层(间)

1. 避难层 【2015、2016 单】

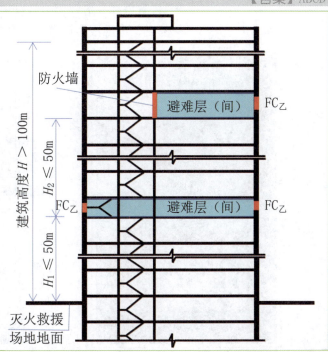

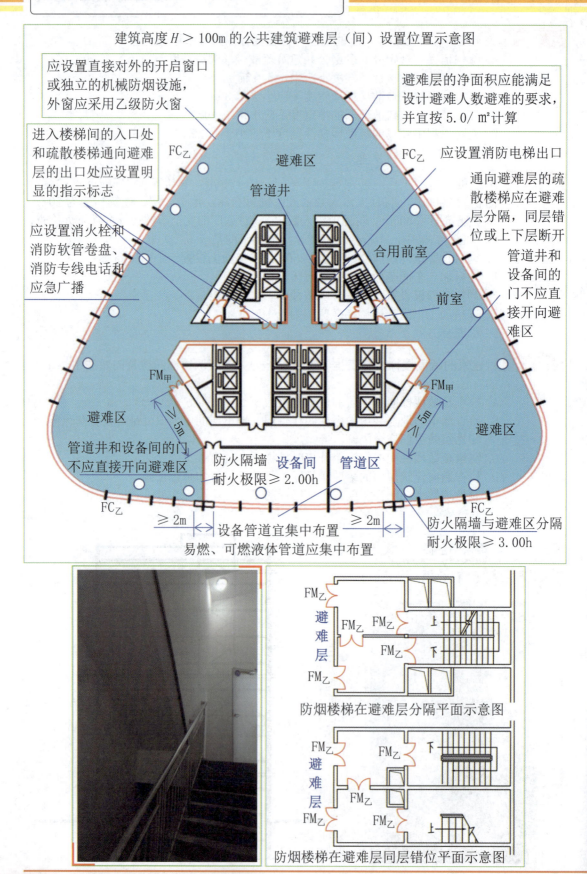

习题 1 建筑高度超过 100m 的公共建筑应设置避难层。下列关于避难层设置的说法中,错误的是(　　)。
A. 第一个避难层的楼地面至灭火救援场地地面的高度不应大于 60m
B. 封闭的避难层应设置独立的机械防烟系统
C. 通向避难层的疏散楼梯应使人员需经过避难层方能上下
D. 避难层可兼做设备层

【答案】A

习题 2 某建筑高度为 300m 的办公建筑,首层室内地面标高为 ±0.000m,消防车登高操作场地的地面标高为 -0.600m,首层层高为 6.0m,地上其余楼层的层高均为 4.8m。下列关于该建筑避难层的做法中,错误的是(　　)。
A. 第二个避难层与第一个避难层相距 10 层设置
B. 第一个避难层的避难净面积按其担负的避难人数乘以 0.25 ㎡/人计算确定
C. 将第一个避难层设置在第十二层
D. 第二个避难层的避难净面积按其负担的避难人数乘以 0.2 ㎡/人计算确定

【答案】C

习题 3 某超高层办公建筑,建筑总高度为 180m,共设置有 3 个避难层。投入使用前对避难层进行检查,下列检查结果中,正确的是(　　)。
A. 设置了独立的机械排烟设施
B. 第一个避难层的楼地面与灭火救援场地地面的高差为 55m
C. 通向避难层的疏散楼梯在避难层进行了分隔
D. 避难层兼作设备层,避难区域与设备管道采用耐火极限为 1.0h 的防火隔墙分隔

【答案】C

习题 4 对某建筑高度为 140m 的住宅建筑进行防火检查,下列关于避难层的检查结果中,不符合现行国家消防技术标准的是(　　)。
A. 设置了可直接对外开启的乙级防火窗
B. 在避难层设置消防电梯出口
C. 在避难层设置的设备用房与避难区之间采用防火墙分隔
D. 在避难层设置消火栓、机械排烟系统和消防专用电话

【答案】D

2. 避难间 【2016—2018 单】

(1) 高层病房楼应在二层及以上病房楼层和洁净手术部的避难间

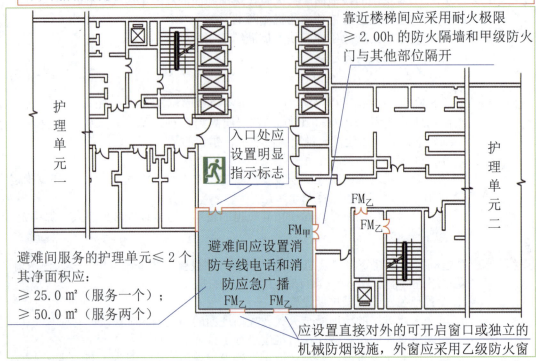

避难间应符合下列规定：

① 避难间服务的护理单元不应超过2个，其净面积应按每个护理单元不小于25.0㎡确定。
② 避难间兼作其他用途时，应保证人员的避难安全，且不得减少可供避难的净面积。
③ 应靠近楼梯间，并应采用耐火极限不低于2.00h的防火隔墙和甲级防火门与其他部位分隔。
④ 应设置消防专线电话和消防应急广播。
⑤ 避难间的入口处应设置明显的指示标志。
⑥ 应设置直接对外的可开启窗口或独立的机械防烟设施，外窗应采用乙级防火窗。建筑高度大于54m的住宅建筑，每户应有一间房间靠外墙设置，并应设置可开启外窗；其内、外墙体的耐火极限不应低于1.00h；该房间的门宜采用乙级防火门，外窗的耐火完整性不低于1.00h。

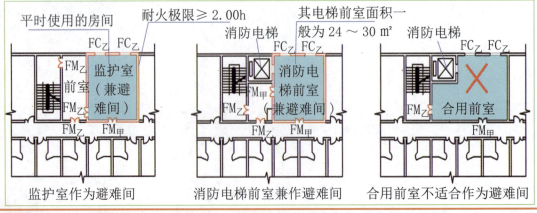

（2）老年人照料设施的避难间 【2018 单、多】

① 3层及3层以上总建筑面积大于3000㎡（包括设置在其他建筑内三层及以上楼层）的老年人照料设施，应在二层及以上各层老年人照料设施部分的每座疏散楼梯间的相邻部位设置1间避难间；

② 当老年人照料设施设置与疏散楼梯或安全出口直接连通的开敞式外廊、与疏散走道直接连通且符合人员避难要求的室外平台等时，可不设避难间。

③ 避难间内可供避难的<u>净面积</u>不应小于12㎡，避难间可利用疏散楼梯间的前室或消防电梯的前室，其他要求应符合病房楼避难间的规定。

④ 供失能老年人使用且层数大于2层的老年人照料设施，应按核定使用人数配备简易的防毒面具。

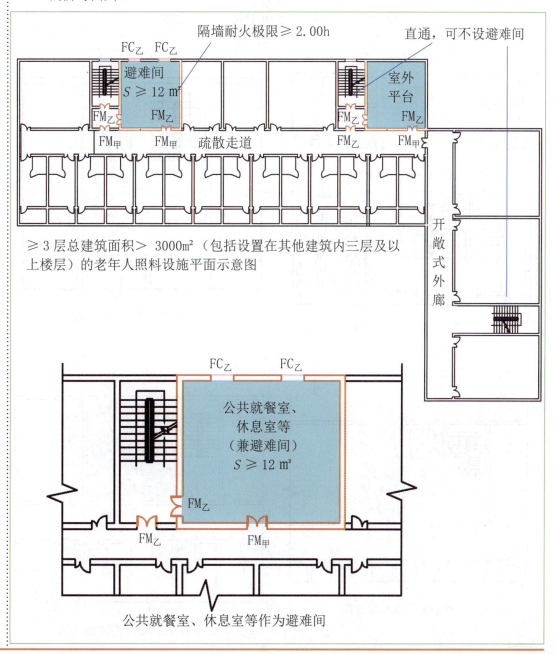

≥3层总建筑面积＞3000㎡（包括设置在其他建筑内三层及以上楼层）的老年人照料设施平面示意图

公共就餐室、休息室等作为避难间

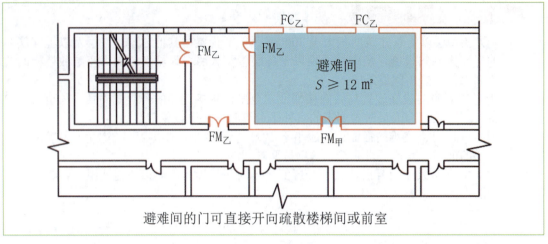

避难间的门可直接开向疏散楼梯间或前室

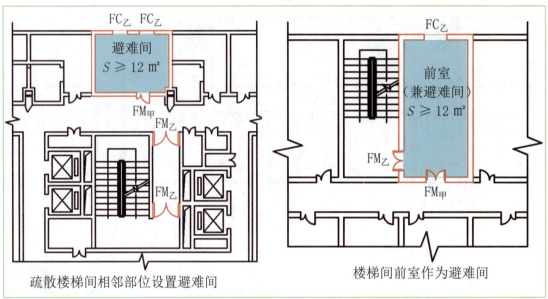

疏散楼梯间相邻部位设置避难间　　楼梯间前室作为避难间

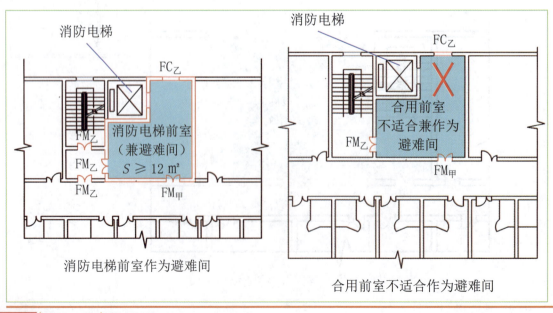

消防电梯前室作为避难间　　合用前室不适合作为避难间

第二篇 建筑防火

习题 1 某建筑高度为 36m 的病房楼，共 9 层，每层建筑面积 3000 ㎡，划分为 3 个护理单元。该病房楼避难间的下列设计方案中，正确的是（　　）。
A. 将满足避难要求的监护室兼作避难间
B. 在二至九层每层设置 1 个避难间
C. 避难间的门采用乙级防火门
D. 不靠外墙的避难间采用机械加压送风方式防烟

【答案】A

习题 2 对高层医院病房楼进行防火检查时，应注意检查避难间的设置情况。下列对某医院病房楼避难间的检查结果中，符合现行国家消防技术标准的是（　　）。
A. 每个避难间为 3 个护理单元服务
B. 利用防烟楼梯间和消防电梯合用前室做避难间
C. 避难间采用耐火极限不低于 2.0h 的防火隔墙和乙级防火门与其他部位分隔
D. 在二层及以上的每个病房楼层设置避难间

【答案】D

习题 3 对某医院的高层病房楼进行防火检查时，发现下列避难间的做法中，错误的是（　　）。
A. 在二层及以上的病房楼层设置避难间
B. 避难间靠近楼梯间设置，采用耐火极限为 2.50h 的防火隔墙和甲级防火门与其他部位隔开
C. 每个避难间为 2 个护理单元服务
D. 每个避难间的建筑面积为 25㎡

【答案】D

习题 4 某 6 层建筑，建筑高度为 23m，每层建筑面积为 1100㎡，一、二层为商业店面，三层至五层为老年人照料设施，其中三层设有与疏散楼梯间直接连接的开敞式外廊，六层为办公区，对该建筑的避难间进行防火检查，下列检查结果中，不符合现行国家标准要求的是（　　）。
A. 避难间仅设于四、五层每座疏散楼梯间的相邻部位
B. 避难间内可供避难的净面积为 12㎡
C. 避难间内共设有消防应急广播和灭火器两种消防设施和器材
D. 避难间采用耐火极限 2.00h 的防火隔墙和甲级防火门与其他部位分隔

【答案】C

习题 5 某老年人照料设施，地上 10 层，建筑高度为 33m，设有 2 部防烟楼梯间，1 部消防电梯及 1 部客梯，防烟楼梯间前室和消防电梯前室分开设置，标准层面积为 1200㎡，中间设有疏散走道，走道两侧双面布房，对该老年人照料设施进行防火检查，下列检查结果中，符合现行国家标准《建筑设计防火规范》（GB 50016—2014）的有（　　）。
A. 在建筑首层设置了厨房和餐厅
B. 房间疏散门的净宽度为 0.90m
C. 疏散走道的净宽度为 1.40m
D. 第四层设有建筑面积为 150㎡ 的阅览室，最大容纳人数为 20 人
E. 每层利用消防电梯的前室作为避难间，前室的建筑面积为 12㎡

【答案】ABCD

3. 下沉式广场 【2015—2018 单】

下沉式广场是城市休闲广场的一种设计手法，下沉式广场是孕育于主广场（休闲广场）中的子广场。

① 分隔后不同区域通向下沉式广场等室外开敞空间的开口最近边缘之间的水平距离不应小于 13m。室外开敞空间除用于人员疏散外不得用于其他商业或可能导致火灾蔓延的用途，其中用于疏散的净面积不应小于 169m²。

② 下沉式广场等室外开敞空间内应设置不少于 1 部直通地面的疏散楼梯。当连接下沉广场的防火分区需利用下沉广场进行疏散时，疏散楼梯的总净宽度不应小于任一防火分区通向室外开敞空间的设计疏散总净宽度。

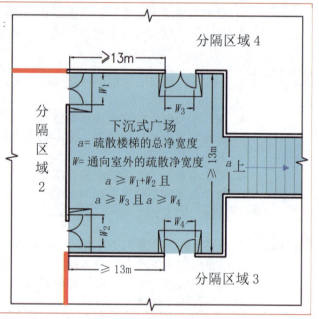

③ 确需设置防风雨篷时，防风雨篷不应完全封闭，四周开口部位应均匀布置，开口的面积不应小于该空间地面面积的 25%，开口高度不应小于 1.0m；开口设置百叶时，百叶的有效排烟面积可按百叶通风口面积的 60% 计算。

开口设置百叶时，百叶的有效排烟面积可按百叶通风口面积的 60% 计算
防风雨篷不应完全封闭，四周开口部位应均匀布置，开口的面积不应小于该空间地面面积的 25%

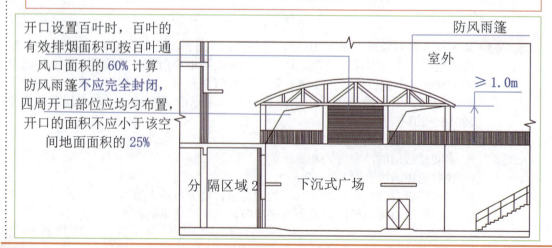

第二篇 建筑防火

习题 1 某大型地下商场，建筑面积为 40000m²，采用兼作人员疏散的下沉式广场进行防火分隔，下列关于下沉式广场的做法中，正确的是（　　）。
A. 用于疏散的净面积为 125m²
B. 设置防风雨篷，四周开口高度为 0.5m
C. 不同区域通向下沉式广场的开口之间的最大水平距离为 10m
D. 有一部满足疏散宽度要求并直通地面的疏散楼梯

【答案】D

习题 2 某购物中心，地下 2 层，建筑面积 65000m²，设置南、北 2 个开敞的下沉式广场，下列做法中正确的是（　　）。
A. 分隔后的购物中心不同区域通向北下沉式广场开口最近边缘的水平距离宜为 12m
B. 南、北下沉式广场各设置 1 部直通室外地面并满足疏散宽度指标的疏散通道
C. 南下沉式广场上方设雨篷，其开口面积为开敞空间地面面积的 20%
D. 下沉式广场设置商业零售点，但不影响人员疏散

【答案】B

习题 3 对大型地下商业建筑进行防火检查时，发现下沉式广场防风雨篷的做法中，错误的是（　　）。
A. 防风雨篷四周开口部位均匀布置
B. 防风雨篷开口高度为 0.8m
C. 防风雨篷开口的面积为该空间地面面积的 25%
D. 防风雨篷开口位置设置百叶，其有效排烟面积为开口面积的 60%

【答案】B

习题 4 对大型地下商业建筑进行防火检查，根据现行国家标准《建筑设计防火规范》（GB 50016-2016），（　　）不属于下沉式广场检查的内容。
A. 下沉式广场的自动扶梯的宽度
B. 下沉式广场的实际用途
C. 下沉式广场防风雨篷的开口面积
D. 下沉式广场直通地面疏散楼梯的数量和宽度

【答案】A

第六节　逃生疏散辅助设施

1. 应急照明

(1) 设置部位

除单、多层住宅（$h < 27m$）外，民用建筑、厂房和丙类仓库的下列部位，应设置疏散应急照明灯具。

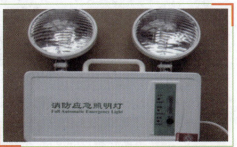

① 封闭楼梯间、防烟楼梯间及其前室、消防电梯间的前室或合用前室、避难走道、避难层（间）。
② 消防控制室、消防水泵房、自备发电机房、配电室、防烟与排烟机房以及发生火灾时仍需正常工作的其他房间。
③ 观众厅、展览厅、多功能厅和建筑面积超过 200 ㎡的营业厅、餐厅、演播室等人员密集的场所。
④ 建筑面积超过 100 ㎡的地下、半地下公共活动场所。
⑤ 公共建筑中的疏散走道。
⑥ 人员密集厂房内的生产场所及疏散走道。

(2) 设置要求　【2016—2018 单】

不同部位地面水平最低照度	lx
①疏散走道； ②消防控制室、消防水泵房、自备发电机房、配电室等发生火灾时仍需工作、值守的区域	1.0
①观众厅、展览厅、多功能厅，建筑面积超过 200 ㎡的营业厅、餐厅、演播室，建筑面积超过 400 ㎡的办公大厅、会议厅等人员密集的场所； ②避难层（间）	3.0
①室外楼梯、楼梯间、前室或合用前室； ②避难走道	5.0
①病房楼或手术部的避难间； ②老年人照料设施； ③人员密集场所内的（楼梯间、前室或合用前室、避难走道）； ④病房楼或手术部内的（楼梯间、前室或合用前室、避难走道）	10.0

2. 疏散指示标志

(1) 设置部位

① 公共建筑、建筑高度大于 54m（一类）的住宅建筑，高层厂房（仓库）及甲、乙、丙类单、多层厂房，应设置灯光疏散指示标志。

② 下列建筑或场所应在其内疏散走道和主要疏散路线的地面上增设能保持视觉连续的灯光疏散指示标志或蓄光疏散指示标志：【2015 单】
　　a. 总建筑面积超过 8000 ㎡的展览建筑。
　　b. 总建筑面积超过 5000 ㎡的地上商店。

c. 总建筑面积超过 500 ㎡ 的地下或半地下商店。
d. 歌舞娱乐放映游艺场所。
e. 座位数超过 1500 个的电影院、剧场,座位数超过 3000 个的体育馆、会堂或礼堂。

(2) 设置要求

① 安全出口和疏散门的正上方应采用"安全出口"作为指示标志。
② 沿疏散走道设置的灯光疏散指示标志,应设置在疏散走道及其转角处距地面高度 1.0m 以下的墙面上,且灯光疏散指示标志间距不应大于 20.0m;对于袋形走道,不应大于 10.0m;在走道转角区,不应大于 1.0m。

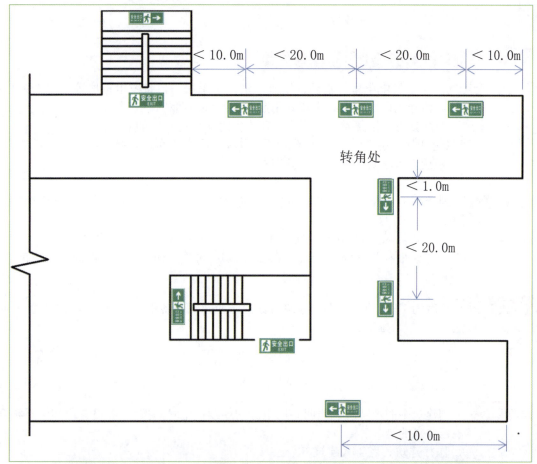

(3) 应急照明和疏散指示标志的共同要求

应急照明灯和灯光疏散指示标志,应设置玻璃或其他不燃烧材料制作的保护罩。

【2015、2016 单】

设置场所	连续供电时间不应少于
高度超过100m的民用建筑	1.5h
医疗建筑、老年人照料设施	1.0h
总建筑面积大于100000 ㎡的公共建筑	
总建筑面积大于20000 ㎡的地下、半地下建筑	
其他建筑	0.5h

(4) 其他要求

① 避难间（层）及配电室、消防控制室、消防水泵房、自备发电机房等发生火灾时仍需工作、值守的区域应同时设置备用照明、疏散照明和疏散指示标志。
② 备用照明灯具可采用正常照明灯具，在火灾时应保持正常的照度。
③ 备用照明灯具应由正常照明电源和消防电源专用应急回路互投后供电。在正常照明电源切断后转入消防电源专用应急回路供电。

习题1 下列场所中，应在疏散走道和主要疏散路径的地面上增设能保持视觉连续的疏散指示标志的是（　　）。
A. 总建筑面积为6000㎡的展览厅　　B. 座位数为1200个的剧场
C. 总建筑面积为500㎡的电子游艺厅　D. 总建筑面积为500㎡的地下超市
【答案】C

习题2 某高度为120m的高层办公建筑，其消防应急照明备用电源的连续供电时间不应低于（　　）min。
A. 90　　　　　　　　　　　　　B. 20
C. 30　　　　　　　　　　　　　D. 60
【答案】A

习题3 下列建筑中的消防应急照明备用电源的连续供电时间按1.0h设置，其中不符合规范要求的是（　　）。
A. 医疗建筑、老年人建筑
B. 总建筑面积大于100000 ㎡的商业建筑
C. 建筑高度大于100m的住宅建筑
D. 总建筑面积大于20000 ㎡的地下汽车库
【答案】C

习题4 消防技术服务机构对某大型商场内设置的疏散照明设施进行检测。下列检测结果中，不符合《建筑设计防火规范》（GB 50016—2014）要求的是（　　）。
A. 避难间疏散照明的地面最低水平照度为10.0lx
B. 营业厅疏散照明的地面最低水平照度为2.0lx
C. 楼梯间疏散照明的地面最低水平照度为5.5lx
D. 前室疏散照明的地面最低水平照度为6.0lx
【答案】B

习题 5　消防技术服务机构对某高层写字楼的消防应急照明系统进行检测。下列检测结果中，不符合现行国家标准《建筑设计防火规范》（GB 50016—2014）的是（　　）。

A. 在二十层楼梯间前室测得的地面照度值为 4.0lx
B. 在二层疏散走道测得的地面照度值为 2.0lx
C. 在消防水泵房切断正常照明前、后测得的地面照度值相同
D. 在十六层避难层测得的地面照度值为 5.0lx

【答案】A

07 第七章 建筑电气防火

建筑电气防火
- 电气线路防火【2015、2016 单】
- 用电设备防火【2016、2017 单】

复习建议
1. 非重点章节；
2. 知识点不多，但是偶尔考一题。

第一节 电气线路防火

1. 电气线路火灾 （除了由外部的火源或火种直接引燃外）
主要是由于自身在运行过程中出现的短路、过载以及漏电等故障产生电弧、电火花或电线、电缆过热，引燃电线、电缆及其周围的可燃物而引发的火灾。【2016 单】

2. 电线电缆的选择

(1) 电线电缆选择的一般要求
在经计算所需导线截面面积的基础上留出适当增加负荷的裕量。

(2) 电线电缆导体材料的选择
① 固定敷设的供电线路宜选用铜芯线缆。
② 对铜有腐蚀而对铝腐蚀相对较轻的环境、氨压缩机房等场所应选用铝芯电线电缆。

(3) 电线电缆绝缘材料及护套的选择
① 普通电线电缆；
② 阻燃电线电缆：是指在规定试验条件下被燃烧，能使火焰仅在限定范围内蔓延，撤去火源后，残焰和残灼能在限定时间内自行熄灭的电缆。
③ 耐火电线电缆：是指在规定试验条件下，在火焰中被燃烧一定时间内能保持正常运行特性的电缆。【2015 单】

第二节 用电设备防火

1. 照明器具防火

(1) 电气照明灯具的选型
① 火灾危险场所应选用闭合型、封闭型、密闭型灯具。
② 爆炸危险环境应选用防爆型、隔爆型灯具。
③ 有腐蚀性气体及特别潮湿的场所，应采用密闭型灯具，灯具的各种部件还应进行防腐处理。

④ 潮湿的厂房内和户外可采用封闭型灯具，也可采用有防水灯座的开启型灯具。
⑤ 有火灾危险和爆炸危险场所的电气照明开关、接线盒、配电盘等，其防护等级也不应低于对灯具的要求。
⑥ 人防工程内的潮湿场所应采用防潮型灯具；柴油发电机房的储油间、蓄电池室等房间应采用密闭型灯具；可燃物品库房不应设置卤钨灯等高温照明灯具。

(2) 照明灯具的设置要求【2016、2017 多】

① 照明与动力合用一电源时，应有各自的分支回路，所有照明线路均应有短路保护装置。配电盘盘后接线要尽量减少接头，接头应采用锡钎焊焊接并应用绝缘布包好，金属盘面还应有良好接地。

② 36V 以下和 220V 以上的电源插座应有明显区别，低压插头应无法插入较高电压的插座内。
③ 插座不宜和照明灯接在同一分支回路上。
④ 可燃吊顶上所有暗装、明装灯具、舞台暗装彩灯、舞池脚灯的电源导线，均应穿钢管敷设。
⑤ 舞台暗装彩灯泡、舞池脚灯彩灯灯泡的功率均宜在 40W 以下，最大不应超过 60W。彩灯之间导线应焊接，所有导线不应与可燃材料直接接触。

2. 电气装置防火

开关防火

① 在中性点接地的系统中，单极开关必须接在相线上，否则开关虽断，电气设备仍然带电，一旦相线接地，有发生接地短路引起火灾的危险。
② 对于多极刀开关，应保证各级动作的同步性且接触良好，避免引起多相电动机因缺相运行而损坏的事故。

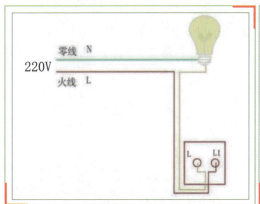
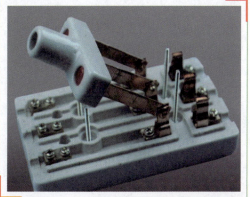

习题 1 下列因素中，不易引起电气线路火灾的是（　　）。
A. 线路短路　　　　　　　　B. 线路绝缘损坏
C. 线路接触不良　　　　　　D. 电压损失

【答案】D

习题 2 在火焰中被燃烧，一定时间内仍能正常运行的电缆是（　　）。
A. 一般阻燃电缆　　　　　　B. 低烟无卤阻燃电缆
C. 无卤阻燃电缆　　　　　　D. 耐火电缆

【答案】D

习题 3 下列关于电气装置设置的做法中，错误的是（　　）。
A. 在照明灯具靠近可燃物处采取隔热防火措施
B. 额定功率为150W的吸顶白炽灯的引入线采用陶瓷管保护
C. 额定功率为60W的白炽灯直接安装在木梁上
D. 可燃材料仓库内使用密闭型荧光灯具

【答案】C

习题 4 下列照明灯具的防火措施中，符合规范要求的有（　　）。
A. 燃气锅炉房内固定安装任意一种防爆类型的照明灯具
B. 照明线路接头采用钎焊焊接并用绝缘布包好，配电盘后线路接头数量不限
C. 潮湿的厂房内外采用封闭型灯具或有防水型灯座的开启型灯具
D. 木制吊顶上安装附带镇流器的荧光灯具
E. 舞池脚灯的电源导线采用截面积不小于2.5mm² 阻燃电缆明敷

【答案】AC

08 第八章 建筑防爆

建筑防爆
- 建筑防爆基本原则和措施【2016、2017 单】
- 爆炸危险性厂房、库房的布置【2016、2017 单；2015、2018 多】
- 爆炸危险性建筑的构造防爆 【2017、2018 多】
- 爆炸危险环境电气防爆【2015、2017 单；2016 多】

复习建议
1. 非重点章节；
2. 知识点不多，但是几乎一年一题。

第一节 建筑防爆基本原则和措施

防爆措施【2016、2017 单】

预防性技术措施	①排除能引起爆炸的各类可燃物质
	②消除或控制能引起爆炸的各种火源
减轻性技术措施	①采取泄压措施
	②采用抗爆性能良好的建筑结构体系
	③采取合理的建筑布置

第二节 爆炸危险性厂房、库房的布置

1. 总平面布局 【2015、2017 多】

①有爆炸危险的甲、乙类厂房、库房宜独立设置，并宜采用敞开或半敞开式，其承重结构宜采用钢筋混凝土或钢框架、排架结构。

②**有爆炸危险的厂房平面布置最好采用矩形**，与主导风向应垂直或夹角不小于 45°，以有效利用穿堂风吹散爆炸性气体，在山区宜布置在迎风山坡一面且通风良好的地方。

③防爆厂房宜单独设置，如必须与非防爆厂房贴邻时，只能一面贴邻，并在两者之间用防火墙或防爆墙隔开。相邻两个厂房之间不应直接有门相通，以避免爆炸冲击波的影响。

2. 总控制室与分控制室

有爆炸危险的甲、乙类厂房的总控制室，应独立设置。分控制室在受条件限制时可与厂房贴邻建造，但必须靠外墙设置，并采用耐火极限不低于 3.00h 的防火隔墙与其他部分隔开。【2016 单；2015、2017 多】

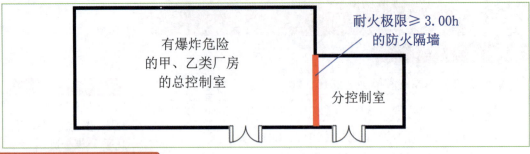

3. 有爆炸危险的部位

①有爆炸危险的甲、乙类生产部位，宜设置在单层厂房靠外墙的泄压设施或多层厂房顶层靠外墙的泄压设施附近。有爆炸危险的设备宜避开厂房的梁、柱等主要承重构件布置。易产生爆炸的设备应尽量放在靠近外墙靠窗的位置或设置在露天，以减弱其破坏力。【2017 单】

②在有爆炸危险的甲、乙类厂房或场所中，有爆炸危险的区域与相邻的其他有爆炸危险或无爆炸危险的生产区域因生产工艺需要连通时，要尽量在外墙上开门，利用外廊或阳台联系或在防火墙上做门斗，门斗的两个门错开设置。考虑到对疏散楼梯的保护，设置在有爆炸危险场所内的疏散楼梯也要考虑设置门斗。此外，门斗还可以限制爆炸性可燃气体、可燃蒸气混合物的扩散。【2016 单】

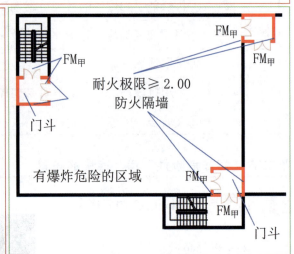

4. 其他平面和空间布置　　【2017、2018 多】

①厂房内不宜设置地沟，确需设置时，其盖板应严密，采取防止可燃气体、可燃蒸气及粉尘、纤维在地沟积聚的有效措施，且与相邻厂房连通处应采用防火材料密封。

②使用和生产甲、乙、丙类液体厂房的管、沟不应和相邻厂房的管、沟相通，该厂房的下水道应设置隔油设施。但是，对于水溶性可燃、易燃液体，采用常规的隔油设施不能有效防止可燃液体蔓延与流散，而应根据具体生产情况采取相应的排放处理措施。

③甲、乙、丙类液体仓库应设置防止液体流散的设施。遇湿会发生燃烧爆炸的物品仓库应设置防止水浸渍的措施。

【防止液体流散的基本做法有两种】
一是在桶装仓库门洞处修筑漫坡，一般高为 150～300mm；
二是在仓库门口砌筑高度为 150～300mm 的门槛，再在门槛两边填沙土形成漫坡，便于装卸。

【金属钾、钠、锂、钙、锶及化合物氢化锂等遇水会发生燃烧爆炸的物品的仓库要求设置防止水浸渍的设施，如使室内地面高出室外地面、仓库屋面严密遮盖，防止渗漏雨水，装卸这类物品的仓库栈台有防雨水的遮挡等】

习题 1 某地上 4 层乙类厂房，其有爆炸危险的生产部位宜设置在第（　　）层靠外墙泄压设施附近。
A. 三　　　　　　　　　　　B. 四
C. 二　　　　　　　　　　　D. 一

【答案】B

习题 2 下列关于建筑的总平面布局中，错误的是（　　）。
A. 桶装乙醇仓库与相邻高层仓库的防火间距为 15m
B. 电解食盐水厂房与相邻多层厂区办公楼的防火间距为 27m
C. 发生炉煤气净化车间的总控制室与车间贴邻，并采用钢筋混凝土防爆墙分隔
D. 空分厂房专用 10kV 配电站采用设置甲级防火窗的防火墙与空分厂房一面贴邻

【答案】C

习题 3 某食用油加工厂，拟新建一单层大豆油浸出车间厂房，其耐火等级为一级，车间需设置与生产配套的浸出溶剂中间仓库、分控制室、办公室和专用 10kV 变电所。对该厂房进行总平面布局和平面布置时，正确的措施有（　　）。
A. 车间专用 10kV 变电所贴邻厂房建造，并用无门窗洞口的防火墙与厂房分隔
B. 中间仓库在厂房内靠外墙布置，并用防火墙与其他部位分隔
C. 分控制室贴邻厂房外墙设置，并采用耐火极限为 4.00h 的防火墙与厂房分隔
D. 厂房平面采用矩形布置
E. 办公室设置在厂房内，并与其他区域之间设耐火极限为 2.00h 的隔墙分隔

【答案】ABCD

习题 4 某植物油加工厂的浸出车间，地上 3 层，建筑高度为 15m。浸出车间的下列设计方案中，正确的有（　　）。
A. 车间地面采用不发火花的地面
B. 浸出车间与工厂总控制室贴邻设置
C. 车间管、沟采取保护措施后与相邻厂房的管、沟相通
D. 浸出工段内的封闭楼梯间设置门斗
E. 泄压设施采用安全玻璃

【答案】ADE

习题 5 有爆炸危险区域内的楼梯间，室外楼梯或有爆炸危险的区域与相邻区域连通处，应设置门斗等防护措施。下列门斗的做法中，符合现行国家消防技术标准规定的是（　　）。
A. 门口隔墙的耐火极限为 2.0h，门采用甲级防火门且与楼梯间门错位
B. 门口隔墙的耐火极限为 1.5h，门采用甲级防火门且与楼梯间门正对
C. 门口隔墙的耐火极限为 2.0h，门采用乙级防火门且与楼梯间门正对
D. 门口隔墙的耐火极限为 2.5h，门采用乙级防火门且与楼梯间门错位

【答案】A

第三节 爆炸危险性建筑的构造防爆

1. 泄压

（1）泄压面积计算

泄压面积直接按下式计算，但当厂房的长径比大于3时，宜将该建筑划分为长径比小于等于3的多个计算段，各计算段中的公共截面不得作为泄压面积。

$$A = 10\, CV^{2/3}$$

式中：A —— 泄压面积（m²）
　　　V —— 厂房的容积（m³）
　　　C —— 泄压比（m²/m³），其值可按下表选取。

厂房内爆炸性危险物质的类别与泄压比规定值

厂房内爆炸性危险物质的类别	泄压比（m²/m³）
氨、粮食、纸、皮革、铅、铬、铜等 K尘＜10 MPa·m·S^{-1} 的粉尘	≥ 0.030
木屑、炭屑、煤粉、锑、锡等 10MPa·m·S^{-1}≤ K尘≤30MPa·m·S^{-1} 的粉尘	≥ 0.055
丙酮、汽油、甲醇、液化石油气、甲烷、喷漆间或干燥室以及苯酚树脂、铝、镁、锆等 K尘＞30MPa·m·S^{-1} 的粉尘	≥ 0.110
乙烯	≥ 0.160
乙炔	≥ 0.200
氢	≥ 0.250

【注】
1. 长径比为建筑平面几何外形尺寸中的最长尺寸与其横截面周长的积和4.0倍的该建筑横截面积之比。
2. K尘是指粉尘爆炸指数。

（2）泄压设施的选择 【2018 多】

泄压设施可为轻质屋面板、轻质墙体和易于泄压的门窗，但宜优先采用轻质屋面板，不应采用普通玻璃。

① 作为泄压设施的轻质屋面板和轻质墙体的质量每平方米不宜大于60kg。
② 散发较空气轻的可燃气体、可燃蒸气的甲类厂房（库房）宜采用全部或局部轻质屋面板作为泄压设施。顶棚应尽量平整、避免死角，厂房上部空间应通风良好。
③ 泄压面的设置应避开人员集中的场所和主要交通道路，并宜靠近容易发生爆炸的部位。
④ 当采用活动板、窗户、门或其他铰链装置作为泄压设施时，必须注意防止打开的泄压孔由于在爆炸正压冲击波之后出现负压而关闭。
⑤ 爆炸泄压孔不能受到其他物体的阻碍，也不允许冰、雪妨碍泄压孔和泄压窗的开启，需要经常检查和维护。

第四节 爆炸危险环境电气防爆

电气防爆基本措施 【2015—2017 单】

①宜将正常运行时产生火花、电弧和危险温度的电气设备和线路,布置在爆炸危险性较小或没有爆炸危险的环境内。

②按有关电力设备接地设计技术规程规定的一般情况不需要接地的部分,在爆炸危险区域内仍应接地,电气设备的金属外壳应可靠接地。

③散发较空气重的可燃气体、可燃蒸气的甲类厂房以及有粉尘、纤维爆炸危险的乙类厂房,应采用不发火花的地面。

【2015 单】
采用绝缘材料作整体面层时,应采取防静电措施。
散发可燃粉尘、纤维的厂房内表面应平整、光滑,并易于清扫。

导线材质	应选用铜芯绝缘导线或电缆。铜芯导线或电缆的截面在 1 区为 2.5mm² 以上,2 区为 1.5mm² 以上
导线允许载流量	绝缘导线和电缆的允许载流量不得小于熔断器熔体额定电流的 1.25 倍和断流器长延时过电流脱扣器整定电流的 1.25 倍
线路的敷设方式	爆炸环境中气体、蒸汽的密度比空气大时,应敷设在高处或埋入地下
	爆炸环境中气体、蒸汽的密度比空气小时,应敷设在较低处或用电缆沟敷设
线路的连接方式	电器线路连接采用压接、熔焊或钎焊。铜铝线相接,应采用适当的铜—铝过渡接头
电气设备的选择	防爆电气设备的级别和组别不得低于该爆炸性气体混合物的级别和组别
带电部件的接地	接地干线宜设置在爆炸危险区域的不同方向,且不少于两处与接地体相连

习题 1 某设计院对有爆炸危险的甲类厂房进行设计,下列防爆设计方案中,符合现行国家标准《建筑设计防火规范》(GB 50016—2014)的有( )。
A. 厂房承重结构采用钢筋混凝土结构
B. 厂房的总控制室独立设置
C. 厂房的地面采用不发火花地面
D. 厂房的分控制室贴邻厂房外墙设置,并采用耐火极限不低于 3.00h 的防火隔墙与其他部位分隔
E. 厂房利用门窗作为泄压设施,窗玻璃采用普通玻璃

【答案】ABCD

习题 2 对某桶装煤油仓库开展防火检查,查阅资料得知,该仓库屋面板设计为泄压面。下列检查结果中,符合现行国家标准要求的有（ ）。
A. 在仓库门洞处修筑了高为 200mm 的漫坡
B. 仓库照明设备采用了普通 LED 灯
C. 采用 55kg/m² 的材料作为屋面板
D. 屋面板采取了防冰雪积聚措施
E. 外墙窗户采用钢化玻璃

【答案】ACD

习题 3 下列内容中,不属于电器防爆检查的是（ ）。
A. 可燃粉尘干式除尘器是否布置在系统的负压段上　　B. 导线材质
C. 电气线路敷设方式　　D. 带电部件的接地

【答案】A

习题 4 在对易燃易爆危险环境进行防火检查时,应注意检查电气设备和电缆电线的选型及其安装情况,下列做法中,符合现行国家消防技术标准要求的有（ ）。
A. 在爆炸性气体混合体级别为ⅡA级的爆炸性气体环境,选用ⅡB级别的防爆电器设备
B. 在爆炸危险区域为Ⅰ区的爆炸性环境采用截面积为 2.0mm² 的铜芯照明电缆
C. 安装的正压型电器设备与通风系统连锁
D. 电气设备房间与爆炸性环境相通,采取对爆炸性环境保持相对正压的措施
E. 在爆炸危险区域不同的方向,接地干线有 1 处与接地体连接

【答案】ACD

习题 5 下列甲醇生产车间内电缆、导线的选型及敷设的做法中,不符合现行国家消防技术标准要求的是（ ）。
A. 低压电力线路绝缘导线的额定电压等于工作电压
B. 在 1 区内的供电线路采用铝芯电缆
C. 接线箱内的供配电线路采用无护套的电线
D. 电气线路在较高处敷设

【答案】B

习题 6 某金属元件抛光车间的下列做法中,不符合规范要求的是（ ）。
A. 采用铜芯绝缘导线做配线
B. 导线的连接采用压接方式
C. 带电部件的接地干线有两处与接地体相连
D. 电气设备按潮湿环境选用

【答案】D

习题 7 某金属部件加工厂的滤芯抛光车间厂房内设有一地沟。对该厂房采取的下列防爆措施中,不符合要求的是（ ）。
A. 用盖板将车间内的地沟严密封闭　　B. 采用不发火花的地面
C. 设置除尘设施　　D. 采用粗糙的防滑地面

【答案】D

09 第九章 建筑设备防火防爆

建筑设备防火防爆
- 采暖系统防火防爆【2016 单】
- 通风与空调系统防火防爆【2015—2018 单】

> 复习建议
> 1. 非重点章节；
> 2. 知识点不多，但是几乎考一题。

第一节 采暖系统防火防爆

1. 选用采暖装置的原则【2016 单】

①甲、乙类厂房（仓库）内严禁采用明火和电热散热器供暖。

②为防止纤维或粉尘积集在管道和散热器上受热自燃，在散发可燃粉尘、纤维的厂房内，散热器表面平均温度不应超过 82.5℃。但输煤廊的散热器表面平均温度不应超过 130℃。

③在生产过程中散发的可燃气体、可燃蒸气、可燃粉尘、可燃纤维（CS_2 气体、黄磷蒸气及其粉尘等）与采暖管道、散热器表面接触能引起燃烧的厂房以及在生产过程中散发受到水、水蒸气的作用能引起自燃、爆炸的粉尘（如生产和加工钾、钠、钙等物质）或产生爆炸性气体（如电石、碳化铝、氢化钾、氢化钠、硼氢化钠等遇水反应释放出的可燃气体）的厂房，应采用不循环使用的热风采暖，以防止此类场所发生火灾爆炸事故。

2. 采暖管道要与建筑物的可燃构件保持一定的距离

供暖管道的表面温度	供暖管道与可燃物之间的距离	
大于 100℃	不小于 100mm	或采用不燃材料隔热
不大于 100℃	不小于 50mm	

第二节 通风与空调系统防火防爆

1. 通风、空调系统的防火防爆原则

①甲、乙类厂房内的空气不应循环使用。丙类厂房内含有燃烧或爆炸危险粉尘、纤维的空气，在循环使用前应经净化处理，并应使空气中的含尘浓度低于其爆炸下限的 25%。【2015、2018 单】

②甲、乙类生产厂房用的送风和排风设备不应布置在同一通风机房内，且其排风设备也不应和其他房间的送、排风设备布置在一起。

③厂房内有爆炸危险的场所的排风管道，严禁穿过防火墙和有爆炸危险的房间隔墙等防火分隔物。

④民用建筑内存放容易起火或爆炸物质的房间（如容易放出可燃气体氢气的蓄电池室、甲类液体的小型零配件、电影放映室、化学实验室、化验室、易燃化学药品库等），应设置自然通风或独立的机械通风设施，且其空气不应循环使用，以防止易燃易爆物质或发生的火灾通过风道扩散到其他房间。此外，其排风系统所排出的气体应通向安全地点进行泄放。

⑤排除含有比空气轻的可燃气体与空气的混合物时，其排风管道应顺气流方向向上坡度敷设，以防在管道内局部积聚而形成有爆炸危险的高浓度气体。

⑥可燃气体管道和甲、乙、丙类液体管道不应穿过通风管道和通风机房，也不应

沿通风管道的外壁敷设。

⑦处理有爆炸危险粉尘的除尘器、排风机的设置应与其他普通型的风机、除尘器分开设置，并宜按单一粉尘分组布置。

⑧净化有爆炸危险粉尘的干式除尘器和过滤器宜布置在厂房外的独立建筑内，建筑外墙与所属厂房的防火间距不应小于10m。具备连续清灰功能或具有定期清灰功能且风量不大于15000m³/h，集尘斗的储尘量小于60kg的干式除尘器和过滤器，可布置在厂房内的单独房间内，但应采用耐火极限不低于3.00h的防火隔墙和1.50h的楼板与其他部位分隔。

⑨**净化或输送有爆炸危险的粉尘和碎屑的除尘器、过滤器和管道，均应设置泄压装置。净化有爆炸危险的粉尘的干式除尘器和过滤器，应布置在系统的负压段上**，以避免其在正压段上漏风而引起事故。【2016、2018 单】

⑩甲、乙、丙类生产厂房的送、排风管道宜分层设置，以防止火灾从起火层通过管道向相邻层蔓延扩散。但进入厂房的水平或垂直送风管设有防火阀时，各层的水平或垂直送风管可合用一个送风系统。

2. 通风、空调设备防火防爆措施

①**空气中含有容易起火或爆炸物质的房间，其送、排风系统应采用防爆型的通风设备和不会产生火花的材料**（如可采用有色金属制造的风机叶片和防爆电动机）。【2017、2018 单】

当送风机布置在单独分隔的通风机内，且送风干管上设置防止回流设施时，可采用普通型通风设备。

②**含有燃烧和爆炸危险粉尘的空气，在进入排风机前应先采用不产生火花的除尘器进行净化处理。**【2017 单】

对于遇湿可能爆炸的粉尘（如电石、锌粉、铝镁合金粉等），严禁采用湿式除尘器。

③**排除、输送有燃烧、爆炸危险的气体、蒸气和粉尘的排风系统，应设置导除静电的接地装置。**【2017、2018 单】

其排风设备不应布置在地下、半地下建筑（室）内。排风管道应采用易于导除静电的金属管道，并应直接通向室外安全地点，应明装不应暗设。

④排除、输送温度超过80℃的空气或其他气体以及容易起火的碎屑的管道，与可燃或难燃物体之间应保持不小于150mm的间隙，或采用厚度不小于50mm的不燃材料隔热。当管道互为上下布置时，表面温度较高者应布置在上面。

⑤**燃油或燃气锅炉房应设置自然通风或机械通风设施。燃气锅炉房应选用防爆型的事故排风机。当采取机械通风时，该机械通风设备应设置导除静电的接地装置**，通风量应符合下列规定：

a. 燃油锅炉房的正常通风量按换气次数不少于3次/h确定，事故排风量应按换气次数不少于6次/h确定。

b. 燃气锅炉房的正常通风量按换气次数不少于6次/h确定，事故排风量应按换气次数不少于12次/h确定。【2015 单】

| 习题1 | 某棉纺织厂的纺织联合厂房，在通风机的前端设置滤尘器对空气进行净化处理。如需将过滤后的空气循环使用，应使空气中的含尘浓度低于其爆炸下限的（　　）。
A. 15%　　　　　　　　　　　　B. 25%
C. 50%　　　　　　　　　　　　D. 100% |

【答案】B

习题 2 下列关于建筑供暖系统防火防爆的做法中,错误的是（   ）。
A. 生产过程中散发二硫化碳气体的厂房,冬季采用热风供暖,回风经净化除尘在加热后配部分新风送入送风系统
B. 甲醇合成厂房采用热水循环供暖,散热器表面的平均温度为 90℃
C. 面粉加工厂的碾磨车间采用热水循环供暖,散热器表面的最高温度为 82.5℃
D. 铝合金汽车轮胎毂的抛光车间采用热水循环供暖,散热器表面的平均温度为 80℃

【答案】A

习题 3 根据现行国家标准《建筑设计防火规范》（GB 50016—2014）,下列车间中,空气调节系统可直接循环使用室内空气的是（   ）。
A. 纺织车间　　　　　　　　　B. 白兰地蒸馏车间
C. 植物油加工厂精炼车间　　　D. 甲酚车间

【答案】C

习题 4 某旅馆,地上 5 层,建筑面积为 5800 平方米,燃气锅炉采用机械通风,设置防爆型事故排风机。在检查时,应查看该风机的事故排风量是否按换气次数不少于（   ）次/h。
A. 6　　　　　　　　　　　　B. 10
C. 15　　　　　　　　　　　　D. 12

【答案】D

习题 5 根据现行国家消防技术标准,下列净化或输送有爆炸危险粉尘和碎屑的设施上,不需要设置泄压装置的是（   ）。
A. 除尘器　　　　　　　　　　B. 过滤器
C. 管道　　　　　　　　　　　D. 风机

【答案】D

习题 6 某氯酸钾厂房通风、空调系统的下列做法中,不符合现行国家消防技术标准的是（   ）。
A. 通风设施设置导除静电的接地装置
B. 排风系统采用防爆型通风设备
C. 厂房内的空气在循环使用前经过净化处理,并使空气中的含尘浓度低于其爆炸下限的 25%
D. 厂房内选用不发生火花的除尘器

【答案】C

习题 7 对某煤粉生产车间进行防火防爆检查,下列检查结果中,不符合现行国家标准要求的是（   ）。
A. 车间排风系统设置了导除静电的接地装置
B. 排风管采用明敷的金属管道,并直接通向室外安全地点
C. 送风系统采用了防爆型的通风设备
D. 净化粉尘的干式除尘器和过滤器布置在系统的正压段上,且设置了泄压装置

【答案】D

第十章 建筑装修、保温材料防火

建筑装修、保温材料防火
- 装修材料的分类与分级【2015 单；2017 多】
- 特别场所【2016 单】
- 单层、多层公共建筑装修防火【2015、2017、2018 单；2018 多】
- 建筑外保温系统防火【2015—2018 单；2016、2017 多】

> **复习建议**
> 1. 非重点章节；
> 2. 知识点较多，每年至少一题。

第一节 装修材料的分类与分级

1. 装修材料的分类

按实际应用分类	按使用部位和功能分类
①饰面材料 ②装饰件 ③隔断（不到顶） ④大型家具 ⑤装饰织物	①顶棚装修材料 ②墙面装修材料 ③地面装修材料 ④隔断装修材料 ⑤固定家具（到顶橱柜）【2015 单】 ⑥装饰织物 ⑦其他装饰材料

2. 分级

（1）标准分级

燃烧性能等级	名称
A	不燃材料（制品）
B1	难燃材料（制品）
B2	可燃材料（制品）
B3	易燃材料（制品）

（2）常用建筑内部装修材料燃烧性能等级划分举例【2017 单】

材料类别	级别	材料举例
各部位材料	A	花岗石、大理石、水磨石、水泥制品、混凝土制品、石膏板、石灰制品、黏土制品、玻璃、瓷砖、马赛克、钢铁、铝、铜合金、天然石材、金属复合板、纤维石膏板、玻镁板、硅酸钙板等

材料类别	级别	材料举例
顶棚材料	B₁	纸面石膏板、纤维石膏板、水泥刨花板、矿棉板、玻璃棉装饰吸声板、珍珠岩装饰吸声板、难燃胶合板、难燃中密度纤维板、岩棉装饰板、难燃木材、铝箔复合材料、难燃酚醛胶合板、铝箔玻璃钢复合材料、复合铝箔玻璃棉板等
墙面材料	B₁	纸面石膏板、纤维石膏板、水泥刨花板、矿棉板、玻璃棉板、珍珠岩板、难燃胶合板、难燃中密度纤维板、防火塑料装饰板、难燃双面刨花板、多彩涂料、难燃墙纸、难燃墙布、难燃仿花岗岩装饰板、氯氧镁水泥装配式墙板、难燃玻璃钢平板、难燃PVC塑料护墙板、阻燃模压木质复合板材、彩色难燃人造板、难燃玻璃钢、复合铝箔玻璃棉板等
墙面材料	B₂	各类天然木材、木制人造板、竹材、纸制装饰板、装饰微薄木贴面板、印刷木纹人造板、塑料贴面装饰板、聚酯装饰板、复塑装饰板、塑纤板、胶合板、塑料壁纸、无纺贴墙布、墙布、复合壁纸、天然材料壁纸、人造革、实木饰面装饰板、胶合竹夹板等

材料类别	级别	地面材料
地面材料	B₁	硬PVC塑料地板、水泥刨花板、水泥木丝板、氯丁橡胶地板、难燃羊毛地毯等
地面材料	B₂	半硬质PVC塑料地板、PVC卷材地板等
装饰织物	B₁	经阻燃处理的各类难燃织物等
装饰织物	B₂	纯毛装饰布、经阻燃处理的其他织物等
其他装修、装饰材料	B₁	难燃聚氯乙烯塑料、难燃酚醛塑料、聚四氟乙烯塑料、难燃脲醛塑料、硅树脂塑料装饰型材、经难燃处理的各类织物等
其他装修、装饰材料	B₂	经阻燃处理的聚乙烯、聚丙烯、聚氨酯、聚苯乙烯、玻璃钢、化纤织物、木制品等

3. 常用装修材料等级规定

（1）纸面石膏板和矿棉吸声板

安装在金属龙骨上燃烧性能达到 B1 级的纸面石膏板、矿棉吸声板，可作为燃烧性能等级为 A 级的装修材料。【2017 多】

(2) 壁纸

单位面积质量小于 300g/㎡ 的纸质、布质壁纸,当直接粘贴在 A 级基材上时,可作为 B1 级装修材料。

(3) 涂料

① 施涂于 A 级基材上的无机装饰涂料,可作为 A 级装修材料使用;

② 施涂于 A 级基材上,湿涂覆比小于 1.5kg/㎡,且涂层干膜厚度不大于 1.0mm 的有机装饰涂料,可作为 B1 级装修材料使用。

(4) 多层和复合装修材料

① 多层装修材料是指几种不同材质或性能的材料同时装修于一个部位。当采用这种方法进行装修时各层装修材料的燃烧性能等级均应符合相关规定。

② 复合型装修材料是指一些隔音、保温材料与其他不燃、难燃材料复合形成一个整体的材料,应由专业检测机构进行整体测试并划分其燃烧性能等级。【2017 多】

③ 装修材料只有贴在等于或高于其燃烧性能等级的材料上时,其燃烧性能等级的确认才是有效的。但对复合材料判定时,不宜简单地认定这种组合做法的燃烧性能等级,应进行整体的试验,合理验证。

第二节 特别场所 【2015 单】

部位		空间位置		
		顶棚	墙面	地面及其他
消防控制室		A	A	不低于 B1
地上疏散走道和安全出口的门厅		A	不低于 B1	不低于 B1
歌舞娱乐放映游艺场所	地上	A	不低于 B1	不低于 B1
	地下一层	A	A	不低于 B1
中庭、走马廊、敞开楼梯、自动扶梯等上、下层连通部位		A	A	不低于 B1
A、B 级电子信息系统机房及装有重要机器、仪器的房间		A	A	不低于 B1
存放重要图书、资料、档案和文物的房间	地上	A	A	不低于 B1
	地下	A	A	A
消防设备机房		A	A	A
建筑内的厨房		A	A	A
疏散楼梯间和前室、避难走道、防火隔间、消防电梯轿厢地下建筑的疏散走道和安全出口的门厅		A	A	A

挡烟垂壁	A
变形缝	填充材料和构造基层应采用A级材料，表面装修应采用不低于B1级
配电箱、控制面板、开关、插座【2016单】	不应直接安装在低于B1级的装修材料上
灯具及电气设备、线路	高温部位靠近非A级装修材料时，应采取隔热、散热等防火保护措施。灯饰所用材料的燃烧性能等级不应低于B1级
无窗房间（除地下）、经常使用明火的餐厅、科研实验室	提高一级

第三节 单层、多层公共建筑装修防火

民用	装修材料局部放宽（降低一级）	设有自动消防设施的放宽（降低一级）	
单、多层	面积小于100㎡，且采用耐火极限不低于2.00h的防火隔墙和甲级防火门窗与其他部位分隔的房间【2018单】	装有自动灭火系统时，除顶棚外	同时装有火灾自动报警装置和自动灭火系统
高层	裙房内面积小于500㎡的房间，当设有自动灭火系统，且采用耐火等级不低于2.00h的防火隔墙、甲级防火门、窗与其他部位分隔时，顶棚、墙面、地面【2017、2018单；2018多】	除大于400㎡的观众厅、会议厅和100m以上的高层民用建筑外	
		设有火灾自动报警装置和自动灭火系统时，除顶棚外	
地下	单独建造的地下民用建筑的地上部分，其门厅、休息室、办公室		
电视塔等特殊高层建筑内部装修所用的装饰织物应不低于B1级，其他均应采用A级			

> **习 题 1** 某施工单位对学校报告厅进行内部装饰，其中吊顶采用轻钢龙骨纸面石膏板，地面铺设地毯，墙面采用不同装修材料进行分层装修。关于该报告厅内部装饰的说法，正确的有（　　）。
> A. 纸面石膏板安装在钢龙骨上时，可作为A级材料使用
> B. 复合型装修材料应交专业检测机构进行整体测试确定燃烧性能等级
> C. 墙面分层装修材料除表面层的燃烧性能等级应符合规范要求外，其余各层的燃烧性能等级可不限
> D. 地毯应使用阻燃制品，并应加贴阻燃标识
> E. 进入施工现场的装修材料应按要求填写进场验收记录
>
> 【答案】ABDE

习题 2 某高层办公建筑在进行内部装修时,采用壁柜将办公室分隔成多个区域。根据《建筑内部装修设计防火规范》(GB 50222—2017)的规定和使用部位及功能,该壁柜可划分为(   )。
A. 固定家具   B. 墙面装修材料
C. 隔断装修材料   D. 其他装饰材料

【答案】A

习题 3 为建筑内部装修防火工程进行验收时,应对电气设备及灯具的设置进行检查。在对某建筑的内部装修工程检查时,下列检查结果中,不符合现行国家消防技术标准规定的是(   )。
A. 插座安装在木制装修材料上
B. 配电箱的壳体和底板采用金属材料制作,安装在轻钢龙骨纸面石膏板墙上
C. 吊顶内的电线采用金属管保护
D. 开关安装在水泥板隔墙上

【答案】A

习题 4 下列建筑材料及制品中,燃烧性能等级属于B2级的是(   )。
A. 水泥板   B. 混凝土板
C. 矿棉板   D. 胶合板

【答案】D

习题 5 下列装修材料中,属于B1级墙面装修材料的是(   )。
A. 塑料贴面装饰板   B. 纸质装饰板
C. 无纺贴墙布   D. 纸面石膏板

【答案】D

习题 6 某民政部门建设了2座供老年人居住和活动的建筑,建筑高度均为12m,建筑内部设置了自动喷水灭火系统和火灾自动报警系统。在进行内部装修时,建筑内疏散走道的顶棚装饰材料的燃烧性能等级应为(   )。
A. B1级   B. B2级
C. A级   D. B3级

【答案】C

习题 7 某多层办公建筑,设有自然排烟系统,未设置集中空气调节系统和自动喷水灭火系统。该办公建筑内建筑面积为200㎡的房间有4种装修方案,各部位装修材料的燃烧性能等级见下表,其中正确的方案是(   )。

方案	顶棚	墙面	地面
1	B2	B1	B1
2	B1	B1	B2
3	B1	B2	B1
4	A	B2	B1

A. 方案1   B. 方案2
C. 方案3   D. 方案4

【答案】B

习题 8 某综合楼，地上 5 层，建筑高度为 18m，第三层设有电子游戏厅，设有火灾自动报警系统、自动喷水灭火系统和自然排烟系统。根据现行国家标准《建筑内部装修设计防火规范》（GB 50222—2017），该电子游戏厅的下列装修方案中，正确的有（　　）。
A. 游艺厅设置燃烧性能为 B2 级的座椅
B. 墙面粘贴燃烧性能为 B1 级的布质壁纸
C. 安装燃烧性能为 B1 级的顶棚
D. 室内装饰选用纯麻装饰布
E. 地面铺设燃烧性能为 B1 级的塑料地板

【答案】BE

习题 9 对某高层宾馆建筑的室内装修工程进行现场检查，下列结果中，不符合现行国家消防技术标准的是（　　）。
A. 客厅吊顶采用轻钢龙骨石膏板
B. 窗帘采用普通布艺材料制作
C. 疏散走道两侧的墙面采用大理石
D. 防火门的表面贴了彩色阻燃人造板，门框和门的规格尺寸未减小

【答案】B

习题 10 某建筑高度为 26m 的办公楼，设有集中空气调节系统和自动喷水灭火系统，其室内装修的下列做法中，不符合现行国家标准要求的是（　　）。
A. 会客厅采用经阻燃处理的布艺做灯饰
B. 将开关和接线盒安装在难燃胶合板上
C. 会议室顶棚采用岩棉装饰板吊顶
D. 走道顶棚采用金属龙骨纸面石膏板

【答案】C

第四节　建筑外保温系统防火

1. 基本原则

①建筑的内、外保温系统宜采用燃烧性能为 A 级的保温材料，不宜采用 B2 级保温材料，**严禁采用 B3 级保温材料**。
②设有保温系统的基层墙体或屋面板的耐火极限应符合相应耐火等级建筑墙体或屋面板耐火极限的要求。

2. 建筑外保温材料（分为三大类）

第一类

以矿棉和岩棉为代表的无机保温材料，通常被认定为不燃材料。

第二类

以胶粉聚苯颗粒保温浆料为代表的有机—无机复合型保温材料，通常被认定为难燃材料。

第三类

以聚苯乙烯泡沫塑料（包括 EPS 板和 XPS 板）、硬泡聚氨酯和改性酚醛树脂为代表的有机保温材料，通常被认定为可燃材料。

【下列老年人照料设施的内、外墙体和屋面保温材料应采用燃烧性能为A级的保温材料】
  a. 独立建造的老年人照料设施；
  b. 与其他建筑组合建造且老年人照料设施部分的总建筑面积大于 500 ㎡ 的老年人照料设施。

3. 建筑保温系统防火的通用要求

①采用内保温系统的建筑外墙，其保温系统应符合下列要求：

  a. 对于人员密集场所，用火、燃油、燃气等具有火灾危险性的场所以及各类建筑内的疏散楼梯间、避难走道、避难间、避难层等场所或部位，应采用燃烧性能为A级的保温材料。
  b. 对于其他场所，应采用低烟，低毒且燃烧性能不低于B1级的保温材料。
  c. 保温材料应采用不燃烧材料做防护层，采用燃烧性能为B1级的保温材料时，防护层厚度不应小于10mm。

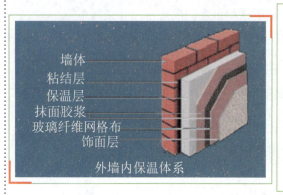

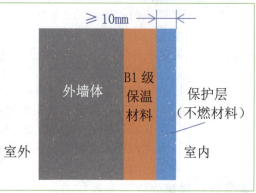

②采用外保温系统的建筑外墙，其保温材料应符合下列要求：

  a. 与基层墙体、装饰层之间无空腔的建筑外墙外保温系统。
  b. 与基层墙体、装饰层之间有空腔的建筑外墙外保温系统。

当建筑的外墙外保温系统按规定采用燃烧性能为B1、B2级的保温材料时，应在保温系统中每层设置防火隔离带。防火隔离带应采用燃烧性能为A级的材料，防火隔离带的高度不应小于300mm。

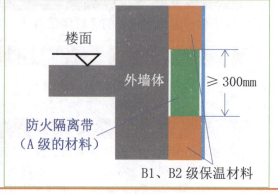

基层墙体、装饰层之间无空腔的建筑外墙保温系统的技术要求 【2016、2018 单；2015、2017 多】

建筑及场所	建筑高度（h）m		A级保温材料	B1级保温材料	B2级保温材料
	住宅	公共			
人员密集场所	—		应采用	不允许	不允许
非人员密集场所	h＞100	h＞50	应采用	不允许	不允许
	27＜h≤100	24＜h≤50	宜采用	可采用：①每层设置防火隔离带；②建筑外墙上门、窗的耐火完整性≥0.50h	不允许
	h≤27	h≤24	宜采用	可采用：每层设置防火隔离带	可采用：①每层设置防火隔离带；②建筑外墙上门、窗的耐火完整性≥0.50h

基层墙体、装饰层之间有空腔的建筑外墙保温系统的技术要求 【2016、2018 单】

场所	建筑高度（h）	A级保温材料	B1级保温材料
人员密集场所	—	应采用	不允许
非人员密集场所	h＞24m	应采用	不允许
	h≤24m	宜采用	可采用，每层设置防火隔离带

③建筑外墙采用保温材料与两侧墙体构成无空腔复合保温结构时，该结构体的耐火极限应符合有关技术规范的规定；当保温材料的燃烧性能为B1、B2级时，保温材料两侧的墙体应采用不燃材料且厚度均不应小于50mm。

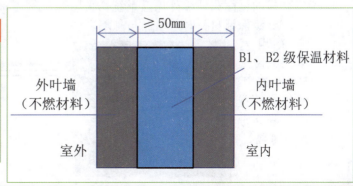

④建筑的外墙外保温系统应采用不燃材料在其表面设置防护层，防护层应将保温材料完全包覆。除耐火极限符合有关规定的无空腔复合保温结构体外，当按有关规定采用B1、B2级保温材料时，防护层厚度首层不应小于15mm，其他层不应小于5mm。

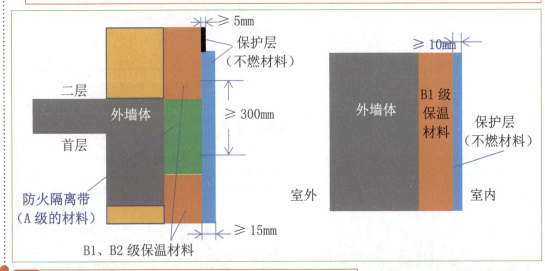

⑤建筑外墙外保温系统与基层墙体、装饰层之间的空腔，应在每层楼板处采用防火封堵材料封堵。
⑥建筑的屋面外保温系统。【2015、2017、2018 单】

a. 当屋面板的耐火极限不低于1.00h时，保温材料的燃烧性能不应低于B2级；
b. 当屋面板的耐火极限低于1.00h时，不应低于B1级；
c. 采用B1、B2级保温材料的外保温系统应采用不燃材料做防护层，防护层的厚度不应小于10mm。

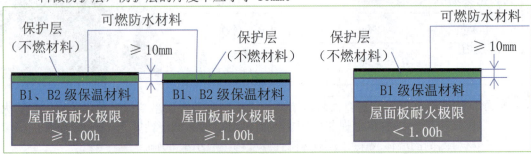

d. 当建筑的屋面和外墙外保温系统均采用B1、B2级保温材料时，屋面与外墙之间应采用宽度不小于500mm的不燃材料设置防火隔离带进行分隔。

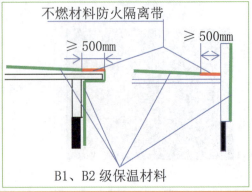

部位及做法		防护层厚度（mm）	防火隔离带（mm）
外墙	外保温	首层 15	300
		其他层 5	
	内保温	10	
屋面		10	与墙面之间 500

⑦电气线路不应穿越或敷设在燃烧性能为 B1 或 B2 级的保温材料中；确需穿越或敷设时，应采取穿金属管并在金属管周围采用不燃隔热材料进行防火隔离等防火保护措施。设置开关、插座等电器配件的部位周围应采取不燃隔热材料进行防火隔离等防火保护措施。

⑧建筑外墙的装饰层应采用燃烧性能为 A 级的材料；若建筑高度不大于 50m 时，则可采用 B1 级材料。【2015、2016 单】

4. 检查方法

现场采用钢针插入或剖开尺量防护层的厚度、水平防火隔离带的高度或宽度时，不允许有负偏差。

习题 1 下列关于与基层墙体、装饰层之间无空腔且每层设置防火隔离带的建筑外墙外保温系统的做法中，错误的是（　　）。

A. 建筑高度为 23.8m 的住宅建筑，采用 B2 级保温材料，外墙上门、窗的耐火完整性为 0.25h

B. 建筑高度为 48m 的办公建筑，采用 B1 级保温材料，外墙上门、窗的耐火完整性为 0.50h

C. 建筑高度为 70m 的住宅建筑，采用 B1 级保温材料，外墙上门、窗的耐火完整性为 0.50h

D. 建筑高度为 23.8m 的办公建筑，采用 B1 级保温材料，外墙门、窗的耐火完整性为 0.25h

【答案】A

习题 2 某 8 层住宅建筑，层高为 3.0m，首层地面标高为 ±0.000m，室外地坪标高为 -0.600m，平屋面面层标高 24.200m。对该住宅外墙进行保温设计，选用的保温方式和材料中，符合规范要求的有（　　）。

A. 除楼梯间外，内保温材料采用燃烧性能为 B1 级的聚氨酯泡沫板

B. 外保温体系与基层墙体无空腔，保温材料采用矿棉板

C. 除楼梯间外，内保温材料采用燃烧性能为 B2 级的聚苯乙烯泡沫板

D. 外保温体系与基层墙体无空腔，保温材料采用燃烧性能为 B1 级的聚氨酯泡沫板

E. 外保温体系与基层墙体无空腔，保温材料采用燃烧性能为 B2 级的聚苯乙烯泡沫板

【答案】BDE

习题 3 与基层墙体、装饰层之间无空腔的住宅外墙保温系统,当建筑高度大于 27m 但不大于 100m 时,下列保温材料中,燃烧性能符合要求的有（　　）。
A. A 级保温材料
B. B1 级保温材料
C. B2 级保温材料
D. B3 级保温材料
E. B4 级保温材料

【答案】AB

习题 4 某建筑高度为 54m 的住宅建筑,其外墙保温系统保温材料的燃烧性能为 B1 级。该建筑外墙及外墙保温系统的下列设计方案中,错误的是（　　）。
A. 采用耐火完整性为 0.50h 的外窗
B. 外墙保温系统中每层设置水平防火隔离带
C. 防火隔离带采用高度为 300mm 的不燃材料
D. 首层外墙保温系统采用厚度为 10mm 的不燃材料防护层

【答案】D

习题 5 对建筑外墙装饰材料进行的防火检查中,下列部分不符合相关规范要求的是（　　）。
A. 某综合楼,地上 10 层,建筑外墙应采用铝扣板装饰
B. 某高层办公楼的裙房建筑外墙采用木纹金属板装饰
C. 某档案馆,建筑高度为 40m,地上一至四层的建筑外墙采用 PVC 塑料护墙板装饰
D. 某星级酒店,地上 20 层,建筑外墙采用难燃仿花岗岩装饰板装饰

【答案】D

习题 6 在对建筑外墙装饰材料进行防火检查时,发现的下列做法中,不符合现行国家消防技术标准规定的是（　　）。
A. 3 层综合建筑,外墙的装饰层采用防火塑料装饰板
B. 25 层住宅楼,外墙的装饰层采用大理石
C. 建筑高度为 48m 的医院,外墙的装饰层采用多彩涂料
D. 建筑高度为 55m 的教学楼,外墙的装饰层采用铝塑板

【答案】D

习题 7 某商场,地上 6 层,建筑高度为 32m,第一至四层为商业营业厅,第五层为餐饮场所,第六层为电影院。建筑采用与基层墙体、装饰层之间有空腔的外墙外保温系统。下列关于该系统的做法中,错误的是（　　）。
A. 采用难燃材料在其表面设置完全覆盖的防护层
B. 外墙外保温材料采用不燃材料
C. 在每层楼板处,采用防火封堵材料封堵该系统与基层墙体、装饰层之间的空隙
D. 屋面外保温材料采用难燃材料

【答案】A

习题 8 对某建筑高度为 78 米的住宅建筑的外墙保温与装饰工程进行防火检查,该工程的下列做法中,不符合现行国家标准要求的是（　　）。
A. 外墙外保温系统与装饰层之间的空腔采用防火封堵材料在每层楼板处封堵
B. 外墙外保温系统与基层墙体之间的空腔采用防火封堵材料在每层楼板处封堵
C. 外墙外保温系统采用玻璃棉作保温材料
D. 外墙的装饰材料选用燃烧性能为 B1 轻质复合墙板

【答案】D

习题 9 在对某多层住宅建筑外墙外保温及装饰工程施工进行现场检查时，发现该建筑外保温设计采用了燃烧性能为 B2 级保温材料，下列外保温系统施工做法中，错误的是（   ）。
A. 外保温系统表面防护层使用不燃材料
B. 在外保温系统中每层沿楼板处设置不燃材料制作的水平防火隔离带
C. 外保温系统防护层将保温材料完全包覆，防护层厚度为 15mm
D. 外保温系统中设置的水平防火隔离带的高度为 200mm

【答案】D

习题 10 在对建筑外保温系统进行防火检查时，发现的下列做法中，符合现行国家消防技术标准要求的是（   ）。
A. 建筑高度为 20m 的医院病房楼，基层墙体与装饰层之间有空腔，外墙外保温系统采用燃烧性能为 B2 级的保温材料
B. 建筑高度为 27m 的住宅楼，基层墙体与装饰层之间无空腔，外墙外保温系统采用燃烧性能为 B2 级的保温材料
C. 建筑高度为 15m 的员工集体宿舍，基层墙体与装饰层之间无空腔，外墙外保温系统采用燃烧性能为 B1 级的保温材料
D. 建筑高度为 18m 的办公楼，基层墙体与装饰层之间有空腔，外墙外保温系统采用燃烧性能为 B2 级的保温材料

【答案】B

习题 11 外保温系统与基层墙体、装饰层之间无空腔时，建筑外墙外保温系统的下列做法中，不符合现行国家消防技术标准要求的是（   ）。
A. 建筑高度为 48m 的办公建筑采用 B1 级外保温材料
B. 建筑高度为 23.9m 的办公建筑采用 B2 级外保温材料
C. 建筑层数为 3 层的老年人照料设施采用 B1 级外保温材料
D. 建筑高度为 26m 的住宅建筑采用 B2 级外保温材料

【答案】C

11 第十一章 灭火救援设施

灭火救援设施
- 消防车速【2016、2017 单】
- 消防登高面、消防救援场地和灭火救援窗【2016—2018 单；2015 多】
- 消防电梯【2015—2018 单；2015、2017、2018 多】
- 直升机停机坪

复习建议
1. 非重点章节；
2. 知识点较多，每年至少一题。

第一节 消防车道

街区内的道路应考虑消防车的通行，室外消火栓的保护半径在 150m 左右，一般按规定设在城市道路两旁，故将道路中心线间的距离设定为不宜大于 160m。

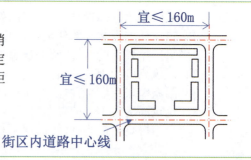

街区内道路中心线

1. 消防车道设置要求

（1）环形消防车道

① 高度高、体量大、功能复杂、扑救困难的建筑应设环形消防车道。

建筑类型		设置要求
民用建筑	单、多层公共建筑	＞3000 座的体育馆
		＞2000 座的会堂
		占地面积＞3000 ㎡的商店建筑、展览建筑
	高层建筑	均应设置
厂房	单、多层厂房	占地面积＞3000 ㎡的甲、乙、丙类厂房
	高层厂房	均应设置
仓库		占地面积＞1500 ㎡的乙、丙类仓库

② 沿街的高层建筑，其街道的交通道路，可作为环形车道的一部分。
③ 设置环形消防车道时至少应有两处与其他车道连通，必要时还应设置与环形车道相连的中间车道，且道路设置应考虑大型车辆的转弯半径。

(2) 穿过建筑的消防车道

① 对于一些使用功能多、面积大、建筑长度长的建筑，如 L 形、U 形、口形建筑，当其沿街长度超过 150m 或总长度大于 220m 时，应在适当位置设置穿过建筑物的消防车道。

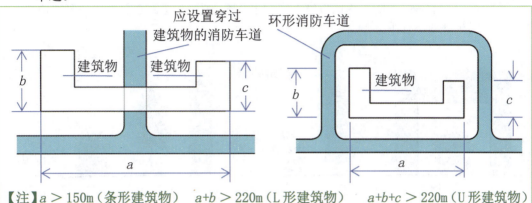

【注】$a > 150m$（条形建筑物）　　$a+b > 220m$（L 形建筑物）　　$a+b+c > 220m$（U 形建筑物）

② 为了日常使用方便和消防人员快速便捷地进入建筑内院救火，有封闭内院或天井的建筑物，当其短边长度大于 24m 时，宜设置进入内院或天井的消防车道，有封闭内院或天井的建筑物沿街时，应设置连通街道和内院的人行通道（可利用楼梯间），其间距不宜大于 80m。

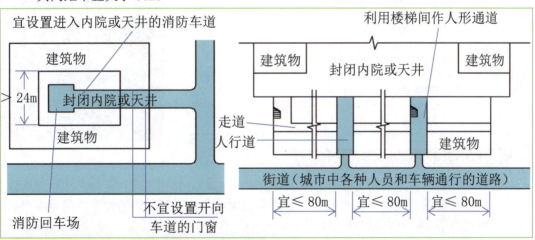

(3) 尽头式消防车道

当建筑和场所的周边受地形环境条件限制，难以设置环形消防车道或与其他道路连通的消防车道时，可设置尽头式消防车道。

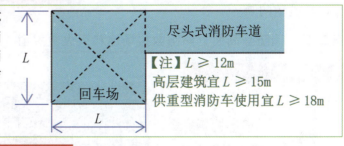

【注】$L \geq 12m$
高层建筑宜 $L \geq 15m$
供重型消防车使用宜 $L \geq 18m$

(4) 消防水源地消防车道

供消防车取水的天然水源和消防水池处应设置消防车道。消防车道边缘距离取水点不宜大于 2m。

2. 消防车道技术要求

（1）消防车道的净宽和净高 【2016 多；2017 单】

消防车道一般按单行线考虑，为便于消防车顺利通过，消防车道的净宽度和净空高度均不应小于 4m，消防车道的坡度不宜大于 8%。消防车道靠建筑外墙一侧的边缘，距离建筑外墙不宜小于 5m。

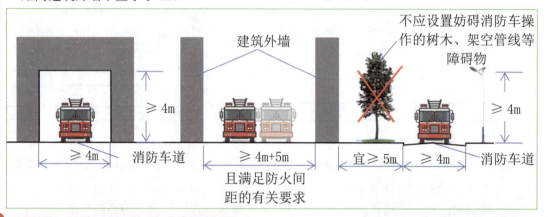

（2）消防车道的最小转弯半径

消防车道转弯半径参考

消防车类别	转弯半径（m）
普通消防车	9
登高车	12
特种车	16～20

（3）检查方法

① 选择消防车道路面相对较窄部位以及消防车道 4.0m 净空高度内两侧凸出物最近距离处进行测量，将最小宽度确定为消防车道宽度。宽度测量值的允许负偏差不得大于规定值的 5%，且不影响正常使用。

② 选择消防车道正上方距车道相对较低的凸出物进行测量，测量点不少于 5 个，将凸出物与车道的垂直高度确定为消防车道净高，高度测量值的允许负偏差不得大于规定值的 5%。

第二节 消防登高面、消防救援场地和灭火救援窗

1. 定义

定义 — 消防登高面
     — 消防救援场地

2. 合理确定消防登高面

① 高层建筑应至少沿一条长边或周边长度的1/4且不小于一条长边长度的底边连续布置消防车登高操作场地，该范围内的裙房进深不应大于4m。

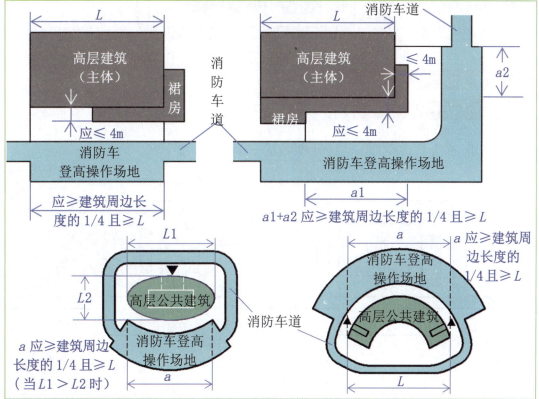

② 高度不大于50m的建筑，连续布置消防车登高操作场地有困难时，可间隔布置，但间隔距离不宜大于30m，且消防车登高操作场地的总长度仍应符合上述规定。

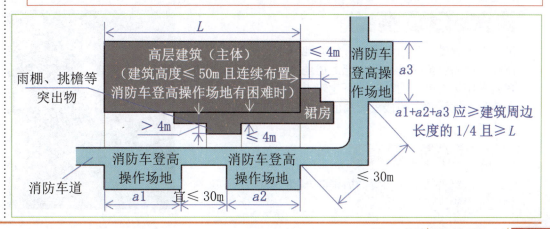

③建筑物与消防车登高操作场地相对应的范围内，应设置直通室外的楼梯或直通楼梯间的入口，方便救援人员快速进入建筑展开灭火和救援。

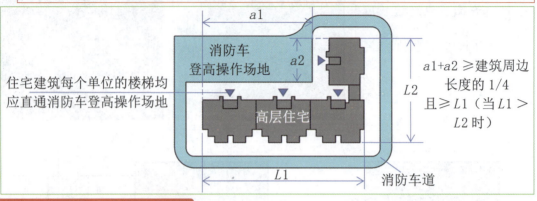

3. 消防救援场地的设置要求

（1）最小操作场地面积【2015 多；2016、2017 单】

场地长度和宽度不应小于 15m×10m。对于建筑高度大于 50m 的建筑，场地的长度和宽度分别不应小于 20m×10m，且场地的坡度不宜大于 3%。

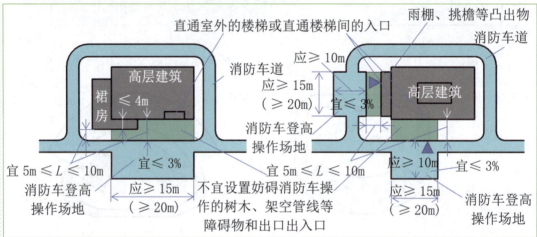

（2）场地与建筑的距离

登高场地距建筑外墙不宜小于 5m，且不应大于 10m。

（3）操作场地荷载计算

虽然地下管道、暗沟、水池、化粪池等不会影响消防车荷载，但为安全起见，不宜把上述地下设施布置在消防登高操作场地内。同时在地下建筑上布置消防登高操作场地时，地下建筑的楼板荷载应按承载大型重系列消防车计算。

（4）操作空间的控制

场地与建筑之间不应设置妨碍消防车操作的树木、架空管线等障碍物和车库出入口。

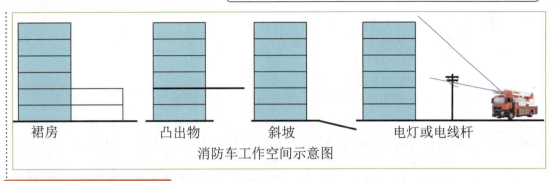

消防车工作空间示意图

4. 灭火救援窗的设置要求 【2017、2018 单】

厂房、仓库、公共建筑的外墙应在每层的适当位置设置可供消防救援人员进入的窗口。

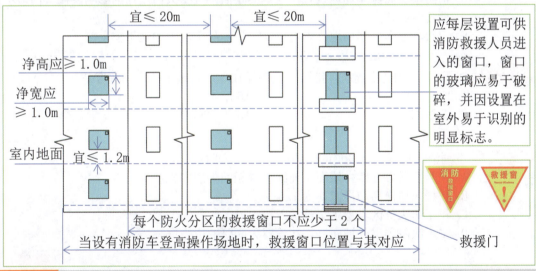

习题 1 下列关于消防车道设置的做法,正确的有(　　)。
A. 二类高层住宅建筑,沿其南北侧两个长边设置净宽度为 3.5m 的消防车道
B. 消防车道穿过建筑物的洞口处地面标高为 -0.300m,洞口顶部的标高为 3.900m,门洞净宽度为 4.2m
C. 占地面积为 2400㎡ 单层纺织品仓库,沿其两个长边设置尽头式消防车道,回车场尺寸为 12m×13m
D. 高层厂房周围的环形消防车道有一处与市政道路连通
E. 在一坡地建筑周围设置最大坡度为 5% 的环形消防车道

【答案】BE

习题 2 关于消防车道设置的说法，错误的是（　　）。
A. 消防车道的坡度不宜大于 9%
B. 超过 3000 个座位的体育馆应设置环形消防车道
C. 消防车道边缘距离取水点不宜大于 2m
D. 高层住宅建筑可沿建筑的一个长边设置消防车道

【答案】A

习题 3 消防车登高操作场地是消防灭火救援的重要设施。下列关于消防车登高操作场地设置的说法中，错误的是（　　）。
A. 高层建筑应至少沿一个长边或周边长度的 1/4 且不小于一个长边长度的底边连续布置消防车登高操作场地
B. 消防车登高操作场地靠建筑外墙一侧的边缘距离建筑外墙不应大于 10m
C. 消防车登高操作场地的坡度不宜大于 3%
D. 高层建筑的消防车登高面不应布置裙房

【答案】D

习题 4 某建造在山坡上的办公楼，建筑高度为 48m，长度和宽度分别为 108m 和 32m，地下设置了 2 层汽车库，建筑的背面和两侧无法设置消防车道。下列该办公楼消防车登高操作场地的设计，符合规范要求的有（　　）。
A. 消防车登高操作场地靠建筑正面一侧的边缘与建筑外墙的距离为 5～7m
B. 消防车登高操作场地的宽度为 12m
C. 消防车登高操作场地的坡度为 1%
D. 消防车登高操作场地设置在建筑的正面，因受大门雨篷的影响，在大门前不能连续布置
E. 消防车登高操作场地位于可承受重型消防车压力的地下室上部

【答案】ABCE

习题 5 对于 25 层的住宅建筑，消防车登高操作场地的最小长度和宽度是（　　）。
A. 20m、10m
B. 15m、10m
C. 15m、15m
D. 10m、10m

【答案】A

习题 6 下列消防救援入口设置的做法中，符合要求的是（　　）。
A. 一类高层办公楼外墙面，连续设置无间隔的广告屏幕
B. 救援入口净高和净宽均为 1.6m
C. 每个防火分区设置 1 个救援入口
D. 多层医院顶层外墙面，连续设置无间隔的广告屏幕

【答案】B

习题 7 某耐火等级为二级的多层电视机生产厂房，地上 4 层，设有自动喷水灭火系统，该厂房长 200m，宽 40m，每层划分为 1 个防火分区。根据现行国家标准《建筑设计防火规范》（GB 50016—2014），供消防人员进入厂房的救援窗口的下列设计方案中，正确的是（　　）。
A. 救援窗口下沿距室内地面为 1.1m
B. 救援窗口的净宽度为 0.8m
C. 厂房二层沿一个长边设 2 个救援窗口
D. 利用天窗作为顶层救援窗口

【答案】A

第三节 消防电梯

符合消防电梯要求的客梯或工作电梯,可兼作消防电梯。

1. 消防电梯的设置范围 【2016—2018 单】

	设置条件	设置要求
住宅建筑	建筑高度＞33m	分别设置在不同的防火分区内,且每个防火分区应≥1台
公共建筑	①一类高层; ②建筑高度＞32m 的二类高层; ③5 层及以上且总建筑面积＞3000 ㎡ 的老年人照料设施(包括其他建筑内)	
地下或半地下建筑(室)	①地上部分设置消防电梯的建筑; ②埋深＞10m 且总建筑面积＞3000 ㎡	
高层厂房(仓库)	建筑高度＞32m 且设置电梯	每个防火分区宜设置1台

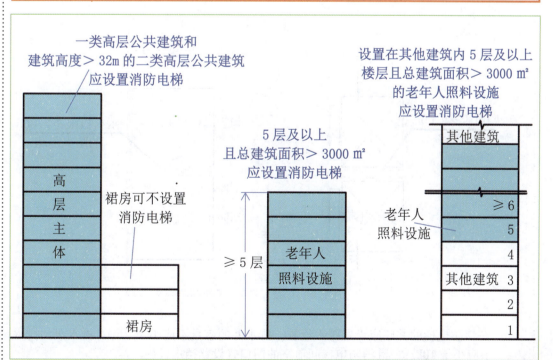

2. 消防电梯的设置要求 【2015、2016 单；2015、2017、2018 多】

①消防电梯应具有防火、防烟、防水功能。
②消防电梯应设置前室或与防烟楼梯间合用的前室。设置在仓库连廊、冷库穿堂或谷物筒仓工作塔内的消防电梯，可不设置前室。
③消防电梯前室应符合以下要求：

a. 前室宜靠外墙设置，并应在首层直通室外或经过长度不大于 30m 的通道通向室外。
b. 前室或合用前室的门应采用乙级防火门，不应设置卷帘。
c. 消防电梯间前室的使用面积要求。

类别	设置条件	面积要求（短边不应小于2.4m）	防烟楼梯间前室
单独前室	—	≥6.0 ㎡	
合用前室	公共建筑、高层厂房(仓库)	≥10 ㎡	≥6.0 ㎡
	住宅建筑	≥6.0 ㎡	≥4.5 ㎡
		≥12 ㎡（与剪刀防烟楼梯间共用前室合用）	≥6.0 ㎡（剪刀防烟楼梯间共用）

d. 消防电梯井、机房与相邻电梯井、机房之间应设置耐火极限不低于 2.00h 的防火隔墙，隔墙上的门应采用甲级防火门。

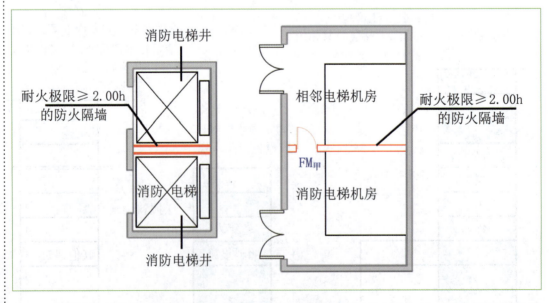

e. 在消防电梯的井底应设置排水设施，排水井的容量不应小于 $2m^3$，排水泵的排水量不应小于 10L/s，且消防电梯间前室的门口宜设置挡水设施。

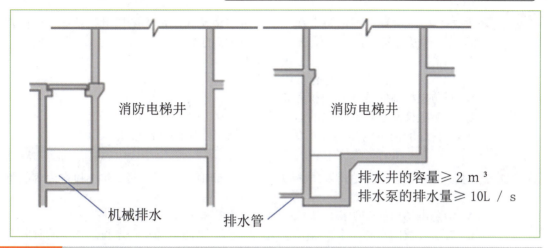

习题 1 下列建筑中，允许不设置消防电梯的是（　　）。
A. 埋深为 10m，总建筑面积为 10000m² 的地下商场
B. 建筑高度为 27m 的病房楼
C. 建筑高度为 48m 的办公建筑
D. 建筑高度为 45m 的住宅建筑
【答案】A

习题 2 下列建筑中，不需要设置消防电梯的是（　　）。
A. 建筑高度为 26m 的医院　　B. 总建筑面积为 21000m² 的高层商场
C. 建筑高度为 32m 的二类办公楼　　D. 12 层住宅建筑
【答案】C

习题 3 关于建筑消防电梯设置的说法，错误的是（　　）。
A. 建筑高度为 30m 的物流公司办公楼可不设置消防电梯
B. 埋深 9m、总建筑面积 4000 m²的地下室可不设置消防电梯
C. 建筑高度为 25m 的门诊楼可不设置消防电梯
D. 建筑高度为 32m 的住宅建筑可不设置消防电梯
【答案】C

习题 4 某建筑高度为 38m 且设有消防电梯的 5 层针织品生产厂房,耐火等级为一级，每层建筑面积为 5000 m²。消防电梯与疏散楼梯间合用前室。下列做法中错误的是（　　）。
A. 设置 2 台消防电梯
B. 前室的使用面积为 12 m²
C. 消防电梯兼做员工用电梯
D. 在前室入口处设置耐火极限为 3.00h 的防火卷帘
【答案】D

习题 5 下列关于消防电梯的说法中，正确的是（　　）。
A. 建筑高度大于 24m 的住宅应设置消防电梯
B. 消防电梯轿厢内部装修应采用难燃材料
C. 消防电梯应专用于消防灭火救援
D. 满足消防电梯要求的客梯或货梯可以兼做消防电梯
【答案】D

习题 6 某办公楼，设置 1 部消防电梯和 2 部防烟楼梯间，消防电梯单独设置。在检查消防电梯及前室时，下列做法中，符合规定的有（　　）。
A. 在消防电梯前室的入口处采用防火卷帘分隔
B. 地下层为无人员经常停留的汽车库，消防电梯不停靠
C. 消防电梯前室的建筑面积为 6m²
D. 消防电梯从首层到顶层的运行时间为 60s
E. 在首层的消防电梯入口处设置供消防队员专用的操作按钮

【答案】DE

习题 7 对某 33 层住宅建筑的消防电梯进行防火检查时，下列不属于防火检查内容的是（　　）。
A. 消防电梯内的安防摄像头
B. 电梯的载重量
C. 首层设置的消防员专用操作按钮
D. 消防电梯从首层直达顶层的时间

【答案】A

习题 8 对某一类高层宾馆进行防火检查，查阅资料得知，该宾馆每层划分为 2 个防火分区，符合规范要求。下列检查结果中，不符合现行国家消防技术标准的有（　　）。
A. 设有 3 台消防电梯，一个防火分区 2 台，另一个防火分区只有 1 台
B. 消防电梯前室的建筑面积为 6.0m²，与防烟楼梯间合用前室的建筑面积为 10m²
C. 消防电梯能够停靠每个楼层
D. 消防电梯从首层到顶层的运行时间为 59s
E. 兼做客梯用的消防电梯，其前室门采用耐火极限满足耐火完整性和耐火隔热性判定条件的防火卷帘

【答案】BE

第四节　直升机停机坪

对于建筑高度大于 100m 的高层建筑，建筑中部需设置避难层，当建筑某楼层着火导致人员难以向下疏散时，往往需到达上一避难层或屋面等待救援。此时仅靠消防队员利用云梯车或地面登高施救条件有限，利用直升机营救被困于屋顶的避难者就比较快捷。

1. 直升机停机坪的设置范围

建筑高度大于 100m 且标准层建筑面积大于 2000 m² 的公共建筑，其屋顶宜设置直升机停机坪或供直升机救助的设施。

2. 屋顶直升机停机坪

与周边凸出物的间距	与设备机房、电梯机房、水箱间、共用天线等凸出物和屋顶的其他邻近建筑设施的距离，不小于 5m
直通屋面出口的设置	从建筑主体通向直升机停机坪出口的数量不少于 2 个，且每个出口的宽度不宜小于 0.90m
设施的配置	停机坪四周设置航空障碍灯、应急照明和消火栓

01 第三篇 建筑消防设施

历年分值统计

技术实务分值 第三篇 建筑消防设施		2015	2016	2017	2018
第一章	概述	0	0	0	0
第二章	消防给水及消火栓系统	7	7	7	9
第三章	自动喷水灭火系统	10	8	5	11
第四章	水喷雾灭火系统	3	5	1	2
第五章	细水雾灭火系统	1	1	1	1
第六章	气体灭火系统	4	6	7	5
第七章	泡沫灭火系统	4	3	5	4
第八章	干粉灭火系统	1	1	1	1
第九章	火灾自动报警系统	14	13	13	12
第十章	防烟排烟系统	4	3	4	6
第十一章	消防应急照明和疏散指示系统	0	0	1	2
第十二章	城市消防远程监控系统	0	1	1	0
第十三章	建筑灭火器配置	4	3	5	4
第十四章	消防供配电	2	2	2	2
	小计	54	53	53	59
综合能力分值 第三篇 消防设施安装、检测与维护管理		2015	2016	2017	2018
第一章	消防设施质量控制、维护保养与消防控制室管理	4	4	2	3
第二章	消防给水	6	11	6	8
第三章	消火栓系统	4	2	4	3
第四章	自动喷水灭火系统	12	12	11	11
第五章	水喷雾灭火系统	2	1	2	2
第六章	细水雾灭火系统	2	1	1	1
第七章	气体灭火系统	5	5	5	5
第八章	泡沫灭火系统	3	3	3	3
第九章	干粉灭火系统	2	2	2	1
第十章	建筑灭火器配置	5	5	5	5
第十一章	防烟排烟系统	5	6	5	6
第十二章	消防用电设备的供配电与电气防火	6	2	1	1
第十三章	消防应急照明和疏散指示系统	2	1	2	1
第十四章	火灾自动报警系统	9	10	9	9
第十五章	城市消防远程监控系统	0	0	1	0
	小计	66	65	59	59

第三篇 建筑消防设施

学习建议

由上表可知本篇知识点比较多,所占分值也很大,技术实务的第三篇大分值主要集中在第二、三、六、九、十、十三章;综合能力第三篇大分值主要集中在第二、三、四、七、十、十一、十四章,而且技术实务和综合能力的知识点是相通的,都是跟主动防火有关联的,几乎都是跟常识有关的,比如水灭火系统、气体灭火系统、报警系统以及排烟系统和消防器材配备,等等,建议大家在分值多的地方多下工夫,因为拿到了这一篇的分值,距离过关就不远了。

01 第一章 消防设施质量控制、维护保养与消防控制室管理

知识点框架图

目录:
- 消防设施安装调试与检测验收【2015—2018 单】
- 消防设施维护管理
- 消防控制室管理

复习建议
1. 次重点章节;
2. 每年一到两题。

第一节 消防设施安装调试与检测验收

消防设施施工安装是实现消防设施早期报警、扑救或者控制初期火灾,保护、引导人员安全疏散等基本功能的关键环节,其质量控制直接关系到消防设施发挥作用的实际效果。

1. 施工质量控制要求

(1) 施工前准备

① **经批准**的消防设计文件及其他**技术资料齐全**。
② 设计单位向建设、施工、监理单位进行技术交底,明确相应技术要求。
③ 各类消防设施的设备、组件及材料齐全,**规格型号符合设计要求**,能够保证正常施工。
④ 经检查,与专业施工相关的**基础、预埋件和预留孔洞等符合设计要求**。
⑤ 施工现场及施工中使用的**水、电、气**能够满足**连续施工**的要求。

(2) 施工过程质量控制

① 对到场的各类消防设施的设备、组件以及材料进行现场检查,经**检查合格**后方可用于施工。
② 各工序按照施工技术标准进行质量控制,每道工序完成后进行检查,经**检查合格**后方可进入下一道工序。
③ 相关各专业工种之间交接时,进行检验认可,经**监理工程师签证**后,方可进行下一道工序。
④ 消防设施安装完毕,**施工单位**按照相关专业调试规定进行**调试**。
⑤ 调试结束后,**施工单位向建设单位提供**质量控制**资料**和各类消防设施施工过程质量**检查记录**。
⑥ **监理工程师组织**施工单位人员对消防设施施工过程进行**质量检查**;施工过程质量检查记录按照各消防设施施工及验收规范的要求填写。
⑦ 施工过程质量控制资料按照相关消防设施施工及验收规范的要求填写、整理。

（3）产品及施工安装质量问题处理

① 更换相关消防设施的设备、组件以及材料，进行施工返工处理，重新组织产品现场检查、技术检测或者竣工验收。

② 返修处理，能够满足相关标准规定和使用要求的，按照经批准的处理技术方案和协议文件重新组织现场检查、技术检测或者竣工验收。

③ 返修或者更换相关消防设施的设备、组件以及材料的，经重新组织现场检查、技术检测、竣工验收，仍然不符合要求的，判定为现场检查、技术检测、竣工验收不合格。

④ 未经现场检查合格的消防设施的设备、组件以及材料，不得用于施工安装；消防设施未经竣工验收合格的，其建设工程不得投入使用。

2. 消防设施现场检查

消防设施现场检查包括产品合法性检查、一致性检查以及产品质量检查。

（1）产品合法性检查 【2016 单】

市场准入文件	纳入强制性产品认证的消防产品	强制认证证书
	新研制的尚未制定国家或者行业标准的消防产品	技术鉴定证书
	尚未纳入强制性产品认证的非新产品类的消防产品	型式检验报告
	非消防产品类	法定质量保证文件
产品质量检验文件	所有消防产品的型式检验报告，其他相关产品的法定检验报告	
	所有产品出厂检验报告或者出厂合格证	

（2）产品一致性检查

消防产品一致性检查是防止使用假冒伪劣消防产品施工、降低消防设施施工安装质量的有效手段。

（3）产品质量检查

消防设施的设备及其组件、材料等产品质量检查主要包括外观检查、组件装配及其结构检查、基本功能试验以及灭火剂质量检测等内容。

3. 消防设施施工安装调试 【2015—2017 单】

消防设施施工安装以经法定机构批准或者备案的消防设计文件、国家工程建设消防技术标准为依据；经批准或者备案的消防设计文件不得擅自变更，确需变更的，由原设计单位修改，报经原批准机构批准后，方可用于施工安装。

4. 消防设施技术检测与竣工验收

（1）技术检测 【2018 单】

消防设施技术检测是对消防设施的检查、测试等技术服务工作的统称。这里所指的技术检测是指消防设施施工结束后，建设单位委托具有相应资质等级的消防技术检测服务机构对消防设施施工质量进行的检查测试工作。

（2）竣工验收

消防设施施工结束后，由建设单位组织设计、施工、监理等单位进行包括消防设施在内的建设工程竣工验收。
消防设施竣工验收分为资料检查、施工质量现场检查和质量验收判定这三个环节。

①资料检查（B项）：

消防设施竣工验收前，施工单位需要提交下列竣工验收资料，供参验单位进行资料检查：
a. 竣工验收申请报告。
b. 施工图设计文件（包括设计图纸和设计说明书等）、各类消防设施的设备及其组件安装说明书、消防设计审核意见书和设计变更通知书、竣工图。
c. 主要设备、组件、材料符合市场准入制度的有效证明文件、出厂质量合格证明文件以及现场检查（验）报告。
d. 施工现场质量管理检查记录、施工过程质量管理检查记录以及工程质量事故处理报告。
e. 隐蔽工程检查验收记录以及灭火系统阀门、其他组件的强度和严密性试验记录、管道试压和冲洗记录。

②现场检查：

现场检查的主要内容包括各类消防设施的安装场所（防护区域）及其设置位置、设备用房设置等检查、施工质量检查和功能性试验。
各项检查项目中有**不合格项**时，对设备及其组件、材料（管道、管件、支吊架、线槽、电线、电缆等）进行返修或者更换后，进行复验。**复验时，对有抽样比例要求的，加倍抽样检查。**

③质量验收判定：

设施	合格标准		
	严重缺陷项（A）	重缺陷项（B）	B+轻缺陷项（C）
消防给水及消火栓系统 自动喷水灭火系统 防排烟系统	0	≤2	≤6
火灾自动报警系统		≤2	≤5%
泡沫灭火系统	功能验收为"合格"		
气体灭火系统	不能有一项为"不合格"		

习题1 消防工程施工工地的进场检验含合法性检查、一致性检查及产品质量检查。某工地对消火栓进行检查,下列检查项目中,属于合法性检查的项目是(   )。
A. 型式检验报告 B. 抽样试验
C. 型号规格 D. 设计参数

【答案】A

习题2 根据《建设工程消防监督管理规定》(公安部令106号)的规定,经消防机构审核合格的建设工程消防设计文件,确需修改变更的,应(   )。
A. 由设计单位技术负责人签发设计变更通知、设计变更文件
B. 由建设单位将设计变更文件报法定机构批准
C. 由设计、施工单位技术负责人共同签发设计变更通知、设计变更文件
D. 由设计单位将设计变更文件报法定机构备案

【答案】B

习题3 某单位在县城新建一个商场,依法取得了当地市公安支队出具的消防设计审核合格意见书。建设单位在施工过程中拟对原设计进行修改。该商场建设单位的下列做法中,正确的是(   )。
A. 向当地县公安消防大队重新申请消防设计审核
B. 将设计变更告知当地县公安消防大队
C. 向当地市公安消防支队重新申请消防设计审核
D. 将设计变更告知当地市公安消防支队

【答案】C

习题4 关于大型商业综合体消防设施施工前需具备的基本条件的说法中,错误的是(   )。
A. 消防工程设计文件经建设单位批准
B. 消防设施设备及材料有符合市场准入制度的有效证明及产品出厂合格证书
C. 施工现场的水、电能够满足连续施工的要求
D. 与消防设施相关的基础、预埋件和预置孔洞等符合设计要求

【答案】A

习题5 根据现行行业标准《建筑消防设施检测技术规程》(GA 503—2004),不属于消防设施检测项目的是(   )。
A. 电动排烟窗 B. 电动防火阀
C. 灭火器 D. 消防救援窗口

【答案】D

第二节 消防设施维护管理

1. 维护管理人员从业资格要求

人员性质	要求
项目经理、技术人员	一级、二级注册消防工程师
消防设施操作、值班、巡查的人员	初级技能(含)以上证书
消防设施检测、保养人员	高级技能以上证书
消防设施维修人员	技师以上证书

2. 消防设施维护管理各环节的工作要求

（1）值班

（2）巡查

巡查频次

①公共娱乐场所营业期间，每 2h 组织 1 次综合巡查。期间，将部分或者全部消防设施巡查纳入综合巡查内容，并保证每日至少对全部建筑消防设施巡查一遍。
②消防安全重点单位每日至少对消防设施巡查 1 次。
③其他社会单位每周至少对消防设施巡查 1 次。
④举办具有火灾危险性的大型群众性活动的，承办单位根据活动现场实际需要确定巡查频次。

（3）检测

巡查频次

①消防设施每年至少检测 1 次。重大节日或者重大活动，根据要求安排消防设施检测。
②设有自动消防设施的宾馆、饭店、商场、市场、公共娱乐场所等人员密集场所、易燃易爆单位以及其他一类高层公共建筑等消防安全重点单位，自消防设施投入运行后的每年年底，将年度检测记录报当地消防机构备案。

（4）维修

对在值班、巡查、检测、灭火演练中发现的消防设施存在的问题和故障，相关人员按照规定填写"建筑消防设施故障维修记录表"，向建筑使用管理单位消防安全管理人报告；消防安全管理人对相关人员上报的消防设施存在的问题和故障，要立即通知维修人员或者委托具有资质的消防设施维保单位进行维修。

（5）保养

实施消防设施的维护保养时，维护保养单位相关技术人员填写"建筑消防设施维护保养记录表"，并进行相应功能试验。

（6）档案建立与管理 【2015 单】

	资料类型	保存期限
消防设施基本情况	消防设施的验收文件和产品、系统使用说明书、系统调试记录、消防设施平面布置图和系统图及施工安装、竣工验收及验收技术检测等原始技术资料	长期
消防设施动态管理情况	"消防控制室值班记录表" "建筑消防设施巡查记录表"	不少于一年
消防设施动态管理情况	"建筑消防设施检测记录表" "建筑消防设施故障维修记录表" "建筑消防设施维护保养计划表" "建筑消防设施维护保养记录表"	不少于五年

第三节 消防控制室管理

1. 消防控制设备的监控要求 【2018 单】

①消防控制室设置的消防设备能够监控并显示消防设施运行状态信息,并能够向城市消防远程监控中心(以下简称"监控中心")传输相应信息。
②根据建筑(单位)规模及其火灾危险性特点,消防控制室内需要保存必要的文字、电子资料,存储相关的消防安全管理信息,并能够及时向监控中心传输消防安全管理信息。
③大型建筑群要根据其不同建筑功能需求、火灾危险性特点和消防安全监控需要,设置两个及两个以上的消防控制室,并确定主消防控制室、分消防控制室,以实现分散与集中相结合的消防安全监控模式。
④主消防控制室的消防设备能够对系统内共用消防设备进行控制,显示其状态信息,并能够显示各个分消防控制室内消防设备的状态信息,具备对分消防控制室内消防设备及其所控制的消防系统、设备的控制功能。
⑤各个分消防控制室的消防设备之间,可以互相传输、显示状态信息,不能互相控制消防设备。

2. 消防控制室台账档案建立

消防控制室是建筑使用管理单位消防安全管理与消防设施监控的核心场所,需要保存能够反映建筑特征及其消防设施施工质量、运行情况的纸质台账档案和电子资料,消防控制室内至少保存有下列纸质台账档案和电子资料: 【2017 单】

① 建(构)筑物竣工后的总平面布局图、消防设施平面布置图和系统图以及安全出口布置图、重点部位位置图等。
② 消防安全管理规章制度、应急灭火预案、应急疏散预案等。
③ 消防安全组织结构图,包括消防安全责任人、管理人、专(兼)职和志愿消防人员等内容。
④ 消防安全培训记录、灭火和应急疏散预案的演练记录。
⑤ 值班情况、消防安全检查情况及巡查情况等记录。
⑥ 消防设施一览表,包括消防设施的类型、数量、状态等内容。
⑦ 消防系统控制逻辑关系说明、设备使用说明书、系统操作规程、系统以及设备的维护保养制度和技术规程等。
⑧ 设备运行状况、接报警记录、火灾处理情况、设备检修检测报告等资料。

3. 消防控制室管理要求

(1) 消防控制室值班要求

① 实行每日24h专人值班制度,每班不少于2人,值班人员持有规定的消防专业技能鉴定证书。
② 确保火灾自动报警系统、固定灭火系统和其他联动控制设备处于正常工作状态,不得将应处于自动控制状态的设备设置在手动控制状态。
③ 确保高位消防水箱、消防水池、气压水罐等消防储水设施水量充足,确保消防泵出水管阀门、自动喷水灭火系统管道上的阀门常开;确保消防水泵、防排烟风机、防火卷帘等消防用电设备的配电柜控制装置处于自动控制位置(或者通电状态)。

挺认真哦！

（2）消防控制室应急处置程序

① 接到火灾警报后，值班人员立即以最快的方式确认火灾。
② 火灾确认后，值班人员立即确认火灾报警联动控制开关处于自动控制状态，同时拨打"119"报警电话准确报警；报警时需要说明着火单位地点、起火部位、着火物种类、火势大小、报警人姓名和联系电话等。
③ 值班人员立即启动单位应急疏散和初期火灾扑救灭火预案，同时报告单位消防安全负责人。

【简易处置程序】

接到报警 → 确认火灾 → 确认火灾报警联动控制开关 → 拨打"119"准确报警 → 报告单位消防安全负责人

（3）消防控制室的控制、显示要求 【2015 单】

① 采用中文标注和中文界面的消防控制室图形显示装置，其界面对角线长度不得小于430mm。
② 能够显示前述电子资料内容以及符合规定的消防安全管理信息。
③ 能够用同一界面显示建（构）筑物周边消防车通道、消防登高车操作场地、消防水源位置，以及相邻建筑的防火间距、建筑面积、建筑高度、使用性质等情况。
④ 能够显示消防系统及设备的名称、位置和消防控制器、消防联动控制设备（含消防电话、消防应急广播、消防应急照明和疏散指示系统、消防电源等控制装置）的动态信息。
⑤ 有火灾报警信号、监管报警信号、反馈信号、屏蔽信号、故障信号输入时，具有相应状态的专用总指示，在总平面布局图中应显示输入信号所在的建（构）筑物的位置，在建筑平面图上应显示输入信号所在的位置和名称，并记录时间、信号类别和部位等信息。
⑥ 10s 内能够显示输入的火灾报警信号和反馈信号的状态信息，100s 内能够显示其他输入信号的状态信息。
⑦ 能够显示可燃气体探测报警系统、电气火灾监控系统的报警信息、故障信息和相关联动反馈信息。
⑧ 火灾报警控制器能够显示火灾探测器、火灾显示盘、手动火灾报警按钮的正常工作状态、火灾报警状态、屏蔽状态及故障状态等相关信息，能够控制火灾声光警报器启动和停止。

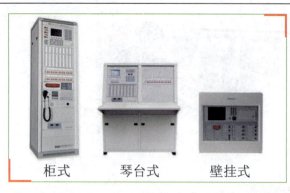

柜式　　琴台式　　壁挂式

........⑨ 消防联动控制设备能够将各类消防设施及其设备的状态信息传输到图形显示装置；能够控制和显示各类消防设施的电源工作状态、各类设备及其组件的启/停等运行状态和故障状态，显示具有控制功能、信号反馈功能的阀门、监控装置的正常工作状态和动作状态；能够控制具有自动控制、远程控制功能的消防设备的启/停，并接收其反馈信号。

习题 1 消防设施档案应真实记录建筑消防设施的质量状况，从延续性要求及可追溯性要求出发，完整的档案内容应包括（　　）。
A. 消防设施平面布局、系统验收报告、维护保养记录
B. 消防设施值班、巡查、检测、维护及记录
C. 消防设施基本情况的各类文件资料，消防设施及相关人员动态管理的记录、资料
D. 消防设施巡查记录以及消防控制室值班记录

【答案】C

习题 2 某大型城市综合体设有三个消防控制室。对消防控制室的下列检查结果中，不符合现行国家标准《消防控制室通用技术要求》（GB 25506—2010）的是（　　）。
A. 确定了主消防控制室和分消防控制室
B. 分消防控制室之间的消防设备可以互相控制并传输、显示状态信息
C. 主消防控制室可对系统内共用的消防设备进行控制，并显示其状态信息
D. 主消防控制室可对分消防控制室内的消防设备及其控制的消防系统和设备进行控制

【答案】B

习题 3 消防控制室应保存建设竣工图纸和与消防有关的纸质台账及电子资料。下列资料中，消防控制室可不予保存的是（　　）。
A. 消防设施施工调试记录　　　B. 消防组织结构图
C. 消防重点部位位置图　　　　D. 消防安全培训记录

【答案】A

习题 4 消防控制室的下列检查记录中，应该立即整改的项目是（　　）。
A. 消防联动控制器处于手动控制状态
B. 消防水池水位略高于正常水位下限
C. 有5只探测器报过故障，但现在处于正常状态
D. 消防水泵控制柜处于手动控制状态

【答案】D

第三篇 建筑消防设施

习题 5 下列关于消防控制室内设置的消防控制室图形显示装置与火灾报警控制器、电器火灾监控设备，火灾报警传输设备等之间关系的描述，错误的是（　　）。
A. 火灾报警控制器可将所有信息传输至图形显示装置
B. 通过操作图形显示装置可控制消防水泵控制器的工作状态
C. 电器火灾监控系统是由另一生产企业提供的产品，不能与火灾报警控制器连接的图形显示装置直接通信，所以连接了该企业提供的图形显示装置
D. 火灾报警传输设备可直接连接图形显示装置

【答案】B

习题 6 某五星级酒店设有消防控制中心，配备 8 名值班人员轮值，下列不属于消防控制中心值班人员职责的是（　　）。
A. 填写消防控制室值班记录表
B. 记录消防控制室室内消防设备的火警或故障情况
C. 对火灾报警控制器进行日常检查
D. 实施日常防火检查和巡查

【答案】D

习题 7 下列有关维护管理中巡查频次描述正确的是（　　）。
A. 公共娱乐场所营业期间，每 4h 组织一次综合巡查
B. 消防安全重点单位每日至少对消防设施巡查两次
C. 其他社会单位每周至少对消防设施巡查一次
D. 举办具有火灾危险性的大型群众性活动的场地，每月至少对消防设施巡查一次

【答案】C

习题 8 消防控制室的值班要求正确的是（　　）。
A. 实行每日 24h 专人值班制度，每班不少于一人
B. 确保火灾自动报警系统，不得将应处于手动控制状态的设备设置在自动控制状态
C. 确保消防用电设备的配电柜控制装置处于手动控制位置
D. 确保消防泵出水管阀门、自动喷水灭火系统管道上的阀门常开

【答案】D

02 第二章　消防给水系统

知识点框架图

消防给水系统
- 消防给水及设施【2015、2017、2018 单】【2015—2018 多】
- 系统组件（设备）安装前检查
- 系统安装调试与检测验收【2018 单】【2015、2017 多】
- 系统维护管理【2015、2016、2018 单】

复习建议
1. 重点章节（尤其第一节）；
2. 必考章节。

第一节　消防给水及设施

1. 消防给水系统

分类	系统名称	特　点
按水压分	高压	能始终满足水灭火系统所需的工作压力和流量，火灾时无须启动消防水泵，可向任何水灭火系统供水
	临时高压【2017单】	平时不能满足水灭火系统所需的工作压力和流量，火灾时需要启动消防水泵，可向任何水灭火系统供水
	低压	能满足车载或手抬移动消防水泵等取水所需的工作压力和流量。火灾时，由消防车从室外消火栓取水直接加压灭火或者通过水泵接合器向室内管网加压供水，建筑室外宜采用此系统

2. 消防给水设施的组成

包括消防水源（消防水池）、消防水泵、消防供水管道、增（稳）压设备（消防气压罐）、消防水泵接合器和消防水箱等。

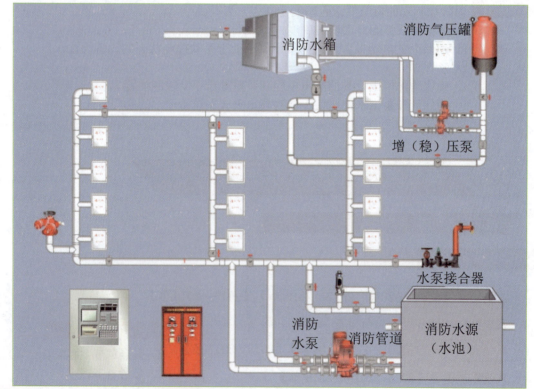

3. 消防水箱

①采用临时高压给水系统的建筑物应设置高位消防水箱。

②设置高压给水系统并能保证最不利点消火栓和自动喷水灭火系统等的水量和水压的建筑物，或设置干式消防竖管的建筑物，可不设置消防水箱。

③设置消防水箱的目的：

a. 提供系统启动初期的消防用水量和水压，在消防泵出现故障的紧急情况下应急供水，确保喷头开放后立即喷水，以及时控制初期火灾，并为外援灭火争取时间；

b. 利用高位差为系统提供准工作状态下所需的水压，以达到管道内充水并保持一定压力的目的。

④设置临时高位水箱的要求：

a. 临时高压消防给水系统的高位消防水箱的有效容积应满足初期火灾消防用水量的要求。

b. 高位消防水箱的位置应高于其所服务的水灭火设施，且最低有效水位应满足水灭火设施最不利点处的静水压力。

建筑类别		最小容积（m³）	最低有效水位静水压力（MPa）	
一类高层公共	$h > 150$	100	0.15	
	$h > 100$	50		
		36	0.1	
一类高层住宅 二类高层公共 多层公共	$h > 100$	36	0.07 （所有多层住宅是"不宜"）（高层住宅和二高公共是"不应"）	自喷 0.1
		18		
二类高层住宅		12		
$h > 21m$ 的多层住宅		6		
工业建筑室内消防给水设计流量	$> 25L/s$	18	0.1（体积小于20000m³, 0.07）	
	$\leq 25L/s$	12		
商店建筑面积	$S > 30000m^2$	50		
	$10000m^2 < S < 30000m^2$	36		

c. 进水管的管径应满足消防水箱 8h 充满水的要求，但管径不应小于 DN32，进水管宜设置液位阀或浮球阀。

d. 溢流管的直径不应小于进水管直径的 2 倍，且不应小于 DN100，溢流管的喇叭口直径不应小于溢流管直径的 1.5～2.5 倍。【2018 多】

e. 高位消防水箱出水管管径应满足消防给水设计流量的出水要求，且不应小于 DN100。

f. 高位消防水箱出水管应位于高位消防水箱最低水位以下，并应设置防止消防用水进入高位消防水箱的止回阀。

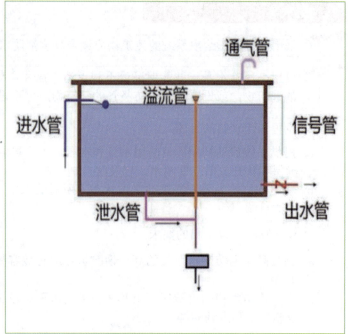

4. 消防增（稳）压设备

（1）消防稳压泵

① 消防稳压泵的工作原理：

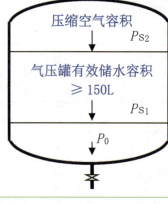

P_0 为气压水罐充气的压力
P_{s1} 为起稳压泵的压力
P_{s2} 为停稳压泵的压力

稳压泵常与小型气压罐配合使用，当气压罐内压力达到设定的压力值 P_{s2}（稳压上限）时，稳压泵停止工作。若管网存在渗漏或由于其他原因导致管网压力逐渐下降，当气压罐内压力降到设定压力值 P_{s1}（稳压下限）时，稳压泵再次启动。如此周而复始，从而使气压罐内压力始终保持在 $P_{s1} \sim P_{s2}$ 之间。

② 消防稳压泵流量的确定：
消防给水系统消防稳压泵的设计流量不应小于消防给水系统管网的正常泄漏量和系统自动启动流量。当没有管网泄漏量数据时，稳压泵的设计流量宜按消防给水设计流量的 1%～3%计，且不宜小于 1L/s。消防给水系统所采用报警阀压力开关等自动启动流量应根据产品确定。

③ 消防稳压泵设计压力的确定：
　ⓐ 稳压泵的设计压力应满足系统自动启动和管网充满水的要求。
　ⓑ 稳压泵的设计压力应保持系统自动启泵压力设置点处的压力在准工作状态时大于系统设置自动启泵压力，且增加值宜为 0.07～0.10MPa。
　ⓒ 稳压泵的设计压力应保持系统最不利点处水灭火设施在准工作状态时的静水压力应大于 0.15MPa。

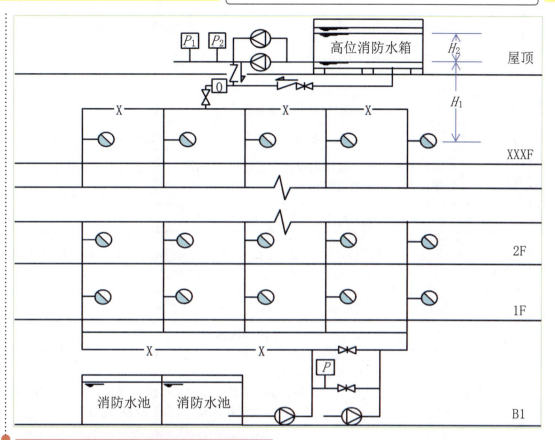

(2) 消防气压罐

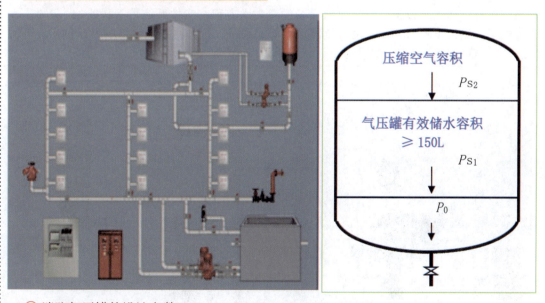

........① 消防气压罐的设计参数：
　　当采用气压水罐时，其调节容积应根据稳压泵启泵次数不大于 15 次／h 计算确定，但有效容积不宜小于 150L。

........② 消防气压罐的工作压力：
　　气压罐的最小设计工作压力应满足系统最不利点灭火设备所需的水压要求。

消防稳压泵设计参数	流量	不应小于消防给水系统管网的正常泄漏量和系统自动启动流量
		没有管网泄漏量数据时，宜按消防给水设计流量的1%～3%计，且不宜小于1L/s
	压力	应满足系统自动启动和管网充满水的要求
		应保持系统最不利点处水灭火设施在准工作状态时的静水压力大于0.15MPa
		应保持系统自动启泵压力设置点处的压力在准工作状态时大于系统设置自动启泵压力，且增加值宜为0.07～0.10MPa
	稳压泵的供电要求同消防泵的供电要求，应设置备用泵	

气压罐设计参数	容积	防止稳压泵频繁启动，调节容积应根据稳压泵启泵次数不大于15次/h计算确定，但有效容积不宜小于150L
	工作压力	应满足系统最不利点灭火设备所需的水压要求

③ 室内采用临时高压消防给水系统时，高位消防水箱的设置应符合下列规定：
ⓐ 高层民用建筑、总建筑面积大于10000㎡且层数超过2层的公共建筑和其他重要建筑，必须设置高位消防水箱。【2015 单】
ⓑ 其他建筑应设置高位消防水箱，但当设置高位消防水箱确有困难，且采用安全可靠的消防给水形式时，可不设高位消防水箱，但应设置稳压泵。

【温馨提示】
采用临时高压消防给水系统的自动喷水灭火系统，当按规定可不设置高位消防水箱时，系统应设气压供水设备。气压供水设备的有效水容积，应按系统最不利处 4 只喷头在最低工作压力下的 5 min 用水量确定。干式系统、预作用系统设置的气压供水设备，应同时满足配水管道的充水要求。

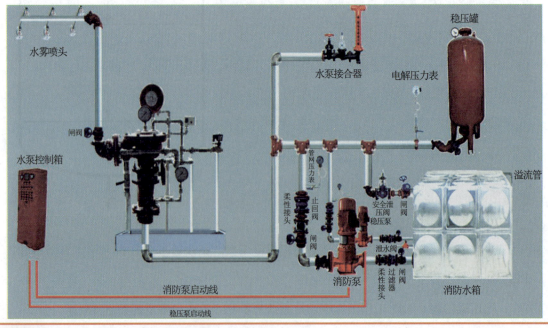

5. 消防水泵

消防给水系统中使用的水泵多为离心泵，因为其具有适应范围广、型号多、供水连续、可随意调节流量等优点。包括消火栓泵、喷淋泵等。

  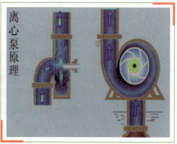

（1）设置要求

消防水泵是指在消防给水系统中用于保证系统给水压力和水量的给水泵。消防转输泵是指在串联消防给水系统和重力消防给水系统中，用于提升水源至中间水箱和消防高位水池的给水泵。

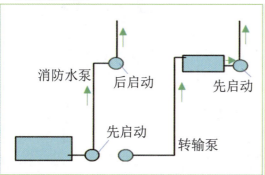 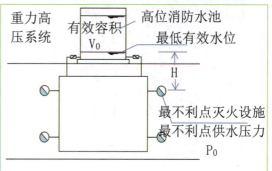

设置消防水泵和消防转输泵时均应设置备用泵。备用泵的工作能力应与工作泵的工作能力一致。
自动喷水灭火系统可按"用一备一"或"用二备一"的比例设置备用泵。
下列情况下可不设备用泵：
①建筑高度小于54m的住宅和室外消防给水设计流量≤25L/s的建筑；
②室内消防给水设计流量≤10L/s的建筑。

（2）消防泵的选用

① 消防水泵的流量、扬程的有关要求【2015、2016 单】：

消防水泵的性能要求	a. 应满足消防给水系统所需流量和压力的要求
	b. 消防水泵所配驱动器的功率应满足所选水泵流量扬程性能曲线上任何一点运行所需功率的要求
	c. 电动机应干式安装
	d. 流量扬程性能曲线应为无驼峰、无拐点的光滑曲线，零流量时的压力介于设计工作压力的120%～140%
	e. 150%设计流量时，压力不应低于设计工作压力的65%
	f. 泵轴的密封方式和材料应满足消防水泵在低流量时运转的要求
	g. 消防给水同一泵组的消防水泵型号宜一致，且工作泵不宜超过3台
	h. 多台消防水泵并联时，应校核流量叠加对消防水泵出口压力的影响

② 消防水泵的主要材质应符合下列规定：
   a. 水泵外壳宜为球墨铸铁。
   b. 叶轮宜为青铜或不锈钢。

③ 柴油机消防水泵应符合下列规定：
   a. 柴油机消防水泵应采用压缩式点火型柴油机。
   b. 柴油机的额定功率应校核海拔和环境温度对柴油机功率的影响。
   c. 柴油机消防水泵应具备连续工作性能，试验运行时间不应小于 24h。
   d. 柴油机消防水泵的蓄电池应保证消防水泵随时自动启泵的要求。

④ 轴流深井泵的安装应符合下列规定：

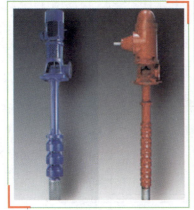
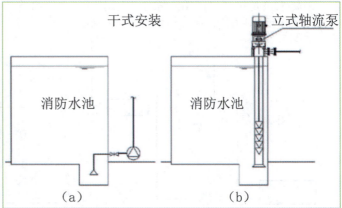

a. 轴流深井泵安装于水井时，其淹没深度应满足其可靠运行的要求，在水泵出流量为 150% 设计流量时，其最低淹没深度应是第一个水泵叶轮底部水位线以上不少于 3.2m，且海拔每增加 300m，深井泵的最低淹没深度应至少增加 0.3m。

b. 轴流深井泵的出水管与消防给水管网连接应符合：一组消防水泵应设置不少于两条的输水干管与消防给水环状管网连接，当其中一条输水管检修时，其余输水管应仍能供应全部消防给水设计流量。

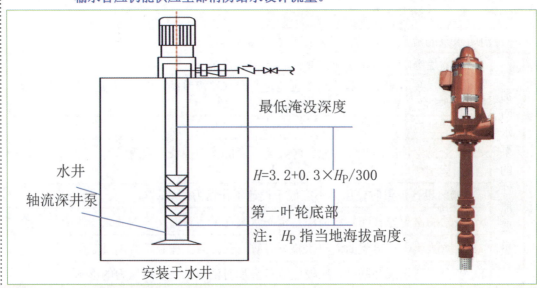

$H = 3.2 + 0.3 \times H_P / 300$

注：H_P 指当地海拔高度。

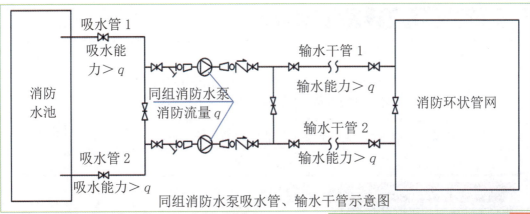

同组消防水泵吸水管、输水干管示意图

(3) 消防泵的串联和并联

① 消防泵的串联在流量不变时可增加扬程。故当单台消防泵的扬程不能满足最不利点喷头的水压要求时，系统可采用串联消防给水系统。消防泵的串联宜采用相同型号、相同规格的消防泵。在控制上，应先开启前面的消防泵，后开启后面（按水流方向）的消防泵。

② 消防泵并联的作用主要在于增大流量，但在流量叠加时，系统的流量会有所下降，选泵时应考虑这种因素。也就是说，并联工作的总流量增加了，但单台消防泵的流量却有所下降，故应适当加大单台消防泵的流量。并联时也宜选用相同型号和规格的消防泵，以使消防泵的出水压力相等、工作状态稳定。

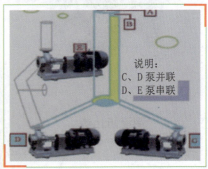

说明：
C、D泵并联
D、E泵串联

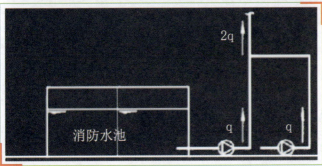

多台水泵协同工作

方式		作用	特点	要求
并联		扬程不变，增大系统流量	单台消防泵的流量有所下降，故应适当加大单台消防泵的流量	宜选用相同型号和规格的消防泵
串联	直接	流量不变，增加扬程	从低区到高区依次启动	
	转输水箱		先启动高区	

（4）消防水泵的吸水

① 消防水泵应采取自灌式吸水。

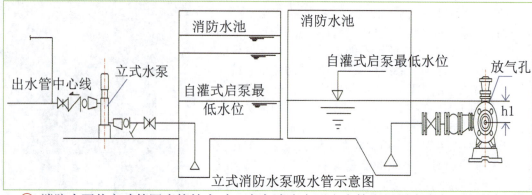

立式消防水泵吸水管示意图

② 消防水泵从市政管网直接抽水时，应在消防水泵出水管上设置有空气隔断的倒流防止器。

③ 当吸水口处无吸水井时，吸水口处应设置旋流防止器。

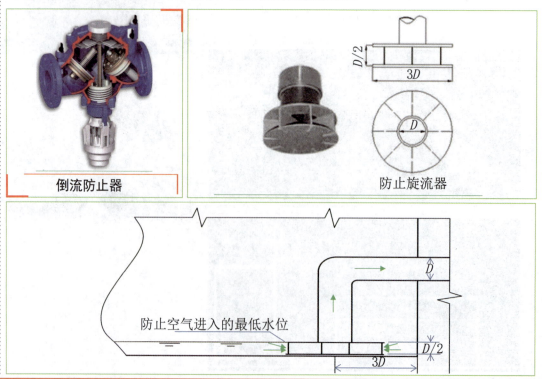

倒流防止器　　防止旋流器

（5）消防水泵管路的布置要求

消防水泵吸水管的布置要求如下：

① 一组消防水泵，吸水管不应少于两条，当其中一条损坏或检修时，其余吸水管应仍能通过全部消防给水设计流量。

② 消防水泵吸水管布置应避免形成气囊。变径连接时，应采用偏心异径管件并应采用管顶平接。

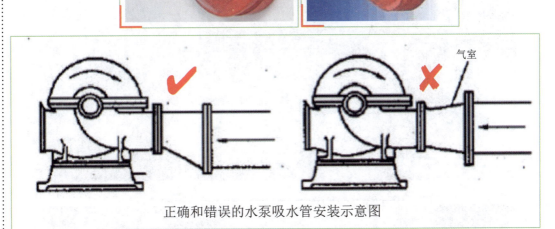

正确和错误的水泵吸水管安装示意图

③ 消防水泵吸水口的淹没深度应满足消防水泵在最低水位运行安全的要求，吸水管喇叭口在消防水池最低有效水位下的淹没深度应根据吸水管喇叭口的水流速度和水力条件确定，但不应小于600mm，当采用旋流防止器时，淹没深度不应小于200mm。【2018单】

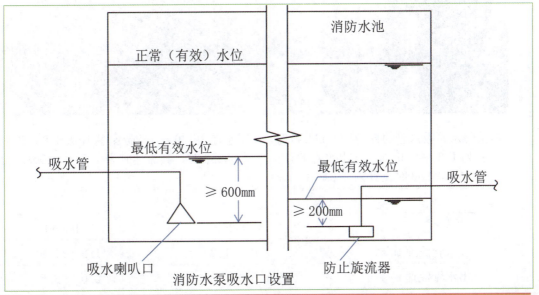

消防水泵吸水口设置

④ 消防水泵的吸水管上应设置明杆闸阀或带自锁装置的蝶阀，但当设置暗杆阀门时应设有开启刻度和标志；当管径超过 DN300 时，宜设置电动阀门。（出水管上还应有止回阀）

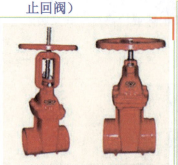
RRGX 明杆阀（Z81X）

RVGX 暗杆阀（Z85X）

⑤ 消防水泵吸水管的直径小于 DN250 时，其流速宜为 1.0～1.2m/s；直径大于 DN250 时，宜为 1.2～1.6m/s。（出水管的直径小于 DN250 时，其流速宜为 1.5～2.0m/s；直径大于 DN250 时，宜为 2.0～2.5m/s。）

	管径	
	＜DN250	＞DN250
吸水管流速 m/s	1.0～1.2	1.2～1.6
出水管流速 m/s	1.5～2.0	2.0～2.5

⑥ 消防水泵吸水管可设置管道过滤器，管道过滤器的过水面积应大于管道过水面积的4倍，且孔径不宜小于3mm。

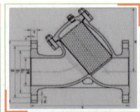

（6）消防水泵的启动装置及动力装置

① 消防水泵的启动装置：

ⓐ 消防水泵应能手动启停和自动启动，且应确保从接到启泵信号到水泵正常运转的自动启动时间不应大于2min。消防水泵不应设置自动停泵的控制功能，停泵应由具有管理权限的工作人员根据火灾扑救情况确定。【2017多】

ⓑ 消防水泵应由消防水泵出水干管上设置的压力开关、高位消防水箱出水管上的流量开关，或报警阀压力开关等开关信号直接自动启动。消防水泵房内的压力开关宜引入消防水泵控制柜内。

ⓒ 消火栓按钮不宜作为直接启动消防泵的开关，但可作为发出报警信号的开关或启动干式消火栓系统的快速启闭装置等。

ⓓ 稳压泵应由消防给水管网或气压水罐上设置的稳压泵自动启停泵压力开关或压力变送器控制。

② 消防水泵控制柜应设置在消防水泵房或专用消防水泵控制室内，并应符合下列要求：
  ⓐ 消防水泵控制柜在平时应使消防水泵处于自动启泵状态。
  ⓑ 当自动水灭火系统为开式系统，且设置自动启动确有困难时，经论证后消防水泵可设置在手动启动状态，并应确保24h有人工值班。

 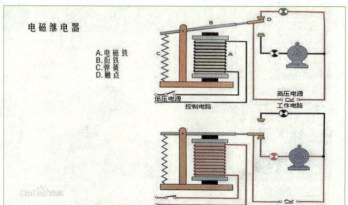

  ⓒ 消防水泵控制柜设置在专用消防水泵控制室时，其防护等级不应低于IP30（防尘）；与消防水泵设置在同一空间时，其防护等级不应低于IP55（防尘防射水）。
  ⓓ 消防水泵控制柜应采取防止被水淹没的措施。在高温潮湿环境下，消防水泵控制柜内应设置自动防潮除湿的装置。
  ⓔ 消防水泵控制柜应设置机械应急启泵功能，并应保证在控制柜内的控制线路发生故障时由具有管理权限的人员在紧急时启动消防水泵。机械应急启动时，应确保消防水泵在报警后5.0min内正常工作。

 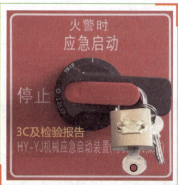 

  ⓕ 消防水泵控制柜前面板的明显部位应设置紧急时打开柜门的装置。
  ⓖ 消防水泵控制柜应有显示消防水泵工作状态和故障状态的输出端子及远程控制消防水泵启动的输入端子。控制柜应具有自动巡检可调、显示巡检状态和信号等功能，且对话界面应有汉语语言，图标应便于识别和操作。
③ 消防水泵的动力装置：
  ⓐ 消防转输泵的供电应符合消防泵的供电要求。消防泵、消防稳压泵及消防转输泵应有不间断的动力供应，也可采用内燃机作为动力装置。
  ⓑ 消防水泵的双电源自动切换时间不应大于2s，一路电源与内燃机动力的切换时间不应大于15s。

（7）通信报警设备

消防水泵房应设有直通本单位消防控制中心或消防队的联络通信设备，以便在发生火灾后及时与消防控制中心或消防队取得联络。

第三篇 建筑消防设施

习题 1 下列设备和设施中,属于临时高压消防给水系统构成必需的设备设施是( )。
A. 消防稳压泵　　　　　　　B. 消防水泵
C. 消防水池　　　　　　　　D. 市政管网
【答案】B

习题 2 某多层科研楼设有室内消防给水系统,其高位消防水箱进水管管径为 DN100。该高位消防水箱溢流管的下列设置方案中,正确的有( )。
A. 溢流水管经排水沟与建筑排水管网连接
B. 溢流水管上安装用于检修的闸阀
C. 溢流管采用 DN150 的钢管
D. 溢流管的喇叭口直径为 250mm
E. 溢流水位低于进水管口的最低点 100mm
【答案】AE

习题 3 下列建筑中,室内采用临时高压消防给水系统时,必须设置高位消防水箱的建筑是( )。
A. 建筑面积为 5000m² 的单层丙类厂房
B. 建筑面积为 40000m² 的 4 层丁类厂房
C. 建筑面积为 5000m² 的 2 层办公楼
D. 建筑面积为 30000m² 的 3 层商业中心
【答案】D

习题 4 某建筑采用临时高压消防给水系统,经计算消防水泵设计扬程为 0.90MPa。选择消防水泵时,消防水泵零流量时的压力应在( )MPa 之间。
A. 0.90～1.08　　　　　　　B. 1.26～1.35
C. 1.26～1.44　　　　　　　D. 1.08～1.26
【答案】D

习题 5 下列关于消防水泵选用的说法中,正确的有( )。
A. 柴油机消防水泵应采用火花塞点火型柴油机
B. 消防水泵流量-扬程性能曲线应平滑,无拐点,无驼峰
C. 消防给水同一泵组的消防水泵型号应一致,且工作泵不宜超过 5 台
D. 消防水泵泵轴的密封方式和材料应满足消防水泵在最低流量时运转的要求
E. 电动机驱动的消防水泵,应选择电动机干式安装的消防水泵
【答案】BDE

习题 6 关于消防水泵控制的说法,正确的有( )。
A. 消防水泵出水干管上设置的压力开关应能控制消防水泵的启动
B. 消防水泵出水干管上设置的压力开关应能控制消防水泵的停止
C. 消防控制室应能控制消防水泵启动
D. 消防水泵控制柜应能控制消防水泵启动、停止
E. 手动火灾报警按钮信号应能直接启动消防水泵
【答案】ACD

习题 7 某多层科研楼设有室内消防给水系统,消防水泵采用两台离心式消防水泵,一用一备,该组消防水泵管路的下列设计方案中,正确的是( )。
A. 2 台消防水泵的 2 条 DN150 的吸水管通过 1 条 DN200 钢管接入消防水池
B. 2 台消防水泵的 2 条 DN150 的吸水管均采用同心异径管件与水泵相连
C. 消防水泵吸水口处设置吸水井,喇叭口在消防水池最低有效水位下的淹没深度为 650mm
D. 消防水泵吸水口处设置旋流防止器,其在消防水池最低有效水位下的淹没深度为 150mm
【答案】C

6. 消防水池

(1) 设置消防水池的条件

符合下述条件之一时，应设置消防水池：
① 在市政给水管道、进水管道或天然水源不能满足消防用水量时；
② 市政给水管道为枝状或只有一条进水管的情况下，且室外消火栓设计流量大于20L/s或建筑高度大于50m时。

(2) 设置要求

① 当市政给水管网能保证室外消防给水设计流量时，消防水池的有效容量应满足在火灾延续时间内建（构）筑物室内消防用水量的要求。
② 当市政给水管网不能保证室外消防给水设计流量时，消防水池的有效容量应满足在火灾延续时间内建（构）筑物室内消防用水量和室外消防用水不足部分之和的要求。
③ 消防水池进水管应根据其有效容积和补水时间确定，补水时间不宜大于48h，但当消防水池有效总容积大于2000m³时，不应大于96h，消防水池进水管管径应经计算确定，且不应小于DN100。
④ 消防水池的总蓄水有效容积大于500m³时，宜设两格能独立使用的消防水池；当大于1000m³时，应设置能独立使用的两座消防水池。每格（或座）消防水池应设置独立的出水管，并应设置满足最低有效水位的连通管，且其管径应能满足消防给水设计流量的要求。

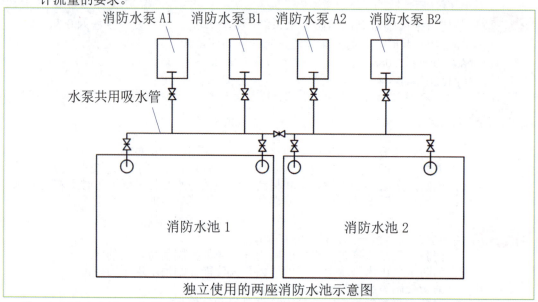

独立使用的两座消防水池示意图

⑤ 对于消防水池，当消防用水与其他用水合用时，应有保证消防用水不作他用的技术措施。

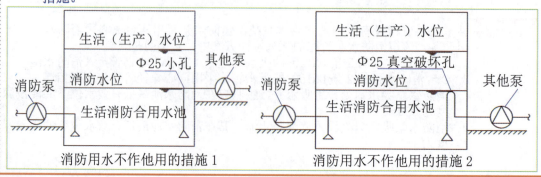

消防用水不作他用的措施1　　消防用水不作他用的措施2

⑥ 消防水池应设置就地水位显示装置,并应在消防控制中心或值班室等地点设置显示消防水池水位的装置,同时应有最高和最低水位报警水位。

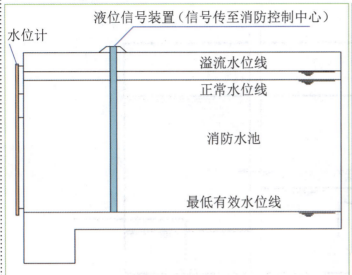

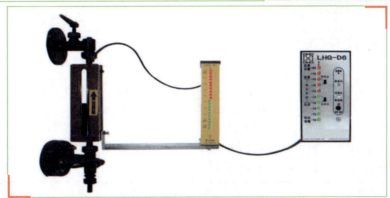

⑦ 消防水池的出水管应保证消防水池的有效容积能被全部利用,应设置溢流水管和排水设施,并应采用间接排水。

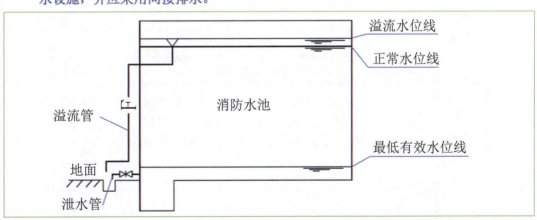

⑧ 储存有室外消防用水的供消防车取水的消防水池,应设供消防车取水的取水口或取水井,吸水高度不应>6m;取水口或取水井与被保护建筑物(水泵房除外)的外墙距离不宜<15m,与甲、乙、丙类液体储罐的距离不宜<40m,与液化石油气储罐的距离不宜<60m,当采取防止辐射热的保护措施时可减小为40m。

(3) 容积计算

水池的容积分为有效容积（储水容积）和无效容积（附加容积），其总容积为有效容积与无效容积之和。

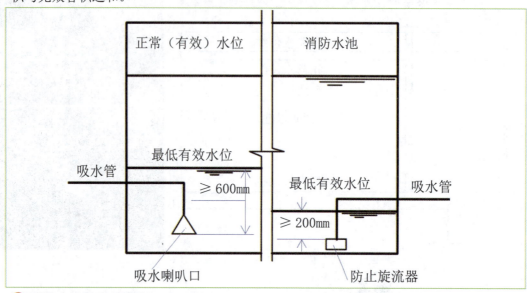

① 消防水池的有效容积：

$$V_a = (Q_p - Q_b) t$$

式中：V_a —— 消防水池的有效容积（m³）；

Q_p —— 消火栓、自动喷水灭火系统的设计流量（m³/h）；

Q_b —— 在火灾延续时间内可连续补充的流量（m³/h）；

t —— 火灾延续时间（h）。

火灾延续时间，是指灭火设施达到设计流量的供水时间。不同场所消火栓系统和固定冷却水系统的火灾延续时间不应小于下表规定。

建筑		场所与火灾危险性	火灾延续时间（h）
建筑物	工业建筑		
		仓库	甲、乙、丙类仓库	3.0
			丁、戊类仓库	2.0
		厂房	甲、乙、丙类厂房	3.0
			丁、戊类厂房	2.0
	民用建筑	公共建筑	高层建筑中的商业楼、展览楼、综合楼，建筑高度＞50m的财贸金融楼、图书馆、书库、重要档案楼、科研楼和高级宾馆等	3.0
			其他公共建筑	2.0
			住宅	
	人防工程		建筑面积＜3000 m²	1.0
			建筑面积≥3000 m²	2.0
	地下建筑、地铁车站			

建筑内用于防火分隔的防火分隔水幕和防护冷却水幕的火灾延续时间,不应小于防火分隔水幕或防护冷却火幕设置部位墙体的耐火极限。

当建筑群共用消防水池时,消防水池的容积应按消防用水量最大的一幢建筑物的用水量计算确定。

② 消防水池的补水。**当消防水池采用两路消防供水且在火灾情况下连续补水能满足消防要求时,消防水池的有效容积应根据计算确定,但不应小于 100m³,当仅有消火栓系统时不应小于 50m³。**

③ 高位消防水池的有效容积:

 a. 当高层民用建筑采用高位消防水池供水的高压消防给水系统时,高位消防水池储存室内消防给水用水量确有困难,但火灾时补水可靠,其总有效容积不应小于室内消防用水量的 50%。

 b. 高层民用建筑高压消防给水系统的高位消防水池总有效容积大于 200m³ 时,宜设置蓄水有效容积相等且可独立使用的两格;但当建筑高度大于 100m 时应设置独立的两座。每格或座应有一条独立的出水管向消防给水系统供水。

7. 消防供水管道

(1) 室外消防给水管道

① 室外消防给水管道的布置要求:

 a. 室外消防给水采用两路消防供水时,应布置成环状,但当采用一路消防供水时,可布置成枝状。

 b. 向环状管网输水的进水管不应少于两条,当其中一条发生故障时,其余的进水管应能满足消防用水总量的供给要求。

 c. 消防给水管道应采用阀门分成若干独立段,每段内室外消火栓的数量不宜超过 5 个。

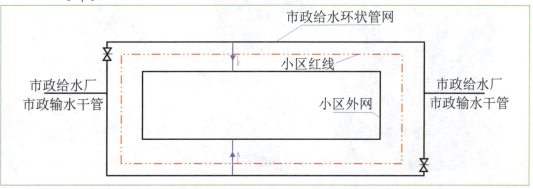

② 管材、阀门和敷设

 ⓐ **埋地管道**当系统工作压力 $P \leq 1.20$MPa 时,宜采用球墨铸铁管或钢丝网骨架塑料复合管给水管道;当 1.20MPa $< $ 系统工作压力 $P \leq 1.60$MPa 时,宜采用钢丝网骨架塑料复合管、加厚钢管和无缝钢管;当系统工作压力 $P > 1.60$MPa 时,宜采用无缝钢管。

ⓑ 架空管道当系统工作压力 $P ≤ 1.20$MPa 时，可采用热浸镀锌钢管；当系统工作压力 $P > 1.20$MPa 时，应采用热浸镀锌加厚钢管或热浸镀锌无缝钢管；当系统工作压力 $P > 1.60$MPa 时，应采用热浸镀锌无缝钢管。

ⓒ 消防给水系统管道的最高点处宜设置自动排气阀。

ⓓ 消防水泵出水管上的止回阀宜采用水锤消除止回阀，当消防水泵供水高度超过 24m 时，应采用水锤消除器。

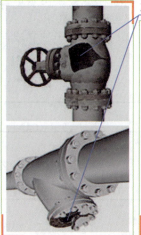

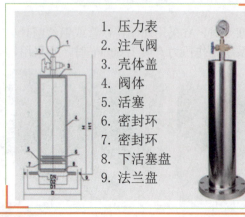
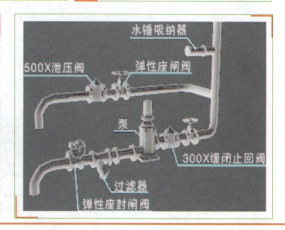

· e 当消防水泵出水管上设有囊式气压水罐时，可不设水锤消除设施。

(2) 室内消防给水管道

① 室内消火栓系统管网应布置成环状，当室外消火栓设计流量不大于20L/s，且室内消火栓不超过10个时，除规范另有规定外，可布置成枝状。
② 当由室外生产生活消防合用系统直接供水时，合用系统除应满足室外消防给水设计流量以及生产和生活最大（最小）时设计流量的要求外，还应满足室内消防给水系统的设计流量和压力要求。
③ 室内消防管道管径应根据系统设计流量、流速和压力要求经计算确定；室内消火栓竖管管径应根据竖管最低流量经计算确定，但不应小于DN100。
④ 室内消火栓环状给水管道检修时应符合下列规定：
  ⓐ 室内消火栓竖管应保证检修管道时关闭停用的竖管不超过1根，当竖管超过4根时，可关闭不相邻的2根。
  ⓑ 每根竖管与供水横干管相接处应设置阀门。

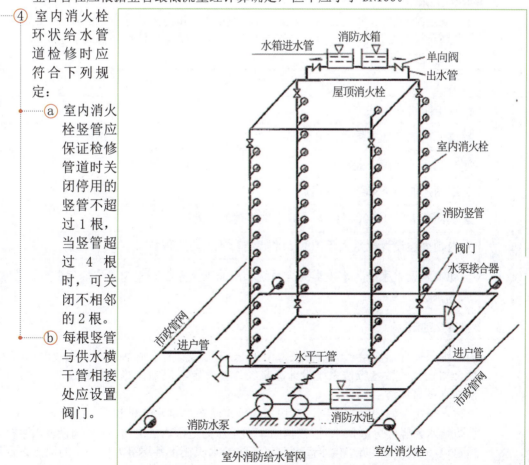

⑤ 室内消火栓给水管网宜与自动喷水等其他水灭火系统的管网分开设置；当合用消防泵时，供水管路沿水流方向应在报警阀前分开设置。

⑥ 消防给水管道的设计流速不宜大于 2.5m/s，自动水火火系统管道设计流速应符合现行国家标准的有关规定，但任何消防管道的给水流速不应大于 7m/s。

8. 消防水泵接合器

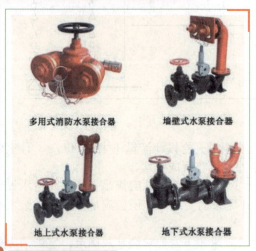
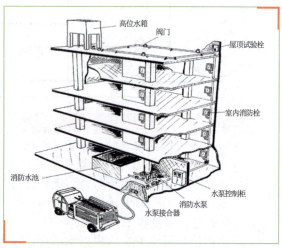

（1）设置要求【2017 单】

① 下列场所应设置水泵接合器（注意：水泵接合器和消火栓不同，前者是通过消防车给水系统进行加压供水，但不能直接用于灭火，而消火栓可以直接接上水带、水枪或消防车进行灭火）

水泵接合器设置场所	高层（民用、工业）建筑
	设有消防给水的住宅
	超过五层的其他多层民用建筑
	超过四层的多层工业建筑
	超过两层的地下或半地下建筑（室）
	建筑面积大于 10000m² 的地下或半地下建筑（室）
	室内消火栓设计流量大于 10L/s 平战结合的人防工程
	自动喷水灭火系统、水喷雾灭火系统、泡沫灭火系统和固定消防炮灭火系统等水灭火系统
	城市交通隧道

② 消防水泵接合器的给水流量宜按每个 10～15L/s 计算。每种水灭火系统的消防水泵接合器设置的数量应按系统设计流量经计算确定，但当计算数量超过 3 个时，可根据供水可靠性适当减少。

③ 消防水泵接合器的供水范围，应根据当地消防车的供水流量和压力确定。

④ 消防给水为竖向分区供水时，在消防车供水压力范围内的分区，应分别设置水泵接合器；当建筑高度超过消防车供水高度时，消防给水应在设备层等方便操作的地点设置手抬泵或移动泵接力供水的吸水和加压接口。

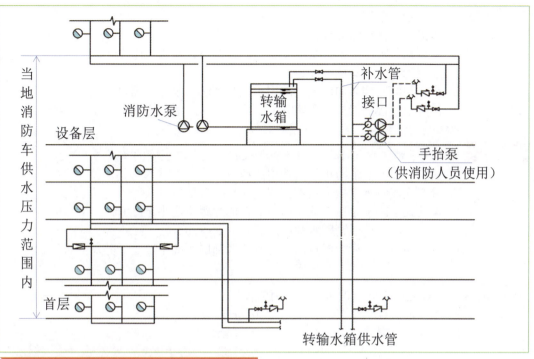

(2) 组成

水泵接合器是由阀门、安全阀、止回阀、栓口放水阀以及连接弯管等组成的。

水泵接合器组件的排列次序应合理，按水泵接合器给水的方向，依次是止回阀、安全阀和阀门。

(3) 消防水泵接合器的安装要求【2015 单，2016 多】

情形	位置要求
组装式水泵接合器的安装	应按接口、本体、连接管、止回阀、安全阀、放空管、控制阀的顺序进行
一般	安装在便于消防车接近的位置，距室外消火栓或消防水池的距离宜为 15～40m
墙壁式	距地面宜为 0.7m，与墙面上的门、窗、孔、洞的净距离不应小于 2.0m，且不应安装在玻璃幕墙下方
地下	进水口与井盖底面的距离不大于 0.4m，且不应小于井盖的半径

习题 1 下列有关消防水泵接合器安装的说法中，错误的是（　　）。
A. 墙壁水泵接合器高度距地面宜为 1.1m
B. 组装式消防水泵接合器的安装，应按接口、本体、连接管、止回阀、安全阀、放空管、控制阀的顺序进行
C. 止回阀的安装方向应使消防用水能从消防水泵接合器进入系统
D. 消防水泵接合器接口距室外消火栓或消防水池的距离宜为 15～40m

【答案】A

习题 2 下列关于消防水泵接合器的安装要求的说法中，正确的有（　　）。
A. 应安装在便于消防车接近使用的地点
B. 墙壁式消防水泵接合器不应安装在玻璃幕墙下方
C. 墙壁式消防水泵接合器与门窗洞口的净距不应小于 2.0m
D. 距室外消火栓或消防水池的距离宜为 5～40m
E. 地下消防水泵接合器进水口与井盖底部的距离不应小于井盖的直径

【答案】ABC

习题 3 下列实施中不属于消防车取水用的设施是（　　）。
A. 市政消火栓　　　　　　B. 消防水池取水口
C. 水泵接合器　　　　　　D. 消防水鹤

【答案】C

习题 4 关于火灾延续时间的说法中错误的是（　　）。
A. 甲、乙、丙类厂房及仓库消火栓系统火灾延续时间为 3h
B. 住宅、人防、地下建筑消火栓系统火灾延续时间为 2h
C. 一类高层公共建筑的财贸金融楼、图书馆、书库和高级宾馆消火栓系统火灾延续时间为 3h
D. 大于 27m 且不大于 50m 的商业楼、综合楼、展览楼消火栓系统火灾延续时间为 3h

【答案】B

习题 5 下列按照水泵接合器给水的方向正确的是（　　）。
A. 止回阀、闸阀、安全阀　　　　B. 安全阀、闸阀、止回阀
C. 闸阀、止回阀、安全阀　　　　D. 止回阀、安全阀、阀门

【答案】D

习题 6 屋顶消防水箱进水管径设计为 DN40，则下列溢流管直径设计，符合规范要求的是（　　）。
A. DN70　　　　　　　　　B. DN80
C. DN90　　　　　　　　　D. DN110

【答案】D

习题 7 下列关于室外消防给水管道的布置，说法正确的是（　　）。
A. 室外消防给水管网应布置成枝状
B. 环形管道应采用阀门分成若干独立段，每段内室外消火栓数量不宜超过 5 个
C. 室外消防给水管道的直径不应小于 DN100
D. 向环状管网输水的进水管不应少于 3 条
E. 当室外消防用水采用一路供水时，可布置成枝状

【答案】BCE

第二节 系统组件（设备）安装前检查

1. 消防水源的检查

①消防给水系统的水源应无污染、无腐蚀、无悬浮物，水的 pH 值应为 6.0～9.0。

具体可用作消防水源

其他水源

②井水（天然水源）作为消防水源，直接向水灭火系统供水时，水井不应少于**两眼**，且当每眼井的深井泵均采用**一级供电负荷**时，才可视为**两路**消防供水；若不满足，则视为一路消防供水。

2. 管材管件的检查

（1）给水管材

目前消防给水管一般有**球墨铸铁管**、**涂塑钢管**、**镀锌管**等材料产品。

（2）管网支、吊架及防晃支架

①管道支、吊架材料除设计文件另有规定外，一般采用 **Q235** 普通碳素钢型材制作；
②管道支、吊架上面的孔洞**采用电钻加工，不得用氧乙炔割孔**；
③管道支、吊架成品后作**防腐处理**，防腐涂层完整、厚度均匀；当设计文件无规定时，除锈后涂防锈漆一道；
④管卡宜用**镀锌成型件**，当无成型件时可用圆钢或扁钢制作，其内圆弧部分应与管子外径相符。

（3）通用阀门的检查

① 阀门的选用，应当根据阀门的用途、介质的性质、最大工作压力、最高工作温度，以及介质的流量或管道的公称通径来选择。

② 对减压阀、泄压阀等重要阀门在现场要逐个进行强度试验和严密性试验。（100%做）

第三节　系统安装调试与检测验收

1. 消防水源

（1）消防水池、消防水箱的施工、安装

① 在施工安装时，消防水池及消防水箱的外壁与建筑本体结构墙面或其他池壁之间的净距，要满足施工、装配和检修的需要。

	水箱外壁距建筑本体面
无管道侧面	不宜小于 0.7m
有管道侧面	不宜小于 1.0m，通道宽度不宜小于 0.6m
设有人孔的池顶	不应小于 0.8m

② 消防水箱采用钢筋混凝土时，在消防水箱的内部应贴白瓷砖或喷涂瓷釉涂料。采用其他材料时，消防水箱宜设置支墩，支墩的高度不宜小于600mm，以便于管道、附件的安装和检修。

③ **钢筋混凝土**消防水池或消防水箱的**进水管、出水管**要加设**防水套管**。

④ 钢板等制作的消防水池和消防水箱的进出水等管道宜采用**法兰连接**，对有振动的管道应加设**柔性接头**。

（2）消防水池、消防水箱的检测验收

① **敞口水箱**装满水静置24h后观察，若不渗不漏，则敞口水箱的满水试验合格；
② **封闭水箱**在试验压力下保持10min，压力不降、不渗不漏则封闭水箱的水压试验合格。

2. 消防水泵

（1）消防水泵的安装调试

① 安装前要对水泵进行**手动盘车**，检查其灵活性。除小型管道泵可以将水泵直接安装在管道上而不做基础外，大多数水泵的安装需要设置**混凝土基础**。

② 水泵的减振措施。当有减振需求时，水泵应配有减振设施，将水泵安装在减振台座上。

③ 水泵的分体安装，应**先安装水泵再安装电动机。**

④ 水泵的整体安装。整体安装时：
ⓐ 首先，清除泵座底面上的油腻和污垢，将水泵吊装放置在水泵基础上；
ⓑ 其次，通过调整水泵底座与基础之间的垫铁厚度，使水泵底座找正找平；
ⓒ 再次，对水泵的轴线、进出水口中心线进行检查和调整；
ⓓ 最后，进行泵体固定，用水泥砂浆浇灌地脚螺栓孔，待水泥砂浆凝固后，找平泵座并拧紧地脚螺栓螺母。

⑤ 水泵吸水管水平段偏心大小头应采用**管顶平接**，避免产生气囊和漏气现象。

管顶平接　　水泵吸水管水平段偏心大小头装反

(2) 消防水泵控制柜的安装要求
① 控制柜基座的水平度误差**不大于±2mm**，并应做防腐处理及防水措施；
② 控制柜与基座采用**不小于Φ12mm**的螺栓固定，每只柜**不应少于4只螺栓；**
③ 做控制柜的上下进出线口时，不应破坏控制柜的防护等级。

(3) 消防水泵的检测验收要求　【2017 多】
① 消防水泵运转应平稳，应无不良噪声的振动。
② 吸水管、出水管上的**控制阀**应锁定在**常开**位置，并有明显标记。
③ **打开消防水泵出水管上试水阀，当采用主电源启动消防水泵时，消防水泵应启动正常；关掉主电源，主、备电源应能正常切换；消防水泵就地和远程启停功能应正常，** 并向消防控制室反馈状态信号。

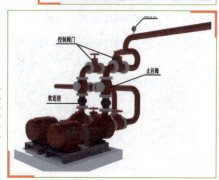

④ 在阀门出口用压力表检查消防水泵停泵时，水锤消除设施后的压力不应超过水泵出口设计额定压力的1.4倍。

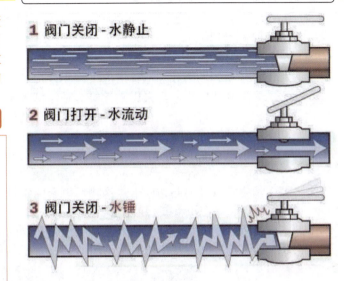

3. 稳压泵验收要求

①稳压泵的型号性能等符合设计要求。
②稳压泵的控制符合设计要求，并有防止稳压泵频繁启动的技术措施。
③稳压泵在1h内的启停次数符合设计要求，不大于15次/h。
④稳压泵供电应正常，自动手动启停应正常；关掉主电源，主、备电源能正常切换。
⑤稳压泵吸水管应设置明杆闸阀，稳压泵出水管应设置消声止回阀和明杆闸阀。

4. 给水管网

（1）管道连接方式

目前消防管道工程常用的连接方式有螺纹连接、焊接连接、法兰连接、承插连接、沟槽连接等形式。

① 螺纹连接：

　　a. 螺纹连接用于低压流体输送用焊接钢管及外径可以攻螺纹的无缝钢管的连接。
　　b. 在消防上，当管径小于等于DN50mm时，采用螺纹连接。

② 焊接连接。焊接连接是管道工程中最重要而应用最广泛的连接方式。

③ 管径大于 DN50 的管道不应使用螺纹活接头，在管道变径处应采用单体异径接头。

④ 使用沟槽连接件（卡箍）连接时符合下列规定：

ⓐ 有振动的场所和埋地管道应采用柔性接头，其他场所宜采用刚性接头，当采用刚性接头时，每隔 4～5 个刚性接头应设置一个挠性接头，埋地连接时螺栓和螺母应采用不锈钢件。

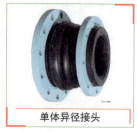

单体异径接头

ⓑ 沟槽式管件连接时，其管道连接沟槽和开孔应用专用滚槽机和开孔机加工，并应做防腐处理。

ⓒ 沟槽式管件的凸边应卡进沟槽后再紧固螺栓，两边应同时紧固，紧固时发现橡胶圈起皱应更换新橡胶圈。

ⓓ 机械三通连接时，要检查机械三通与孔洞的间隙，各部位应均匀，然后再紧固到位；机械三通开孔间距不应小于 1m，机械四通开孔间距不应小于 2m。

挠性接头

滚槽机

防腐三通

卡箍

ⓔ 配水干管（立管）与配水管（水平管）连接，应采用沟槽式管件，不应采用机械三通。

ⓕ 埋地的沟槽式管件的螺栓、螺帽应做防腐处理。水泵房内的埋地管道连接应采用挠性接头。

ⓖ 采用沟槽连接件连接管道变径和转弯时，宜采用沟槽式异径管件和弯头；当需要采用补芯时，三通上可用一个，四通上不应超过两个；公称直径大于 50mm 的管道不宜采用活接头。

沟槽式带内丝管件

补芯

活接头

（2）架空管道的安装

① 消防给水管穿过地下室外墙、构筑物墙壁以及屋面等有防水要求处时，要设防水套管。

② 消防给水管穿过建筑物承重墙或基础时，应预留洞口，洞口高度应保证管顶上部净空不小于建筑物的沉降量，不宜小于 0.1m，并应填充不透水的弹性材料。

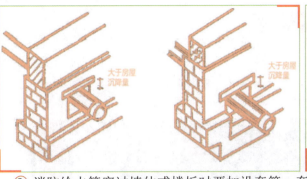 

消防给水管穿墙时填充不透水的弹性材料

③ 消防给水管穿过墙体或楼板时要加设套管，套管长度不应小于墙体厚度，或应高出楼面或地面 50mm；套管与管道的间隙应采用不燃材料填塞，管道的接口不应位于套管内。

 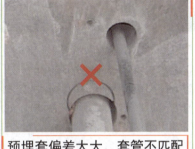

管道穿墙、穿楼板不设套管　　预埋套偏差太大，套管不匹配

④ 消防给水管必须穿过伸缩缝及沉降缝时，应采用波纹管和补偿器等技术措施。

伸缩缝

波纹管

⑤ 架空管道外刷红色油漆或涂红色环圈标志，并注明管道名称和水流方向标识。
红色环圈标志，宽度不应小于 20mm，间隔不宜大于 4m，在一个独立的单元内环圈不宜少于两处。

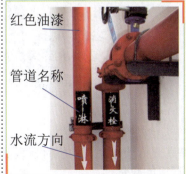 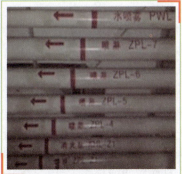 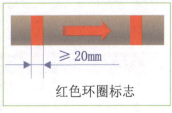

红色环圈标志

(3) 管网支吊架的安装
① 设计的 吊架 在管道的每一支撑点处应能承受 5倍 于充满水的管重。
② 管道 支架 的支撑点宜设在建筑物的结构上，其结构在管道悬吊点应能承受充满水管道重量另加至少 114kg 的阀门、法兰和接头等附加荷载。
③ 当管道穿梁安装时，穿梁处宜作一个吊架。

④ 下列部位应设置固定支架或防晃支架：
ⓐ 配水管宜在 中点 设一个防晃支架，当管径小于 DN50mm 时可不设。
ⓑ 配水干管及配水管，配水支管的长度超过 15m，每 15m 长度 内应至少设一个防晃支架，当管径不大于 DN40mm 时可不设。
ⓒ 管径大于 DN50mm 的管道拐弯、三通及四通位置处应设一个防晃支架。【2015多】
ⓓ 防晃支架的强度，应满足管道、配件及管内水的自重再加 50% 的水平方向推力时不损坏或不产生永久变形。当管道穿梁安装时，管道再用 紧固件 固定于混凝土结构上，可作为一个防晃支架处理。

ⓔ 架空管道每段管道设置的防晃支架不少于一个；当管道改变方向时，应增设防晃支架。立管在其始端和终端设防晃支架或采用管卡固定。

(4) 管网的试压和冲洗
① 管网安装完毕后，应对其进行强度试验、冲洗和严密性试验。
② 强度试验和严密性试验宜用 水 进行。
③ 系统试压完成后，要及时拆除所有临时盲板及试验用的管道，并与记录核对无误。
④ 管网冲洗在试压合格后分段进行。冲洗顺序先室外，后室内；先地下，后地上；室内部分的冲洗应按配水干管、配水管、配水支管的顺序进行。

(5) 系统试压前应具备的条件
① 埋地管道的位置及管道基础、支墩 等经复查应符合设计要求。
② 试压用的压力表不少于两只；精度不低于1.5级，量程为试验压力值的1.5～2倍。
③ 对不能参与试压的设备、仪表、阀门及附件要加以隔离或拆除；加设的临时盲板具有突出于法兰的边耳，且应做明显标志，并记录临时盲板的数量。

支墩

压力表

法兰盲板

④ 系统试压过程中，当出现泄漏时，要停止试压，并放空管网中的试验介质，消除缺陷后，重新再试。
⑤ 管网冲洗宜用水进行。冲洗前，应对系统的仪表采取保护措施。
⑥ 冲洗前，对管道防晃支架、支吊架等进行检查，必要时应采取加固措施。
⑦ 对不能经受冲洗的设备和冲洗后可能存留脏物、杂物的管段，应进行清理。
⑧ 冲洗管道直径大于 DN100mm 时，应对其死角和底部进行敲打，但不得损伤管道。
⑨ 水压试验和水冲洗宜采用生活用水进行，不得使用海水或含有腐蚀性化学物质的水。
⑩ 水压强度试验压力（钢管）。

管材类型	系统工作压力 $P_工$（MPa）	试验压力 $P_试$（MPa）
钢管	$P_工 \leq 1.0$	$P_试=1.5P_工$，且 ≥ 1.4
	$P_工 > 1.0$	$P_工+0.4$
球墨铸铁管	$P_工 \leq 0.5$	$2P_工$
	$P_工 > 0.5$	$P_工+0.5$
钢丝网骨架塑料管【2018 单】	$P_工$	$P_试=1.5P_工$，且 ≥ 0.8

⑪ 水压强度试验的测试点应设在系统管网的最低点。对管网注水时，应将管网内的空气排净，并缓慢升压，达到试验压力后，稳压 30min 后，管网无泄漏、无变形，且压力降不大于 0.05MPa。
⑫ 水压严密性试验在水压强度试验和管网冲洗合格后进行。试验压力为系统工作压力，稳压 24h，应无泄漏。【2018 单】
⑬ 水压试验时环境温度不宜低于 5℃，当低于 5℃时，水压试验应采取防冻措施。
⑭ 消防给水系统的水源干管、进户管和室内埋地管道在回填前单独或与系统一起进行水压强度试验和水压严密性试验。

⑮ 气压严密性试验的介质宜采用空气或氮气，试验压力应为 0.28MPa，且稳压 24h，压力降不大于 0.01MPa。

⑯ 管网冲洗的水流流速、流量不应小于系统设计的水流流速、流量；管网冲洗宜分区、分段进行；水平管网冲洗时，其排水管位置低于配水支管。

⑰ 管网冲洗的水流方向要与灭火时管网的水流方向一致。

⑱ 管网冲洗应连续进行。当出口处水的颜色、透明度与入口处水的颜色、透明度基本一致时，冲洗方可结束。

⑲ 管网冲洗宜设临时专用排水管道，其排放应畅通和安全。排水管道的截面面积不小于被冲洗管道截面面积的 60%。

⑳ 管网的地上管道与地下管道连接前，应在配水干管底部加设堵头后，对地下管道进行冲洗。

㉑ 管网冲洗结束后，将管网内的水排除干净。

㉒ 干式消火栓系统管网冲洗结束，管网内水排除干净后，宜采用压缩空气吹干。

习题 1
对某民用建筑设置的消防水泵进行验收检查，根据现行国家标准《消防给水及消火栓系统技术规范》（GB 50974—2014），关于消防水泵验收要求的做法，正确的有（　　）。
A. 消防水泵应采用自灌式引水方式，并应保证全部有效储水被有效利用
B. 消防水泵就地和远程启泵功能应正常
C. 打开消防出水管上试水阀，当采用主电源启动消防水泵时，消防水泵应启动正常
D. 消防水泵启动控制应置于自动启动档
E. 消防水泵停泵时，水锤消除设施后的压力不应超过水泵出口设计工作压力的 1.6 倍

【答案】ABCD

习题 2
管径大于 DN50mm 的消防管道水平架空安装时，应按规定设置防晃支架。下列相关要求中，正确的有（　　）。
A. 应在管道拐弯位置处设置一个防晃支架
B. 应在管道三通位置处设置一个防晃支架
C. 应在管道的始端设置一个防晃支架
D. 应在管道的终端设置一个防晃支架
E. 应在管道四通位置处设置一个防晃支架

【答案】ABE

习题 3
某厂区室外消防给水管网管材采用钢丝网骨架塑料管，系统设计工作压力为 0.5MPa，管道水压强度试验的试验压力最小应为（　　）。
A. 0.6MPa　　　　　　　　B. 0.75MPa
C. 1.0MPa　　　　　　　　D. 0.8MPa

【答案】D

习题 4
某消防工程施工单位对设计工作压力为 0.8MPa 的消火栓系统管网进行严密性试验，严密性试验的下列做法中，正确的是（　　）。
A. 试验压力为 0.96MPa，稳压 12h　　B. 试验压力为 1.0MPa，稳压 10h
C. 试验压力为 0.8MPa，稳压 24h　　D. 试验压力为 1.2MPa，稳压 8h

【答案】C

第四节　系统维护管理

消防给水系统的维护管理是确保系统正常完好、有效使用的基本保障。维护管理人员经过消防专业培训后应熟悉消防给水系统的相关原理、性能和操作维护方法。【2016 单】

	部位	工作内容	周期
水源	市政给水管网	压力和流量	每季
	河湖等地表水源	枯水位、洪水位、枯水位流量或蓄水量	每年
	水井	常水位、最低水位、出流量	每年
	消防水池（箱）、高位消防水箱	水位【2015 单】	每月
	室外消防水池等	温度（温度低于 5℃要防冻）	冬季每天
供水设施	电源	接通状态，电压	每月
	消防水泵【2015、2016 单】	模拟自动启泵、自动巡检记录	每周
		手动启动试运行	每月
		流量和压力	每季
	稳压泵	启停泵压力、启停次数	每日
	柴油机消防水泵	启动电池	每日
		储油量	每周
	气压水罐	检测气压、水位、有效容积	每月

	部位	工作内容	周期
阀门	减压阀	放水	每月
		测试流量和压力	每年
	雨淋阀的附属电磁阀	每月检查开启	每月
	电动阀或电磁阀	供电、启闭性能检测	每月
	系统所有控制阀门	检查铅封、锁链完好状况	每月
	室外阀门井中控制阀门	检查开启状态	每季
	水源控制阀、报警阀组	外观检查	每天
	末端试水阀、报警阀的试水阀	放水试验、启动性能	每季
	倒流防止器	压差检测	每月

铅封

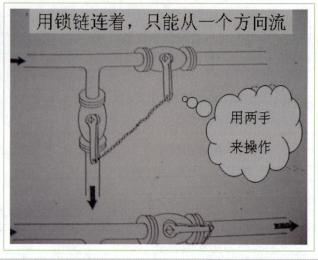
用锁链连着，只能从一个方向流
用两手来操作
锁链

习题 1 根据《消防给水及消火栓系统技术规范》（GB 50974—2014）的规定，对消防给水系统供水设施进行维护管理，每（ ）应手动启动消防水泵运转一次，并应检查供电电源的情况。
A. 月　　　　　　　　　　　　B. 年
C. 半年　　　　　　　　　　　D. 季度

【答案】A

习题 2 对高位消防水箱进行维护保养，应定期检查水箱水位，检查水位的周期至少应为每（ ）一次。
A. 日　　　　　　　　　　　　B. 月
C. 季　　　　　　　　　　　　D. 年

【答案】B

习题 3 某住宅小区采用临时高压消防给水系统，电动消防水泵供水，高位消防水箱稳压。运行维护管理时，根据现行国家消防技术标准，正确的做法是（ ）。
A. 每月手动启动消防泵运行，并检查供电情况
B. 每季度检查供电情况
C. 每年测试泵的流量和压力
D. 每周对稳压泵的停泵启泵压力进行检查

【答案】A

习题 4 在消防给水系统减压阀的维护管理中，应定期对减压阀进行检测，对减压阀组进行放水试验应（ ）。
A. 每季度一次　　　　　　　　B. 每半年一次
C. 每月一次　　　　　　　　　D. 每年一次

【答案】C

03 第三章 室内外消火栓系统

知识点框架图

室内外消火栓系统
- 室外消火栓系统【2015—2018 单】
- 室内消火栓系统【2015—2018 单】
- 设计参数
- 系统组件（设备）安装前检查【2015 单】
- 系统安装调试与检测验收【2015 单、多】
- 系统维护管理【2015、2017、2018 单】

复习建议
1. 重点章节（尤其第一、二节）；
2. 必考章节。

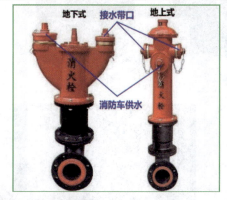
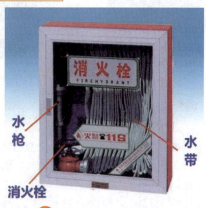

第一节 室外消火栓系统

1. 室外消火栓的设置范围

必须同时设计消防给水系统	应设室外消火栓	
在 城市 居住区 工厂 仓库等 规划和建筑设计中	在 民用建筑 厂房（仓库） 储罐（区） 堆场 周围	用于 消防救援 和 消防车 停靠的屋面上

城镇（包括居住区、商业区、开发区、工业区等）应沿可通行消防车的街道设置市政消火栓系统。

可不设置 室外消火栓系统 【2017 单】	(1) 耐火等级不低于二级，且建筑物体积≤ 3000m³ 的戊类厂房
	(2) 居住区人数≤ 500 人，且建筑物层数≤两层的居住区

2. 室外消火栓的设置要求

(1) 市政消火栓

① 市政消火栓宜采用地上式室外消火栓；
在严寒的冬季结冰地区宜采用干式地上式室外消火栓，寒冷地区宜增设消防水鹤。
当采用地下式室外消火栓，地下式室外消火栓应安装在消火栓井内。

地上

地下

水鹤

② 市政消火栓宜采用直径 DN150 的室外消火栓，并应符合下列要求：
　ⓐ 室外地上式消火栓应有一个直径为 150mm 或 100mm 和两个直径为 65mm 的栓口。
　ⓑ 室外地下式消火栓应有直径为 100mm 和 65mm 的栓口各一个。

③ 市政消火栓宜在道路的一侧设置，并宜靠近十字路口，但当市政道路宽度超过 60.0m 时，应在道路的两侧交叉错落设置市政消火栓，市政桥桥头和城市交通隧道出入口等市政公用设施处，应设置市政消火栓，其保护半径不应超过 150m，间距不应大于 120m。

④ 市政消火栓应布置在消防车易于接近的人行道和绿地等地点，且不应妨碍交通。应避免设置在机械易撞击的地点，确有困难时，应采取防撞措施。距路边不宜小于 0.5m，并不应大于 2.0m，距建筑外墙或外墙边缘不宜小于 5.0m。【2017 单】

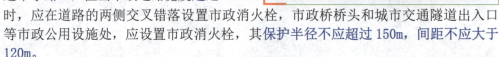
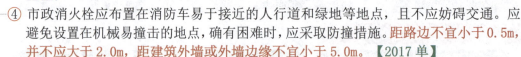
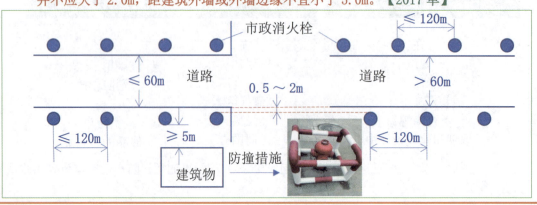

⑤ 当市政给水管网设有市政消火栓时,其平时运行工作压力不应小于0.14MPa,火灾时水力最不利市政消火栓的出流量不应小于15L/s,且供水压力从地面算起不应小于0.10MPa。室外消防给水引入管当设有倒流防止器且火灾时因其水头损失导致室外消火栓不能满足压力要求,应在该倒流防止器前设置一个室外消火栓。

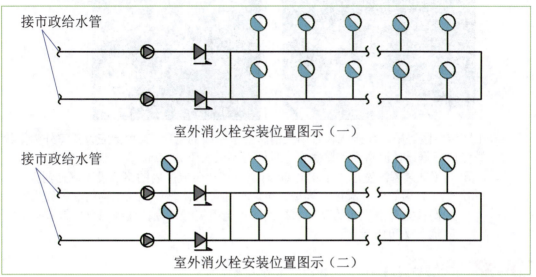

室外消火栓安装位置图示（一）

室外消火栓安装位置图示（二）

⑥ 严寒地区在城市主要干道上设置消防水鹤的布置间距宜为1000m,连接消防水鹤的市政给水管的管径不宜小于DN200,火灾时消防水鹤的出流量不宜低于30L/s,且供水压力从地面算起不应小于0.10MPa。

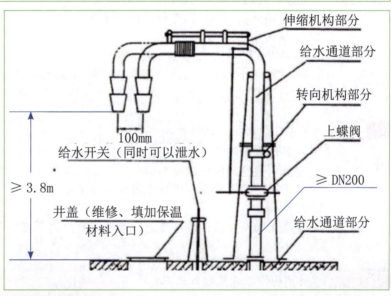

(2) 室外消火栓

① 建筑室外消火栓的布置除应符合本节的规定外,还应符合市政消火栓章节的有关规定。

② 建筑室外消火栓的数量应根据室外消火栓设计流量和<u>保护半径经计算确定,保护半径应≤150.0m,每个室外消火栓的出流量宜按10～15L/s计算,室外消火栓宜沿建筑周围均匀布置,且不宜集中布置在建筑一侧;建筑消防扑救面一侧的室外消火栓数量不宜少于2个。</u>【2015、2016、2018 单】

③ 人防工程、地下工程等建筑应在出入口附近设置室外消火栓,距出入口的距离<u>不宜小于5m,并不宜大于40m</u>;停车场的室外消火栓宜沿停车场周边设置,与最近一排汽车的距离<u>不宜小于7m</u>,距加油站或油库<u>不宜小于15m</u>。

④ 甲、乙、丙类液体储罐区和液化烃罐罐区等构筑物的室外消火栓,应设在防火堤或防护墙外,数量应根据每个罐的设计流量经计算确定,但距罐壁15m范围内的消火栓,不应计算在该罐可使用的数量内。

⑤ 工艺装置区等采用高压或临时高压消防给水系统的场所,其周围应设置室外消火栓,数量应根据设计流量经计算确定,且间距不应大于60.0m。
　　ⓐ 当工艺装置区宽度大于120.0m时,宜在该装置区内的路边设置室外消火栓。
　　ⓑ 当工艺装置区、罐区、堆场、可燃气体和液体码头等构筑物的面积较大或高度较高,室外消火栓的充实水柱无法完全覆盖时,宜在适当部位设置室外固定消防炮。【2016 单】

习题1 下列建筑或场所中,可不设置室外消火栓的是（　　）。
A. 用于消防救援和消防车停靠的屋面上
B. 高层民用建筑
C. 3层居住区,居住人数≤500
D. 耐火等级不低于二级,且建筑物体积≤3000m³的戊类厂房
【答案】D

习题2 下列关于室外消火栓设置的说法中,错误的是（　　）。
A. 室外消火栓应集中布置在建筑消防扑救面一侧,且不小于2个
B. 室外消火栓的保护半径不应大于150m
C. 地下民用建筑应在入口附近设置室外消火栓,且距离出入口不宜小于5m,不宜大于40m
D. 停车场的室外消火栓与最近一排汽车的距离不宜小于7m
【答案】A

习题3 室外消火栓距建筑物外墙不宜小于（　　）m。
A. 2.0　　　　　　　　　B. 3.0
C. 6.0　　　　　　　　　D. 5.0
【答案】D

习题4 根据现行国家标准《消防给水及消火栓系统技术规范》(GB 50974—2014),关于市政消火栓设置的说法,正确的是（　　）。
A. 市政消火栓最大保护半径应为120m
B. 当市政道路宽度不超过65m时,可在道路的一侧设置市政消火栓
C. 市政消火栓距路边不宜小于0.5m,不应大于5m
D. 室外地下消火栓应设置直径为100mm和65mm的栓口各一个
【答案】D

习题 5 下列关于储罐区和工艺装置区室外消火栓的说法中，错误的是（　　）。

A. 可燃液体储罐区的室外消火栓，应设置在防火提外，距离罐壁 15m 范围内的消火栓不应计入该罐可使用的消火栓数量

B. 采用临时高压消防给水系统的工艺装置区，室外消火栓的间距不应大于 60m

C. 采用高压消防给水系统且宽度大于 120m 的工艺装置区，宜在该工艺装置区内的路边设置室外消火栓

D. 液化烃储罐区的室外消火栓，应设置在防护墙外，距离罐壁 15m 范围内的消火栓可计入该罐可使用的消火栓数量

【答案】D

习题 6 某可燃物堆场，室外消火栓的设计流量为 55L/s，室外消火栓选用 DN150，其出流量为 15L/s。根据室外消火栓设计流量，该堆场的室外消火栓数量不应少于（　　）个。

A. 6　　　　　　　　　　　　B. 4
C. 5　　　　　　　　　　　　D. 3

【答案】B

习题 7 某 2 层商业建筑，呈矩形布置，建筑东西长为 80m，南北宽为 50m，该建筑室外消火栓设计流量为 30L/s，周围无可利用的市政消火栓。该建筑周边至少应设置（　　）室外消火栓。

A. 2 个　　　　　　　　　　　B. 3 个
C. 4 个　　　　　　　　　　　D. 5 个

【答案】B

习题 8 某商业建筑，东西长为 100m，南北宽为 60m，建筑高度为 26m，室外消火栓设计流量为 40L/s，南侧布置消防扑救面。沿该建筑南侧消防扑救面设置的室外消火栓数量，不应少于（　　）个。

A. 1　　　　　　　　　　　　B. 3
C. 4　　　　　　　　　　　　D. 2

【答案】D

第二节　室内消火栓系统

室内消火栓给水系统是建筑物应用最广泛的一种消防设施。

1. 系统组成

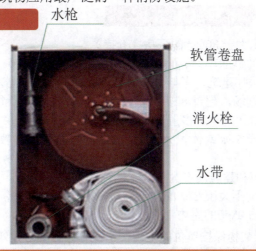

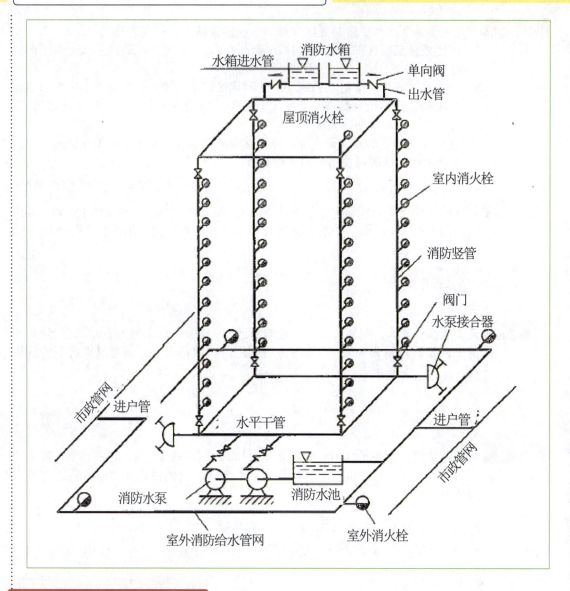

2. 系统设置场所

(1) 应设室内消火栓系统的建筑

① 建筑占地面积大于 300m² 的厂房（仓库）。
② 体积大于 5000m³ 的车站、码头、机场的候车（船、机）楼以及展览建筑、商店建筑、旅馆建筑、医疗建筑、老年人照料设施和图书馆建筑等单、多层建筑。
③ 特等、甲等剧场，超过 800 个座位的其他等级的剧场和电影院等，超过 1200 个座位的礼堂、体育馆等单、多层建筑。
④ 建筑高度大于 15m 或体积大于 10000m³ 的办公建筑、教学建筑和其他单、多层民用建筑。
⑤ 高层公共建筑和建筑高度大于 21m 的住宅建筑。
⑥ 对于建筑高度不大于 27m 的住宅建筑，当确有困难时，可只设置干式消防竖管和不带消火栓箱的 DN65 的室内消火栓。

【注】国家级文物保护单位的重点砖木或木结构的古建筑，宜设置室内消火栓系统。

(2) 可不设室内消火栓系统的建筑

可不设室内消火栓系统的建筑【2017 单】

①耐火等级为一、二级且可燃物较少的单、多层丁、戊类厂房（仓库）

②耐火等级为三、四级且建筑体积不大于 3000m³ 的丁类厂房

③耐火等级为三、四级且建筑体积不大于 5000m³ 的戊类厂房（仓库）

④粮食仓库、金库、远离城镇且无人值班的独立建筑

⑤存有与水接触能引起燃烧、爆炸的物品的建筑

⑥室内无生产、生活给水管道，室外消防用水取自储水池且建筑体积不大于 5000m³ 的其他建筑

(3) 其他需设置室内消防系统的建筑

人员密集的公共建筑、建筑高度大于 100m 的建筑和建筑面积大于 200m² 的商业服务网点内应设置消防软管卷盘或轻便消防水龙。高层住宅建筑的户内宜配置轻便消防水龙。

老年人照料设施内应设置与室内供水系统直接连接的消防**软管卷盘**，其设置间距不应大于 30m。

直径 250mm

3. 高层建筑室内消火栓给水系统及其给水方式

(1) 不分区消防给水方式

整栋大楼采用一个区供水，系统简单、设备少。当高层建筑最低消火栓栓口处的静水压力不大于 1.0MPa，且系统工作压力不大于 2.40MPa 时，可采用此种给水方式。

分区供水	原因	实现方式
	最低消火栓栓口的静水压力＞1.00MPa	消防水泵并行或串联、减压水箱和减压阀
	系统工作压力＞2.40MPa	消防水泵串联或减压水箱

(2) 分区消防给水方式

当高层建筑最低消火栓栓口的静水压力大于 1.00MPa 或系统工作压力大于 2.40MPa 时，应采用分区给水系统。

① 采用消防水泵串联分区供水时,宜采用消防水泵转输水箱串联供水方式,并符合下列规定:

ⓐ 当采用消防水泵转输水箱串联时,转输水箱的有效储水容积不应小于60m³,转输水箱可作为高位消防水箱。

ⓑ 串联转输水箱的溢流管宜连接到消防水池。

ⓒ 当采用消防水泵直接串联时,应采取确保供水可靠性的措施,且消防水泵从低区到高区应能依次顺序启动。

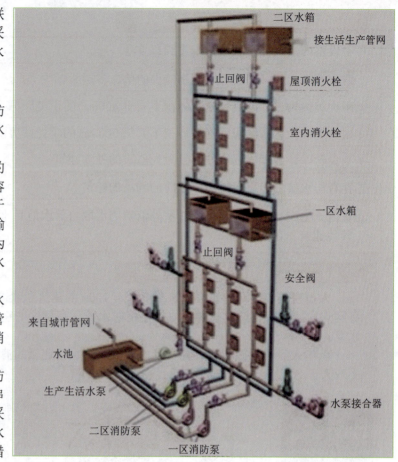

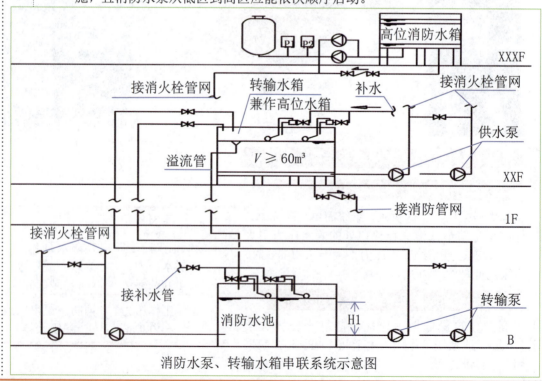

消防水泵、转输水箱串联系统示意图

d 当采用消防水泵直接串联时，应校核系统供水压力，并应在串联消防水泵出水管上设置减压型倒流防止器。

② 采用减压水箱减压分区供水时应符合下列规定：
a 减压水箱的有效容积不应小于 $18m^3$，且宜分为两格。
b 减压水箱应有两条进出水管，且每条进出水管均应满足消防给水系统所需消防用水量的要求。
c 减压水箱进水管的水位控制应可靠，宜采用水位控制阀。
d 减压水箱进水管应设置防冲击和溢水的技术措施，并宜在进水管上设置紧急关闭阀门，溢流水宜回流到消防水池。

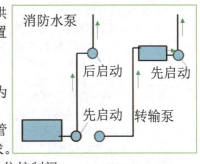

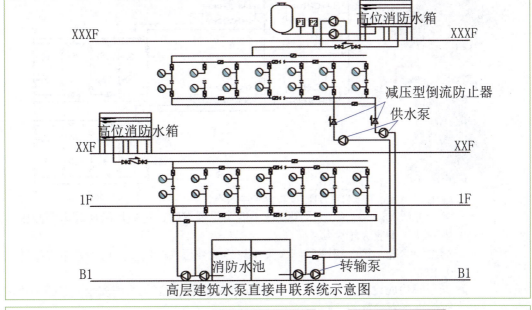

高层建筑水泵直接串联系统示意图

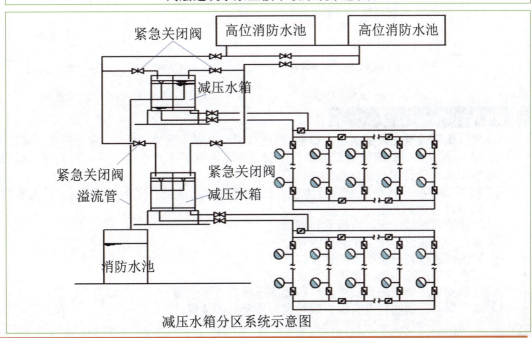

减压水箱分区系统示意图

③ 采用减压阀减压分区供水时应符合下列规定：
  ⓐ 消防给水所采用的减压阀性能应安全可靠，并应满足消防给水的要求。
  ⓑ 减压阀应根据消防给水设计流量和压力选择，且设计流量应在减压阀流量压力特性曲线的有效段内，并校核在150%设计流量时，减压阀的出口动压不应小于设计值的65%。
  ⓒ 每一供水分区应设不少于两组减压阀组，每组减压阀组宜设置备用减压阀。
  ⓓ 减压阀仅应设置在单向流动的供水管上，不应设置在双向流动的输水干管上。
  ⓔ 减压阀宜采用比例式减压阀，当（阀前供水压力）超过1.20MPa时，宜采用先导式减压阀。

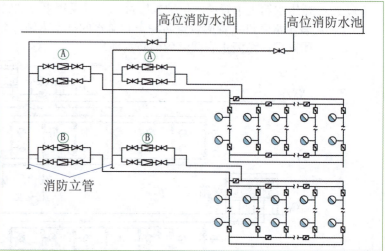

  ⓕ 减压阀的阀前阀后压力比值**不宜大于3:1**：
  第一种情况：当一级减压阀减压**不能满足要求**时，可采用**减压阀串联减压**，但串联减压不应大于两级；
  第二种情况：第二级减压阀宜采用**先导式减压阀**，**阀前后压力差不宜超过0.40MPa**。
  ⓖ **减压阀后应设置安全阀**，安全阀的开启压力应能满足系统安全，且不应影响系统的供水安全性。

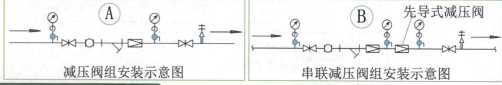

减压阀组安装示意图　　　　串联减压阀组安装示意图

【减压阀的设置应符合】
① 减压阀应设置在报警阀组入口前，当连接两个及以上报警阀组时，应设置备用减压阀。
② 减压阀的进口处应设置过滤器，过滤器的孔网直径不宜小于4～5目/cm²，过流面积不应小于管道截面面积的4倍。
③ 过滤器和减压阀前后应设压力表，压力表的表盘直径不应小于100mm，最大量程宜为设计压力的2倍。
④ 过滤器前和减压阀后应设置控制阀门。
⑤ 减压阀后应设置压力试验排水阀。
⑥ 减压阀应设置流量检测测试接口或流量计。
⑦ 垂直安装的减压阀，水流方向宜向下。
⑧ 比例式减压阀宜垂直安装，可调式减压阀宜水平安装。
⑨ 减压阀和控制阀门宜有保护或锁定调节配件的装置。
⑩ 接减压阀的管段不应有气堵、气阻。

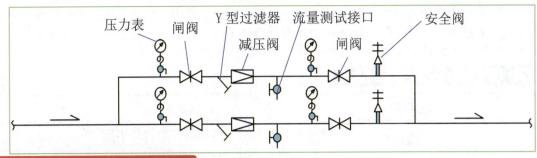

4. 设置要求

(1) 室内消火栓的设置 【2015、2016、2018 单】

	设施	公称直径（mm）	长度（m）	水枪喷嘴当量直径（mm）	备注
参数对比	消防水带	65	不宜超过 25	16 或 19	消火栓设计流量为 2.5L／s 时，喷嘴当量直径 11mm 或 13mm
	软管卷盘	内径≥19	30	6	用水量可不计入消防用水总量
	轻便水龙	25			

① 设置室内消火栓的建筑，包括设备层在内的各层均应设置消火栓。
② 屋顶设有直升机停机坪的建筑，应在停机坪出入口处或非电气设备机房处设置消火栓，且距停机坪机位边缘的距离不应小于 5.0m。
③ 消防电梯前室应设置室内消火栓，并应计入消火栓使用数量。
④ 室内消火栓的布置应满足同一平面有 2 支消防水枪的 2 股充实水柱同时到达任何部位的要求，但建筑高度小于或等于 24.0m 且体积小于或等于 5000m³ 的多层仓库、建筑高度小于或等于 54m 且每单元设置一部疏散楼梯的住宅，可采用一支消防水枪的一股充实水柱到达室内任何部位。
⑤ 住宅户内宜在生活给水管道上预留一个接 DN15 消防软管或轻便水龙的接口。跃层住宅和商业网点的室内消火栓应至少满足一股充实水柱到达室内任何部位，并宜设置在户门附近。

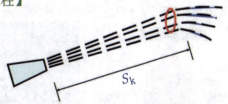

【充实水柱】

由水枪喷嘴起至射流 90% 的水柱水量穿过直径 380mm 圆孔处为止的一段射流长度。

⑥ 室内消火栓宜按直线距离计算其布置间距，对于消火栓按两支消防水枪的两股充实水柱布置的建筑物，消火栓的布置间距不应大于 30.0m；对于消火栓按一支消防水枪的一股充实水柱布置的建筑物，消火栓的布置间距不应大于 50.0m。

同一平面消火栓设置数量要求

建筑类型	设置要求	最大间距
一般建筑	2支消防水枪的2股充实水柱同时达到任何部位	30m
建筑高度≤24.0m 且体积小于或等于 5000m³ 的多层仓库	1支消防水枪的1股充实水柱到达室内任何部位	50m
建筑高度≤54m 且每单元设置一部疏散楼梯的住宅		
跃层住宅和商业网点		

⑦ 建筑室内消火栓的设置位置应满足火灾扑救要求，并应符合下列规定：
  ⓐ 室内消火栓应设置在楼梯间及其休息平台和前室、走道等明显易于取用，以及便于火灾扑救的位置。
  ⓑ 住宅的室内消火栓宜设置在楼梯间及其休息平台。
  ⓒ 汽车库内消火栓的设置不应影响汽车的通行和车位的设置，并应确保消火栓的开启。
  ⓓ 同一楼梯间及其附近不同层设置的消火栓，其平面位置宜相同。
  ⓔ 冷库的室内消火栓应设置在常温穿堂或楼梯间内。
  ⓕ 建筑室内消火栓栓口的安装高度应便于消防水龙带的连接和使用，**其距地面高度宜为 1.1m**；其出水方向应便于消防水带的敷设，并宜与设置消火栓的**墙面成 90°或向下**。

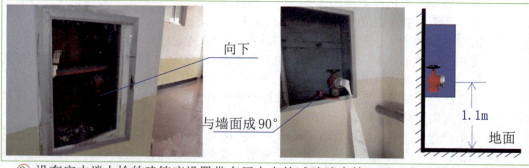

⑧ 设有室内消火栓的建筑应设置带有压力表的试验消火栓，对于多层和高层建筑应在其屋顶设置，严寒、寒冷等冬季结冰地区可设置在顶层出口处或水箱间内等便于操作和防冻的位置；对于单层建筑宜设置在水力最不利处，且应靠近出入口。

⑨ 建筑高度不大于 27m 的住宅，当设置消火栓系统时，可采用干式消防竖管。干式消防竖管宜设置在楼梯间休息平台，且仅应配置消火栓栓口，干式消防竖管应设置消防车供水接口，消防车供水接口设置在首层便于消防车接近和安全的地点，竖管顶端应设置自动排气阀。

(2) 室内消火栓栓口压力和消防水枪充实水柱

① 消火栓栓口动压力不应大于 0.50MPa，当大于 0.70MPa 时，必须设置减压装置。【2017 单】

② 高层建筑、厂房、库房和室内净空高度超过 8m 的民用建筑等场所，消火栓栓口动压不应小于 0.35MPa，且消防水枪充实水柱应达到 13m；其他场所的消火栓栓口动压不应小于 0.25MPa，且消防水枪充实水柱应达到 10m。【2015、2018 单】

	建筑类型	栓口动压	充实水柱
室内消火栓栓口压力和消防水枪充实水柱	高层建筑、厂房、库房和室内净空高度超过 8m 的民用建筑	0.35MPa	13m
	其他	0.25MPa	10m
	栓口动压力不应大于 0.50MPa，当大于 0.70MPa 时，必须设置减压装置		

习题 1 下列建筑或场所中，可不设置室内消火栓的是（　　）。
A. 占地面积 500m² 的丙类仓库
B. 粮食仓库
C. 高层公共建筑
D. 建筑体积为 5000m³ 耐火等级为三级的丁类厂房

【答案】B

习题 2 某建筑高度为 23.8m 的 4 层商业建筑，对其进行室内消火栓的配置和设计中，正确的有（　　）。
A. 选用 DN65 的室内消火栓　　B. 消火栓栓口动压大于 0.5MPa
C. 消火栓栓口动压不小于 0.25MPa　　D. 配置直径 65mm 长 30m 的消防水带
E. 水枪充实水柱不小于 10m

【答案】ACE

习题 3 下列关于建筑室内消火栓设置的说法中，错误的是（　　）。
A. 消防电梯前室应设置室内消火栓，并应计入消火拴使用数量
B. 设置室内消火栓的建筑，超过 2.2m 的设备层宜设置室内消火栓
C. 冷库的室内消火栓应设置在常温穿堂或楼梯间内
D. 屋顶设置直升机停机坪的建筑，应在停机坪出入口处设置消火栓

【答案】B

习题 4 建筑高度为 48m 的 16 层住宅建筑,一梯 3 户,每户建筑面积为 120 ㎡,每单元设置一座防烟楼梯间,一部消防电梯和一部客梯。该建筑每个单元需设置的室内消火栓总数不应少于(   )个。
A. 16　　　　　　　　　　　　B. 8
C. 32　　　　　　　　　　　　D. 48

【答案】A

习题 5 某高层办公楼,建筑高度为 32m,内走廊为"一"字形,设置两座防烟楼梯间,其前室入口的中心线间距为 15m,走廊两端的袋形走道长度为 3m,走廊两侧房间进深均为 6m。该办公楼每层设置的室内消火栓竖管数量不应少于(   )。
A. 1　　　　　　　　　　　　B. 2
C. 3　　　　　　　　　　　　D. 4

【答案】B

习题 6 某高层宿舍楼,标准层内走道长度为 66m,走道两侧布置进深 5m、建筑面积不超过 20 ㎡的宿舍和附属用房,走道两端各设置一部疏散楼梯,室内消火栓设计流量为 20L/s。该建筑每个标准层至少应设(   )室内消火栓。
A. 2 个　　　　　　　　　　　B. 4 个
C. 3 个　　　　　　　　　　　D. 5 个

【答案】B

习题 7 室内消火栓栓口动压大于(   )MPa 时,必须设置减压装置。
A. 0.70　　　　　　　　　　　B. 0.30
C. 0.35　　　　　　　　　　　D. 0.50

【答案】A

习题 8 某单层丙类厂房,室内净空高度为 7m。该建筑室内消火栓系统最不利点消火栓栓口最低动压应为(   )。
A. 0.10MPa　　　　　　　　　B. 0.35MPa
C. 0.25MPa　　　　　　　　　D. 0.50MPa

【答案】B

第三节　设计参数

1. 一般规定

①工厂、仓库、堆场、储罐区或民用建筑的室外消防给水用水量,应按同一时间内的火灾起数和一起火灾灭火所需室外消防给水用水量确定。

工厂、仓库和民用建筑在同一时间内的火灾起数

名称	占地面积 /hm²	附有居住区人数/(万人)	同一时间内的火灾起数/(起)	备注
工厂	≤100	≤1.5	1	按需水量最大的一座建筑物(或堆场、储罐)计算
		>1.5	2	工厂、居住区各一起
	>100	不限	2	按需水量最大的两座建筑物(或堆场、储罐)之和计算
仓库及民用建筑	不限	不限	1	按需水量最大的一座建筑物(或堆场、储罐)计算

②一起火灾灭火所需消防用水的设计流量应由建筑的室外消火栓系统、室内消火栓系统、自动喷水灭火系统、泡沫灭火系统、水喷雾灭火系统、固定消防炮灭火系统、固定冷却水系统等需要同时作用的各种水灭火系统的设计流量组成，并应符合下列规定：

a. 应按需要同时作用的各种水灭火系统最大设计流量之和确定；

b. 两座及以上建筑合用消防给水系统时，应按其中一座设计流量最大者确定；

c. 当消防给水与生活、生产给水合用时，合用系统的给水设计流量应为消防给水设计流量与生活、生产用水最大小时流量之和。计算生活用水最大小时流量时，淋浴用水量按 15% 计，浇洒及洗刷等火灾时能停用的用水量可不计。

2. 消防用水量

消火栓用水总量包括室外消火栓用水量和室内消火栓用水量。计算消火栓用水总量的目的是确定室外（总体）消防给水管的管径。计算室内消防给水管网用水量时，不需考虑室外消防用水量。

（1）城镇、居住区室外消防用水量

① 城镇市政消防给水设计流量，应按同一时间内的火灾起数和一起火灾灭火设计流量经计算确定。同一时间内的火灾起数和一起火灾灭火设计流量不应小于下表的规定。

人数（万人）	同一时间内的火灾起数（起）	一起火灾灭火设计流量（L/s）
$N \leqslant 1.0$	1	15
$1.0 < N \leqslant 2.5$	1	20
$2.5 < N \leqslant 5.0$	2	30
$5.0 < N \leqslant 10.0$	2	35
$10.0 < N \leqslant 20.0$	2	45
$20.0 < N \leqslant 30.0$	2	60
$30.0 < N \leqslant 40.0$	2	75
$40.0 < N \leqslant 50.0$	3	75
$50.0 < N \leqslant 70.0$	3	90
$N > 70.0$	3	100

② 工业园区、商务区、居住区等市政消防给水设计流量，宜根据其规划区域的规模和同一时间的火灾起数，以及规划中的各类建筑室内外同时作用的水灭火系统设计流量之和经计算分析确定。

（2）建筑物室外消火栓设计流量

建筑物室外消火栓设计流量，应根据建筑物的用途功能、体积、耐火等级、火灾危险性等因素综合分析确定。建筑物室外消火栓设计流量不应小于下表的规定。

建筑物室外消火栓设计流量（L/s）

耐火等级	建筑物名称及类别			建筑体积 /m³					
				$V \leq 1500$	$1500 < V \leq 3000$	$3000 < V \leq 5000$	$5000 < V \leq 20000$	$20000 < V \leq 50000$	$V > 50000$
一、二级	工业建筑	厂房	甲、乙	15	15	20	25	30	35
			丙	15	15	20	25	30	40
			丁、戊	15	15	15	15	15	20
		仓库	甲、乙	15	15	25	25	—	—
			丙	15	15	25	25	35	45
			丁、戊	15	15	15	15	15	20
	民用建筑	住宅		15	15	15	15	15	15
		公共建筑	单层及多层	15	15	15	25	30	40
			高层	—	—	—	25	30	40
	地下建筑（包括地铁）、平战结合的人防工程			15	15	15	20	25	30
三级	工业建筑	乙、丙		15	20	30	40	45	—
		丁、戊		15	15	15	20	25	35
	单层及多层民用建筑			15	15	20	25	30	—
四级	丁、戊类工业建筑			15	15	20	25	—	—
	单层及多层民用建筑			15	15	20	25	—	—

【注】

①成组布置的建筑物应按消火栓设计流量较大的相邻两座建筑物的体积之和确定。

②火车站、码头和机场的中转库房，其室外消火栓设计流量应按相应耐火等级的丙类物品库房确定。

③国家级文物保护单位的重点砖木、木结构的建筑物室外消火栓设计流量，按三级耐火等级民用建筑物消火栓设计流量确定。

④当单座建筑的总建筑面积大于 500000 ㎡时，建筑物室外消火栓设计流量应按本表规定的最大值增加一倍。

⑤宿舍、公寓等非住宅类居住建筑的室外消火栓设计流量，应按本表中的公共建筑确定。

（3）建筑物室内消火栓设计流量

建筑物室内消火栓设计流量，应根据建筑物的用途功能、体积、高度、耐火等级、火灾危险性等因素综合确定。建筑物室内消火栓设计流量不应小于下表的规定。

建筑物室内消火栓设计流量（L/s）

建筑物名称		高度h(m)、层数、体积V(m³)、座位数n（个）、火灾危险性		消火栓设计流量（L/s）	同时使用的消防水枪数（支）	每根竖管最小流量（L/s）
工业建筑	厂房	$h \leqslant 24$	甲、乙、丁、戊	10	2	10
			丙 $V \leqslant 5000$	10	2	10
			丙 $V > 5000$	20	4	15
		$24 < h \leqslant 50$	乙、丁、戊	25	5	15
			丙	30	6	15
		$h > 50$	乙、丁、戊	30	6	15
			丙	40	8	15
	仓库	$h \leqslant 24$	甲、乙、丁、戊	10	2	10
			丙 $V \leqslant 5000$	15	3	15
			丙 $V > 5000$	25	5	15
		$h > 24$	丁、戊	30	6	15
			丙	40	8	15

建筑物名称		高度h（m）、层数、体积V(m³)、座位数n（个）、火灾危险性	消火栓设计流量（L/s）	同时使用的消防水枪数（支）	每根竖管最小流量（L/s）
民用建筑	单层及多层	科研楼、试验楼 $V \leqslant 10000$	10	2	10
		科研楼、试验楼 $V > 10000$	15	3	10
		车站、码头、机场的候车（船、机）楼和展览建筑（包括博物馆）等 $5000 < h \leqslant 25000$	10	2	10
		$25000 < h \leqslant 50000$	15	3	10
		$V > 50000$	20	4	15
		剧场、电影院、会堂、礼堂、体育馆等 $800 < n \leqslant 1200$	10	2	10
		$1200 < n \leqslant 5000$	15	3	10
		$5000 < n \leqslant 10000$	20	4	15
		$n > 10000$	30	6	15

续表

建筑物名称			高度h（m）、层数、体积V（m³）、座位数n（个）、火灾危险性	消火栓设计流量（L/s）	同时使用的消防水枪数（支）	每根竖管最小流量（L/s）
民用建筑	单层及多层	旅馆	$5000 < V \leq 10000$	10	2	10
			$10000 < V \leq 25000$	15	3	10
			$V > 25000$	20	4	15
		商店、图书馆、档案室	$5000 < V \leq 10000$	15	3	10
			$10000 < V \leq 25000$	25	5	15
			$V > 25000$	40	8	15
		病房、门诊楼等	$5000 < V \leq 25000$	10	2	10
			$V > 25000$	15	3	10
		办公楼、教学楼、公寓、宿舍等其他建筑	高度超过15m或$V > 10000$	15	3	10
		住宅	$21 < h \leq 27$	5	2	5
	高层	住宅	$27 < h \leq 54$	10	2	10
			$H > 54$	20	4	10
		二类公共建筑	$h \leq 50$	20	4	10
		一类公共建筑	$h \leq 50$	30	6	15
			$H > 50$	40	8	15

建筑物名称		体积V（m³）	消火栓设计流量（L/s）	同时使用的消防水枪数（支）	每根竖管最小流量（L/s）
人防工程	展览厅、影院、剧场、礼堂、健身体育场所等	$V \leq 1000$	5	1	5
		$1000 < V \leq 2500$	10	2	10
		$V > 2500$	15	3	10
	商场、餐厅、旅馆、医院等	$V \leq 5000$	5	1	5
		$5000 < V \leq 10000$	10	2	10
		$10000 < V \leq 25000$	15	3	10
		$V > 25000$	20	4	10
	丙、丁、戊类生产车间、自行车库	$V \leq 2500$	5	1	5
		$V > 2500$	10	2	10
	丙、丁、戊类物品库房、图书资料档案库	$V \leq 3000$	5	1	5
		$V > 3000$	10	2	10

续表

建筑物名称	体积 V（m³）	消火栓设计流量（L/s）	同时使用的消防水枪数（支）	每根竖管最小流量（L/s）
国家级文物保护单位的重点砖木或木结构的古建筑	$V \leqslant 10000$	20	4	10
	$V > 10000$	25	5	15
地下建筑	$V \leqslant 5000$	10	2	10
	$5000 < V \leqslant 10000$	20	4	15
	$10000 < V \leqslant 25000$	30	6	15
	$V > 25000$	40	8	20

【注】

①丁、戊类高层厂房（仓库）室内消火栓的设计流量可按本表减少 10L/s，同时使用消防水枪数量可按本表减少 2 支。

②消防软管卷盘、轻便消防水龙及多层住宅楼梯间中的干式消防竖管，其消火栓设计流量可不计入室内消防给水设计流量。

③当一座多层建筑有多种作用功能时，室内消火栓设计流量应分别按本表中不同功能计算，且应取最大值。

④当建筑物室内设有自动喷水灭火系统、水喷雾灭火系统、泡沫灭火系统或固定消防炮灭火系统等一种或两种以上自动水灭火系统全保护时，高层建筑当高度不超过 50m 且室内消火栓系统设计流量超过 20L/s 时，其室内消火栓设计流量可按本表减少 5L/s；多层建筑室内消火栓设计流量可减少 50%，但不应小于 10L /s。

⑤宿舍、公寓等非住宅类居住建筑的室内消火栓设计流量，当为多层建筑时，应按本表中的宿舍、公寓确定，当为高层建筑时，应按本表中的公共建筑确定。

第四节 系统组件（设备）安装前检查

1. 室外消火栓

（1）室外消火栓的分类

地下建筑	地上式	湿式	气温高地区
		干式	气温低地区
	地下式		
进水口连接形式		承插式	法兰式
公称压力		1.0MPa	1.6MPa
进水口的公称通径	吸水管出水口	100mm	150mm
	水带出水口	65mm	80mm

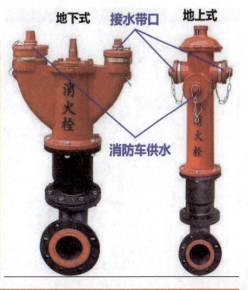

(2) 室外消火栓的检查

① 产品标识：
目测，对照产品的检验报告，合格的室外消火栓应在阀体或阀盖上铸出型号、规格和商标且与检验报告描述一致，如发现不一致的，则一致性检查不合格。

② 消防接口：
用小刀轻刮外螺纹固定接口和吸水管接口，目测外螺纹固定接口和吸水管接口的本体材料应由铜质材料制造。

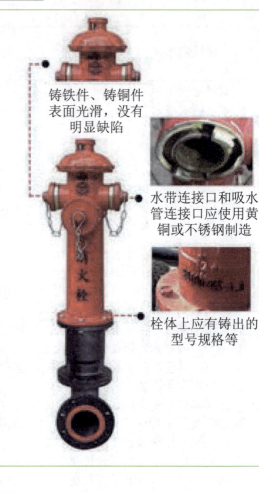

铸铁件、铸铜件表面光滑，没有明显缺陷

水带连接口和吸水管连接口应使用黄铜或不锈钢制造

栓体上应有铸出的型号规格等

不合格消火栓外螺纹固定接口和吸水管接口的本体材料为铁或镀铜材料

③ 排放余水装置：
目测，室外消火栓应有自动排放余水装置。

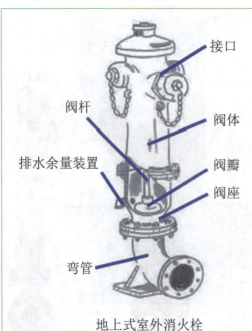

地上式室外消火栓

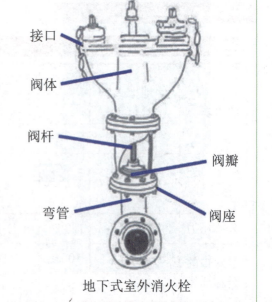

地下式室外消火栓

④ 材料：

打开室外消火栓，目测，栓阀座应用铸造铜合金，阀杆螺母材料性能应不低于黄铜。

不合格室外消火栓阀座及阀杆螺母材料为铁质材料

2. 室内消火栓的检查

 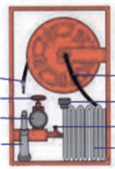

① 产品标识：对照产品的检验报告，室内消火栓应在阀体或阀盖上铸出型号、规格和商标且与检验报告描述一致，如发现不一致的，则判一致性检查不合格。

② 手轮：室内消火栓手轮轮缘上应明显地铸出标示开关方向的箭头和字样，手轮直径应符合要求，如常用的SN65型手轮，其直径不小于120mm。

③ 材料：室内消火栓阀座及阀杆螺母材料性能应不低于黄铜，阀杆本体材料性能应不低于铅黄铜。

不合格的室内消火栓阀座材料用黄色塑料代替黄铜　　不合格的室内消火栓阀杆材料用铸铁代替黄铜

3. 消火栓箱的检查

（1）外观质量和标志

消火栓箱箱体应设耐久性铭牌，包括以下内容：
产品名称、产品型号、批准文件的编号、注册商标或厂名、生产日期、执行标准。
现场检查时可以用小刀轻刮箱体内外表面图层，查看是否经过防腐处理。

不合格的室内消火栓箱箱门上无任何标识

（2）箱门

消火栓箱应设置门锁或箱门关紧装置。设置门锁的栓箱，除箱门安装玻璃者以及能被击碎的透明材料外，均应设置箱门紧急开启的手动机构，应保证在没有钥匙的情况下开启灵活、可靠。且箱门开启角度不得小于160°（根据规范要求，安装前应为不得小于160°，安装后应为不得小于120°），无卡阻。

（3）材料

使用千分尺进行测量，箱体应使用厚度不小于1.2mm的薄钢板或铝合金材料制造，箱门玻璃厚度不小于4.0mm。

合格的室内消火栓箱体厚度不小于1.2mm

合格的室内消火栓箱箱门玻璃厚度不小于4.0mm

4. 消防水带、消防水枪、消防接口

（1）消防水带的检查

① 产品标识：

每根水带应以有色线作带身中心线，在端部附近中心线两侧须用不易脱落的油墨清晰地印上下列标志：产品名称、设计工作压力、规格（公称内径及长度）、经线、纬线及衬里的材质、生产厂名、注册商标、生产日期。

② 消防水带长度:
水带长度小于水带长度规格 1m 以上的,则可以判为该产品为不合格。

③ 压力试验:
截取 1.2m 长的水带,使用手动试压泵或电动试压泵平稳加压至试验压力,保压 5min,检查是否有渗漏现象,有渗漏则不合格。在试验压力状态下,继续加压,升压至试样爆破,其爆破时压力不应小于水带工作压力的 3 倍。如常用的 8 型消防水带的试验压力为 1.2MPa,爆破压力应不小于 2.4MPa。

(2) 消防水枪的检查

① 表面质量:
合格消防水枪铸件表面应无结疤、裂纹及孔眼。使用小刀轻刮水枪铝制件表面,检查是否做过阳极氧化处理。

不合格消防水枪铸件表面有孔眼

不合格消防水枪铝制件表面未作阳极氧化处理

② 抗跌落性能:
将水枪以喷嘴垂直朝上、喷嘴垂直朝下、(旋转开关处于关闭位置)以及水枪轴线处于水平(若有开关时,开关处于水枪轴线之下处并处于关闭位置)三个位置。从离地 2.0m±0.02m 高处(从水枪的最低点算起)自由跌落到混凝土地面上。水枪在每个位置各跌落两次,然后再检查,如消防接口跌落后出现断裂或不能正常操纵使用的,则判该产品不合格。【2015 单】

③ 密封性能:
封闭水枪的出水端,将水枪的进水端通过接口与手动试压泵或电动试压泵装置相连,排除枪体内的空气,然后缓慢加压至最大工作压力的 1.5 倍,保压 2min,水枪不应出现裂纹、断裂或影响正常使用的残余变形。

不合格消防水枪在给水枪加至最大工作压力枪体出现渗漏

（3）消防接口检查

抗跌落性能。内扣式接口以扣抓垂直朝下的位置，将接口的最低点离地面（1.5±0.05）m 高度，然后自由跌落到混凝土地面上。反复进行 5 次后，检查接口是否断裂现象，并与相同口径的消防接口是否能正常操作。如消防接口跌落后出现断裂或不能正常操纵使用的，则判该产品为不合格。

第五节　系统安装调试与检测验收

1. 室外消火栓系统的安装调试与检测验收

（1）施工安装

① 管道安装：
  ⓐ 管道在焊接前应清除接口处的浮锈、污垢及油脂。
  ⓑ 室外消火栓安装前，管件内外壁均涂沥青冷底子油两遍，外壁需另加热沥青两遍、面漆一遍，埋入土中的法兰盘接口涂沥青冷底子油两遍，外壁需另加热沥青两遍、面漆一遍，并用沥青麻布包严，消火栓井内铁件也应涂热沥青防腐。

② 栓体安装：
消火栓安装位于人行道沿上 1.0m 处，采用钢制双盘短管调整高度，做内外防腐。
  ⓐ 地上式室外消火栓安装时，消火栓顶距地面高为 0.64m，立管应垂直、稳固、控制阀门井距消火栓不应超过 1.5m，消火栓弯管底部应设支墩或支座。
  安装室外地上式消火栓时，其放水口应用粒径为 20～30 mm 的卵石做渗水层，铺设半径为 500mm，铺设厚度自地面下 100mm 至槽底。

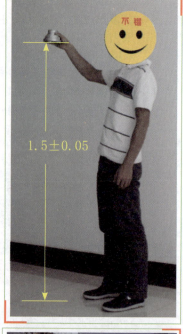

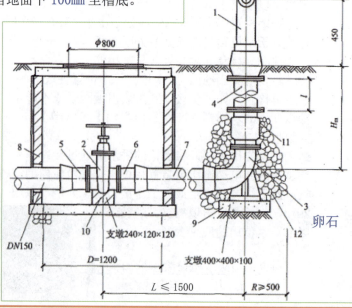

ⓑ 地下式室外消火栓应安装在消火栓井内,消火栓井内径不应小于 1.5m。井内应设爬梯以方便阀门的维修。

ⓒ 消火栓顶部至井盖底距离最小不应小于 0.4m,冬季室外温度低于-20℃的地区,地下消火栓井口需作保温处理。

(2) 检测验收 【2015 多】

① 室外消火栓的选型、规格、数量、安装位置应符合设计要求。
② 同一建筑物内设置的室外消火栓应采用统一规格的栓口及配件。
③ 室外消火栓应设置明显的永久性固定标志。
④ 室外消火栓水量及压力应满足要求。

2. 室内消火栓的安装调试与检测验收

(1) 施工安装

① 管道安装:

ⓐ 管道安装必须按图样设计要求的轴线位置和标高进行定位放线。
ⓑ 安装顺序一般是:主干管、干管、分支管、横管、垂直管。
ⓒ 管道穿梁及地下室剪力墙、水池等,应在预埋金属管中穿过。
ⓓ 管网安装完毕后,应对其进行强度试验、冲洗和严密性试验。【2015 单】

② 栓体及配件安装:

箱体配件安装应在交工前进行。消防水带应折好放在挂架上或卷实、盘紧放在箱内;消防水枪要竖放在箱体内侧,自救式水枪和软管应放在挂卡上或放在箱底部。消防水带与水枪,快速接头的连接,一般用 14# 铅丝绑扎两道,每道不少于两圈,使用卡箍时,在里侧加一道铅丝。
管道支、吊架的安装间距,材料选择,必须严格按照规定要求和施工图纸的规定,接口缝距支吊连接缘不应小于 50mm,焊缝不得放在墙内。

(2) 检测验收

① 室内消火栓:

ⓐ 室内消火栓的选型、规格应符合设计要求。
ⓑ 同一建筑物内设置的消火栓应采用统一规格的栓口、水枪和水带及配件。

ⓒ 试验用消火栓栓口处应设置压力表。
ⓓ 当消火栓设置减压装置时,应检查减压装置应符合设计要求。
ⓔ 室内消火栓应设置明显的永久性固定标志。

② 消火栓箱:
ⓐ 栓口出水方向宜向下或与设置消火栓的墙面成90°角,栓口不应安装在门轴侧。
ⓑ 如设计未要求,栓口中心距地面应为1.1m,但每栋建筑物应一致,允许偏差±20mm。
ⓒ 阀门的设置位置应便于操作使用,阀门的中心距箱侧面为140mm,距箱后内表面为100mm,允许偏差±5mm。
ⓓ 室内消火栓箱的安装应平正、牢固,暗装的消火栓箱不能破坏隔墙的耐火等级;
ⓔ 消火栓箱体安装的垂直度允许偏差为±3mm。
ⓕ 消火栓箱门的开启不应小于120°。

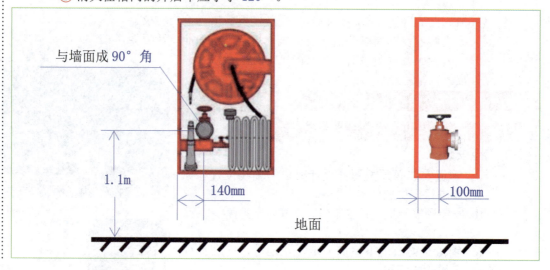

第六节 系统维护管理

1. 室外消火栓的维护管理 【2015、2017、2018 单】

（1）地下消火栓的维护管理

① 地下消火栓应每季度进行一次检查保养。
② 重点部位消火栓,每年应逐一进行一次出水试验,出水应满足压力要求。

（2）地上消火栓的维护管理

每年开春后、入冬前对地上消火栓逐一进行出水试验,出水应满足压力要求。

2. 室内消火栓的维护管理

每半年至少进行一次全面的检查维修。

部位	工作内容	周期
喷头	检查完好状况、清除异物、备用量	每季
消火栓	外观和漏水检查	每季
水泵接合器	检查完好状况	每季
水泵接合器	通水试验	每年
过滤器	排渣、完好状态	每年
储水设备	检查结构材料	每年
系统连锁试验	消火栓和其他水灭火系统等运行功能	每年
消防泵水房、水箱间、报警阀间、减压阀间等供水设备	检查室温	（冬季）每天

习题 1 下列关于消防水枪抗跌落性能检测的说法中，正确的是（　　）。
A. 水枪应从距地（1.5±0.02）m 高处自由跌落
B. 水枪应从距地（2.0±0.02）m 高处自由跌落
C. 水枪应从距地（1.8±0.02）m 高处自由跌落
D. 水枪应从距地（2.2±0.02）m 高处自由跌落

【答案】B

习题 2 下列关于室外消火栓安装的说法中，正确的有（　　）。
A. 地下式消火栓应安装在消火栓井内，消火栓井内径不宜小于 1.2m
B. 同一建筑物设置的室外消火栓应采用同一厂家的栓口及配件
C. 消火栓栓口安装高度允许偏差为 ±20mm
D. 地下式消火栓顶部出水口应正对井口
E. 地下式消火栓应设置永久性固定标志

【答案】DE

习题 3 根据《消防给水及消火栓系统技术规范》（GB 50974—2014）的规定，室内消火栓系统管网安装完成后，对其进行水压试验和冲洗的正确顺序是（　　）。
A. 强度试验 - 严密性试验 - 冲洗　　B. 强度试验 - 冲洗 - 严密性试验
C. 冲洗 - 强度试验 - 严密性试验　　D. 冲洗 - 严密性试验 - 强度试验

【答案】B

习题 4 根据《消防给水及消火栓系统技术规范》（GB 50974—2014）的规定，下列关于室内消火栓系统日常维护管理的说法中，正确的是（　　）。
A. 每季度应该对消火栓进行一次严密性试验检查，发现有不正常的消火栓应及时更换
B. 每季度应该对消火栓进行一次外观和漏水检查，发现有不正常的消火栓应及时更换
C. 每季度应该对消火栓进行一次出水试验检查，发现有不正常的消火栓应及时更换
D. 每季度应该对消火栓进行一次水压强度试验检查，发现有不正常的消火栓应及时更换

【答案】B

习题 5 根据国家标准《消防给水及消火栓系统技术规范》(GB 50974—2014),对室内消火栓应(　　)进行一次外观和漏水检查,发现存在问题的消火栓应及时修复或更换。
A. 每季度　　　　　　　　B. 每月
C. 每半年　　　　　　　　D. 每年

【答案】A

习题 6 根据现行国家标准《消防给水及消火栓系统技术规范》(GB 50974—2014),室内消火栓系统上所有的控制阀门均应采用铅封或锁链固定在开启或规定的状态,且应(　　)对铅封、锁链进行一次检查,当有破坏或损坏时应及时修理更换。
A. 每月　　　　　　　　　B. 每季度
C. 每半年　　　　　　　　D. 每年

【答案】A

04 第四章 自动喷水灭火系统

知识点框架图

自动喷水灭火系统
- 系统的分类与组成【2016—2018 单】
- 系统的工作原理与适用范围【2016—2018 单】
- 系统设计主要参数【2015、2016、2018 单】【2018 多】
- 系统主要组件及设置要求【2015 单】【2015、2016、2018 多】
- 系统控制【2018 单 多】
- 系统组件（设备）安装前检查【2015—2018 单】
- 系统组件安装调试与检测验收【2015、2016 单】【2015、2017 多】
- 系统维护管理【2015—2018 单】【2015、2017、2018 多】

复习建议
1. 重点章节；
2. 必考章节。

第一节 系统的分类与组成

自动喷水灭火系统【2016—2018 单】
- 闭式系统
  - 湿式系统
  - 干式系统
  - 预作用系统
  - 重复启闭预作用系统
  - 防护冷却系统
- 开式系统
  - 雨淋系统
  - 水幕系统
    - 防火分隔水幕
    - 防护冷却水幕

第二节 系统的工作原理与适用范围

1. 湿式系统

（1）系统构成与工作原理

喷头

压力开关

湿式报警阀组

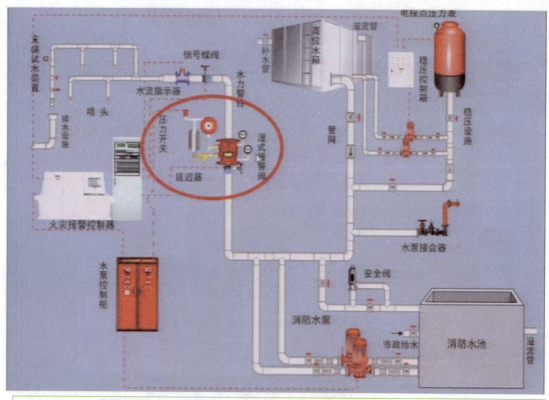

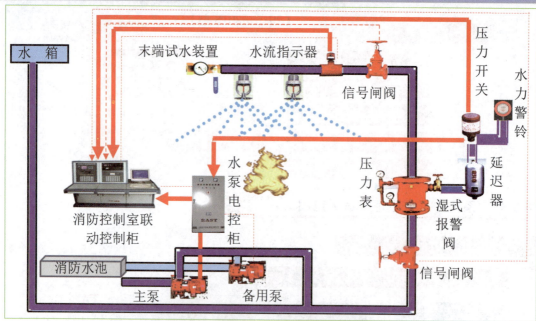

湿式自动喷水灭火系统示意图

（2）系统主要组件及设置要求

① 水流指示器：【2016 单】

ⓐ 水流指示器的功能是及时报告发生火灾的部位。在设置闭式自动喷水灭火系统的建筑内，除报警阀组控制的洒水喷头仅保护不超过防火分区面积的同层场所外，**每个防火分区和每个楼层均应设置水流指示器**。

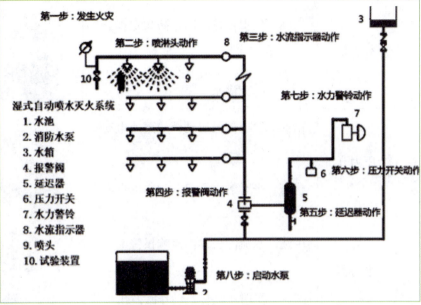

b 仓库内顶板下洒水喷头与货架内置洒水喷头应分别设置水流指示器。

c 当水流指示器入口前设置控制阀时,应采用信号阀。

② 湿式报警阀组:

湿式报警阀是湿式系统的专用阀门,是只允许水流入系统,并在规定压力、流量下驱动配套部件报警的一种单向阀。其主要元件为止回阀。

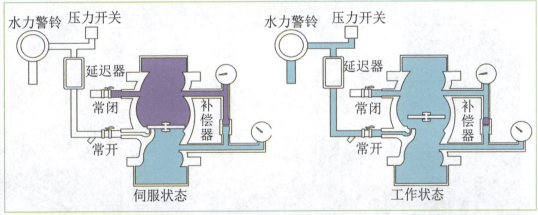

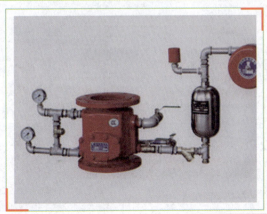

③延迟器	用途	延迟报警时间,防止误报
	状态	平时波动时有少量水,动作时充满水
④压力开关	用途	发出信号启动消防泵或电动报警
	状态	平时触点开启,动作触点闭合
⑤水力警铃	用途	水流冲击发出声响报警
	状态	平时不动作,动作时发出声响

2. 干式系统

系统构成与工作原理

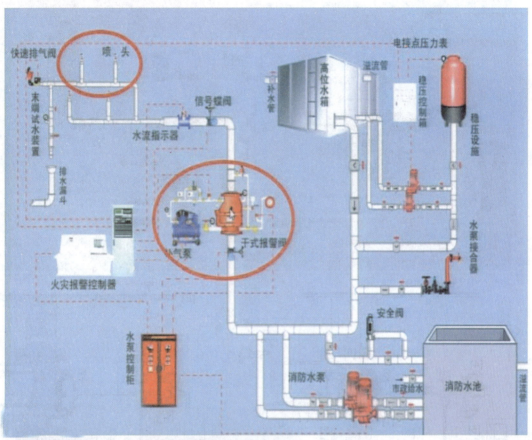

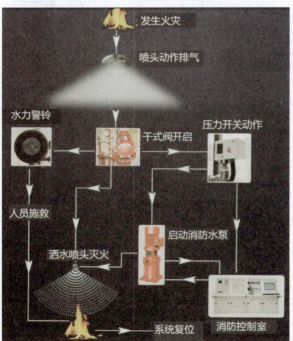

3. 雨淋系统

系统构成及工作原理

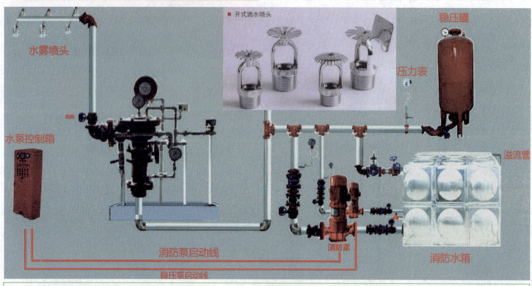

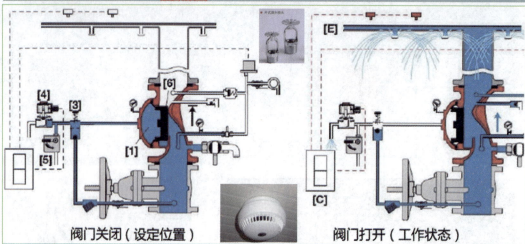

阀门关闭（设定位置）　　　阀门打开（工作状态）

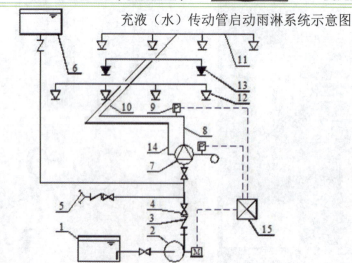

充液（水）传动管启动雨淋系统示意图

1. 水池
2. 水泵
3. 止回阀
4. 闸阀
5. 水泵接合器
6. 消防水箱
7. 雨淋报警阀组
8. 配水干管
9. 压力开关
10. 配水管
11. 配水支管
12. 开式洒水喷头
13. 闭式喷头
14. 传动管
15. 报警控制器

4. 水幕系统（组成与雨淋系统几乎一致）

水幕系统由开式洒水喷头或水幕喷头、雨淋报警阀组或感温雨淋报警阀组、供水与配水管道、控制阀以及水流报警装置（水流指示器或压力开关）等组成。

水幕系统不具备直接灭火的能力，而是用于防火分隔和冷却保护分隔物。

5. 预作用系统

（1）系统构成及工作原理

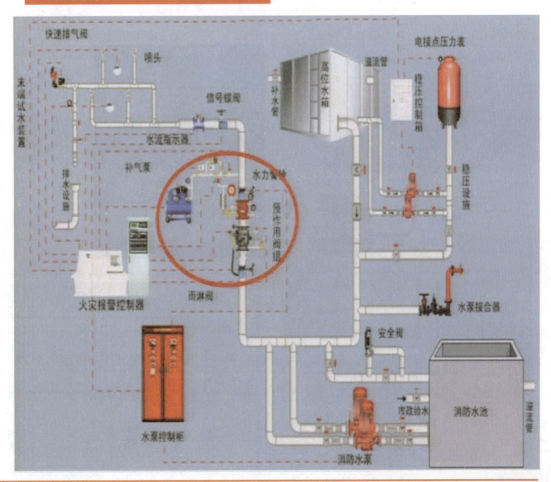

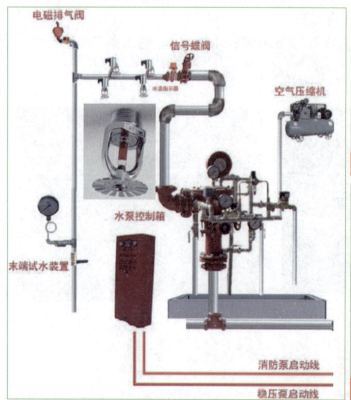

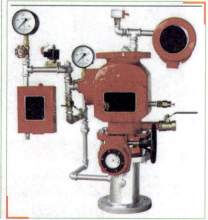
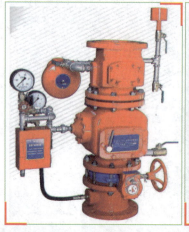

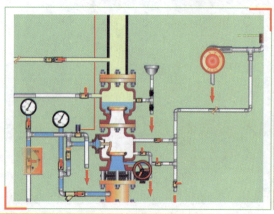
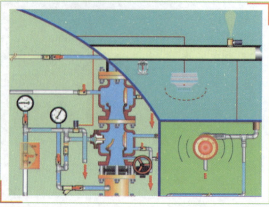

6. 五种灭火系统的对比 【2016—2018 单】

状态	准工作状态	工作原理	适用范围	自动启泵
湿式	配水管道内充满用于启动系统的有压水	闭式喷头爆裂开启，喷水	环境温度不低于 4℃且不高于 70℃	①消防水泵出水干管上的压力开关；②高位消防水箱出水管上的流量开关；③报警阀组压力开关
干式	配水管道内充满用于启动系统的**有压气体**	闭式喷头爆裂开启，先喷气，再喷水	环境温度低于 4℃或高于 70℃	①消防水泵出水干管上的压力开关；②高位消防水箱出水管上的流量开关；③报警阀组压力开关
预作用	配水管道内不充水（充有压气体）	火灾自动报警系统（或与充气管道上的压力开关一起）打开预作用装置和电磁排气阀，系统充水变为湿式系统，继续发展则闭式喷头爆裂，喷水	①准工作状态时严禁误喷；②准工作状态时严禁管道充水；③替代干式系统	①消防水泵出水干管上的压力开关；②高位消防水箱出水管上的流量开关；③报警阀组压力开关；④火灾自动报警系统（预作用）
雨淋	系统通过开式喷头与大气相通	火灾自动报警系统或传动管打开雨淋阀，开式喷头同时喷水	①火灾的水平蔓延速度快、闭式洒水喷头的开放不能及时使喷水有效覆盖着火区域的场所；②净空高度超过一定高度，且必须迅速扑救初期火灾的场所；③火灾危险等级为严重危险级II级的场所	①消防水泵出水干管上的压力开关；②高位消防水箱出水管上的流量开关；③报警阀组压力开关；④火灾自动报警系统（传动管方式无）
水幕			不直接灭火，用于防火分隔和冷却分隔物	

习题 1 某 2 层地上商店建筑，每层建筑面积为 6000㎡，所设置的自动喷水灭火系统应至少设置（　）个水流指示器。

A. 2　　　　　　　　　　　B. 3
C. 4　　　　　　　　　　　D. 5

【答案】C

习题 2 干式自动喷水灭火系统和预作用自动喷水灭火系统的配水管道上应设（　）。

A. 压力开关　　　　　　　　B. 报警阀组
C. 快速排气阀　　　　　　　D. 过滤器

【答案】C

习题 3 根据现行国家标准《自动喷水灭火系统设计规范》(GB 50084—2017),属于自动喷水灭火系统防护冷却系统组件的是( )。
A. 开式洒水喷头　　　　　　　B. 闭式洒水喷头
C. 水幕喷头　　　　　　　　　D. 雨淋报警阀组

【答案】B

习题 4 对某高层公共建筑消防给水系统进行维护检测,消防水泵出水干管上的压力开关动作后,消防水泵未启动。下列故障原因分析中,可排除的是( )。
A. 消防联动控制器处于手动启泵状态
B. 压力开关与水泵之间线路故障
C. 消防水泵控制柜处于手动启泵状态
D. 消防水泵控制柜内继电器损坏

【答案】A

习题 5 下列自动喷水灭火系统中,属于开式系统的是( )。
A. 湿式系统　　　　　　　　　B. 干式系统
C. 雨淋系统　　　　　　　　　D. 预作用系统

【答案】C

习题 6 根据现行国家标准《自动喷水灭火系统设计规范》(GB 50084—2017),下列自动喷水灭火系统中,可组成防护冷却系统的是( )。
A. 闭式洒水喷头、湿式报警阀组　　B. 开式洒水喷头、雨淋报警阀组
C. 水幕喷头、雨淋报警阀组　　　　D. 闭式洒水喷头、干式报警阀组

【答案】A

习题 7 湿式自动喷水灭火系统的喷淋泵,应由( )信号直接控制启动。
A. 信号阀　　　　　　　　　　B. 水流指示器
C. 压力开关　　　　　　　　　D. 消防联动控制器

【答案】C

习题 8 发生火灾时,湿式自动喷水灭火系统的湿式报警阀由( )开启。
A. 火灾探测器　　　　　　　　B. 水流指示器
C. 闭式喷头　　　　　　　　　D. 压力开关

【答案】C

习题 9 下列关于干式自动喷水灭火系统的说法中,错误的是( )。
A. 在准工作状态下,由稳压系统维持干式报警阀入口前管道内的充水压力
B. 在准工作状态下,干式报警阀出口后的配水管道内应充满有压气体
C. 当发生火灾后,干式报警阀开启,压力开关动作后管网开始排气充水
D. 当发生火灾后,配水管道排气充水后,开启的喷头开始喷水

【答案】C

习题 10 下列关于自动喷水灭火系统的说法中,错误的是( )。
A. 雨淋系统与预作用系统均应采用开式洒水喷头
B. 干式系统和预作用系统的配水管道应设置快速排气阀
C. 雨淋系统应能由配套的火灾自动报警系统或传动管控制并启动雨淋系统
D. 预作用系统应由火灾自动报警系统自动开启雨淋报警阀,并转换为湿式系统

【答案】A

第三节　系统设计主要参数

1. 火灾危险等级

自动喷水灭火系统设置场所的火灾危险等级共分为 4 类 8 级，具体如下：

火灾危险等级	设置场所举例
轻危险级	住宅建筑、幼儿园、老年人建筑、建筑高度为 24m 及以下的旅馆、办公楼；仅在走道设置闭式系统的建筑等

等级		设置场所举例
中危险级	Ⅰ级	①高层民用建筑： 　旅馆、办公楼、综合楼、邮政楼、金融电信楼、指挥调度楼、广播电视楼（塔）等 ②公共建筑（含单、多、高层）： 　医院、疗养院；图书馆（书库除外）、档案馆、展览馆（厅）；影剧院、音乐厅和礼堂（舞台除外）及其他娱乐场所；火车站和飞机场及码头的建筑；总建筑面积小于 5000㎡ 的商场、总建筑面积小于 1000㎡ 的地下商场等【2015 单】 ③文化遗产建筑： 　木结构古建筑、国家文物保护单位等 ④工业建筑： 　食品、家用电器、玻璃制品等工厂的备料与生产车间等；冷藏库、钢屋架等建筑构件
	Ⅱ级	①民用建筑： 　书库、舞台（葡萄架除外）、汽车停车场（库）、总建筑面积 5000㎡ 及以上的商场、总建筑面积 1000㎡ 及以上的地下商场、净空高度不超过 8m、物品高度不超过 3.5m 的超级市场等【2016 单】 ②工业建筑： 　棉毛麻丝及化纤的纺织、织物及制品、木材木器及胶合板、谷物加工、烟草及制品、饮用酒（啤酒除外）、皮革及制品、造纸及纸制品、制药等工厂的备料与生产车间等

火灾危险等级		设置场所举例
严重危险级	Ⅰ级	印刷厂、酒精制品、可燃液体制品等工厂的备料与车间、净空高度不超过 8m、物品高度超过 3.5m 的超级市场等
	Ⅱ级	易燃液体喷雾操作区域、固体易燃物品、可燃的气溶胶制品、溶剂清洗、喷涂油漆、沥青制品等工厂的备料及生产车间、摄影棚、舞台葡萄架下部等

火灾危险等级		设置场所举例
严重危险级	Ⅰ级	食品、烟酒；木箱、纸箱包装的不燃、难燃物品等
	Ⅱ级	木材、纸、皮革、谷物及制品、棉毛麻丝化纤及制品、家用电器、电缆、B组塑料与橡胶及其制品，钢塑混合材料制品，各种塑料瓶盒包装的不燃、难燃物品及各类物品混杂储存的仓库等
	Ⅲ级	A组塑料与橡胶及其制品、沥青制品等

2. 系统设计基本参数

▶ （1）民用建筑和厂房采用湿式系统时的设计基本参数

火灾危险等级		净空高度/m	喷水强度/[L/(min·m²)]	作用面积/m²
轻危险级		≤8	4	160
中危险级	Ⅰ级		6	160
	Ⅱ级		8【2018 单】	
严重危险级	Ⅰ级		12	260
	Ⅱ级		16	

① 仅在走道设置洒水喷头的闭式系统，其作用面积应按最大疏散距离所对应的走道面积确定。

② 在装有网格、栅板类通透性吊顶的场所，系统的喷水强度应按上表规定值的1.3倍确定。

③ 干式系统以及火灾自动报警系统与充气管道上的压力开关控制的预作用系统的作用面积按上表规定值的1.3倍确定。【2015 单】

④ 系统最不利点处喷头的工作压力不应低于0.05MPa。

▶ （2）民用建筑和厂房高大空间场所采用湿式系统的设计基本参数 【2018 多】

适用场所		最大净空高度 h（m）	喷水强度 [L/(min·m²)]	作用面积（m²）	喷头间距 S（m）
民用建筑	中庭、体育馆、航站楼等	8＜h≤12	12	160	1.8≤S≤3.0
		12＜h≤18	15		
	影剧院、音乐厅、会展中心等	8＜h≤12	15		
		12＜h≤18	20		
厂房	制衣制鞋、玩具、木器、电子生产车间等	8＜h≤12	15		
	棉纺厂、麻纺厂、泡沫塑料生产车间等		20		

【注】
①上表中未列入的场所，应根据本表规定场所的火灾危险性类比确定。
②当民用建筑高大空间场所的最大净空高度为 12m＜h≤18 时，应采用非仓库型特殊应用喷头。

最大净空高度超过 8m 的超级市场应按仓库湿式系统设计基本参数执行。

（3）局部应用系统的设计基本参数

室内最大净空高度不超过 8m，且保护区域总建筑面积不超过 1000m² 的轻危险级或中危险Ⅰ级的民用建筑可采用局部应用湿式自动喷水灭火系统，但系统应采用快速响应喷头，持续喷水时间不应低于 0.5h。

① 采用标准覆盖面积快速响应喷头的系统：
喷头的布置应符合轻危险级或中危险级Ⅰ级场所的有关规定，作用面积应符合下表的规定。

采用标准覆盖面积洒水喷头时的作用面积内开放喷头数量

保护区域总建筑面积和最大厅室建筑面积	开放喷头数/只
保护区域总建筑面积超过 300m²	10
最大厅室建筑面积超过 200m²	
保护区域总建筑面积不超过 300m²	最大厅室喷头数 +2
	少于 5 只时，取 5 只
	多于 8 只时，取 8 只

② 采用扩大覆盖面积洒水喷头的系统：
喷头应采用正方形布置，间距不应小于 2.4m，作用面积应按开放喷头数不少于 6 只确定。

（4）水幕系统设计基本参数

水幕类别	喷水点高度（m）	喷水强度 [L/(s·m)]	喷头工作压力（MPa）
防火分隔水幕	≤12	2.0	0.1
防护冷却水幕	≤4	0.5	

【注】
防护冷却水幕的喷水点高度每增加 1m，喷水强度应增加 0.1L/(s·m)，但超过 9m 时喷水强度仍采用 1.0L/(s·m)。

（5）持续喷水时间

除特殊规定外，系统的持续喷水时间应按火灾延续时间不小于 1.0h 确定。

习题 1 自动喷水灭火系统设置场所的危险等级应根据建筑规模、高度以及火灾危险性、火灾荷载和保护对象的特点等确定。下列建筑中，自动喷水灭火系统设置场所的火灾危险等级为中危险级Ⅰ级的是（　　）。
A. 建筑高度为 50m 的办公楼　　B. 建筑高度为 23m 的四星级旅馆
C. 2000 个座位剧场的舞台　　　D. 总建筑面积为 5600 ㎡ 的商场

【答案】A

习题 2 某总建筑面积为 5200㎡ 的百货商场，其营业厅的室内净高为 5.8m，所设置的自动喷水灭火系统的设计参数应按火灾危险等级不低于（　　）确定。
A. 中危险Ⅱ级　　　　　　　　B. 严重危险Ⅱ级
C. 严重危险Ⅰ级　　　　　　　D. 中危险Ⅰ级

【答案】A

习题 3 在环境温度低于 4℃ 的地区，建设一座地下车库，采用干式自动喷水灭火系统保护，系统的设计参数按照火灾危险等级的中危险级Ⅱ级确定，其作用面积不应小于（　　）㎡。
A. 160
B. 208
C. 192
D. 260

【答案】B

习题 4 某百货商场，地上 4 层，每层建筑面积均为 1500 ㎡，层高均为 5.2m，该商场的营业厅设置自动喷水灭火系统，该自动喷水灭火系统最低喷水强度应为（　　）。
A. 4L/（min·㎡）　　　　　　B. 8L/（min·㎡）
C. 6L/（min·㎡）　　　　　　D. 12L/（min·㎡）

【答案】B

习题 5 下列民用建筑（场所）自动喷水灭火系统参数的设计方案中，正确的有（　　）。

方案	建筑（场所）	室内净高	喷水强度	室内净高
1	高层办公楼	3.8m	6L/（min·㎡）	3.8m
2	地下汽车库	3.6m	8L/（min·㎡）	3.6m
3	商业中庭	10m	12L/（min·㎡）	10m
4	体育馆	13m	12L/（min·㎡）	13m
5	会展中心	16m	15L/（min·㎡）	16m

A. 方案 4　　　　　　　　　　B. 方案 5
C. 方案 1　　　　　　　　　　D. 方案 2　　　　　　　　　　E. 方案 3

【答案】CDE

第四节　系统主要组件及设置要求

1. 洒水喷头

（1）喷头分类

洒水喷头	按结构组成分类	闭式喷头	
		开式喷头	
	按安装方式分类	下垂型喷头	
		直立型喷头	
		边墙型喷头	直立式和水平式
		吊顶型喷头	隐蔽式、嵌入式、齐平式
	按热敏元件分类	玻璃球喷头	
		易熔元件喷头	
	按覆盖面积分类	标准覆盖面积喷头	
		扩大覆盖面积喷头	
	按应用场所分类	早期抑制快速响应喷头	
		家用喷头	
		特殊应用喷头	
	按响应时间分类	快速响应喷头	
		标准响应喷头	
		特殊响应喷头	

闭式喷头

开式喷头

边墙式

吊顶式（带保护罩）

早期抑制快速响应喷头

基本要求：闭式系统的洒水喷头，其公称动作温度宜高于环境最高温度30℃。

（2）喷头选型

① 对于湿式自动喷水灭火系统：
　ⓐ 在吊顶下布置喷头时，应采用下垂型或吊顶型喷头。【2018 多】

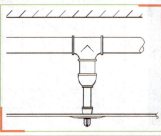

ⓑ 在不设吊顶的场所内设置喷头,当配水支管布置在梁下时,应采用直立型喷头。【2015 单】

  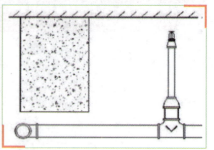

ⓒ 顶板为水平面的轻危险级、中危险级Ⅰ级住宅建筑、宿舍、旅馆建筑客房、医疗建筑病房和办公室,可采用边墙型喷头。

ⓓ 易受碰撞的部位,应采用带保护罩的喷头或吊顶型喷头。

隐蔽式　　　嵌入式　　　齐平式

吊顶型喷头

ⓔ 顶板为水平面,且无梁、通风管道等障碍物影响喷头洒水的场所,可采用扩大覆盖面积洒水喷头;住宅建筑和宿舍、公寓等非住宅类居住建筑宜采用家用喷头。

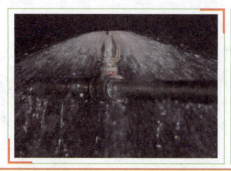 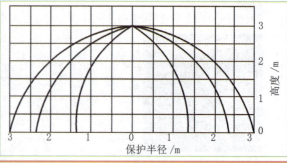

ⓕ 自动喷水防护冷却系统可采用边墙型洒水喷头。

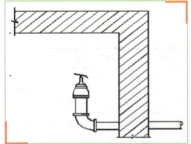

② 对于干式系统和预作用系统,应采用直立型喷头或干式下垂型喷头。

③ 对于水幕系统,防火分隔水幕应采用开式洒水喷头或水幕喷头,防护冷却水幕应采用水幕喷头。

开式洒水喷头　　水幕喷头

ⓐ 防火分隔水幕的喷头布置,应保证水幕的宽度不小于6m;
ⓑ 采用水幕喷头时,喷头不应少于3排;
ⓒ 采用开式洒水喷头时,喷头不应少于2排;
ⓓ 防护冷却水幕的喷头宜布置成单排。

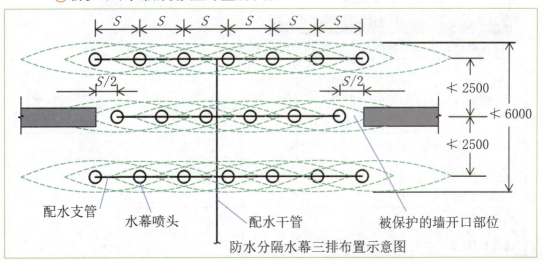

防水分隔水幕三排布置示意图

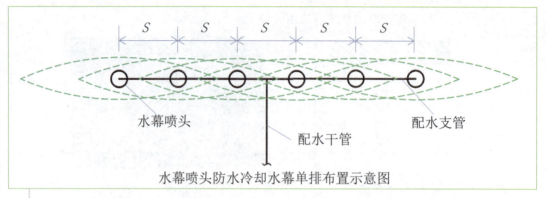

水幕喷头防水冷却水幕单排布置示意图

⑥当防火卷帘、防火玻璃墙等防火分隔设施需采用防护冷却系统保护时,喷头应根据可燃物的情况一侧或两侧布置;外墙可只在需要保护的一侧布置。

 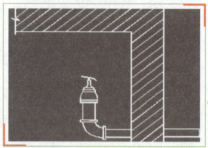

④ 对于公共娱乐场所、中庭环廊、医院、疗养院的病房及治疗区域,老年、儿童、残疾人的集体活动场所,地下的商业场所及超出消防水泵接合器供水高度的楼层,宜采用快速响应喷头。

⑤ 不宜选用隐蔽式洒水喷头;确需采用时,应仅适用于轻危险级和中危险级Ⅰ级场所。

(3) 喷头布置

① 直立型、下垂型标准覆盖面积洒水喷头的布置:

火灾危险等级	正方形布置的边长(m)	矩形或平行四边形布置的长边边长(m)	一只喷头的最大保护面积(m²)	喷头与端墙的距离(m)	
				最大	最小
轻危险级	4.4	4.5	20.0	2.2	0.1
中危险级Ⅰ级	3.6	4.0	12.5	1.8	
中危险级Ⅱ级	3.4	3.6	11.5	1.7	
严重危险级仓库危险级	3.0	3.6	9.0	1.5	

② 直立型、下垂型扩大覆盖面积洒水喷头应采用正方形布置，其布置间距不应大于下表的规定，且不应小于 2.4m。

直立型、下垂型扩大覆盖面积洒水喷头的布置间距

火灾危险等级	正方形布置的边长（m）	一只喷头的最大保护面积（m²）	喷头与端墙的距离（m） 最大	喷头与端墙的距离（m） 最小
轻危险级	5.4	29.0	2.7	0.1
中危险级Ⅰ级	4.8	23.0	2.4	0.1
中危险级Ⅱ级	4.2	17.5	2.1	0.1
严重危险级	3.6	13.0	1.8	0.1

③ 喷头布置的其他要求：

ⓐ 同一场所内的喷头应布置在同一个平面上，并应贴近顶板安装，使闭式喷头处于有利于接触火灾热烟气的位置。

ⓑ 除吊顶型洒水喷头及吊顶下设置的洒水喷头外，直立型、下垂型标准覆盖面积洒水喷头和扩大覆盖面积洒水喷头溅水盘与顶板的距离应为 75～150mm。

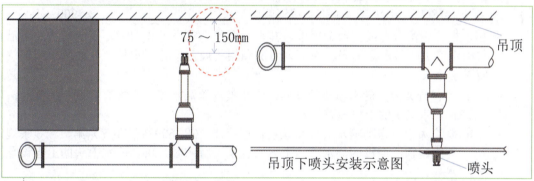

吊顶下喷头安装示意图

ⓒ 当在梁或其他障碍物的下方布置喷头时，喷头与顶板之间的距离不应大于 300mm。在梁和障碍物及密肋梁板下布置的喷头，溅水盘与梁等障碍物及密肋梁板底面的距离不应小于 25mm，且不应大于 100mm。

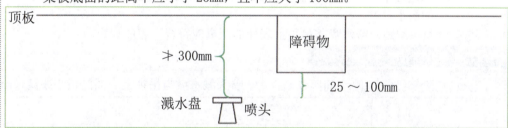

ⓓ 当在梁间布置洒水喷头时，洒水喷头与梁的距离应符合下表的规定。确有困难时，溅水盘与顶板的距离不应大于 550mm，以避免喷水遭受阻挡。当达到 550mm 仍不能符合下表的规定时，应在梁底面下方增设喷头。

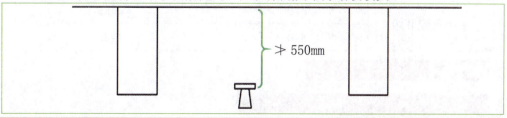

④ 边墙型扩大覆盖面积洒水喷头的最大保护跨度和配水支管上的洒水喷头间距,应按洒水喷头工作压力下能够**喷湿**对面墙和邻近端墙距溅水盘 1.2m 高度以下的墙面确定,且保护面积内的喷水强度应符合下表的规定。

火灾危险等级		净空高度 /m	喷水强度 /[L / (min·m²)]	作用面积 /m²
轻危险级		≤8	4	160
中危险级	Ⅰ级	≤8	6	160
	Ⅱ级		8	
严重危险级	Ⅰ级		12	260
	Ⅱ级		16	

⑤ 图书馆、档案馆、商场、仓库中的通道上方宜设有喷头。喷头与被保护对象的水平距离不应小于 0.30m,喷头溅水盘与保护对象的最小垂直距离不应小于下表的规定。

喷头类型	最小垂直距离
标准覆盖面积洒水喷头、扩大覆盖面积洒水喷头	450
特殊应用喷头、早期抑制快速响应喷头	900

⑥ 挡水板应为正方形或圆形金属板,其平面面积不宜小于 0.12m²,周围弯边的下沿宜与洒水喷头的溅水盘平齐。除下列情况和相关规范另有规定外,其他场所或部位不应采用挡水板:

  ⓐ 设置货架内置洒水喷头的仓库,当货架内置洒水喷头上方有孔洞、缝隙时,可在洒水喷头的上方设置挡水板;

  ⓑ 宽度大于《自动喷水灭火系统设计规范》(GB 50084—2017)第 7.2.3 条规定的障碍物,增设的洒水喷头上方有孔洞、缝隙时,可在洒水喷头的上方设置挡水板。

⑦ 装设**网格、栅板**类通透性吊顶的场所,当通透面积占吊顶总面积的**比例大于 70%**时,喷头应设置在**吊顶上方**,并符合下列规定:

  ⓐ 通透性吊顶开口部位的净宽度不应小于 10mm,且开口部位的厚度不应大于开口的最小宽度;

  ⓑ 喷头间距及溅水盘与吊顶上表面的距离应符合下表的规定。

通透性吊顶场所喷头布置要求

火灾危险等级	喷头间距 S(m)	喷头溅水盘与吊顶上表面的最小距离(mm)
轻危险级 中危险级Ⅰ级	S ≤ 3.0	450
	3.0 < S ≤ 3.6	600
	S > 3.6	900
中级危险Ⅱ级	S ≤ 3.0	600
	S > 3.0	900

2. 报警阀组

  (1) 报警阀组的设置要求

① 自动喷水灭火系统应根据不同的系统形式设置相应的报警阀组。

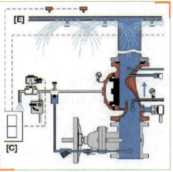

　ⓐ 保护室内钢屋架等建筑构件的闭式系统，应设置独立的报警阀组。
　ⓑ 水幕系统应设置独立的报警阀组或感温雨淋阀。

② 报警阀组宜设在安全且易于操作、检修的地点，环境温度不低于4℃且不高于70℃，距地面的距离宜为1.2m。设置报警阀组的部位应设有排水设施。水力警铃应设置在有人值班的地点附近，其与报警阀连接的管道直径应为20mm，总长度不宜大于20m；水力警铃的工作压力不应小于0.05MPa。

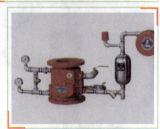

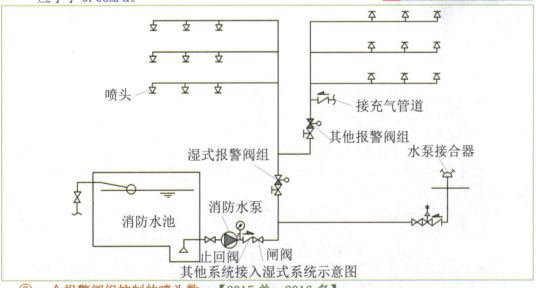

其他系统接入湿式系统示意图

③ 一个报警阀组控制的喷头数：【2015单，2016多】
　ⓐ 对于湿式系统、预作用系统不宜超过800只。
　ⓑ 对于干式系统不宜超过500只。
　ⓒ 串联接入湿式系统配水干管的其他自动喷水灭火系统，应分别设置独立的报警阀组，其控制的喷头数计入湿式阀组控制的喷头总数。
　ⓓ 每个报警阀组供水的最高和最低位置喷头的高程差不宜大于50m。

④ 控制阀安装在报警阀的入口处，用于在系统检修时关闭系统。
　ⓐ 控制阀应保持在常开位置，保证系统时刻处于警戒状态。
　ⓑ 使用信号阀时，其启闭状态的信号反馈到消防控制中心。
　ⓒ 使用常规阀门时，必须用锁具锁定阀板位置。

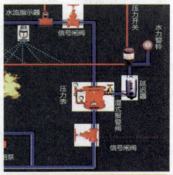

3. 末端试水装置

其作用是检验系统的可靠性,测试系统能否在开放一只喷头的最不利条件下可靠报警并正常启动。同时可测试干式系统和预作用系统的管道充水时间。

(1) 末端试水装置的组成

末端试水装置由试水阀、压力表以及试水接头等组成。

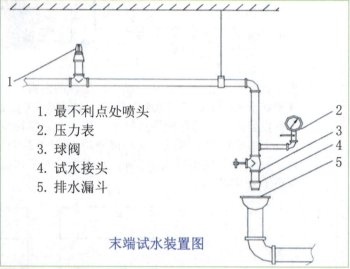

1. 最不利点处喷头
2. 压力表
3. 球阀
4. 试水接头
5. 排水漏斗

末端试水装置图

(2) 末端试水装置的设置要求 【2016 多】

① 每个报警阀组控制的最不利点喷头处应设置末端试水装置,其他防火分区和楼层均应设置直径为 25mm 的试水阀。

② 其试水接头出水口的流量系数应与同楼层或同防火分区内选用的最小流量系数的喷头相等。其出水应采用孔口出流的方式排入排水管道。排水立管宜设伸顶通气管,且管径不应小于 75mm。

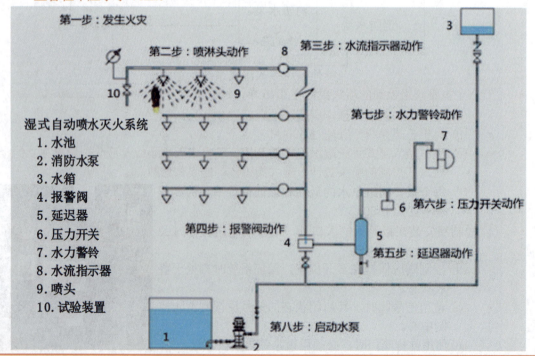

习题 1 某单层工业厂房，建筑面积为 10000m²，室内最大净高为 8m，屋面坡度为 2%，未设置吊顶。该建筑按中危险级Ⅱ级设置自动喷水灭火系统，应选择（　　）喷头。
A. 直立型　　　　　　　　　　B. 隐蔽型
C. 吊顶型　　　　　　　　　　D. 边墙型

【答案】A

习题 2 下列建筑（场所）湿式自动喷水灭火系统喷头的选型方案中，正确的有（　　）。
A. 办公楼附建的地下汽车库：选用直立型洒水喷头
B. 装有非通透性吊顶的商场：选用下垂型洒水喷头
C. 总建筑面积为 5000 m² 的地下商场：选用隐蔽式洒水喷头
D. 多层旅馆客房：选用边墙洒水喷头
E. 工业园区员工集体宿舍：选用家用喷头

【答案】ABDE

习题 3 某地下车库，设置的自动喷水灭火系统采用直立型喷头。下列关于喷头溅水盘与车库顶板的垂直距离的说法，符合规范规定的有（　　）。
A. 喷头无障碍物遮挡时，不应小于 25mm，不应大于 150mm
B. 喷头有障碍物遮挡时，不应大于 850mm
C. 喷头无障碍物遮挡时，不应小于 75mm，不应大于 150mm
D. 喷头有障碍物遮挡时，不应大于 650mm
E. 喷头有障碍物遮挡时，不应大于 550mm

【答案】CE

习题 4 某建筑高度为 25m 的办公建筑，地上部分全部为办公，地下 2 层为汽车库，建筑内部全部设置自动喷水灭火系统，下列关于该自动喷水灭火系统的做法中，正确的有（　　）。
A. 办公楼层采用玻璃球色标为红色的喷头
B. 办公楼采用边墙型喷头
C. 汽车库内一只喷头的最大保护面积为 11.5m²
D. 汽车库采用直立型喷头
E. 办公楼层内一只喷头的最大保护面积为 20.0m²

【答案】ACD

习题 5 某座 3100 个座位的大剧院，地下车库采用预作用自动喷水灭火系统，演员化妆间等采用湿式自动喷水灭火系统，舞台葡萄架下采用雨淋系统，舞台口采用防护冷却水幕系统。该建筑的自动喷水灭火系统应选用（　　）种报警阀组。
A. 1　　　　　　　　　　　　B. 2
C. 3　　　　　　　　　　　　D. 4

【答案】C

习题 6 某 3 层图书馆，建筑面积为 12000m²，室内最大净空高度为 4.5m，图书馆内全部设置自动喷水灭火系统等，下列关于该自动喷水灭火系统的做法中，正确的是（　　）。
A. 系统的喷水强度为 4L/（min.m²）
B. 共设置 1 套湿式报警阀组
C. 采用流量系数 $K=80$ 的洒水喷头
D. 系统的作用面积为 160m²
E. 系统最不利点处喷头的工作压力为 0.1MPa

【答案】CDE

习题 7 某 3 层商业建筑，采用湿式自动喷水灭火系统保护，共设计有 2800 个喷头保护吊顶下方空间。该建筑自动喷水灭火系统报警阀组的设置数量不应少于（　　）个
A. 2　　　　　　　　　　　　　　B. 3
C. 4　　　　　　　　　　　　　　D. 5

【答案】C

习题 8 某高层建筑，建筑高度为 50m，设有 3 台湿式报警阀。下列关于末端试水装置设置的说法中，正确的有（　　）。
A. 每层最不利点喷头处均应设置末端试水设施
B. 末端试水装置的出流量应由系统流量系数最大的喷头确定
C. 末端试水装置应由试水阀、压力表、试水接头组成
D. 末端试水装置的出水应采取孔口出流的方式排入排水管道
E. 末端试水装置处排水管道的直径不宜小于 DN75

【答案】CDE

第五节　系统的控制

类型	配水管道充水时间	自动启泵
湿式	【2018 单】	①消防水泵出水干管上的压力开关； ②高位消防水箱出水管上的流量开关； ③报警阀组压力开关
干式	不宜大于 1min	
预作用	①火灾自动报警系统直接控制不宜大于 2min； ②火灾自动报警系统与充气管道上的压力开关控制不宜大于 1min	①消防水泵出水干管上的压力开关； ②高位消防水箱出水管上的流量开关； ③报警阀组压力开关； ④火灾自动报警系统 （雨淋阀采用液动、气动传动管方式时无此方式）
雨淋水幕 【2018 多】	雨淋系统不宜大于 2min	

习题 1 根据现行国家标准《自动喷水灭火系统设计规范》（GB 50084—2017），下列湿式自动喷水灭火系统消防水泵的控制方案中，正确的有（　　）。
A. 由消防水泵出水干管上设置的压力开关动作信号与高位水箱出水管上设置的流量开关信号作为联动与触发信号，自动启动消防喷淋泵
B. 由高位水箱出水管上设置的流量开关动作信号与火灾自动报警系统报警信号作为联动与触发信号，自动启动消防喷淋泵
C. 由消防水泵出水干管上设置的压力开关动作信号与火灾自动报警系统报警信号作为联动与触发信号，直接自动启动消防喷淋泵
D. 火灾自动报警联动控制器处于手动状态时，由报警阀组压力开关动作信号作为触发信号，直接控制启动消防喷淋泵
E. 火灾自动报警联动控制器处于自动状态时，由高位水箱出水管上设置的流量开关信号作为触发信号，直接自动启动消防喷淋泵

【答案】DE

> **习题 2** 某剧场舞台设有雨淋系统,雨淋报警阀采用充水传动管控制。该雨淋系统消防水泵的下列控制方案中,错误的是(   )。
> A. 由报警阀组压力开关信号直接连锁启动消防喷淋泵
> B. 由高位水箱出水管上设置的流量开关直接自动启动消防喷淋泵
> C. 由火灾自动报警系统报警信号直接自动启动消防喷淋泵
> D. 由消防水泵出水干管上设置的压力开关直接自动启动消防喷淋泵
>
> 【答案】C

第六节 系统组件(设备)安装前检查

1. 喷头现场检查

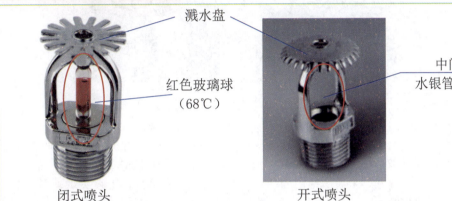

闭式喷头   开式喷头

(1) 喷头外观标志检查要求

① 喷头溅水盘或者本体上至少具有**型号、规格、生产厂商名称(代号)或者商标、生产时间、响应时间指数(RTI)等永久性标识**。【2015 单】

② 边墙型喷头上有**水流方向标识**,隐蔽式喷头的盖板上有"**不可涂覆**"等文字标识。

 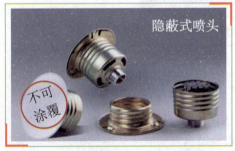

③ 喷头型号、规格的标记由类型**特征代号(型号)、性能代号、公称口径和公称动作温度**等部分组成,型号、规格所示的性能参数应符合设计文件的选型要求。

④ 所有标识均为永久性标识,标识正确、清晰。

⑤ 易熔元件、玻璃球的色标与温标对应、正确。

常见喷头规格型号实例

喷头名称	直立型喷头	下垂型喷头	直立边墙型喷头	水平边墙型喷头	干式喷头	齐平式喷头	嵌入式喷头	隐蔽式喷头
喷头名称	ZSTZ	ZSTX	ZSTBZ	ZSTBS	ZSTG	ZSTDQ	ZSTDR	ZSTDY

玻璃球喷头玻璃球色标与对应公称动作温度【2018 单】											
公称动作温度/℃	57	68	79	93	107	121	141	163	182	204	227	260	343
玻璃球色标	橙	红	黄	绿		蓝		紫		黑			

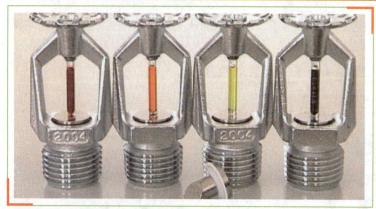

(2) 闭式喷头密封性能试验检查要求　【2015、2017、2018 单】

① 密封性能试验的试验压力为 3.0MPa，保压时间不少于 3min。
② 随机从每批到场喷头中抽取 1%，且不少于 5 只作为试验喷头。当 1 只喷头试验不合格时，再抽取 2%，且不少于 10 只的到场喷头进行重复试验。
③ 试验以喷头无渗漏、无损伤判定为合格。累计 2 只以及 2 只以上喷头试验不合格的，不得使用该批喷头。

(3) 质量偏差检查要求

① 随机抽取 3 个喷头（带有运输护帽的摘下护帽）进行质量偏差检查。
② 使用天平测量每只喷头的质量。
③ 计算喷头质量与合格检验报告描述的质量偏差，偏差不得超过 5%。

2. 报警阀组现场检查

（1）检查内容

报警阀组到场后，重点检查（验）报警阀组外观、报警阀结构、报警阀组操作性能和报警阀渗漏等内容。

① 报警阀组外观检查：【2016 单】

ⓐ 报警阀的商标、型号、规格等标志齐全，阀体上有水流指示方向的永久性标识。
ⓑ 报警阀的型号、规格符合经消防设计审核合格或者备案的消防设计文件要求。
ⓒ 报警阀组及其附件配备齐全，表面无裂纹，无加工缺陷和机械损伤。

② 报警阀结构检查：

ⓐ 阀体上设有放水口，放水口的公称直径不小于 20mm。
ⓑ 阀体的阀瓣组件的供水侧，应设有在不开启阀门的情况下测试报警装置的测试管路。
ⓒ 干式报警阀组、雨淋报警阀组应设有自动排水阀。
ⓓ 阀体内清洁、无异物堵塞，报警阀阀瓣开启后能够复位。

③报警阀组操作性能检验:
  ⓐ 报警阀阀瓣以及操作机构动作灵活,无卡涩现象。
  ⓑ 水力警铃的铃锤转动灵活,无阻滞现象。
  ⓒ 水力警铃传动轴密封性能良好,无渗漏水现象。
  ⓓ 进口压力为 0.14MPa、排水流量不大于 15.0L/min 时,不报警;流量为 15.0~60.0L/min 时,可报可不报;流量大于 60.0L/min 时,必须报警。

④报警阀渗漏试验:
  测试报警阀密封性,试验压力为额定工作压力的 2 倍的静水压力,保压时间不小于 5min 后,阀瓣处无渗漏。

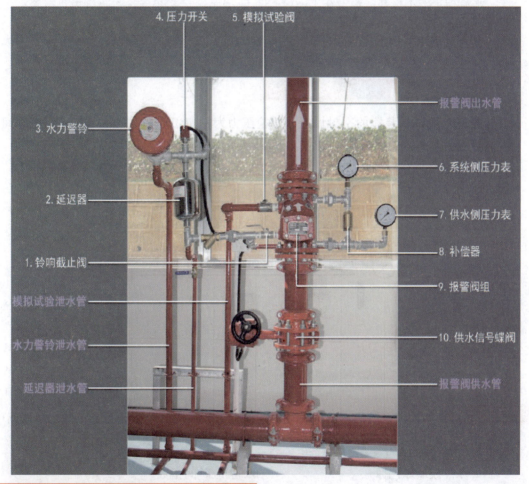

(2) 检查方法

① 将报警阀组进行组装,安装补偿器及其连接管路,其余组件不作安装,阀瓣组件关闭。
② 采用堵头堵住各个阀门开口部位(供水管除外),供水侧管段上安装测试用压力表。
③ 供水侧管段与试压泵、试验用水源连接,经检查各试验组件装配到位。
④ 充水排除阀体内腔、管段内的空气后,对阀体缓慢加压至试验压力并稳压(停止供水)。
⑤ 采用秒表计时 5min,目测观察有无渗漏、变形。

3. 其他组件的现场检查

主要包括压力开关、水流指示器、末端试水装置等。

（1）水流指示器的检查要求

① 检查水流指示器灵敏度，试验压力为 0.14～1.2MPa，流量不大于 15.0L/min 时，水流指示器不报警；流量在 15.0～37.5L/min 任一数值时，可报警可不报警；到达 37.5L/min 时，一定报警。

② 具有延迟功能的水流指示器，检查桨片动作后报警延迟时间，在 2～90s 范围内，且可调节。

（2）末端试水装置的检查要求

① 测试末端试水装置的密封性能，试验压力为额定工作压力的 1.1 倍，保压时间为 5min，末端试水装置试水阀关闭，测试结束时末端试水装置各组件无渗漏。

② 末端试水装置手动（电动）操作方式灵活，便于开启，信号反馈装置能够在末端试水装置开启后输出信号，试水阀关闭后，末端试水装置无渗漏。

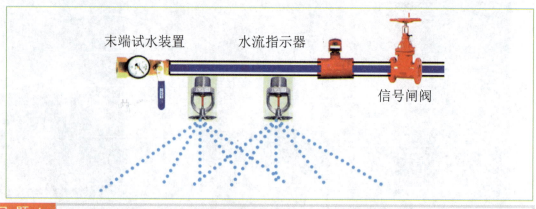

习题 1 对自动灭火系统洒水喷头进行现场检查时，应确认其标志齐全。直立型玻璃球喷头溅水盘或者本体上至少应具有商标、型号、公称动作温度、制造厂（代号）、生产日期及（　　）等标志。
A．玻璃球色标　　　　　　　B．响应时间指数
C．玻璃球公称直径　　　　　D．水流方向

【答案】B

习题 2 某冷库冷藏室室内净高为 4.5m，设计温度为 5℃，冷藏间内设有自动喷水灭火系统，该冷藏间自动喷水灭火系统的下列设计方案中，正确的是（　　）。
A．采用干式系统，选用公称动作温度为 68℃的喷头
B．采用湿式系统，选用用公称动作温度为 57℃的喷头
C．采用预作用系统，选用公称动作温度为 79℃的喷头
D．采用雨淋系统，选用水幕喷头

【答案】B

习题 3 某场所内设置的自动喷水灭火系统，洒水喷头玻璃球工作液色标为黄色，则该洒水喷头公称动作温度为（　　）。
A. 57℃　　　　　　　　　　　　B. 68℃
C. 93℃　　　　　　　　　　　　D. 79℃

【答案】D

习题 4 闭式自动喷水灭火系统施工安装前，需对已进场的封闭式喷头进行密封性能试验。下列情况中，符合相关施工验收规范要求的是（　　）。
A. 施工单位按规范要求抽样并使用专用试验装置进行密封性能试验
B. 密封性能试验压力为3MPa，保压时间1min
C. 施工单位按每批喷头总数的1%抽样送国家法定检测机构进行密封性能试验
D. 施工单位按每批5只喷头抽样送国家法定检测机构进行密封性能测试

【答案】A

习题 5 某消防工程施工单位对自动喷水灭火系统的喷头进行安装前检查。根据现行国家标准《自动喷水灭火系统施工及验收规范》（GB 50261—2017），关于喷头现场检验的说法中，错误的是（　　）。
A. 喷头螺纹密封面应无缺丝，断丝现象
B. 喷头商标、型号等标志应齐全
C. 每批应抽查3只喷头进行密封性能试验，且试验合格
D. 喷头外观应无加工缺陷和机械损伤

【答案】C

习题 6 某消防工程施工单位对自动喷水灭火系统闭式喷头进行密封性能试验，下列试验压力和保压时间的做法中，正确的是（　　）。
A. 试验压力2.0MPa，保压时间5min　　B. 试验压力3.0MPa，保压时间1min
C. 试验压力3.0MPa，保压时间3min　　D. 试验压力2.0MPa，保压时间2min

【答案】C

习题 7 某消防工程施工单位对室内消火栓进场检验。根据现行国家标准《消防给水及消火栓系统技术规范》（GB 50974—2014），下列消火栓固定接口密封性能试验抽样数量的说法，正确的是（　　）。
A. 宜从每批中抽查0.5%，但不应少于5个，当仅有1个不合格时，应再抽查1%，但不应少于10个
B. 宜从每批中抽查1%，但不应少于3个，当仅有1个不合格时，应再抽查2%，但不应少于5个
C. 宜从每批中抽查0.5%，但不应少于3个，当仅有1个不合格时，应再抽查1%，但不应少于5个
D. 宜从每批抽查1%，但不应少于5个，当仅有一个不合格时，应再抽查2%，但不应少于10个

【答案】D

习题 8 某工地在自动喷水灭火系统施工安装前进行进场检测，下列关于报警阀组现场检查验收项目要求中，正确的是（　　）。
A. 附件配置、外观标识、外观质量、渗漏试验和报警阀结构等
B. 附件配置、外观标识、外观质量、渗漏试验和强度试验等
C. 阀门材质、外观标识、外观质量、渗漏试验和强度试验等
D. 压力等级、外观标识、外观质量、渗漏试验和强度试验等

【答案】A

第七节　系统组件安装调试与检测验收

1. 过滤器与喷头

①当喷头的公称直径小于10mm时，在系统配水干管、配水管上安装过滤器。
②梁、通风管道、排管、桥架宽度大于1.2m时，在其腹面以下部位增设喷头。

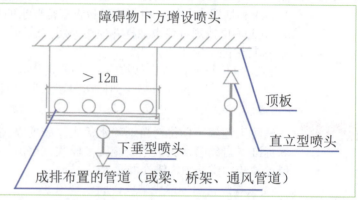

2. 报警阀组

报警阀组安装在供水管网试压、冲洗合格后组织实施。

（1）报警阀组安装与技术检测共性要求

① 报警阀组安装要求：

ⓐ 报警阀组垂直安装在配水干管上，水源控制阀、报警阀组水流标识与系统水流方向一致。报警阀组的安装顺序为：先安装水源控制阀、报警阀，再进行报警阀辅助管道的连接。

ⓑ 报警阀阀体底边距室内地面高度为1.2m，侧边与墙的距离不小于0.5m，正面与墙的距离不小于1.2m，报警阀组凸出部位之间的距离不小于0.5m。

ⓒ 报警阀组安装在室内时，室内地面增设排水设施。

② 附件安装要求：

ⓐ 压力表安装在报警阀上便于观测的位置。
ⓑ 排水管和试验阀安装在便于操作的位置。
ⓒ 水源控制阀安装在便于操作的位置，且设有明显的开、闭标识和可靠的锁定设施。
ⓓ 水力警铃安装在公共通道或者值班室附近的外墙上，并安装检修、测试用的阀门。
ⓔ 水力警铃和报警阀的连接，采用热镀锌钢管，当镀锌钢管的公称直径为20mm时，其长度不宜大于20m。
ⓕ 安装完毕的水力警铃启动时，警铃声强度不小于70dB。
ⓖ 系统管网试压和冲洗合格后，排气阀安装在配水干管顶部、配水管的末端。

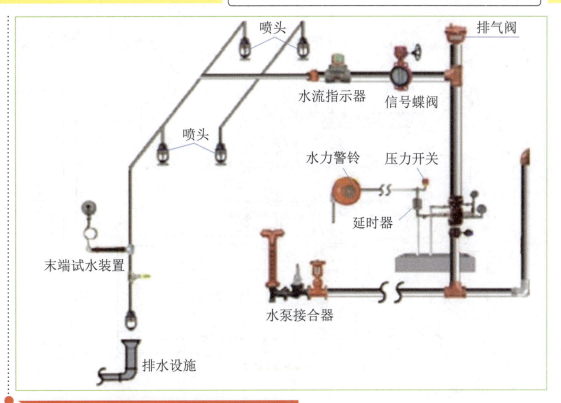

（2）湿式报警阀组安装与技术检测要求

湿式报警阀组除按照报警阀组安装的共性要求进行安全技术检测外，还需符合下列要求：

① 报警阀前后的管道能够快速充满水；压力波动时，水力警铃不发生误报警。
② 过滤器安装在报警水流管路上，其位置在延迟器前，且便于排渣操作。

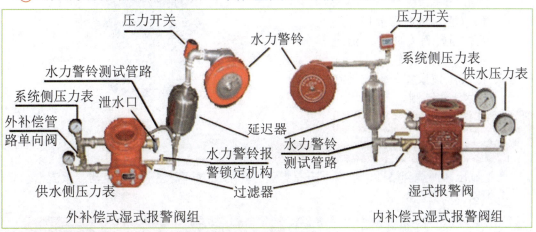

（3）干式报警阀组安装及质量检测要求

干式报警阀组除按照报警阀组安装的共性要求进行安装、技术检测外，还需符合下列要求：

① 安装在不发生冰冻的场所。
② 安装完成后，向报警阀气室注入高度为 50～100mm 的清水。
③ 充气连接管路的接口安装在报警阀气室充注水位以上部位，充气连接管道的直径不得小于15mm；止回阀、截止阀安装在充气连接管路上。

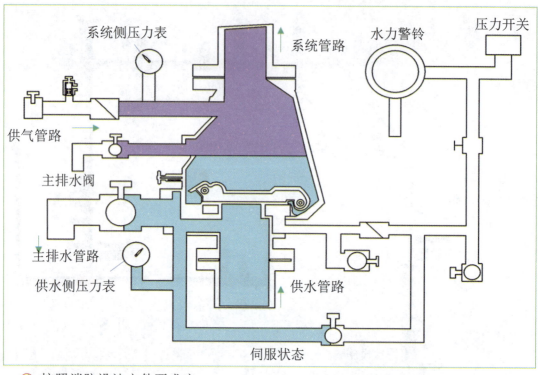

伺服状态

④ 按照消防设计文件要求安装气源设备，符合现行国家规定。
⑤ 安全排气阀安装在气源与报警阀组之间，靠近报警阀组一侧。
⑥ 加速器安装在靠近报警阀的位置，设有防止水流进入加速器的措施。
⑦ 低气压预报警装置安装在配水干管一侧。

3. 水流报警装置

（1）水流指示器的分类

管道试压和冲洗合格后，管内不应有焊渣等异物，方可安装水流指示器。水流指示器可分为以下几类：

法兰式水流指示器

马鞍式水流指示器

对夹式水流指示器

| 螺纹式水流指示器 | 沟槽式水流指示器 | 焊接式水流指示器 |

（2）水流指示器安装

① 水流指示器桨片、膜片竖直安装在水平管道上侧，其动作方向与水流方向一致。
② 水流指示器安装后，其桨片、膜片动作灵活，不得与管壁发生碰擦。
③ 同时使用信号阀和水流指示器控制的自动喷水灭火系统，信号阀安装在水流指示器前的管道上，与水流指示器间的距离不小于 300mm。【2015 单】

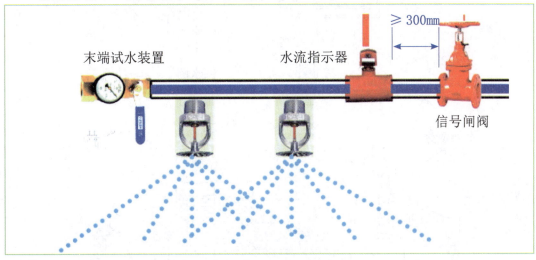

4. 系统冲洗、试压（与消防给水基本一致）

①管网安装完毕后，应组织实施管网强度试验、严密性试验和冲洗。
②强度试验和严密性试验采用水作为介质进行试验。
③干式自动喷水灭火系统、预作用自动喷水灭火系统采用水、空气或者氮气作为介质分别进行水压试验和气压试验。【2015 多】

5. 系统调试

系统调试包括水源测试、消防水泵调试、稳压泵调试、报警阀调试、排水设施调试和联动试验等内容。调试过程中，系统出水通过排水设施全部排走。【2017 多】

（1）报警阀组

① 湿式报警阀组。湿式报警阀组调试时，从试水装置处放水，当湿式报警阀进水压力大于 0.14MPa、放水流量大于 1L/s 时，报警阀应启动，带延迟器的水力警铃在 5～90s 内发出报警铃声，不带延迟器的水力警铃应在 15s 内发出报警铃声，压力开关动作，并反馈信号。【2016 单】

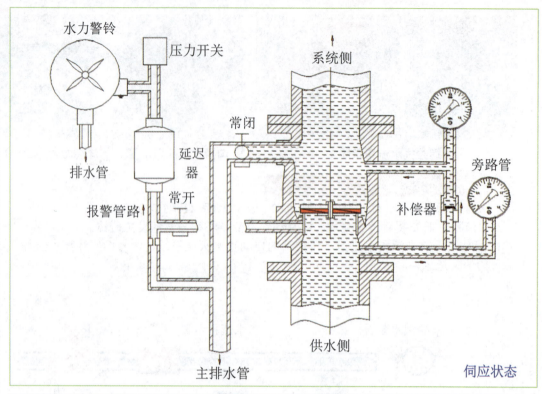

伺应状态

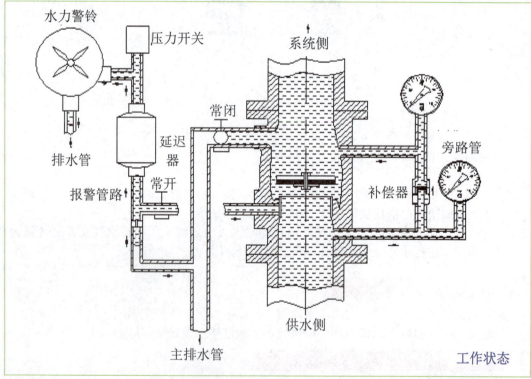

工作状态

② 雨淋报警阀组。雨淋报警阀组调试采用检测、试验管道进行供水。自动和手动方式启动的雨淋报警阀,应在联动信号发出或者手动控制操作后 15s 内启动;公称直径大于 200mm 的雨淋报警阀,在 60s 之内启动。雨淋报警阀调试时,当报警水压为 0.05MPa,水力警铃应发出报警铃声。

（2）联动调试及检测

① 湿式系统调试及检测内容：

系统控制装置设置为"自动"控制方式，启动一只喷头或者开启末端试水装置，流量保持在 0.94～1.5L/s，水流指示器、报警阀、压力开关、水力警铃和消防水泵等及时动作，并有相应组件的动作信号反馈到消防联动控制设备。

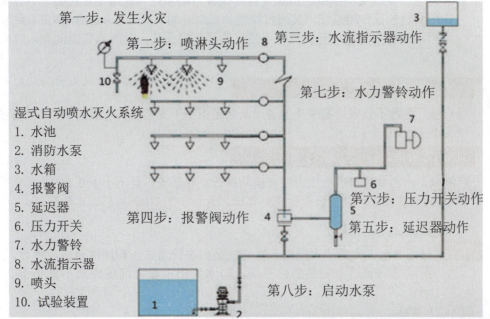

湿式自动喷水灭火系统
1. 水池
2. 消防水泵
3. 水箱
4. 报警阀
5. 延迟器
6. 压力开关
7. 水力警铃
8. 水流指示器
9. 喷头
10. 试验装置

② 干式系统调试检测内容：

系统控制装置设置为"自动"控制方式，启动一只喷头或者模拟一只喷头的排气量排气，报警阀、压力开关、水力警铃和消防水泵等及时动作并有相应的组件信号反馈。

③ 预作用系统、雨淋系统、水幕系统调试检测内容：

ⓐ 系统控制装置设置为"自动"控制方式，采用专用测试仪表或者其他方式，模拟火灾自动报警系统输入各类火灾探测信号，报警控制器输出声光报警信号，启动自动喷水灭火系统。

ⓑ 采用传动管启动的雨淋系统、水幕系统联动试验时，启动一只喷头，雨淋报警阀打开，压力开关动作，消防水泵启动，并有相应组件信号反馈。

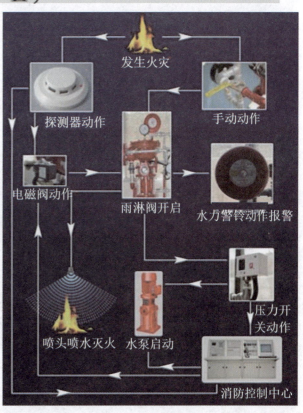

6. 系统竣工验收

（1）管网验收检查

① 经测量，管道横向安装坡度为 0.002～0.005，且坡向排水管；相应的排水措施设置符合规定要求。

② 经测量，干式灭火系统、由火灾自动报警系统和充气管道上设置的压力开关开启预作用装置的预作用系统，其配水管道的充水时间不宜大于 1min；雨淋系统和仅由火灾自动报警系统联动开启预作用装置的预作用系统，其配水管道的充水时间不宜大于 2min。

（2）喷头验收检查

经点验，各种不同规格的喷头的备用品数量不少于安装喷头总数的 1%，且每种备用喷头**不少于 10 个**。

（3）报警阀组验收检查

经测试，水力警铃喷嘴处压力符合消防设计文件要求，且不小于 0.05MPa；**距水力警铃 3m 远处警铃声声强符合设计文件要求，且不小于 70dB**。【2016 单】

习题 1 自动喷水灭火系统水流指示器的安装应在管道试压和冲洗合格后进行，在水流指示器前管道上安装的信号阀，与水流指示器之间的距离不宜小于（ ）mm。
A. 400   B. 500
C. 300   D. 600

【答案】C

习题 2 自动喷水灭火系统的管网安装完毕后应对其进行（ ）。
A. 强度试验   B. 密封性试验
C. 严密性试验   D. 渗漏试验
E. 冲洗

【答案】ACE

习题 3 检查自动喷水灭火系统，湿式报警阀前压力为 0.35MPa，打开湿式报警阀组试水阀，以 1.2L/s 的流量放水，不带延迟器的水力警铃最迟在（ ）s 内发出报警铃声。
A. 5   B. 30
C. 15   D. 90

【答案】C

习题 4 检测建筑内自动喷水灭火系统报警阀水力警铃声强时，打开报警阀试水阀，放水流量为 1.5L/s，水力警铃喷嘴处压力为 0.1MPa。在距离水力警铃 3m 处测试水力警铃声强。根据现行国家消防技术标准，警铃声强至少不应小于（ ）dB。
A. 70   B. 60
C. 65   D. 75

【答案】A

> **习题 5** 在自动喷水灭火系统设备和组件安装完成后应对系统进行调试。根据现行国家标准《自动喷水灭火系统施工及验收规范》（GB 50261—2017），系统调试主控项目应包括的内容有（　　）。
> A．水源测试　　　　　　　　B．消防水泵调试
> C．排水设施调试　　　　　　D．电动阀调试
> E．稳压泵调试
>
> 【答案】ABCE

第八节　系统维护管理

1. 系统巡查

巡查主要是针对系统**组件外观**、**现场运行状态**、**系统检测装置工作状态**、**安装部位环境条件**等实施的日常巡查。

（1）巡查内容　【2017、2018 单】

自动喷水灭火系统巡查内容主要包括：
① 喷头外观及其周边障碍物、保护面积等。
② 报警阀组外观、报警阀组检测装置状态、排水设施状况等。
③ 充气设备、排气装置及其控制装置、火灾探测传动、液（气）动传动及其控制装置、现场手动控制装置等外观、运行状况。
④ 系统末端试水装置、楼层试水阀及其现场环境状态，压力监测情况等。
⑤ 系统用电设备的电源及其供电情况。

（2）巡查周期

建筑管理使用单位至少每日组织一次系统全面巡查。

2. 系统周期性检查维护

（1）月检查项目　【2016 单】【2017、2018 多】
① 电动、内燃机驱动的消防水泵（增压泵）启动运行测试。
② 喷头完好状况、备用量及异物清除等检查。
③ 系统所有阀门状态及其铅封、锁链完好状况检查。
④ 消防气压给水设备的气压、水位测试；消防水池、消防水箱的水位及消防用水不被挪用的技术措施检查。
⑤ 水泵接合器完好性检查。
⑥ 过滤器排渣、完好状况检查。
⑦ 报警阀启动性能测试。
⑧ 电磁阀启动试验。
⑨ 利用末端试水装置对水流指示器进行试验。

（2）季度检查项目

下列项目至少每季度进行一次检查与维护：
① 系统所有的末端试水阀和报警阀旁的放水试验阀进行一次放水试验，检查系统启动、报警功能以及出水情况是否正常。
② 室外阀门井中的控制阀门开启状况及其使用性能测试。

（3）年度检查项目　【2015 单】
① 水源供水能力测试。
② 水泵接合器通水加压测试。【巧记】"圆盒储"
③ 储水设备结构材料检查。　　　　（存）"榴莲"
④ 水泵流量性能测试。
⑤ 系统联动测试。

3. 系统年度检测

建筑使用管理单位可以委托具有资质的消防技术服务单位组织实施。

（1）喷头

重点检查喷头选型与保护区域的使用功能、危险性等级等匹配情况，核查闭式喷头玻璃泡色标高于保护区域环境最高温度30℃的要求，以及喷头无变形、附着物、悬挂物等影响使用的情况。

（2）报警阀组

检测前，查看自动喷水灭火系统的控制方式、状态，确认系统处于工作状态，消防控制设备以及消防水泵控制装置处于自动控制状态。湿式报警阀组、干式报警阀组、预作用装置、雨淋报警阀组等按照其组件检测和功能测试两项内容进行检测。

① 湿式报警阀组功能检测：【2018 单】
 ⓐ 开启末端试水装置，出水压力不低于0.05MPa，水流指示器、湿式报警阀、压力开关应及时动作。
 ⓑ 报警阀动作后，测量水力警铃声强，不得低于70dB。
 ⓒ 开启末端试水装置5min内，消防水泵自动启动。
 ⓓ 消防控制设备准确接受并显示水流指示器、压力开关及消防水泵的反馈信号。

② 干式报警阀组检测内容及要求：
 检查空气压缩机和气压控制装置状态，保持其正常，压力表显示符合设定值。
 干式报警阀组功能按照下列要求进行检测：
 ⓐ 开启末端试水装置，报警阀组、压力开关动作，联动启动排气阀入口电动阀和消防水泵，水流指示器报警。
 ⓑ 水力警铃报警，水力警铃声强值不得低于70dB。
 ⓒ 开启末端试水装置1min后，其出水压力不得低于0.05MPa。
 ⓓ 消防控制设备准确显示水流指示器、压力开关、电动阀及消防水泵的反馈信号。

③ 预作用装置：
 ⓐ 模拟火灾探测报警，火灾报警控制器确认火灾后，自动启动预作用装置（雨淋报警阀）、排气阀入口电动阀以及消防水泵；水流指示器、压力开关动作。
 ⓑ 报警阀组动作后，测试水力警铃声强，不得低于70dB。
 ⓒ 开启末端试水装置，火灾报警控制器确认火灾2min后，其出水压力不低于0.05MPa。
 ⓓ 消防控制设备准确显示电磁阀、电动阀、水流指示器以及消防水泵动作信号，反馈信号准确。

④ 雨淋报警阀组：
 ⓐ 检查雨淋报警阀组及其消防水泵的控制方式，具有自动、手动启动控制方式。
 ⓑ 传动管控制的雨淋报警阀组，传动管泄压后，查看消防水泵、报警阀联动启动情况，动作准确及时。
 ⓒ 报警信号发出后，检查压力开关动作情况，测量水力警铃声强值，距水力警铃3m远处声压级不得低于70dB。
 ⓓ 报警阀组动作后，检查消防控制设备，电磁阀、消防水泵与压力开关反馈信号准确。
 ⓔ 并联设置多台雨淋报警阀组的，报警信号发出后，检查其报警阀组及其组件联动情况，联动控制逻辑关系符合消防设计要求。
 ⓕ 手动操作控制的水幕系统，测试其控制阀，启闭灵活可靠。

4. 系统常见故障分析

（1）湿式报警阀组常见故障分析、处理

① 报警阀组漏水：

故障原因	故障处理
排水阀门未完全关闭	关紧排水阀门
阀瓣密封垫老化或者损坏	更换阀瓣密封垫
系统侧管道接口渗漏	密封垫老化、损坏的，更换； 密封垫错位的，调整位置； 管道接口锈蚀、磨损严重的，更换
报警管路测试控制阀渗漏	更换报警管路测试控制阀
阀瓣组件与阀座之间因变形或污垢、杂物阻挡而不密封	先放水冲洗； 仍渗漏，关闭进水口侧和系统侧控制阀，卸下阀板，清除杂质； 拆卸阀体，阀瓣组件、阀座存在明显变形、损伤的，更换

② 报警阀启动后报警管路不排水：

故障原因	故障处理
报警管路控制阀关闭	开启报警管路控制阀
限流装置过滤网被堵塞	卸下限流装置，冲洗干净后重新安装回原位

③ 报警阀报警管路误报警：

故障原因	故障处理
未按照安装图样安装或者未按照调试要求进行调试	按照安装图样核对报警阀组组件安装情况；重新对报警阀组伺应状态进行调试
报警阀组渗漏通过报警管路流出	按照故障"1"（报警阀组漏水）查找渗漏原因，进行相应处理
延迟器下部孔板溢出水孔堵塞，发生报警或者缩短延迟时间	延迟器下部孔板溢出、水孔堵塞，卸下筒体，拆下孔板进行清洗

④ 水力警铃工作不正常（不响、响度不够、不能持续报警）：

故障原因	故障处理
产品质量问题或者安装调试不符合要求	属于产品质量问题的，更换水力警铃；安装缺少组件或者未按照图样安装的，重新进行安装调试
控制口阻塞或者铃锤机构被卡住	拆下喷嘴、叶轮及铃锤组件，进行冲洗，重新装合使叶轮转动灵活【2015 单】

⑤开启测试阀，消防水泵不能正常启动：

故障原因【2015 多】	故障处理
流量开关或压力开关设定值不正确	将流量开关或压力开关内的调压螺母调整到规定值
控制柜控制回路或者电气元件损坏	检修控制柜控制回路或者更换电气元件
水泵控制柜未设定在"自动"状态	将控制模式设定为"自动"状态

（2）预作用装置常见故障分析、处理

①报警阀漏水：

故障原因	故障处理
排水控制阀门未关紧	关紧排水控制阀门
阀瓣密封垫老化或者损坏	更换阀瓣密封垫
复位杆未复位或者损坏	重新复位或者更换复位装置

②压力表读数不在正常范围：

故障原因	故障处理
预作用装置前的供水控制阀未打开	完全开启报警阀前的供水控制阀
压力表管路堵塞	拆卸压力表及其管路，疏通压力表管路
报警阀体漏水	按照湿式报警阀组渗漏的原因检查、分析
压力表管路控制阀未打开或者开启不完全	完全开启压力表管路控制阀

③系统管道内有积水：

故障原因	故障处理
复位或者试验后，未将管道内的积水排完	开启排水控制阀，完全排除系统内的积水

④传动管喷头被堵塞：

故障原因	故障处理
消防用水水质存在问题，如有杂物等	对水质进行检测，清理不干净、影响系统正常使用的消防用水
管道过滤器不能正常工作	检查管道过滤器，清除滤网上的杂质或者更换过滤器

（3）雨淋报警阀组常见故障分析、处理

①自动滴水阀漏水：

故障原因【2015、2018 单】	故障处理
产品存在质量问题	更换存在问题的产品或者部件
安装调试或者平时定期试验、实施灭火后，没有将系统侧管内的余水排尽	开启放水控制阀，排除系统侧管道内的余水
雨淋报警阀隔膜球面中线密封处因施工遗留的杂物、不干净消防用水中的杂质等导致球状密封面不能完全密封	启动雨淋报警阀，采用洁净水流冲洗遗留在密封面处的杂质

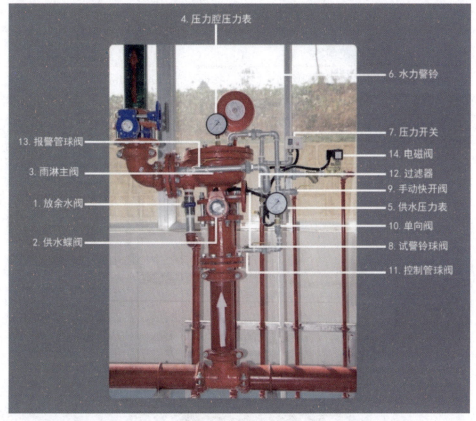

② 复位装置不能复位：

故障原因	故障处理
水质过脏，有细小杂质进入复位装置密封面	拆下复位装置，用清水冲洗干净后重新安装，调试到位

③ 长期无故报警：

故障原因	故障处理
未按照安装图样进行安装调试	检查各组件安装情况，按照安装图样重新进行安装调试
误将试验管路控制阀打开	关闭试验管路控制阀

④ 系统测试不报警：

故障原因	故障处理
消防用水中的杂质堵塞了报警管道上过滤器的滤网	拆下过滤器，用清水将滤网冲洗干净后，重新安装到位
水力警铃进水口处喷嘴被堵塞、未配置铃锤或者铃锤卡死	检查水力警铃的配件，配齐组件；有杂物卡阻、堵塞的部件进行冲洗后重新装配到位

⑤ 雨淋报警阀不能进入伺应状态：

故障原因	故障处理
复位装置存在问题	修复或者更换复位装置
未按照安装调试说明书将报警阀组调试到伺应状态（隔膜室控制阀、复位球阀未关闭）	按照安装调试说明书将报警阀组调试到伺应状态（开启隔膜室控制阀、复位球阀）
消防用水水质存在问题，杂质堵塞了隔膜室管道上的过滤器	将供水控制阀关闭，拆下过滤器的滤网，用清水冲洗干净后，重新安装到位

（4）水流指示器

水流指示器故障表现为打开末端试水装置，达到规定流量时水流指示器不动作，或者关闭末端试水装置后，水流指示器反馈信号仍然显示为动作信号。

故障原因【2015 多】	故障处理
桨片被管腔内杂物卡阻	清除水流指示器管腔内的杂物
调整螺母与触头未调试到位	将调整螺母与触头调试到位
电路接线脱落	检查并重新将脱落电路接通

习题1 根据现行国家标准《建筑消防设施的维护管理》（GB 25201—2010），在建筑消防设施维护管理时，应对自动喷水灭火系统进行巡查并填写《建筑消防设施巡查记录表》，下列内容中，不属于自动喷水灭火系统巡查记录内容的是（　　）。
A. 报警阀组外观，试验阀门状况、排水设施状况、压力显示值
B. 水流指示器外观及现场环境
C. 充气设备、排气设备及控制装置等的外观及运行状况
D. 系统末端试验装置外观及现场环境

【答案】B

习题2 根据现行国家标准《建筑消防设施的维护管理》（GB 25201—2010），属于自动喷水灭火系统巡查内容是（　　）。
A. 水流指示器的外观　　　　　　　　B. 报警阀组的强度
C. 喷头外观及据周边障碍物或保护对象的距离　　D. 压力开关是否动作

【答案】C

习题3 根据国家现行消防技术标准，对投入使用的自动喷水灭火系统需要每月进行检查维护的内容有（　　）。
A. 对控制阀门的铅封、锁链进行检查
B. 消防水泵启动运转
C. 对水源控制阀、报警阀组进行外观检查
D. 利用末端试水装置对水流指示器试验
E. 检查电磁阀并启动试验

【答案】ABDE

习题4 根据现行国家标准《自动喷水灭火系统施工及验收规范》（GB 50261—2017）关于自动喷水灭火系统应每月检查维护项目的说法，正确的有（　　）。
A. 每月利用末端试水装置对水流指示器进行试验
B. 每月对消防水泵的供电电源进行检查
C. 每月对喷头进行一次外观及备用数量检查
D. 每月对消防水池，消防水箱的水位及消防气压给水设备的气体压力进行检查
E. 寒冰季节，每月检查设置储水设备的房间，保持室温不低于5℃。任何部位不得结冰

【答案】ACD

习题5 物业管理公司对自动喷水灭火系统进行维护管理，定期巡视检查测试。根据《自动喷水灭火系统施工及验收规范》（GB 50261—2017），下列属于每月检查项目的是（　　）。
A. 消防水源供水能力的测试
B. 室外阀门井中进水管道控制阀的开启状态
C. 控制阀的铅封、锁链
D. 所有报警阀组的试水阀放水测试及其启动性能测试

【答案】C

习题6 对自动喷水灭火系统实施检查维护，下列项目中，属于年度检查内容的是（　　）。
A. 报警阀组启动性能测试　　　B. 水流指示器动作性能测试
C. 水源供水能力测试　　　　　D. 水泵接合器完好性检查

【答案】C

习题 7 下列关于自动喷水灭火系统日常维护管理的做法中，正确的是（   ）。
A．每季度对所有的末端试水阀和报警阀的放水试验阀进行一次放水试验，并应检查系统的压力是否正常
B．每季度对所有末端试水阀和报警阀的放水试验阀进行一次放水试验，并检查系统的出水情况是否正常
C．每季度对所有的末端试水阀和报警阀的放水试验阀进行一次放水试验，并检查系统的严密性是否正常
D．每季度对所有的末端试水阀和报警阀的放水试验阀进行一次放水试验，并检查系统的启动、报警功能以及出水情况是否正常

【答案】D

习题 8 某消防技术服务机构对某单位安装的自动喷水灭火系统进行检测，检测结果如下：
（1）开启末端试水装置，以 1.1L/s 的流量放水，带延迟功能的水流指示器 15s 时动作；
（2）末端试水装置安装高度为 1.5m；
（3）最不利点末端放水试验时，自放水开始至水泵启动时间为 3min；
（4）报警阀距地面的高度为 1.2m。
上述检测结果中，符合现行国家标准要求的共有（   ）。
A．1 个　　　　　　　　　　B．2 个
C．4 个　　　　　　　　　　D．3 个

【答案】C

习题 9 下列关于自动喷水灭火系统水力警铃故障原因的说法中，错误的是（   ）。
A．未按照水力警铃的图样进行组件的安装
B．水力警铃产品质量不合格或损坏
C．水力警铃的喷嘴堵塞或叶轮、铃锤组件卡阻
D．水力警铃前的延迟器下部孔板的溢出水孔堵塞

【答案】D

习题 10 对自动喷水灭火系统进行年度检测，打开某个防火分区的末端试水装置，压力开关和水流指示器均正常动作，但消防水泵却没有启动，出现这种情况的原因有（   ）。
A．水流指示器前的信号蝶阀故障
B．水流指示器的报警信号没有反馈到联动控制设备
C．消防联动控制设备中的控制模块损坏
D．水泵控制柜的控制模式未设定在"自动"状态
E．水泵控制柜故障

【答案】DE

习题 11 某酒店设置有水喷雾灭火系统，检查发现雨淋报警阀组自动滴水阀漏水。下列原因分析，与该漏水现象无关的是（   ）。
A．系统侧管道中余水未排净　　B．雨淋报警阀密封橡胶件老化
C．雨淋报警阀组快速复位阀关闭　　D．雨淋报警阀阀瓣密封处有杂物

【答案】C

习题12 某消防技术服务机构承接了某仓库干式自动喷水灭火系统维保工作，在对差动式干式报警阀进行检查时，发现安装在通往延迟器管道上的小孔排水阀偶尔有水滴滴出，但报警阀启动后就不滴了。下列关于此情况的说法中，正确的是（　　）。

A．报警阀正常
B．报警阀故障，应拆下报警组进行检修
C．报警阀故障，应立即堵住排水阀出口
D．报警阀故障，但影响不大，暂不采取措施

【答案】A

习题13 某消防设施检测机构的人员对一商场的自动喷水灭火系统进行检测时，打开系统末端试水装置，在达到规定流量时水流指示器不动作，下列故障原因中，可以排除的是（　　）。

A．桨片被管腔内杂物卡阻
B．调整螺母与出头未调试到位
C．连接水流指示器的电路脱落
D．报警阀前段的水源控制阀未完全打开

【答案】D

05 第五章 水喷雾灭火系统

知识点框架图

水喷雾灭火系统
- 系统灭火机理【2015—2018 单】
- 系统分类
- 系统工作原理与适用范围【2016、2018 单】
- 系统设计参数【2015 单】
- 系统安装调试与检测验收【2015 单】
- 系统维护管理【2018 单】

复习建议
1. 次重点章节；
2. 分值不多，偶尔一个选择题。

第一节 系统灭火机理

水喷雾灭火系统是利用专门设计的水雾喷头，在水雾喷头的工作压力下，将水流分解成粒径<u>不超过 1mm</u> 的细小水滴进行灭火或防护冷却的一种固定式灭火系统。

水喷雾灭火系统通过改变水的物理状态，利用水雾喷头使水从连续的洒水状态转变成不连续的细小水雾滴喷射出来。它具有较高的电绝缘性能和良好的灭火性能。

灭火的效果取决于水雾的冷却、窒息和稀释的综合效应

稀释（水溶性液体）
【2015、2017 单】
（只适用于不溶于水的可燃液体）

这四种作用在水雾滴喷射到燃烧物质表面时通常是以几种作用同时发生并实现灭火的。

第二节 系统分类

电动启动水喷雾灭火系统	传动管启动水喷雾灭火系统
是以普通的火灾报警系统为火灾探测系统，通过传统的点式感温、感烟探测器或缆式火灾探测器探测火灾	是以传动管作为火灾探测系统，传动管内充满压缩空气或压力水，当传动管上的闭式喷头受火灾高温影响动作后，传动管内的压力迅速下降，打开封闭的雨淋阀

第三节　系统工作原理与适用范围

1. 系统适用范围

（1）灭火的适用范围

- 固体火灾
- 可燃液体火灾
- 电气火灾

水喷雾灭火系统可用于扑救丙类液体火灾和饮料酒火灾，如燃油锅炉、发电机油箱、丙类液体输油管道火灾等。

水喷雾灭火系统的离心雾化喷头喷出的水雾具有良好的电气绝缘性，因此可用于扑灭油浸式电力变压器、电缆隧道、电缆沟、电缆井、电缆夹层等处发生的电气火灾。【2018 单】

（2）防护冷却的适用范围

① 可燃气体和甲、乙、丙类液体的生产、储存、装卸、使用设施和装置的防护冷却。
② 火灾危险性大的化工装置及管道，如加热器、反应器、蒸馏塔等的冷却防护。

2. 不适用范围

不适宜用水扑救的物质	过氧化物	过氧化物是指过氧化钾、过氧化钠、过氧化钡、过氧化镁等。这类物质遇水后会发生剧烈分解反应，放出反应热并生成氧气，其与某些有机物、易燃物、可燃物、轻金属及其盐类化合物接触时可能引起剧烈的分解反应，由于反应速度过快可能引起爆炸或燃烧
	遇水燃烧物质	遇水燃烧物质包括金属钾、金属钠、碳化钙（电石）、碳化铝、碳化钠、碳化钾等
使用水雾会造成爆炸或破坏的场所	高温密闭的容器内或空间内	当水雾喷入时，由于水雾的急剧汽化使容器或空间内的压力急剧升高，有造成破坏或爆炸的危险
	表面温度经常处于高温状态的可燃液体	当水雾喷射至其表面时会造成可燃液体的飞溅，致使火灾蔓延【2016 单】

第四节　系统设计参数

1. 水雾喷头的工作压力

目的	工作压力 MPa
灭火【2015 单】	≥ 0.35
防护冷却	≥ 0.2
甲B、乙、丙类液体储罐	≥ 0.15

2. 水喷雾灭火系统的响应时间

响应时间是指由火灾报警设备发出信号至系统中最不利点水雾喷头喷出水雾的时间,它是系统由报警到实施喷水灭火的时间参数。

防护目的	保护对象			供给强度 /[L/(min·m²)]	持续供给时间/h	响应时间/s
灭火	固体物质火灾			15	1	60
	输送机皮带			10	1	60
	液体火灾	闪点60～120℃的液体		20	0.5	60
		闪点高于120℃的液体		13		
		饮料酒		20		
	电气火灾	油浸式电力变压器、油断路器		20	0.4	60
		油浸式电力变压器的集油坑		6		
		电缆		13		
防护冷却	甲B、乙、丙类液体储罐	固定顶罐		2.5	直径大于20m的固定顶罐为6h，其他为4h	300
		浮顶罐		2.0		
		相邻罐		2.0		
防护冷却	液化烃或类似液体储罐	全压力、半冷冻式储罐		9	5	120
		全冷冻式储罐	单、双容罐	罐壁	2.5	
				罐顶	4	
			全容罐	罐顶泵平台、管道进出口等局部危险部位	20	
				管带	10	
		液氨储罐		6		
	甲、乙类液体及可燃气体生产、输送、装卸设施			9	5	120
	液化石油气灌瓶间、瓶库【2015 单】			9	6	60

第五节　系统安装调试与检测验收

1. 各组件检测验收

报警阀安装地点的常年温度应不小于4℃。（预作用与雨淋阀组安装地点要求4℃ ）

2. 喷头验收

各种不同规格的喷头均应有一定数量的备用品,其数量不应小于安装总数的1%,且每种备用喷头不应少于5个。

第六节 系统维护管理

①维护管理人员应经过消防专业培训,应熟悉水喷雾灭火系统的原理、性能和操作维护规程。【2018 单】

②维护管理人员每天应对水源控制阀、报警阀组进行外观检查。

③每周应对消防水泵和备用动力进行一次启动试验,当消防水泵为自动控制启动时,应每周模拟自动控制的条件启动运转一次。电磁阀应每月检查并应作启动试验,动作失常时应及时更换。每个季度应对系统所有的试水阀和报警阀旁的放水试验阀进行一次放水试验,检查系统启动、报警功能以及出水情况是否正常。每年应对水源的供水能力进行一次测定,应保证消防用水不作他用。

④每月应对铅封、锁链进行一次检查。

⑤寒冷季节,消防储水设备的任何部位均不得结冰。每天应检查设置储水设备的房间,保持室温不低于 5℃。

习题 1 水喷雾灭火系统的水雾喷头使水从连续的水流状态分解转变成不连续的细小水雾滴喷射出来,因此它具有较高的电绝缘性能和良好的灭火性能。下列不属于水喷雾灭火机理的是( )。
A. 冷却 B. 隔离
C. 窒息 D. 乳化
【答案】B

习题 2 水喷雾灭火系统的主要灭火机理不包括( )。
A. 窒息 B. 乳化
C. 稀释 D. 阻断链式反应
【答案】D

习题 3 下列火灾中,不适合采用水喷雾灭火系统进行灭火的是( )。
A. 樟脑油火灾 B. 人造板火灾
C. 电缆火灾   D. 豆油火灾
【答案】A

习题 4 下列水喷雾灭火系统的喷头选型方案中,错误的是( )。
A. 用于白酒厂酒缸灭火保护的水喷雾灭火系统,选用离心雾化型水雾喷头
B. 用于液化石油气灌瓶间防护冷却的水喷雾灭火系统,选用撞击型水雾喷头
C. 用于电缆沟电缆灭火保护的水喷雾灭火系统,选用撞击型水雾喷头
D. 用于丙类液体固定顶储罐防护冷却的水喷雾灭火系统,选用离心雾化型水雾喷头
【答案】C

习题 5 水喷雾灭火系统投入运行后应进行维护管理,根据现行国家标准《水喷雾灭火系统技术规范》(GB 50219—2014)维护管理,应掌握的知识与性能,不包括( )。
A. 熟悉水喷雾灭火系统的操作维护流程
B. 熟悉水喷雾灭火系统各组件的结构
C. 熟悉水喷雾灭火系统的性能
D. 熟悉水喷雾灭火系统的原理
【答案】B

习题 6 水喷雾灭火系统的基本设计参数根据其防护目的和保护对象确定。水喷雾灭火系统用于液化石油气罐瓶间防护冷却目的时,系统的响应时间不应大于(　)s。
A. 45　　　　　　　　　　　　　　B. 120
C. 60　　　　　　　　　　　　　　D. 300

【答案】C

习题 7 某高层办公楼的柴油发电机房设置了水喷雾灭火系统。该系统水雾喷头的灭火工作压力不应小于(　)MPa。
A. 0.05　　　　　　　　　　　　　B. 0.10
C. 0.2　　　　　　　　　　　　　　D. 0.35

【答案】D

06 第六章 细水雾灭火系统

知识点框架图

细水雾灭火系统
- 系统灭火机理
- 系统分类【2017 单】
- 系统组成、工作原理与适用范围【2015 单】
- 系统设计参数【2018 单】
- 系统组件（设备）安装前检查
- 系统组件安装调试与检测验收【2016 单】
- 系统维护管理

复习建议
1. 次重点章节；
2. 分值不多，偶尔一个选择题。

第一节 系统灭火机理

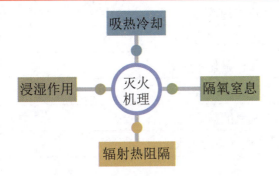

第二节 系统分类

细水雾灭火系统主要<u>按工作压力、应用方式、动作方式、雾化介质和供水方式</u>进行分类。

按工作压力	低压（$P<1.20MPa$）	中压（$1.20MPa \leq P<3.50MPa$）		高压（$P \geq 3.50MPa$）
按应用方式	全淹没式系统	适用于扑救相对封闭空间内的火灾		
	局部应用式系统	适用于扑救大空间内具体保护对象的火灾		
按动作方式	开式系统	用开式细水雾喷头	全淹没、局部应用方式	
	闭式系统	用闭式细水雾喷头	湿式、干式和预作用	
按雾化介质	单流体系统	指使用单个管道向每个喷头供给灭火介质		
	双流体系统	指水和雾化介质分管供给并在喷头处混合		
按供水方式【2017 单】	泵组式系统	适用于高、中和低压系统		
	瓶组式系统	适用于中、高压系统		
	瓶组与泵组结合式系统	适用于高、中和低压系统		

第三节　系统组成、工作原理与适用范围

1. 系统适用范围

可燃固体火灾（A 类）	可以有效扑救相对封闭空间内的可燃**固体表面**火灾
可燃液体火灾（B 类）	可以有效扑救相对封闭空间内的可燃液体火灾，包括正庚烷或**汽油等低闪点**可燃液体和润滑油、液压油等中、高闪点可燃液体火灾
电气火灾（E 类）	可以有效扑救电气火灾。**但不宜采用撞击雾化型喷头**

2. 系统不适用范围

遇水能发生剧烈反应或产生大量有害物质的活泼金属火灾	活性金属	如锂、钠、钾、镁、钛、锆、铀、钚等
	金属醇盐	如甲醇钠等
	金属氨基化合物	如氨基钠等
	碳化物	如碳化钙（电石）等【2015 单】
	卤化物	如氯化甲酰、氯化铝等
	氢化物	如氢化铝锂等
	卤氧化物	如三溴氧化磷等
	硅烷	如三氯—氟化甲烷等
	硫化物	如五硫化二磷等
	氰酸盐	如甲基氰酸盐等
可燃气体火灾		包括液化天然气等低温液化气体的火灾
可燃固体深位火灾		

第四节　系统设计参数

细水雾灭火系统的基本设计参数应根据细水雾灭火系统的特性和防护区的具体情况确定。**喷头的最低设计工作压力不应小于 1.20MPa。**【2018 单】

1. 闭式系统的设计参数

闭式系统的作用面积**不宜小于 140m²**，每套泵组所带喷头数量**不应超过 100 只**。
系统的喷雾强度、喷头的布置间距和安装高度宜根据实体火灾模拟试验结果确定。

2. 全淹没应用方式的开式系统的防护区容积

全淹没应用方式的开式系统，所保护的防护区不宜超过 3 个，其单个防护区的容积，泵组系统不宜大于 3000m³，瓶组系统不宜超过 260m³。

3. 系统设计响应时间

①开式系统的设计响应时间不应大于 30s。
②采用全淹没应用方式的瓶组系统，当同一防护区内采用多组瓶组时，各瓶组必须能同时启动，其动作响应时差不应大于 2s。

第五节　系统组件（设备）安装前检查

1. 喷头的进场检查

【检查方法】按不同型号规格抽查1%，且不少于5只；**少于5只时，全数检查。**

开式喷头

闭式喷头

撞击式喷头

离心式喷头

2. 阀组的进场检查

(1) 分区控制阀是细水雾灭火系统的重要组件。
(2) 阀组产品到场后，要对其**外观质量、阀门数量和操作性能**等进行检查。

开式分区控制阀

开式分区控制阀组

闭式分区控制阀

第六节　系统组件安装调试与检测验收

1. 供水设施安装

① 用螺栓连接的方法直接将泵组安装在泵组基础上，或者将泵组用**螺栓连接**的方式连接到角铁架上。泵组吸水管上的变径处采用**偏心大小头**连接。
② 高压水泵与主动机之间联轴器的型式及安装符合制造商的要求，底座的刚度保证同轴性要求。

2. 管道安装要求（采用管道焊接等加工方法）

①管道之间或管道与管接头之间的焊接采用对口焊接；
②同排管道法兰的间距不宜小于 100mm，以方便拆装为原则；
③对管道采取导除静电的措施。

3. 系统主要组件安装

（1）喷头 【2016 单】

① 带有外置式过滤网的喷头，其过滤网不应伸入支干管内。
② 喷头与管道的连接宜采用端面密封或O形圈密封，不应采用聚四氟乙烯、麻丝、黏结剂等作为密封材料。
③ 安装在易受机械损伤处的喷头，应加设喷头保护罩。

（2）控制阀组

分区控制阀的安装高度宜为 1.2～1.6m，操作面与墙或其他设备的距离不应小于 0.8m，并应满足操作要求。

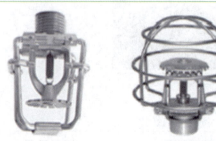

带保护罩
下垂型喷头

带保护罩
直立型喷头

4. 系统冲洗、试压

（1）水压试验

① 试验条件：
　ⓐ 试验压力为系统工作压力的 1.5 倍。
　ⓑ 试验用水的水质与管道的冲洗水一致，水中氯离子含量不超过 25mg/kg。
② 试验要求：
当压力升至试验压力后，稳压 5min，管道无损坏、变形，再将试验压力降至设计压力，稳压 120min。

（2）气压试验

对于干式和预作用系统，除要进行水压试验外，还需要进行气压试验。双流体系统的气体管道进行气压强度试验。

① 试验介质为空气或氮气。
② 干式和预作用系统的试验压力为 0.28MPa，且稳压 24h，压力降不大于 0.01MPa。
③ 双流体系统气体管道的试验压力为水压强度试验压力的 0.8 倍。

（3）管网吹扫

① 采用压缩空气或氮气吹扫。
② 吹扫压力不大于管道的设计压力。
③ 吹扫气体流速不小于 20m/s。

5. 系统调试要求

(1) 分区控制阀调试

① 开式系统分区控制阀，需要在接到动作指令后立即启动，并发出相应的阀门动作信号。
② 闭式系统分区控制阀，当分区控制阀采用信号阀时，能够反馈阀门的启闭状态和故障信号。

(2) 联动试验

① 对于允许喷雾的防护区或保护对象，至少在 1 个区进行实际细水雾喷放试验。
② 对于不允许喷雾的防护区或保护对象，进行模拟细水雾喷放试验。

第七节　系统维护管理

1. 月检的内容和要求

① 检查系统组件的外观是否无碰撞变形及其他机械性损伤；
② 检查分区控制阀动作是否正常；
③ 检查阀门上的铅封或锁链是否完好，阀门是否处于正确位置；
④ 检查储水箱和储水容器的水位及储气容器内的气体压力是否符合设计要求；
⑤ 对于闭式系统，利用试水阀对动作信号反馈情况进行试验，观察其是否正常动作和显示；
⑥ 检查喷头的外观及备用数量是否符合要求；
⑦ 检查手动操作装置的防护罩、铅封等是否完整无损。

2. 季检的内容和要求

① 通过试验阀对泵组式系统进行一次放水试验，检查泵组启动、主/备泵切换及报警联动功能是否正常；
② 检查瓶组式系统的控制阀动作是否正常；
③ 检查管道和支、吊架是否松动，管道连接件是否变形、老化或有裂纹等现象。

3. 年检的内容和要求

① 定期测定一次系统水源的供水能力；
② 对系统组件、管道及管件进行一次全面检查，清洗储水箱、过滤器，并对控制阀后的管道进行吹扫；
③ 储水箱每半年换水一次，储水容器内的水按产品制造商的要求定期更换；
④ 进行系统模拟联动功能试验。

习题 1　细水雾灭火系统按供水方式分类，可分为泵组式系统、瓶组与泵组结合式系统和（　　）。
A. 低压系统　　　　　　　B. 瓶组式系统
C. 中压系统　　　　　　　D. 高压系统

【答案】B

习题 2 基于细水雾灭火系统的灭火机理,下列场所中,细水雾灭火系统不适用于扑救的是（　　）。
A. 电缆夹层　　　　　　　B. 柴油发电机
C. 锅炉房　　　　　　　　D. 电石仓库

【答案】D

习题 3 某文物库采用细水雾灭火系统进行保护,系统选型为全淹没应用方式的开式系统,该系统最不利点喷头最低工作压力应为（　　）。
A. 0.1MPa　　　　　　　B. 1.0MPa
C. 1.2MPa　　　　　　　D. 1.6MPa

【答案】C

习题 4 细水雾灭火系统喷头的安装,应在管道安装完毕,试压、吹扫合格后进行,喷头与管道连接处的密封材料宜采用（　　）。
A. 聚四氯乙烯　　　　　　B. 麻丝
C. O型密封圈　　　　　　D. 黏结剂

【答案】C

第七章　气体灭火系统

知识点框架图

气体灭火系统

- 系统灭火机理【2015 单】
- 系统分类和组成【2016 单】
- 系统工作原理及控制方式【2015—2017 单】【2017 多】
- 系统适用范围【2016、2017 单】
- 系统设计参数【2015、2016、2018 单】
- 系统组件及设置要求【2016 单】【2018 多】
- 系统部件、组件（设备）安装前检查【2017 单】
- 系统组件安装调试【2015、2016、2018 单】【2015 多】
- 系统的检测与验收【2015 单】【2017 多】
- 系统维护管理【2015、2017、2018 单】

复习建议
1. 重点章节；
2. 每年必考。

第一节　系统灭火机理

灭火剂种类	灭火机理
二氧化碳 【2015 单】	窒息、气化冷却 （吸收周围的热量而达到冷却的目的）
七氟丙烷	窒息、气化冷却、分解化学抑制
惰性气体 （IG-541）	窒息

①在常温常压条件下，二氧化碳的物态为气相，当储存于密封高压气瓶中，低于临界温度 31.4℃时，是以**气**、**液**两相共存的。

②七氟丙烷灭火剂是一种无色无味、不导电的气体，其密度大约是空气密度的 6 倍，可在一定压力下呈**液态**储存。

③IG—541 混合气体灭火剂是由氮气、氩气和二氧化碳气体按一定比例混合而成的**气体**，属于物理灭火剂。灭火系统中灭火设计浓度不大于 43%时，该系统对人体是安全无害的。

第二节　系统分类和组成

气体灭火系统	按防护对象的保护形式	全淹没系统	
		局部应用系统	
	按其安装结构形式 【2016 单】	管网灭火系统	组合分配灭火系统
			单元独立灭火系统
		无管网灭火装置 （预制灭火系统）	柜式气体灭火装置
			悬挂式气体灭火装置
	按使用的灭火剂	二氧化碳灭火剂	
		七氟丙烷灭火剂	
		惰性气体灭火剂	

第三节　系统工作原理及控制方式

1. 高压二氧化碳灭火系统工作原理图

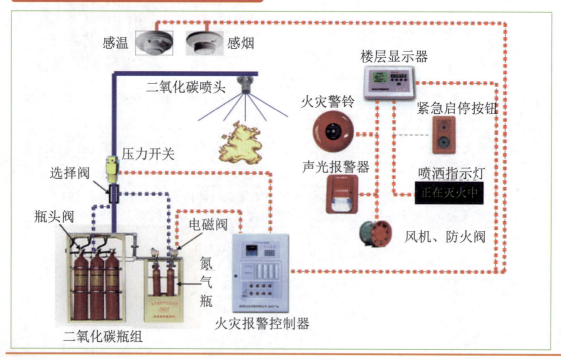

2. 系统控制方式 【2017 多】
(1) 自动控制
(2) 手动控制
在自动控制状态下，仍可实现电气手动控制。

(3) 机械应急操作
① 拔下所需灭火区域的电磁瓶头阀上的插销，向上扳动手柄即可。

插销

向上扳动手柄

② 若启动气体储瓶内的压缩空气不足以打开储瓶上的瓶头阀时，应先压下发生火灾区域的选择阀手柄，敞开压臂，再扳转瓶头阀上的手柄即可打开阀门。

选择阀手柄

转瓶头阀

③ 预制灭火系统应设置自动和手动控制两种启动方式。【2016 单】
ⓐ 防护区内设置的预制灭火系统的充压压力不应大于 2.5MPa。一个防护区设置的预制灭火系统，其装置数量不宜超过 10 台。
ⓑ 同一防护区内的预制灭火系统装置多于 1 台时，必须能同时启动，其动作响应时差不得大于 2s。
【2015、2017 单】

第四节　系统适用范围

适用于	不适用于【2016、2017 单】
①电气火灾； ②固体表面火灾； ③液体火灾或石蜡、沥青等可融化固体火灾； ④灭火前能切断气源的气体火灾 （二氧化碳可用于棉毛、织物、纸张等部分固体深位火灾）	①硝化纤维、硝酸钠等氧化剂或含氧化剂的化学制品火灾； ②钾、镁、钠、钛、锆、铀等活泼金属火灾； ③氢化钾、氢化钠等金属氢化物火灾； ④过氧化氢、联胺等能自行分解的化学物质火灾； ⑤可燃固体物质的深位火灾

习题 1　某单位的汽车喷漆车间采用二氧化碳灭火系统保护。下列关于二氧化碳灭火系统灭火机理的说法中，正确的是（　　）。
A．窒息和隔离　　　　　　　B．窒息和吸热冷却
C．窒息和乳化　　　　　　　D．窒息和化学抑制
【答案】B

习题 2　下列气体灭火系统分类中，按系统的结构特点进行分类的是（　　）。
A．二氧化碳灭火系统，七氟丙烷灭火系统，惰性气体灭火系统和气溶胶灭火系统
B．管网灭火系统和预制灭火系统
C．全淹没灭火系统和局部应用灭火系统
D．自压式气体灭火系统，内储压式气体灭火系统和外储压式气体灭火系统
【答案】B

习题 3　管网七氟丙烷灭火系统的控制方式有（　　）。
A．自动控制启动　　　　　　B．手动控制启动
C．紧急停止　　　　　　　　D．温控启动
E．机械应急操作启动
【答案】ABE

习题 4　某通信机房设置七氟丙烷预制灭火系统，该系统应有（　　）种启动方式。
A．1　　　　　　　　　　　B．2
C．3　　　　　　　　　　　D．4
【答案】B

习题 5　一个防护区内设置 5 台预制七氟丙烷灭火装置，启动时其动作响应时差不得大于（　　）s。
A．1　　　　　　　　　　　B．3
C．5　　　　　　　　　　　D．2
【答案】D

习题 6　某建筑的电子计算机房采用气体灭火系统保护，在一个防护区内安装了 3 台预制灭火装置，根据《气体灭火系统设计规范》（GB 50370—2005），3 台预制灭火装置动作响应时差最大不得大于（　　）s。
A．1　　　　　　　　　　　B．2
C．3　　　　　　　　　　　D．4
【答案】B

> **习题 7** 下列火灾中，可以采用 IG541 混合气体灭火剂扑救的是（　　）。
> A．硝化纤维、硝酸钠火灾　　B．精密仪器火灾
> C．钾、钠、镁火灾　　D．联胺火灾
>
> 【答案】B

> **习题 8** 七氟丙烷气体灭火系统不适用于扑救（　　）。
> A．电气火灾　　B．固体表面火灾
> C．金属氢化物火灾　　D．灭火前可切断气源的气体火灾
>
> 【答案】C

第五节　系统设计参数

1. 防护区的设置要求

（1）防护区的划分　【2015 单】

防护区宜以单个封闭空间划分；
同一区间的吊顶层和地板下需同时保护时，可合为一个防护区。

防护区不宜过大	面积（m²）	体积（m³）
管网灭火系统	800	3600
预制灭火系统	500	1600

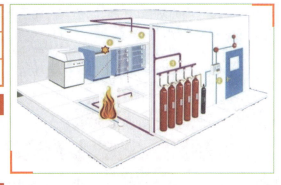

（2）耐火性能

防护区围护结构及门窗的耐火极限均不宜低于 0.50h；吊顶的耐火极限不宜低于 0.25h。

（3）耐压性能

防护区围护结构承受内压的允许压强，不宜低于 1200Pa。

（4）泄压能力　【2016 单】

对于全封闭的防护区，应设置泄压口，七氟丙烷灭火系统的泄压口应位于防护区净高的 2/3 以上。对于设有防爆泄压设施或门窗缝隙未设密封条的防护区可不设泄压口。

（5）封闭性能

在喷放灭火剂前，应自动关闭防护区内除泄压口外的开口。

（6）环境温度

防护区的最低环境温度不应低于 -10℃。

2. 安全要求

①防护区应设疏散通道和安全出口，保证防护区内所有人员能在 30s 内撤离完毕。
②防护区内的疏散通道及出口，应设消防应急照明灯具和疏散指示标志灯。
③防护区内应设火灾声音报警器，必要时，可增设闪光报警器。
④防护区的入口处应设火灾声光报警器和灭火剂喷放指示灯，以及防护区采用的相应气体灭火系统的永久性标志牌。灭火剂喷放指示灯信号，应保持到防护区通风换气后，以手动方式解除。

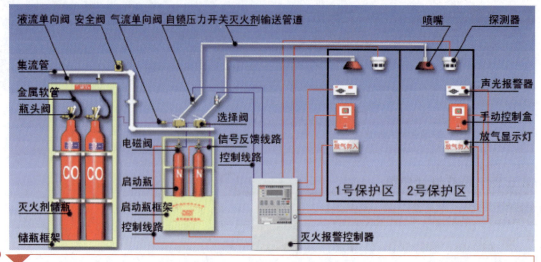

⑤防护区的门应向疏散方向开启,并能自行关闭;用于疏散的门必须能从防护区内打开。

⑥灭火后的防护区应通风换气,地下防护区和无窗或设固定窗扇的地上防护区,应设置机械排风装置,排风口宜设在防护区的下部并应直通室外。通信机房、电子计算机房等场所的通风换气次数应不小于每小时 5 次。

⑦经过有爆炸危险和变电、配电场所的管网,以及布设在以上场所的金属箱体等,应设防静电接地。

3. 二氧化碳灭火系统的设计

（1）一般规定

二氧化碳灭火系统	全淹没灭火系统	适用于扑救封闭空间内的火灾。
	局部应用灭火系统	适用于扑救不需封闭空间条件的具体保护对象的非深位火灾。

① 采用全淹没灭火系统的防护区,应符合下列规定:
　　a. 对气体、液体、电气火灾和固体表面火灾,在喷放二氧化碳前不能自动关闭的开口,其面积不应大于防护区总内表面积的 3%,且开口不应设在底面。
　　b. 对固体深位火灾,除泄压口以外的开口,在喷放二氧化碳前应自动关闭。

② 采用局部应用灭火系统的保护对象,应符合下列规定:
　　a. 保护对象周围的空气流动速度不宜大于 3m/s。必要时,应采取挡风措施。
　　b. 在喷头与保护对象之间,喷头喷射角范围内不应有遮挡物。
　　c. 当保护对象为可燃液体时,液面至容器缘口的距离不得小于 150mm。

（2）全淹没灭火系统的设计

① 二氧化碳设计浓度不应小于灭火浓度的 1.7 倍,并不得低于 34%。
② 当防护区内存有两种及两种以上可燃物时,应采用可燃物中最大的二氧化碳设计浓度。

（3）局部应用灭火系统的设计

局部应用灭火系统的设计可采用面积法或体积法。

① 当保护对象的着火部位是**比较平直的表面**时，宜采用**面积法**；
② 当着火对象为**不规则物体**时，应采用**体积法**。

4. 其他气体灭火系统的设计

（1）一般规定

① 有爆炸危险的气体、液体类火灾的防护区，应采用**惰化设计浓度**。
② 无爆炸危险的气体、液体类火灾和固体类火灾的防护区，应采用**灭火设计浓度**。
③ 几种**可燃物共存或混合**时，灭火设计浓度或惰化设计浓度，应按其中**最大的灭火设计浓度或惰化设计浓度**确定。
④ **两个或两个以上的防护区采用组合分配系统时，一个组合分配系统所保护的防护区不应超过 8 个**。
⑤ **组合分配系统的灭火剂储存量，应按储存量最大的防护区确定**。
⑥ 灭火系统的灭火剂储存量，应为防护区的灭火设计用量与储存容器内的灭火剂剩余量和管网内的灭火剂剩余量之和。
⑦ 灭火系统的储存装置 72h 内不能重新充装恢复工作的，应按系统原储存量的 100% 设置备用量。
⑧ 当组合分配系统保护 5 个及以上的防护区或保护对象，或者在 48h 内不能恢复时，二氧化碳应有备用量，备用量不应小于系统设计的储存量。对于高压系统和单独设置备用储存容器的低压系统，备用量的储存容器应与系统管网相连，应能与主储存容器切换使用。
⑨ 同一集流管上的储存容器，其规格、充压压力和充装量应相同。
⑩ 同一防护区，当设计两套或三套管网时，集流管可分别设置，系统启动装置必须共用。
⑪ 各管网上喷头流量均应按同一灭火设计浓度、同一喷放时间进行设计。
⑫ 管网上不应采用四通管件进行分流。

（2）七氟丙烷灭火系统 【2018 单】

① **七氟丙烷灭火系统的灭火设计浓度不应小于灭火浓度的 1.3 倍，惰化设计浓度不应小于惰化浓度的 1.1 倍**。
② 固体表面火灾的灭火浓度为 5.8%，设计规范中未列出的，应经试验确定。
③ **图书、档案、票据和文物资料库等防护区，灭火设计浓度宜采用 10%**。
④ 油浸变压器室、带油开关的配电室和自备发电机房等防护区，灭火设计浓度宜采用 9%。
⑤ 通信机房和电子计算机房等防护区，灭火设计浓度宜采用 8%。
⑥ 防护区实际应用的浓度不应大于灭火设计浓度的 1.1 倍。
⑦ **在通信机房和电子计算机房等防护区，设计喷放时间不应大于 8s；在其他防护区，设计喷放时间不应大于 10s**。
⑧ 灭火浸渍时间应符合下列规定：
  ⓐ 木材、纸张、织物等固体表面火灾，宜采用 20min；
  ⓑ 通信机房、电子计算机房内的电气设备火灾，应采用 5min；
  ⓒ 其他固体表面火灾，宜采用 10min；
  ⓓ 气体和液体火灾，不应小于 1min。

（3）IG541 混合气体灭火系统

① IG541 混合气体灭火系统的灭火设计浓度不应小于灭火浓度的 1.3 倍，惰化设计浓度不应小于惰化浓度的 1.1 倍。

② 固体表面火灾的灭火浓度为 28.1%，规范中未列出的，应经试验确定。
③ 当 IG541 混合气体灭火剂喷放至设计用量的 95% 时，其喷放时间不应大于 60s 且不应小于 48s。【2018 单】
④ 灭火浸渍时间应符合下列规定：
  ⓐ 木材、纸张、织物等固体表面火灾，宜采用 20min。
  ⓑ 通信机房、电子计算机房内的电气设备火灾，宜采用 10min。
  ⓒ 其他固体表面火灾，宜采用 10min。

第六节 系统组件及设置要求

1. 二氧化碳灭火系统

（1）灭火剂储存装置

① 高压系统的储存装置应符合的规定
  ⓐ 储存容器的工作压力不应小于 15MPa，储存容器或容器阀上应设泄压装置，其泄压动作压力应为 19MPa±0.95MPa；
  ⓑ 储存容器中二氧化碳的充装系数应按国家现行《气瓶安全监察规程》执行；
  ⓒ 储存装置的环境温度应为 0℃～49℃。

② 低压系统的储存装置应符合的规定
  ⓐ 储存容器的设计压力不应小于 2.5MPa，并应采取良好的绝热措施。
  ⓑ 储存容器上至少应设置两套安全泄压装置，其泄压动作压力应为 2.38MPa±0.12MPa。
  ⓒ 储存装置的高压报警压力设定值应为 2.2MPa，低压报警压力设定值应为 1.8MPa；其环境温度宜为 -23℃～49℃。

（2）选择阀

① 在多个保护区域的组合分配系统中，每个防护区或保护对象在集流管上的排气支管上应设置与该区域对应的选择阀。
② 选择阀可采用电动、气动或机械操作方式。
③ 选择阀的工作压力，高压系统不应小于 12MPa，低压系统不应小于 2.5MPa。
④ 系统启动时，选择阀应在容器阀动作之前或同时打开。

（3）压力开关

压力开关可以将压力信号转换成电气信号，一般设置在选择阀前后，以判断各部位的动作正确与否。

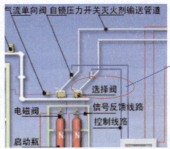

（4）安全阀

一般设置在储存容器的容器阀上及组合分配系统中的集流管部分。

（5）单向阀

在容器阀和集流管之间的管道上应设单向阀。

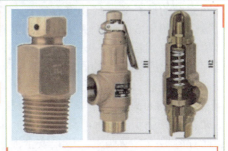

安全阀

单向阀

（6）管道

高压系统管道及其附件应能承受最高环境温度下二氧化碳的储存压力；
低压系统管道及其附件应能承受 4.0MPa 的压力。

① 挠性连接的软管必须能承受系统的工作压力和温度，并宜采用不锈钢软管。
② 公称直径等于或小于 80mm 的管道，宜采用螺纹连接；
公称直径大于 80 mm 的管道，宜采用法兰连接。
③ 管网中阀门之间的封闭管段应设置泄压装置，其泄压动作压力：
高压系统应为（15 ±0.75）MPa，低压系统应为（2.38 ±0.12）MPa。

2. 其他气体灭火系统

（1）一般规定 【2016 单、2018 多】

① 管网系统的储存装置应由储存容器、容器阀和集流管等组成。
② 七氟丙烷和 IG541 预制灭火系统的储存装置应由储存容器、容器阀等组成。
③ 容器阀和集流管之间应采用挠性连接，储存容器和集流管应采用支架固定。
④ 储存装置上应设耐久的固定铭牌，并应标明每个容器的编号、容积、皮重、灭火剂名称、充装量、充装日期和充压压力等。
⑤ 储存装置的布置应便于操作、维修及避免阳光照射，操作面距墙面或两操作面之间的距离不宜小于 1.0 m，且不应小于储存容器外径的 1.5 倍。
⑥ 在储存容器或容器阀上，应设安全泄压装置和压力表。
⑦ 组合分配系统的集流管，应设安全泄压装置。
⑧ 组合分配系统中的每个防护区应设置控制灭火剂流向的选择阀，其公称直径应与该防护区灭火系统的主管道公称直径相等。
⑨ 输送气体灭火剂的管道应采用无缝钢管。
⑩ 输送气体灭火剂的管道安装在腐蚀性较大的环境里，宜采用不锈钢管。
⑪ 输送启动气体的管道，宜采用铜管。
⑫ 系统组件与管道的公称工作压力，不应小于在最高环境温度下所承受的工作压力。
⑬ 系统组件的特性参数应由国家法定检测机构验证或测定。

（2）操作与控制 【2018 多】

① 采用气体灭火系统的防护区，应设置火灾自动报警系统，并应选用灵敏度级别高的火灾探测器。
② 采用自动控制启动方式时，根据人员安全撤离防护区的需要，应有不大于 30s 的可控延迟喷射。
③ 对于平时无人工作的防护区，可设置为无延迟喷射。
④ 有人工作的防护区，灭火设计浓度或实际使用浓度，不应大于有毒性反应浓度。若大于无毒性反应浓度，应设手动与自动控制的转换装置。
ⓐ 当人员进入防护区时，应能将灭火系统转换为手动控制方式；
ⓑ 当人员离开时，应能恢复为自动控制方式。防护区内外应设手动、自动控制状态的显示装置。

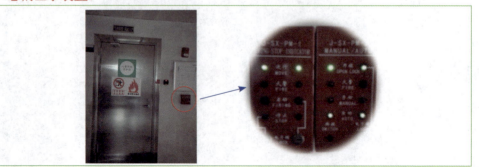

习题 1 某5层数据计算机房,层高5m,每层有1200㎡的大空间计算机用房,设置IG541组合分配气体灭火系统保护。该建筑的气体灭火系统防护区最少应划分为( )个。
A. 5　　　　　　　　　　　B. 6
C. 8　　　　　　　　　　　D. 10

【答案】D

习题 2 某电子计算机主机房为无人值守的封闭区域,室内净高为3.6m,采用全淹没式七氟丙烷灭火系统防护。该防护区设置的泄压口下沿距离防护区楼地板的高度不应低于( )。
A. 2.4　　　　　　　　　　B. 1.8
C. 3.0　　　　　　　　　　D. 3.2

【答案】A

习题 3 某室内净高为4.0m的档案馆拟设置七氟丙烷灭火系统。根据现行国家标准《气体灭火系统设计规范》(GB 50370—2005),该气体灭火系统的下列设计方案中,错误的是( )。
A. 泄压口下沿距顶棚1.0m　　　B. 一套系统保护5个防护区
C. 设计喷放时间为12s　　　　　D. 灭火设计浓度为10%

【答案】C

习题 4 某电子计算机房,拟采用气体灭火系统保护,下列气体灭火系统中,设计灭火浓度最低的是( )。
A. 氮气灭火系统　　　　　　　B. IG541灭火系统
C. 二氧化碳灭火系统　　　　　D. 七氟丙烷灭火系统

【答案】D

习题 5 根据现行国家标准《气体灭火系统设计规范》(GB 50370—2005),当IG541混合气体灭火剂喷放至设计用量的95%时,其最长喷放时间应为( )。
A. 30s　　　　　　　　　　B. 48s
C. 70s　　　　　　　　　　D. 60s

【答案】D

习题 6 根据现行国家标准《气体灭火系统设计规范》(GB 50370—2005),关于七氟丙烷气体灭火系统的说法,正确的有( )。
A. 在防护区疏散出口门外应设置气体灭火装置的手动启动和停止按钮
B. 防护区外的手动启动按钮按下时,应通过火灾报警控制器联动控制气体灭火装置的启动
C. 防护区最低环境温度不应低于-15℃
D. 手动与自动控制转换状态应在防护区内外的显示装置上显示
E. 同一防护区内多台预制灭火系统装置同时启动的动作响应时差不应大于2s

【答案】ADE

习题 7 某大型城市综合体中的变配电间、计算机主机房、通信设备间等场所内设置了组合分配式七氟丙烷气体灭火系统。下列关于该系统组件的说法中,错误的是( )。
A. 集流管应设置安全泄压装置
B. 选择阀的公称直径应和与其对应的防护区灭火系统的主管道的公称直径相同
C. 输送启动气体的管道宜采用铜管
D. 输送气体灭火剂的管道必须采用不锈钢管

【答案】D

第七节 系统部件、组件（设备）安装前检查

1. 材料到场检验

   系统组件、管件（材）、设备到场后，对其外观、规格型号、基本性能、严密性等进行全数检查。

2. 系统组件

   （1）外观检查

   ① 同一规格的灭火剂储存容器，其高度差不宜超过20mm；【2017 单】
   ② 同一规格的驱动气体储存容器，其高度差不宜超过10mm。

   （2）阀驱动装置检查

   ① 电磁驱动器的电源电压符合系统设计要求。通电检查电磁铁芯，其行程能满足系统启动要求，且动作灵活，无卡阻现象。
   ② 气动驱动装置储存容器内气体压力不低于设计压力，且不得超过设计压力的5%，气体驱动管道上的单向阀启闭灵活，无卡阻现象。
   ③ 机械驱动装置传动灵活，无卡阻现象。

第八节 系统组件的安装与调试

1. 安装要求

   （1）灭火剂储存装置的安装

   ① 灭火剂储存装置安装后，泄压装置的泄压方向不应朝向操作面。低压二氧化碳灭火系统的安全阀要通过专用的泄压管接到室外。
   ② 储存装置上压力计、液位计、称重显示装置的安装位置便于人员观察和操作。
   ③ 集流管上的泄压装置的泄压方向不应朝向操作面。

   （2）选择阀及信号反馈装置的安装

   ① 选择阀操作手柄安装在操作面一侧，当安装高度超过1.7m时采取便于操作的措施；
   ② 采用螺纹连接的选择阀，其与管网连接处宜采用活接；
   ③ 选择阀的流向指示箭头要指向介质流动方向；
   ④ 气动驱动装置的管道安装规定：
      ⓐ 竖直管道在其始端和终端设防晃支架或采用管卡固定；
      ⓑ 水平管道采用管卡固定。管卡的间距不宜大于0.6m。转弯处应增设1个管卡。【2016 单】

⑤ 气动驱动装置的管道安装后,要进行**气压严密性试验**。试验时,逐步缓慢增加压力,**当压力升至试验压力的50%时,如未发现异状或泄漏,继续按试验压力的10%逐级升压,每级稳压3min,直至试验压力值。保持压力,检查管道各处无变形、无泄漏为合格。**

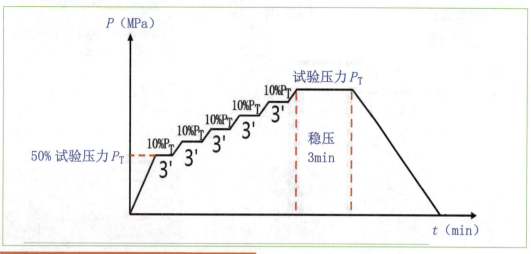

(3) 灭火剂输送管道的安装

① 灭火剂输送管道连接要求:

ⓐ 采用螺纹连接时,管材宜**采用机械切割**;螺纹没有缺纹、断纹等现象;螺纹连接的密封材料均匀附着在管道的螺纹部分,拧紧螺纹时,不得将填料挤入管道内;安装后的螺纹根部**应有2~3条外露螺纹**;连接后,将连接处外部清理干净并做**防腐处理**。

ⓑ 采用法兰连接时,**衬垫不得凸入管内**,其外边缘宜接近螺栓,**不得放双垫或偏垫**。连接法兰的螺栓,直径和长度符合标准,拧紧后,凸出螺母的长度不大于螺杆直径的1/2且保有不少于2条外露螺纹。

ⓒ 已防腐处理的无缝钢管**不宜采用焊接连接**,与选择阀等个别连接部位需采用法兰焊接连接时,要对被焊接损坏的防腐层进行**二次防腐处理**。

② 管道穿越墙壁、楼板处要安装套管:

ⓐ 套管公称直径比管道公称直径至少大2级,穿越墙壁的套管长度应与墙厚相等,穿越楼板的套管长度应高出地板**50mm**。管道与套管间的空隙采用防火封堵材料填塞密实。

ⓑ 当管道穿越建筑物的变形缝时,要设置**柔性**管段。

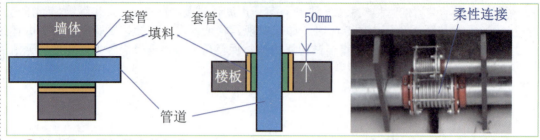

③ 管道支、吊架的安装规定：
  ⓐ 管道末端采用防晃支架固定，支架与末端喷嘴间的距离不大于 500mm。
  ⓑ 公称直径大于或等于 50mm 的主干管道，垂直方向和水平方向至少各安装 1 个防晃支架。当管道穿过建筑物楼层时，每层设 1 个防晃支架。当水平管道改变方向时，增设防晃支架。

④ 灭火剂输送管道的其他安装规定：
  ⓐ 灭火剂输送管道安装完毕后，要进行强度试验和气压严密性试验。【2015 单】
  ⓑ 灭火剂输送管道的外表面宜涂红色油漆。吊顶内、活动地板下等隐蔽场所内的管道，可涂红色油漆色环，色环宽度不应小于 50mm。每个防护区或保护对象的色环宽度要一致，间距应均匀。

2. 系统调试要求

调试项目包括模拟启动试验、模拟喷气试验和模拟切换操作试验。调试完成后将系统各部件及联动设备恢复到正常工作状态。

> （1）模拟启动试验
>   调试时，对所有防护区或保护对象按规范规定进行模拟启动试验，并合格。

模拟启动试验方法：【2015 多】
① 手动模拟启动试验按下述方法进行：
  按下手动启动按钮，观察相关动作信号及联动设备动作是否正常（如发出声、光报警，启动输出端的负载响应，关闭通风空调、防火阀等）。手动启动压力信号反馈装置，观察相关防护区门外的气体喷放指示灯是否正常。
② 自动模拟启动试验按下述方法进行：
  ⓐ 将灭火控制器的启动输出端与灭火系统相应防护区驱动装置连接。驱动装置与阀门的动作机构脱离；也可用 1 个启动电压、电流与驱动装置的启动电压、电流相同的负载代替。
  ⓑ 人工模拟火警使防护区内任意 1 个火灾探测器动作，观察单一火警信号输出后，相关报警设备动作是否正常（如警铃、蜂鸣器发出报警声等）。
  ⓒ 人工模拟火警使该防护区内另一个火灾探测器动作，观察复合火警信号输出后，相关动作信号及联动设备动作是否正常（如发出声、光报警，启动输出端的负载响应，关闭通风空调、防火阀等）。

(2) 模拟喷气试验

调试时，对所有防护区或保护对象进行模拟喷气试验，并合格。预制灭火系统的模拟喷气试验宜各取 1 套进行试验。

模拟喷气试验方法：【2016、2018 单】

① IG541 混合气体灭火系统及高压二氧化碳灭火系统，应采用其充装的灭火剂进行模拟喷气试验。试验采用的储存容器数应为选定试验的防护区或保护对象设计用量所需容器总数的 5%，且不少于 1 个。

② 低压二氧化碳灭火系统，应采用二氧化碳灭火剂进行模拟喷气试验。试验要选定输送管道最长的防护区或保护对象进行，喷放量不小于设计用量的 10%。

③ 卤代烷灭火系统模拟喷气试验不应采用卤代烷灭火剂，宜采用氮气进行。氮气储存容器与被试验的防护区或保护对象用的灭火剂储存容器的结构、型号、规格应相同，连接与控制方式要一致，氮气的充装压力和灭火剂储存压力相等。氮气或压缩空气储存容器数不少于灭火剂储存容器数的 20%，且不少于 1 个。

④ 模拟喷气试验宜采用自动启动方式。

(3) 模拟切换操作试验

设有灭火剂备用量且与储存容器连接在同一集流管上的系统应进行模拟切换操作试验，并合格。

按使用说明书的操作方法，将系统使用状态从主用量灭火剂储存容器切换为备用量灭火剂储存容器的使用状态。

第九节　系统的检测与验收

1. 系统检测

（1）高压储存装置

① 直观检查要求：

环境温度为 -10～50℃；高压二氧化碳为 0～49℃。

② 安装检查要求：

ⓐ 储存容器必须固定在支（框）架上，支（框）架与建筑构件固定，要牢固可靠，并做防腐处理；操作面距墙或操作面之间的距离应不小于 1.0m，且不小于储存容器外径的 1.5 倍。

ⓑ 容器阀上的压力表无明显机械损伤，在同一系统中的安装方向要一致，其正面朝向操作面。同一系统中容器阀上的压力表的安装高度差不宜超 10mm，相差较大时，允许使用垫片调整；二氧化碳灭火系统要设检漏装置。

ⓒ 灭火剂储存容器的充装量和储存压力应符合设计文件，且不超过设计充装量的 1.5%；卤代烷灭火剂储存容器内的实际压力不低于相应温度下的储存压力，且不超过该储存压力的 5%；储存容器中充装的二氧化碳质量损失不大于 10%。

ⓓ 容器阀和集流管之间采用挠性连接。

ⓔ 灭火剂总量、每个防护分区的灭火剂量应符合设计文件。组合分配的二氧化碳气体灭火系统保护 5 个及以上的防护区或保护对象时，或在 48h 内不能恢复时，二氧化碳要有备用量，其他灭火系统的储存装置 72h 内不能重新充装恢复工作的，按系统原储存量的 100% 设置备用量，各防护区的灭火剂储量要符合设计文件。

③ 功能检查要求：
储存容器中充装的二氧化碳质量损失大于 10% 时，二氧化碳灭火系统的检漏装置应正确报警。

（2）低压储存装置

① 安装检查要求：
ⓐ 低压系统制冷装置的供电要采用 消防电源。
ⓑ 储存装置要 远离热源，其位置要便于再充装，其环境温度宜为 -23～49℃。

② 功能检查要求：
ⓐ 制冷装置采用自动控制，且设手动操作装置。
ⓑ 低压二氧化碳灭火系统储存装置的报警功能正常，高压报警压力设定值应为 2.2MPa，低压报警压力设定值应为 1.8MPa。

（3）选择阀及压力讯号器安装检查要求

① 选择阀的安装位置靠近储存容器，安装高度宜为 1.5m～1.7m。选择阀操作手柄应安装在便于操作的一面，当安装高度 超过 1.7m 时应采取便于操作的措施。
② 选择阀上应设置标明防护区或保护对象名称或编号的 永久性标志。
③ 选择阀上应标有灭火剂流动方向的指示箭头，箭头方向应与介质流动方向一致。

（4）单向阀安装检查要求

① 单向阀的安装方向应与 介质流动方向一致。
② 七氟丙烷、三氟甲烷、高压二氧化碳灭火系统在容器阀和集流管之间的管道上 应设液流单向阀，方向与灭火剂输送方向一致。
③ 气流单向阀在气动管路中的位置、方向必须完全符合设计文件。

（5）防护区和保护对象

① 防护区围护结构及门窗的耐火极限均不宜低于 0.50h；吊顶的耐火极限不宜低于 0.25h。防护区围护结构承受内压的允许压强不宜低于 1200Pa。

② 2个或2个以上的防护区采用组合分配系统时，一个组合分配系统所保护的防护区应不超过8个。

③ 防护区应设置泄压口。泄压口宜设在外墙上，并应设在防护区净高的2/3以上。

④ 喷放灭火剂前，防护区内除泄压口外的开口应能自行关闭。

⑤ 防护区的入口处应设防护区采用的相应气体灭火系统的永久性标志；防护区入口处的正上方应设灭火剂喷放指示灯；防护区内应设火灾声报警器，必要时，可增设闪光报警器；防护区应有保证人员在30s内疏散完毕的通道和出口，疏散通道及出口处，应设置应急照明装置与疏散指示标志。

（6）喷嘴的安装检查要求

① 设置在有粉尘、油雾等防护区的喷嘴，应有防护装置。

② 当保护对象属于可燃液体时，喷嘴射流方向不应朝向液体表面。

③ 喷嘴的最大保护高度应不大于6.5m，最小保护高度应不小于300mm。

（7）预制灭火装置

① 直观检查要求：
一个防护区设置的预制灭火系统，其装置数量不宜超过10台。【2017多】

② 安装检查要求：
ⓐ 同一防护区设置多台装置时，其相互间的距离不得大于10m。
ⓑ 防护区内设置的预制灭火系统的充压压力不应大于2.5MPa。
ⓒ 功能检查要求：
同一防护区内的预制灭火系统装置多于1台时，必须能同时启动，其动作响应时差不得大于2s。

2. 系统功能验收 【2015单】

① 系统功能验收时，应进行模拟启动试验，并合格。
② 系统功能验收时，应进行模拟喷气试验，并合格。
③ 系统功能验收时，应对设有灭火剂备用量的系统进行模拟切换操作试验，并合格。
④ 系统功能验收时，应对主、备用电源进行切换试验，并合格。

第十节 系统维护管理

1. 系统巡查

气体水灭火系统巡查主要是针对系统组件外观、现场运行状态、系统检测装置工作状态、安装部位环境条件等的日常巡查。【2018单】

巡查内容及要求

① 气体灭火控制器工作状态正常，盘面紧急启动按钮保护措施有效，检查主电是否正常，指示灯、显示屏、按钮、标签是否正常，钥匙、开关等是否在平时正常位置，系统是否在通常设定的安全工作状态（自动或手动，手动是否允许等）。

② 每日应对低压二氧化碳储存装置的运行情况、储存装置间的设备状态进行检查并记录。

③ 选择阀、驱动装置上标明其工作防护区的永久性铭牌应明显可见，且妥善固定。

④ 防护区外专用的空气呼吸器或氧气呼吸器是否完好。

⑤ 防护区入口处灭火系统防护标志是否设置且完好。

⑥ 预制灭火系统、柜式气体灭火装置喷嘴前2.0m内不得有阻碍气体释放的障碍物。

⑦ 灭火系统的手动控制与应急操作处有防止误操作的警示显示与措施。

2. 系统周期性检查维护

（1）月检查项目

① 检查项目及检查周期：

ⓐ 对灭火剂储存容器、选择阀、液流单向阀、高压软管、集流管、启动装置、管网与喷嘴、压力信号器、安全泄压阀及检漏报警装置等系统**全部组成部件进行外观检查**。

ⓑ 气体灭火系统组件的安装位置不得有其他物件阻挡或妨碍其正常工作。

ⓒ 驱动控制盘面板上的指示灯应正常，各开关位置应正确，各连线应无松动现象。

ⓓ 火灾探测器表面应保持清洁，应无任何会干扰或影响火灾探测器探测性能的擦伤、油渍及油漆。

ⓔ 气体灭火系统储存容器内的**压力**、气动型驱动装置的气动源的压力均不得小于设计压力的 90%。

② 检查维护要求：

ⓐ 对**低压二氧化碳灭火系统**储存装置的**液位计**进行检查，灭火剂**损失 10% 时应及时补充**。

ⓑ 高压二氧化碳灭火系统、七氟丙烷管网灭火系统及 IG541 灭火系统等系统的全部系统组件应无碰撞变形及其他机械性损伤，表面应无锈蚀，保护涂层应完好，铭牌和保护对象标志牌应清晰，手动操作装置的防护罩、铅封和安全标志应完整。

（2）季度检查项目【2015 单】

① 对高压二氧化碳储存容器逐个进行称重检查，灭火剂净重不得小于设计储存量的 90%。

② 灭火剂输送管道有损伤与堵塞现象时，应按相关规范规定的管道强度试验和气密性试验方法进行严密性试验和吹扫。

（3）年度检查要求

① 撤下所有防护区启动装置的启动线，进行电控部分的联动试验，应启动正常。

② 对每个防护区进行一次模拟自动喷气试验。

（4）5 年后的维护保养工作（由专业维修人员进行）

① 5 年后，每 3 年应对金属软管（连接管）进行水压强度试验和气密性试验，性能合格方能继续使用，如发现老化现象，应进行更换。

② 5 年后，对释放过灭火剂的储瓶、相关阀门等部件进行一次水压强度和气体密封性试验，试验合格方可继续使用。

> **习 题 1** 某单位的图书馆书库采用无管网七氟丙烷气体灭火装置进行防护，委托消防检测机构对该气体灭火系统进行检测。下列检测结果中，符合现行国家消防技术标准要求的有（　　）。
> A. 系统仅设置自动控制、手动控制两种启动方式
> B. 防护区门口未设手动与自动控制的转换装置
> C. 防护区内设置 10 台预制灭火装置
> D. 气体灭火系统采用自动控制方式
> E. 储存容器的充装压力为 4.2MPa
>
> 【答案】ACD

第三篇 建筑消防设施

习题 2 某气体灭火系统储罐瓶内设有 6 只 150L 七氟丙烷灭火剂储存容器，根据现行国家标准《气体灭火系统施工及验收规范》（GB 50263—2007），各储存容器的高度差最大不宜超过（　　）mm。
A. 10　　　　　　　　　　　B. 30
C. 50　　　　　　　　　　　D. 20

【答案】D

习题 3 根据《气体灭火系统施工及验收规范》（GB 50263—2007），安装气体灭火器系统气动驱动装置的管道时，水平管道应采用管卡固定，管卡的间距不宜大于（　　）m，转弯处增设 1 个管卡。
A. 0.6　　　　　　　　　　　B. 0.5
C. 0.7　　　　　　　　　　　D. 0.8

【答案】A

习题 4 下列关于气体灭火系统灭火剂输送管道强度试验与气密性试验的说法中，正确的是（　　）。
A. 经气压强度试验合格且在试验后未拆卸过的管道可不进行气密性试验
B. IG541 混合气体灭火剂输送管道的气密性试验压力与气压强度试验压力相差无几，故可只做气密性试验
C. 气压强度试验或气密性试验的加压介质可采用空气、二氧化碳或氮气
D. 同时具备水压强度试验与气压强度试验条件时，可选择任一方式进行试验

【答案】A

习题 5 消防技术服务机构对某电视发射塔安装的 IG541 混合气体灭火系统进行验收前检测。在模拟启动试验环节，正确的检测方法有（　　）。
A. 手动模拟启动试验时，按下手动启动按钮，观察相关声光报警及启动输出端负载的动作信号、联动设备动作是否正常
B. 手动模拟启动试验时，使压力信号反馈装置动作，观察相关防护区门外的气体喷放指示灯动作是否正常
C. 自动模拟启动试验时，用人工模拟火警使防护区内的任意火灾探测器动作，观察火警信号输出后，相关报警设备动作是否正常，再用人工模拟火警使防护区内的另一火灾探测器动作，观察相关声光报警及启动输出端负载的动作信号、联动设备动作是否正常
D. 可用一个与灭火系统驱动装置启动电压、电流相同的负载代替灭火系统驱动装置进行模拟启动试验
E. 手动模拟启动试验与自动模拟启动试验任选一项即可

【答案】ABCD

习题 6 对气体灭火系统进行维护保养，应定期对系统功能进行测试。下列关于模拟喷气试验的说法中，错误的是（　　）。
A. 七氟丙烷系统模拟喷气试验时，试验瓶的数量不应小于灭火剂储存容器数的 10%，且不少于 1 个
B. 每年应对防护区进行一次模拟喷气试验
C. IG541 混合气体灭火系统应采用其充装的灭火剂进行模拟喷气试验
D. 高压二氧化碳灭火系统应采用其充装的灭火剂进行模拟喷气试验

【答案】A

习题7 某计算机房设置组合分配式七氟丙烷气体灭火系统,最大防护区的灭火剂存储容器数量为6个,规格为120L。对该防护区进行系统模拟喷气试验。关于该防护区模拟试验的说法,正确的是( )。
A. 试验时,应采用其充装的灭火剂进行模拟喷气试验
B. 试验时,模拟喷气用灭火剂存储容器的数量最少为2个
C. 试验时,可选用规格为150L的灭火剂存储容器进行模拟喷气试验
D. 试验时,喷气试验宜采用手动启动方式

【答案】B

习题8 下列关于气体灭火系统功能验收的说法,错误的是( )。
A. 设有灭火剂备用量的系统,必须进行模拟切换操作试验且合格
B. 柜式气体灭火装置进行模拟喷气试验时,宜采用自动启动方式且合格
C. 使用高压氮气启动选择阀的二氧化碳灭火系统,选择阀必须在容器阀动作之后或是同时打开
D. 气体灭火系统功能验收时,应按规范要求进行主、备电源切换实验并合格

【答案】C

习题9 单位管理人员对低压二氧化碳灭火系统进行巡查,根据现行国家标准《建筑消防设施的维护管理》(GB 25201—2010),不属于该系统巡查内容的是( )。
A. 气体灭火控制的工作状态
B. 低压二氧化碳系统安全阀的外观
C. 低压二氧化碳储存装置内灭火剂的液位
D. 低压二氧化碳系统制冷装置的运行状况

【答案】C

习题10 下列关于气体灭火系统维护管理的说法中,正确的是( )。
A. 气体灭火系统的储存容器应定期抽样送国家级消防产品检验中心检验
B. 应按《气瓶安全监察规程》的规定对气体灭火器系统使用的钢瓶进行维护保养
C. 每两个季度应对高压二氧化碳储存容器逐个进行称重检查
D. 发现七氟丙烷灭火系统储存容器内的压力低于额定工作压力时,应立即使用氮气增压

【答案】B

习题11 关于气体灭火系统维护管理周期检查项目的说法,错误的是( )。
A. 每日应检查低压二氧化碳储存装置的运行情况和储存装置间的设备状态
B. 每月应检查预制灭火系统的设备状态和运行状况
C. 每年应对选定的防护区进行1次模拟启动试验
D. 每月应检查低压二氧化碳灭火系统储存装置的液位

【答案】C

08 第八章 泡沫灭火系统

知识点框架图

泡沫灭火系统
- 系统的灭火机理
- 系统的组成和分类 【2015—2017 单】
- 系统型式的选择 【2015、2016 单】
- 系统的设计要求 【2018 单】
- 系统组件及设置要求 【2015、2018 单】
- 泡沫液和系统组件（设备）现场检查 【2016、2017 单】
- 系统组件安装调试与检测验收 【2015、2018 单】
- 系统维护管理 【2016—2018 单】

复习建议
1. 次重点章节；
2. 虽然每年必考章节，但是知识点零散，不集中。

第一节 系统的灭火机理

① 隔氧窒息作用。
② 辐射热阻隔作用。
③ 吸热冷却作用。

第二节 系统的组成和分类

1. 系统的组成

泡沫灭火系统一般由泡沫液储罐、泡沫消防泵、泡沫比例混合器（装置）、泡沫产生装置、火灾探测与启动控制装置、控制阀门及管道等系统组件组成。

2. 系统的分类

（1）按喷射方式划分

① 液上喷射系统：是指泡沫从液面上喷入被保护储罐内的灭火系统。

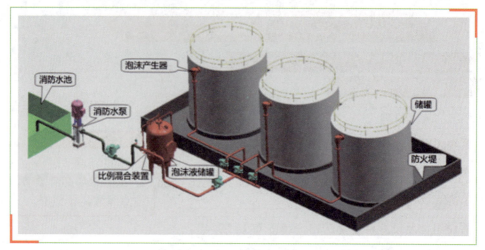

② 液下喷射系统：
  ⓐ 液下喷射系统是指泡沫从液面下喷入被保护储罐内的灭火系统。
  ⓑ 泡沫在注入液体燃烧层下部之后，上升至液体表面并扩散开，形成一个泡沫层的灭火系统。
  ⓒ 通常设计为固定式和半固定式。

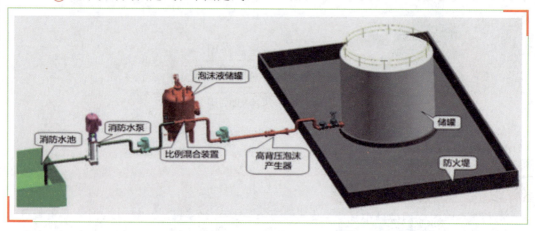

③ 半液下喷射系统：【2016 单】
半液下喷射系统是指泡沫从储罐底部注入，并通过软管浮升到液体燃料表面进行灭火的灭火系统。

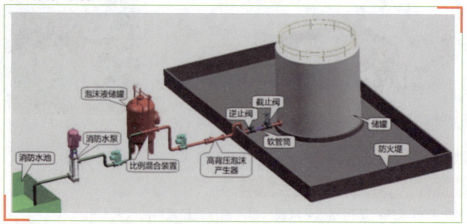

………① 液上喷射系统具有泡沫不易受油的污染,可以使用廉价的普通蛋白泡沫等优点。
………② 有固定式、半固定式、移动式三种应用形式。液下系统通常设计为固定式和半固定式。
………③ 水溶性液体火灾必须选用抗溶性泡沫液。扑救水溶性液体火灾应采用液上喷射或半液下喷射泡沫,不能采用液下喷射泡沫。对于非水溶性液体火灾,当采用液上喷射泡沫灭火时,选用蛋白、氟蛋白、成膜氟蛋白或水成膜泡沫液均可;当采用液下喷射泡沫灭火时,必须选用氟蛋白、成膜氟蛋白或水成膜泡沫液。

【2017 单】

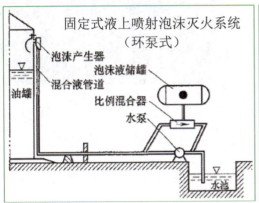
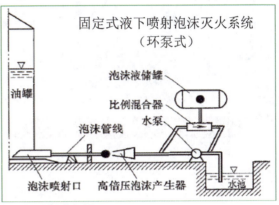

【三种喷射系统的适用范围】

分类	适用
液上喷射系统	最为广泛的一种形式,适用于各类非水溶性甲、乙、丙类液体储罐和水溶性甲、乙、丙类液体的固定顶或内浮顶储罐
液下喷射系统	适用于非水溶性液体固定顶储罐,不适用于水溶性液体和其他对普通泡沫有破坏作用的甲、乙、丙类液体固定顶储罐,也不适用于外浮顶和内浮顶储罐
半液下喷射系统	适用于甲、乙、丙类可燃液体固定顶储罐,不适用于外浮顶和内浮顶储罐

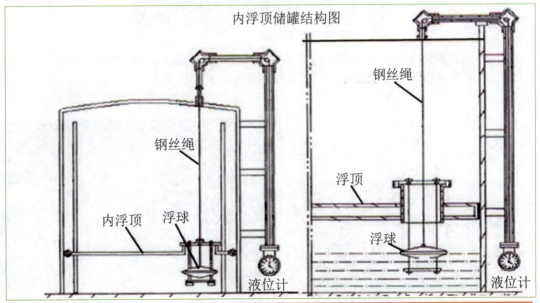

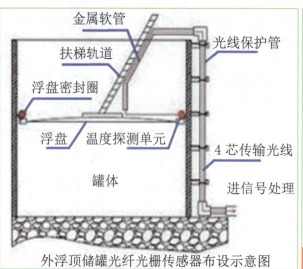
外浮顶储罐光纤光栅传感器布设示意图

外浮顶储罐

(2) 按系统结构划分

① 固定式系统：
② 半固定式系统【2015 单】：是指由固定的泡沫产生器与部分连接管道，泡沫消防车或机动泵，用水带连接组成的灭火系统。

③ 移动式系统：是指由消防车、机动消防泵或有压水源、泡沫比例混合器、泡沫枪、泡沫炮或移动式泡沫产生器，用水带等连接组成的灭火系统。

类型	倍数	系统特点
低倍数	<20	甲、乙、丙类液体储罐及石油化工装置区等场所的首选灭火系统
中倍数	20～200	在实际工程中应用较少,且多用作辅助灭火设施
高倍数	>200	

第三节 系统型式的选择

系统选择基本要求

① 甲、乙、丙类液体储罐区宜选用低倍数泡沫灭火系统。

② 甲、乙、丙类液体储罐区固定式、半固定式或移动式泡沫灭火系统的选择应符合下列规定:油罐中倍数泡沫灭火系统宜为固定式,应选用液上喷射系统。【2015 单】

③ 储罐区泡沫灭火系统的选择,应符合下列规定:

　ⓐ 烃类液体固定顶储罐,可选用液上喷射、液下喷射或半液下喷射系统;

　ⓑ 水溶性甲、乙、丙类液体的固定顶储罐,应选用液上喷射或半液下喷射系统;

　ⓒ 外浮顶和内浮顶储罐应选用液上喷射系统;
　【2016 单】

　ⓓ 烃类液体外浮顶储罐、内浮顶储罐、直径大于 18m 的固定顶储罐以及水溶性液体的立式储罐,不得选用泡沫炮作为主要灭火设施;

　ⓔ 高度大于 7m 或直径大于 9m 的固定顶储罐,不得选用泡沫枪作为主要灭火设施。

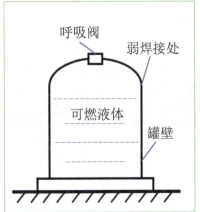

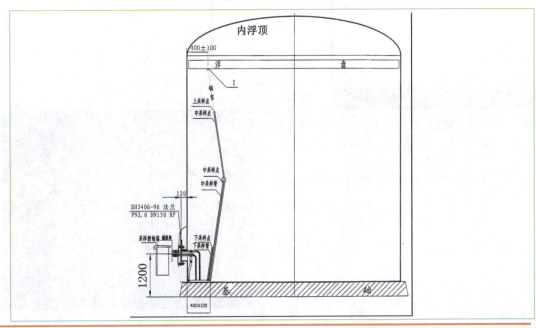

第四节 系统的设计要求

1. 低倍数泡沫灭火系统

(1) 基本要求【2018 单】

① 储罐区泡沫灭火系统扑救一次火灾的泡沫混合液设计用量,应按罐内用量、该罐辅助泡沫枪用量、管道剩余量三者之和最大的储罐确定。

② 设置固定式泡沫灭火系统的储罐区,应配置用于扑救液体流散火灾的辅助泡沫枪,每支辅助泡沫枪的泡沫混合液流量不应小于 240L/min。

③ 采用固定式泡沫灭火系统的储罐区,宜沿防火堤外均匀布置泡沫消火栓,且泡沫消火栓的间距不应大于 60m。泡沫消火栓的功能是连接泡沫枪扑救储罐区防火堤内的流散火灾。

④ 固定式泡沫灭火系统的设计应满足在泡沫消防水泵或泡沫混合液泵启动后,将泡沫混合液或泡沫输送到保护对象的时间不大于 5min。

(2) 固定顶储罐

固定顶储罐的保护面积,应按储罐横截面面积计算。

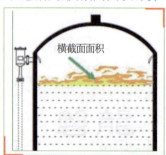

(3) 外浮顶储罐

① 钢制单盘式与双盘式外浮顶储罐的保护面积,应按罐壁与泡沫堰板间的环形面积确定。【2018 单】

② 非水溶性液体的泡沫混合液供给强度不应小于 12.5L/(min·m²),连续供给时间不应小于 30min。

(4) 内浮顶储罐

① 钢制单盘式、双盘式与敞口隔舱式内浮顶储罐的保护面积,应按罐壁与泡沫堰板间的环形面积确定。

② 其他内浮顶储罐应按固定顶储罐对待。

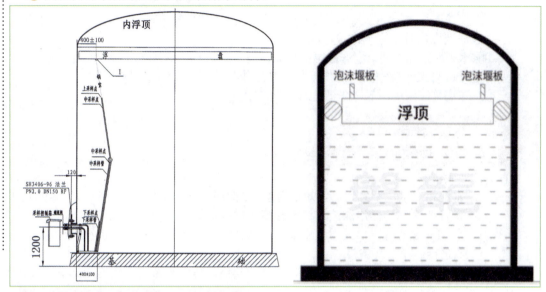

2. 高倍数、中倍数泡沫灭火系统

(1) 全淹没系统
(2) 局部应用系统
(3) 移动式系统
(4) 油罐中倍数泡沫灭火系统

第五节 系统组件及设置要求

泡沫灭火系统一般由泡沫液、泡沫消防水泵、泡沫混合液泵、泡沫液泵、泡沫比例混合器（装置）、压力容器、泡沫产生装置、火灾探测与启动控制装置、控制阀门及管道等系统组件组成。系统组件必须经国家级产品质量监督检验机构检验合格，并且必须符合设计用途。

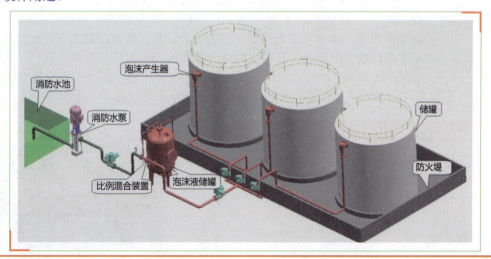

1. 泡沫液泵的选择与设置要求

①泡沫液泵的工作压力和流量应满足系统最大设计要求,并应与所选比例混合装置的工作压力范围和流量范围相匹配,同时应保证在设计流量下泡沫液供给压力大于最大水压力。
②泡沫液泵的结构形式、密封或填充类型应适宜输送所选的泡沫液,其材料应耐泡沫液腐蚀且不影响泡沫液的性能。
③除水力驱动型泵外,泡沫液泵应按规范要求设置动力源和备用泵,备用泵的规格、型号应与工作泵相同,工作泵故障时应能自动与手动切换到备用泵。
④泡沫液泵应耐受时长不低于 10min 的空载运行。

2. 泡沫比例混合器

(1) 环泵式泡沫比例混合器

① 设计要求:
  a. 水池相对水位不宜过高,以保证泡沫比例混合器的出口压力(背压)为零或负压。
  b. 泡沫比例混合器泡沫液入口不应高于泡沫液储罐最低液面 1m。
  c. 比例混合器的出口压力大于零时,其吸液管上应设有防止水倒流入泡沫液储罐的措施。【2015 单】
  d. 为防止泡沫比例混合器被异物堵塞或其他故障对系统安全性造成影响,要求并联安装一个备用泡沫比例混合器。

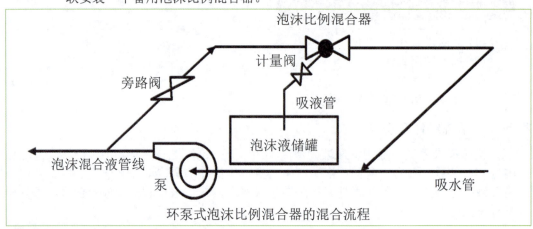

环泵式泡沫比例混合器的混合流程

② 使用方法:
  ⓐ 启动消防泵,将水压调到系统所需的压力,将比例混合器的指针转到所需要的泡沫混合液量指数上,开启比例混合器的阀门和泡沫液管路的阀门,水与泡沫液即按比例混合,混合液经管道输送到泡沫产生器,即可产生空气泡沫。
  ⓑ 泡沫混合液量在指示牌允许范围内可根据需要进行调节。【2018 单】

(2) 压力式泡沫比例混合器

① 适用范围:
  是工厂生产的由比例混合器和泡沫液储罐组成一体的独立装置,安装时不需要再调整其混合比等。

② 使用方法:

混合器使用时应首先开启排气阀，随后开启进水阀，当排气阀出水时即可关闭，待储罐内压力升到需要值时，可开启储液阀，混合液即可输出；混合器使用后，要将出液阀、进水阀分别关闭，然后开启排气阀，待压力表回零后，开启放液阀，将储罐内泡沫液和水放尽。

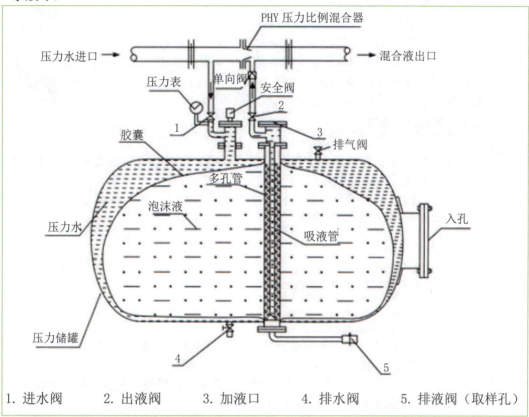

1. 进水阀　　2. 出液阀　　3. 加液口　　4. 排水阀　　5. 排液阀（取样孔）

（3）管线式泡沫比例混合器

管线式泡沫比例混合器直接安装在主管线上，泡沫液与水直接混合形成混合液，系统压力损失较大，混合比精度通常不高，因此在固定式泡沫灭火系统中很少使用，其主要用于移动式泡沫灭火系统，与泡沫炮、泡沫枪、泡沫产生器装配为一体使用。

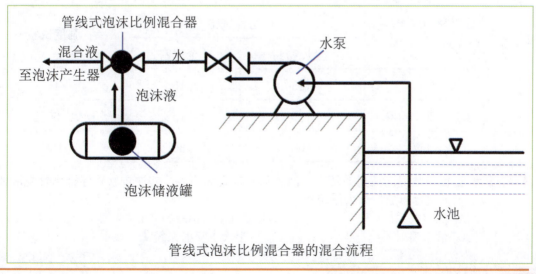

管线式泡沫比例混合器的混合流程

第六节 泡沫液和系统组件（设备）现场检查

1. 泡沫液的现场检验

① 6%型低倍数泡沫液设计用量大于或等于 7.0t；
② 3%型低倍数泡沫液设计用量大于或等于 3.5t；
③ 6%蛋白型中倍数泡沫液最小储备量大于或等于 2.5t；
④ 6%合成型中倍数泡沫液最小储备量大于或等于 2.0t；
⑤ 高倍数泡沫液最小储备量大于或等于 1.0t；
⑥ 合同文件规定的需要现场取样送检的泡沫液。

2. 检测方法

① 对于取样留存的泡沫液，进行观察检查和检查市场准入制度要求的有效证明文件及产品出厂合格证即可。
② 送检泡沫液主要对其发泡性能和灭火性能进行检测，检测内容主要包括发泡倍数、析液时间、灭火时间和抗烧时间。

3. 系统组件现场检查【2016、2017 单】

系统组件的现场检查主要包括组件的外观质量检查、性能检查、强度和严密性检查等。

4. 系统组件的强度和严密性检查

(1) 阀门试验需要达到的要求

① 强度和严密性试验要采用清水进行，强度试验压力为公称压力的 1.5 倍；严密性试验压力为公称压力的 1.1 倍；
② 试验压力在试验持续时间内要保持不变，且壳体填料和阀瓣密封面不能有渗漏；
③ 阀门试压的试验持续时间不能少于下表规定；
④ 试验合格的阀门，要排尽内部积水，并吹干。密封面涂防锈油，关闭阀门，封闭出入口，并作出明显的标记。

(2) 阀门试验持续时间

公称直径 DN/mm	最短试验持续时间/s		
	严密性试验		强度试验
	金属密封	非金属密封	
≤50	15	15	15
65～200	30	15	60
200～450	60	30	180

习题 1 在低倍数泡沫灭火系统中，泡沫从储罐底部注入，并通过软管浮升到燃烧液体表面进行喷放的灭火系统是（　　）。
A. 固定式系统　　　　　　　B. 半固定式系统
C. 液下喷射系统　　　　　　D. 半液下喷射系统

【答案】D

习题 2 采用泡沫灭火系统保护酒精储罐,应选用( )。
A. 抗溶泡沫液
B. 水成膜泡沫液
C. 氟蛋白泡沫液
D. 蛋白泡沫液

【答案】A

习题 3 泡沫灭火系统按系统结构可分为固定泡沫灭火系统、半固定泡沫灭火系统、移动泡沫灭火系统。半固定泡沫灭火系统是指( )。
A. 采用泡沫枪、固定泡沫装置和固定消防水泵供应泡沫混合液的灭火系统
B. 泡沫产生器和部分连接管道固定,采用泡沫消防车或机动消防泵,用水带供应泡沫混合液的灭火系统
C. 泡沫产生器与部分连接管道连接,固定消防水泵供应泡沫混合液的灭火系统
D. 采用泡沫枪,泡沫液由消防车供应,水由固定消防水泵供应的灭火系统

【答案】B

习题 4 新建一个内浮顶原油储罐,容量为6000m³,采用中倍数泡沫灭火系统时,宜选用( )泡沫灭火系统。
A. 固定
B. 移动
C. 半固定
D. 半移动

【答案】A

习题 5 某石油库储罐区共有14个储存原油的外浮顶储罐,单罐容量均为100000m³,该储罐区应选用的泡沫灭火系统是( )。
A. 液上喷射中倍数泡沫灭火系统
B. 液下喷射低倍数泡沫灭火系统
C. 液上喷射低倍数泡沫灭火系统
D. 液下喷射中倍数泡沫灭火系统

【答案】C

习题 6 某储罐区中共有6个储存闪点为65℃的柴油固定顶储罐,储罐直径均为35m,均设置固定式液下喷射泡沫灭火系统保护,并配备辅助泡沫枪。根据现行国家标准《泡沫灭火系统设计规范》(GB 50151—2010),关于该储罐区泡沫灭火系统设计的说法,正确的是( )。
A. 每支辅助泡沫枪的泡沫混合液流量不应小于200L/min,连续供给时间不应小于30min
B. 液下喷射泡沫灭火系统的泡沫混合液供给强度不应小于5.0L/(min·m²),连续供给时间不应小于40min
C. 泡沫混合液泵启动后,将泡沫混合液输送到保护对象的时间不应大于10min
D. 储罐区扑救一次火灾的泡沫混合液设计用量应按1个储罐罐内用量、罐辅助泡沫枪用量之和计算

【答案】B

习题 7 某乙类可燃液体储罐设置固定液上喷射低倍数泡沫灭火器系统。当采用环泵式泡沫比例混合器时,泡沫液的投加点应在( )。
A. 消防水泵的出水管上
B. 消防给水管道临近储罐处
C. 消防水泵的吸水管上
D. 在消防水泵房外的给水管道上

【答案】C

习题 8 泡沫产生装置进场检验时,下列检查项目中,不属于外观检查项目的是( )。
A. 材料材质
B. 铭牌标记
C. 机械损伤
D. 表面涂层

【答案】A

> **习题 9** 泡沫灭火系统的组件进入工地后，应对其进行现场检查。下列检查项目中，不属于泡沫产生器现场检查项目的是（　　）。
> A. 严密性试验　　　　　　　　B. 表面保护涂层
> C. 机械性损伤　　　　　　　　D. 产品性能参数
>
> 【答案】D

第七节　系统组件安装调试与检测验收

1. 系统主要组件安装与技术检测

（1）泡沫液储罐的安装

① 一般要求：

　ⓐ 泡沫液储罐周围要留有满足检修需要的通道，其宽度不能小于 0.7m，且操作面不能小于 1.5m。

　ⓑ 当泡沫液储罐上的控制阀距地面高度大于 1.8m 时，需要在操作面处设置操作平台或操作凳。

② 常压泡沫液储罐的安装要求：【2015 单】

　ⓐ 现场制作的常压钢质泡沫液储罐，考虑到比例混合器要能从储罐内顺利吸入泡沫液，同时防止将储罐内的锈渣和沉淀物吸入管内堵塞管道，泡沫液管道出液口不能高于泡沫液储罐最低液面的 1m，泡沫液管道吸液口距泡沫液储罐底面不小于 0.15m，且最好做成喇叭口形。

　ⓑ 现场制作的常压钢质泡沫液储罐需要进行严密性试验，试验压力为储罐装满水后的静压力，试验时间不能小于 30min，目测不能有渗漏。

　ⓒ 现场制作的常压钢质泡沫液储罐内、外表面需要按设计要求进行防腐处理，防腐处理要在严密性试验合格后进行。

③ 泡沫液压力储罐的安装要求：

　泡沫液压力储罐是制造厂家的定型设备，其上设有安全阀、进料孔、排气孔、排渣孔、人孔和取样孔等附件，出厂时都已安装好，并进行了试验。因此，在安装时不得随意拆卸或损坏，尤其是安全阀更不能随便拆动，安装时出口不能朝向操作面，否则影响安全使用。

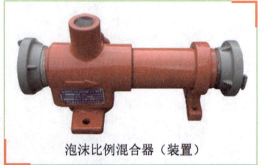

泡沫比例混合器（装置）

（2）泡沫比例混合器（装置）的安装要求

安装时，要使泡沫比例混合器（装置）的标注方向与液流方向一致。

类别	安装要求
环泵式比例混合器	①进口要与水泵的出口管段连接，出口要与水泵的进口管段连接； ②消防泵进出口压力、泡沫液储罐液面与比例混合器的高度差是影响其泡沫混合液混合比的两方面因素； ③环泵式比例混合器安装标高的允许偏差为±10mm
压力式比例混合装置	①要**整体安装**； ②压力式比例混合装置的压力储罐进水管有0.6～1.2MPa的压力，而且通过压力式比例混合装置的流量也较大，有一定的冲击力，安装时压力式比例混合装置要与基础固定牢固
平衡式比例混合装置 【2018 单】	①**整体平衡式**比例混合装置安装时需要整体**竖直安装在压力水的水平管道上**，压力表与平衡式比例混合装置的进口处的距离不宜大于0.3m（便于观察）； ②**分体平衡式**比例混合装置的平衡压力流量控制阀要**竖直安装**； ③水力驱动平衡式比例混合装置的泡沫液泵要**水平安装**
压力式比例混合装置	①**直接安装在主管线上**； ②管线式比例混合器的工作压力通常在0.7～1.3MPa范围内，压力损失在进口压力的1/3以上，混合比精度通常较差

(3) 阀门的安装

① 泡沫混合液管道采用的阀门有手动、电动、气动和液动阀门，后三种多用在大口径管道，或遥控和自动控制上。

② 液下喷射和半液下喷射泡沫灭火系统的泡沫管道进储罐处设置的钢质明杆闸阀和止回阀需要水平安装，其止回阀上标注的方向要与泡沫的流动方向一致。

③ 高倍数泡沫产生器进口端泡沫混合液管道上设置的压力表、管道过滤器、控制阀一般要安装在水平支管上。

④ 泡沫混合液管道上设置的自动排气阀要在系统试压、冲洗合格后立式安装。排气阀立式安装是产品结构的要求，在系统试压、冲洗合格后进行安装，是为了防止堵塞，影响排气。

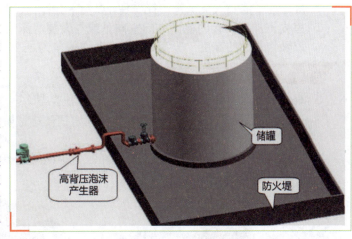

⑤ 连接泡沫产生装置的泡沫混合液管道上的控制阀，要安装在防火堤外压力表接口外侧，并有明显的启闭标志；泡沫混合液管道设置在地上时，控制阀的安装高度一般控制在1.1～1.5m。

⑥ 储罐区固定式泡沫灭火系统同时又具备半固定系统功能时，需要在防火堤外泡沫混合液管道上**安装带控制阀和带闷盖的管牙接口**，以便于消防车或其他移动式的消防设备与储罐区固定的泡沫灭火设备相连。

⑦ 泡沫混合液立管上设置的控制阀，其安装高度一般在 1.1～1.5m 之间，并需要设置明显的启闭标志；当控制阀的安装高度大于 1.8m 时，需要设置操作平台或操作凳。

⑧ 管道上的放空阀要安装在最低处，以利于最大限度排空管道内的液体。

（4）泡沫消火栓的安装要求

① 地上式泡沫消火栓要垂直安装，地下式泡沫消火栓要安装在消火栓井内的泡沫混合液管道上。

② 地上式泡沫消火栓的大口径出液口要朝向消防车道，以便于消防车或其他移动式的消防设备吸液口的安装。地上式泡沫消火栓上的大口径出液口，在一般情况下不用，而是利用其小口径出液口即 KWS65 型接口，接上消防水带和泡沫枪进行灭火，当需要利用消防车或其他移动式消防设备灭火，而且需要从泡沫混合液管道上设置的消火栓上取用泡沫混合液时，才使用大口径出液口。

③ 地下式泡沫消火栓要有明显永久性标志，一般在井盖上都有标志，但由于锈蚀或被灰尘覆盖，甚至违反规定堆放物资，使得在使用时很难快速找到消火栓，为了安全可在明显处设置标志，如在附近的墙上设置标志。

④ 地下式泡沫消火栓顶部与井盖底面的距离不得大于 0.4m，且不小于井盖半径，这样做是为了消防人员操作快捷方便，以免下井操作，也避免井盖被扎坏而损坏消火栓。

⑤ 室内泡沫消火栓的栓口方向宜向下或与设置泡沫消火栓的墙面成 90°，栓口离地面或操作基面的高度一般为 1.1m，允许偏差为 ±20mm，坐标的允许偏差为 20mm。

（5）低倍数泡沫产生器的安装

① 液上喷射泡沫产生器，有横式和立式两种类型。

　　ⓐ 横式泡沫产生器要水平安装在固定顶储罐罐壁的顶部或外浮顶储罐罐壁顶部的泡沫导流罩上。

　　ⓑ 立式泡沫产生器要垂直安装在固定顶储罐罐壁的顶部或外浮顶储罐罐壁顶部的泡沫导流罩上。

横式泡沫产生器

立式泡沫产生器

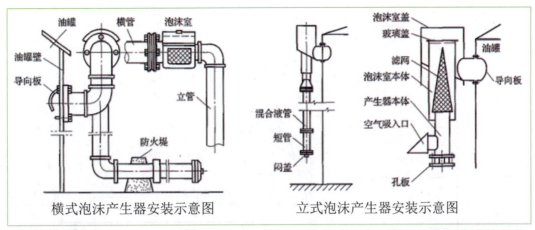

横式泡沫产生器安装示意图　　立式泡沫产生器安装示意图

② 液下及半液下喷射的高背压泡沫产生器要水平安装在防火堤外的泡沫混合液管道上。【2018 单】

③ 在高背压泡沫产生器进口侧设置的压力表接口要竖直安装,环境温度为 0℃及以下的地区,背压调节阀和泡沫取样口上的控制阀需选用钢质阀门。

④ 液上喷射泡沫产生器或泡沫导流罩沿罐周均匀布置时,其间距偏差一般不大于 100mm。

⑤ 外浮顶储罐泡沫喷射口设置在浮顶上时,泡沫混合液支管要固定在支架上,泡沫喷射口 T 型管的横管要水平安装,伸入泡沫堰板后要向下倾斜 30°～60°。

⑥ 单、双盘式内浮顶储罐泡沫堰板的高度及与罐壁的间距要符合设计要求。泡沫堰板与罐壁的距离要不小于 0.55m,泡沫堰板的高度要不低于 0.5m。

⑦ 半液下泡沫喷射装置需要整体安装在泡沫管道进入储罐处设置的钢质明杆闸阀与止回阀之间的水平管道上,并采用扩张器(伸缩器)或金属软管与止回阀连接。

2. 管网及管道安装与技术检测

(1) 一般安装要求　【2018 单】

① 水平管道安装时要注意留有管道坡度,在防火堤内要以 3‰的坡度坡向防火堤,在防火堤外应以 2‰的坡度坡向放空阀,以便于管道放空,防止积水,避免在冬季冻裂阀门及管道。另外,当出现 U 形管时要有放空措施。

② 立管要用管卡固定在支架上,管卡间距不能大于 3m,以确保立管的牢固性,使其在受到外力作用和自身泡沫混合液冲击时不至于被损坏。

(2) 泡沫混合液管道的安装要求

储罐上泡沫混合液立管下端设置的锈渣清扫口与储罐基础或地面的距离一般为 0.3～0.5m;锈渣清扫口需要采用闸阀或盲板封堵;当采用闸阀时,要竖直安装。

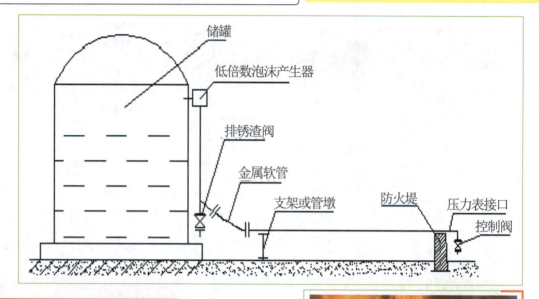

3. 系统调试

(1) 系统组件调试

① 泡沫比例混合器（装置）的调试

泡沫比例混合器（装置）的调试需要与系统喷泡沫试验**同时进行**。

② 泡沫产生装置的调试

ⓐ 低倍数（含高背压）泡沫产生器、中倍数泡沫产生器要进行喷水试验，其**进口压力**要符合设计要求。

ⓑ 泡沫枪要进行喷水试验，其**进口压力和射程**符合设计要求。

(2) 系统功能测试

① 系统喷水试验：

ⓐ 试验要求：
当为**手动**灭火系统时，要以**手动控制的方式**进行一次喷水试验；
当为**自动**灭火系统时，要以**手动和自动控制的方式各进行一次**喷水试验。

ⓑ 检测方法：用压力表、流量计、秒表测量。

★ 当系统为**手动**灭火系统时，选择**最远的防护区**或储罐进行喷水试验；

★ 当系统为**自动**灭火系统时，选择最大和最远两个防护区或储罐分别以手动和自动的方式进行喷水试验。

② 低、中倍数泡沫系统的喷泡沫试验：【2018 单】

ⓐ 试验要求：当为自动灭火系统时，要以自动的方式进行；**喷射泡沫的时间不小于 1min**；实测泡沫混合液的混合比和泡沫混合液的发泡倍数，及到达最不利点防护区或储罐的时间和湿式联用系统水与泡沫的转换时间要符合设计要求。

ⓑ 检测方法：对于混合比的检测，蛋白、氟蛋白等折射指数高的泡沫液可用手持折射仪测量，水成膜、抗溶水成膜等折射指数低的泡沫液可用手持导电度测量仪测量。【2015 单】

第八节 系统维护管理

1. 系统检查与维护

(1) 消防泵和备用动力启动试验 【2018 单】

每周需要对消防泵和备用动力以手动或自动控制的方式进行一次启动试验,看其是否运转正常,试验时泵可以打回流,也可空转,但空转时运转时间不大于 5s,试验后必须将泵和备用动力及有关设备恢复原状。

(2) 系统月检要求 【2017 单】

① 对低、中、高倍数泡沫产生器,泡沫喷头,固定式泡沫炮,泡沫比例混合器(装置),泡沫液储罐进行外观检查,各部件要完好无损。
② 对固定式泡沫炮的回转机构、仰俯机构或电动操作机构进行检查,性能要达到标准要求。
③ 泡沫消火栓和阀门要能自由开启与关闭,不能有锈蚀。
④ 压力表、管道过滤器、金属软管、管道及管件不能有损伤。
⑤ 对遥控功能或自动控制设施及操纵机构进行检查,性能要符合设计要求。
⑥ 对储罐上的低、中倍数泡沫混合液立管要清除锈渣。
⑦ 动力源和电气设备工作状况要良好。
⑧ 水源及水位指示装置要正常。

(3) 系统年检要求

① 每半年检查要求:

  ⓐ 每半年除储罐上泡沫混合液立管和液下喷射防火堤内泡沫管道,以及高倍数泡沫产生器进口端控制阀后的管道外,其余管道需要全部冲洗,清除锈渣。储罐上泡沫混合液立管冲洗时,容易损坏密封玻璃,甚至把水打入罐内,影响介质的质量,若进行拆卸,则比较困难,且易损坏附件,因此可不冲洗,但要清除锈渣。

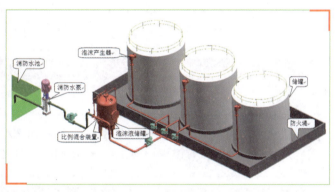

  ⓑ 液下喷射防火堤内泡沫管道冲洗时,必然会把水打入罐内,影响介质的质量,若拆卸止回阀或密封膜也较困难,因此可不冲洗,也可不清除锈渣,因为泡沫喷射管的截面积比泡沫混合液管道的截面积大,不易堵塞。

  ⓒ 对高倍数泡沫产生器进口端控制阀后的管道不用冲洗和清除锈渣,因为这段管道设计时材料一般都是不锈钢的。

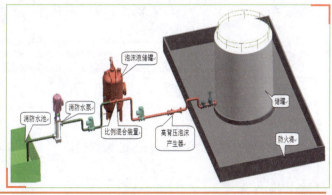

② 每两年检查要求：
　　ⓐ 对于低倍数泡沫灭火系统中的液上、液下及半液下喷射、泡沫喷淋、固定式泡沫炮和中倍数泡沫灭火系统进行喷泡沫试验，并对系统所有组件、设施、管道及管件进行全面检查。【2016 单】
　　ⓑ 对于高倍数泡沫灭火系统，可在防护区内进行喷泡沫试验，并对系统所有组件、设施、管道及管件进行全面检查。

2. 系统常见故障分析及处理

（1）泡沫产生器无法发泡或发泡不正常

主要原因	解决方法
泡沫产生器吸气口被异物堵塞	加强对泡沫产生器的巡检，发现异物及时清理
泡沫混合液不满足要求，如泡沫液失效，混合比不满足要求	加强对泡沫比例混合器（装置）和泡沫液的维护和检测

（2）比例混合器锈死

主要原因	解决方法
由于使用后，未及时用清水冲洗，泡沫液长期腐蚀混合器致使锈死	加强检查，定期拆下保养，系统平时试验完毕后，一定要用清水冲洗干净

（3）无囊式压力比例混合装置的泡沫液储罐进水

主要原因	解决方法
储罐进水的控制阀门选型不当或不合格，导致平时出现渗漏	严格阀门选型，采用合格产品，加强巡检，发现问题及时处理

（4）囊式压力比例混合装置中因胶囊破裂而使系统瘫痪

主要原因	解决方法
比例混合装置中的胶囊因老化，承压降低，导致系统运行时发生破裂	对胶囊加强维护管理，定期更换
因胶囊受力设计不合理，灌装泡沫液方法不当而导致胶囊破裂	采用合格产品，按正确的方法进行灌装

（5）平衡式比例混合装置的平衡阀无法工作

主要原因	解决方法
平衡阀的橡胶膜片由于承压过大被损坏	选用耐压强度高的膜片
	平时应加强维护管理

习题1 泡沫灭火器系统使用的常压钢质泡沫液化储罐通常采用现场制作的方式,下列关于现场制作要求的说法中,正确的是(   )。
A. 泡沫液管道吸液口应紧贴常压钢质泡沫液储藏罐底面
B. 现场制作的常压钢质泡沫液储罐应进行严密性试验,试验时间应在30min以上,目测不能泄漏
C. 现场制作的常压钢质泡沫液储罐,仅需对内表面进行预防处理
D. 现场制作的常压钢质泡沫液储罐的防腐处理应在严密性实验前进行

【答案】B

习题2 某消防技术服务机构对某石油化工企业安装的低倍数泡沫灭火系统进行了技术检测。下列检测结果中,不符合现行国家标准《泡沫灭火系统施工及验收规范》(GB 50281—2006)的是(   )。
A. 整体平衡式比例混合装置竖直安装在压力水的水平管道上
B. 安装在防火堤内的水平管道坡向防火堤,坡度为3%
C. 液下喷射的高背压泡沫产生器水平安装在防火堤外的泡沫混合液管道上
D. 在防火堤外连接泡沫产生装置的泡沫混合液管道上水平安装了压力表接口

【答案】D

习题3 对某石化企业的原油储罐区安装的低倍数泡沫自动灭火系统进行喷泡沫试验。下列喷泡沫试验的方法和结果中,符合现行国家标准《泡沫灭火系统施工及验收规范》(GB 50281—2006)的是(   )。
A. 以自动控制方式进行1次喷泡沫试验,喷射泡沫的时间为2min
B. 以手动控制方式进行1次喷泡沫试验,喷射泡沫的时间为1min
C. 以手动控制方式进行1次喷泡沫试验,喷射泡沫的时间为30s
D. 以自动控制方式进行2次喷泡沫试验,喷射泡沫的时间为30s

【答案】A

习题4 某油库采用低倍数泡沫灭火系统,根据《泡沫灭火系统施工及验收规范》(GB 50281—2006)有关维护管理规定,下列检查项目中,属于每两年检查一次的项目是(   )。
A. 储罐立管除锈   B. 喷泡沫试验
C. 冲洗管道   D. 自动控制设施功能测试

【答案】B

习题5 在对泡沫灭火系统进行功能验收时,可用手持折射仪测量混合比的是(   )。
A. 水成膜泡沫液   B. 折射指数较小的泡沫液
C. 氟蛋白泡沫液   D. 抗溶水成膜泡沫液

【答案】C

习题6 消防技术服务机构对某石化企业安装的低倍数泡沫灭火系统进行日常检查与维护。维保人员开展的下列检查与维护工作中,不符合现行国家标准《泡沫灭火系统施工及验收规范》(GB 50281—2006)的是(   )。
A. 每周以手动或自动控制方式对消防泵和备用泵进行一次启动试验
B. 每月对低倍数泡沫产生器、泡沫比例混合装置、泡沫喷头等外观是否完好无损进行检查
C. 每年对除储罐上泡沫混合液立管外的全部管道进行冲洗,清除锈渣
D. 每两年对系统进行喷泡沫试验

【答案】C

> **习题 7** 某油库采用低倍数泡沫灭火系统。根据现行国家标准《泡沫灭火系统施工及验收规范》(GB 50218—2006),下列检查项目中不属于每月检查一次的项目是( )。
> A. 系统管道清洗   B. 对储罐上的泡沫混合液立管清除锈渣
> C. 泡沫喷头外观检查   D. 水源及水位指示装置检查
>
> 【答案】A

09 第九章 火灾自动报警系统

知识点框架图

火灾自动报警系统
- 火灾探测器、手动火灾报警按钮和火灾自动报警系统分类【2017、2018 单】
- 系统组成、工作原理和适用范围【2018 单】
- 系统的设计要求【2015—2018 单】【2015、2018 多】
- 可燃气体探测报警系统【2017、2018 单】
- 电气火灾监控系统【2016、2018 单】
- 消防控制室【2016、2018 单】【2015、2017、2018 多】
- 系统检测与维护【2015、2018 单】【2015—2017 多】

复习建议
1. 重点章节;
2. 必考章节,知识点多。

第一节 火灾探测器、手动火灾报警按钮和火灾自动报警系统分类

1. 根据探测火灾特征参数分类

火灾探测器根据其探测火灾特征参数的不同,可以分为感烟、感温、感光、气体、复合五种基本类型。

感温火灾探测器	即响应异常温度、温升速率和温差变化等参数的探测器	
感烟火灾探测器	即响应悬浮在大气中的燃烧和/或热解产生的固体或液体微粒的探测器	离子感烟探测器
		光电感烟探测器
		红外光束探测器
		吸气型探测器
感光火灾探测器 (又称火焰探测器)	即响应火焰发出的特定波段电磁辐射的探测器	紫外
		红外
		复合式
气体火灾探测器	即响应燃烧或热解产生的气体的火灾探测器	
复合火灾探测器 【2017 单】	即将多种探测原理集中于一身的探测器	烟温复合
		红外、紫外复合

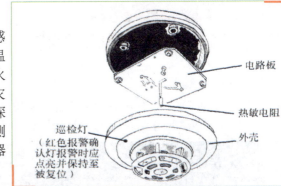

感温火灾探测器

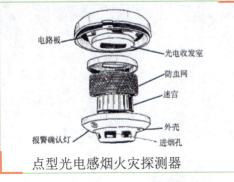

点型光电感烟火灾探测器

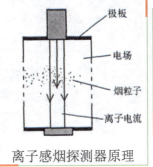

离子感烟探测器原理

感烟火灾探测器

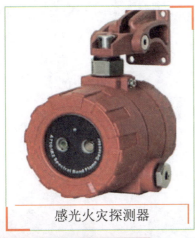

感光火灾探测器

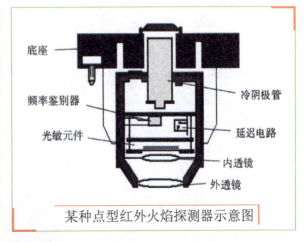

某种点型红外火焰探测器示意图

2. 手动火灾报警按钮的分类

手动火灾报警按钮按编码方式分为编码型报警按钮与非编码型报警按钮。

3. 火灾自动报警系统分类

(1) 区域报警系统

① 由火灾探测器、手动火灾报警按钮、火灾声光警报器及火灾报警控制器等组成。【2018单】
② 系统中可包括消防控制室图形显示装置和指示楼层的区域显示器。
③ 适用于仅需要报警，不需要联动自动消防设备的保护对象。

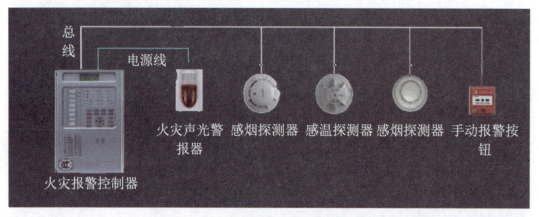

(2) 集中报警系统

① 由火灾探测器、手动火灾报警按钮、火灾声光警报器、消防应急广播、消防专用电话、消防控制室图形显示装置、火灾报警控制器、消防联动控制器等组成。
② 适用于具有联动要求的保护对象。

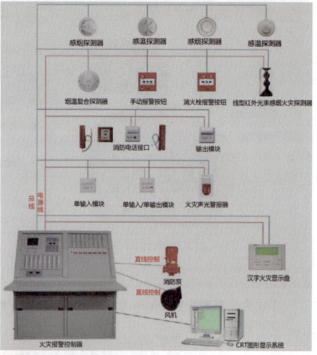

(3) 控制中心报警系统

① 由火灾探测器、手动火灾报警按钮、火灾声光警报器、消防应急广播、消防专用电话、消防控制室图形显示装置、火灾报警控制器、消防联动控制器等组成，且包含两个及两个以上集中报警系统。
② 一般适用于建筑群或体量很大的保护对象，这些保护对象中可能设置几个消防控制室，也可能由于分期建设而采用了不同企业的产品或同一企业不同系列的产品，或由于系统容量限制而设置了多个起集中作用的火灾报警控制器等情况。

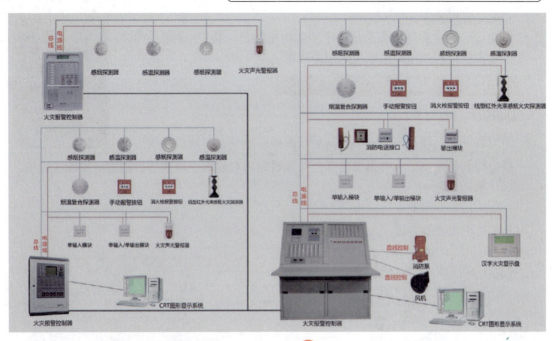

第二节 系统组成、工作原理和适用范围

1. 火灾自动报警系统的组成

火灾自动报警系统由火灾探测报警系统、消防联动控制系统、可燃气体探测报警系统及电气火灾监控系统组成。

（1）火灾探测报警系统

① 触发器件。
② 火灾报警装置：

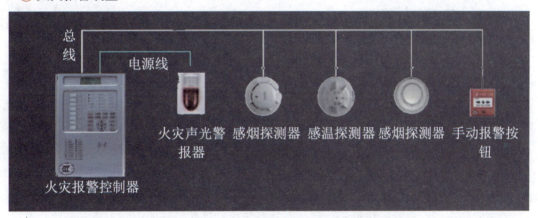

ⓐ 在火灾自动报警系统中，用以接收、显示和传递火灾报警信号，并能发出控制信号和具有其他辅助功能的控制指示设备称为火灾报警装置。

ⓑ 火灾报警控制器就是其中最基本的一种。

ⓒ 火灾报警控制器担负着为火灾探测器提供稳定的工作电源，监视探测器及系统自身的工作状态，接收、转换、处理火灾探测器输出的报警信号，进行声光报警，指示报警的具体部位及时间，同时执行相应辅助控制等诸多任务。

③ 火灾警报装置。
④ 电源：火灾自动报警系统属于消防用电设备，其主电源应当采用消防电源，备用电源可采用蓄电池。

(2) 消防联动控制系统

① 消防联动控制器：

消防联动控制器是消防联动控制系统的核心组件。它通过接收火灾报警控制器发出的火灾报警信息，按预设逻辑对建筑中设置的自动消防系统（设施）进行联动控制。

② 消防控制室图形显示装置。
③ 消防电气控制装置。

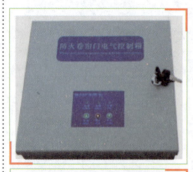
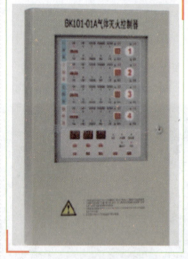
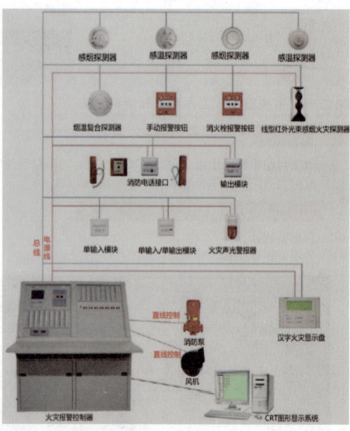

④ 消防电动装置：
消防电动装置的功能是实现电动消防设施的电气驱动或释放，它是包括电动防火门窗、电动防火阀、电动防排烟阀、气体驱动器等电动消防设施的电气驱动或释放装置。

⑤ 模块：
  ⓐ 输入模块的功能是接收受控设备或部件的信号反馈，并将信号输入到消防联动控制器中进行显示。
  ⓑ 输出模块的功能是接收消防联动控制器的输出信号，并发送到受控设备和部件。【2018 单】
  ⓒ 输入输出模块则同时具备输入模块和输出模块的功能。

2. 火灾自动报警系统工作原理

(1) 火灾探测报警系统的工作原理

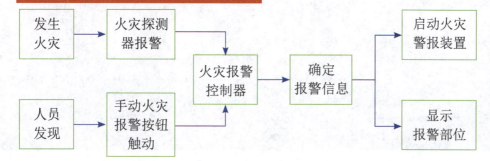

(2) 消防联动控制系统的工作原理 【2018 单】

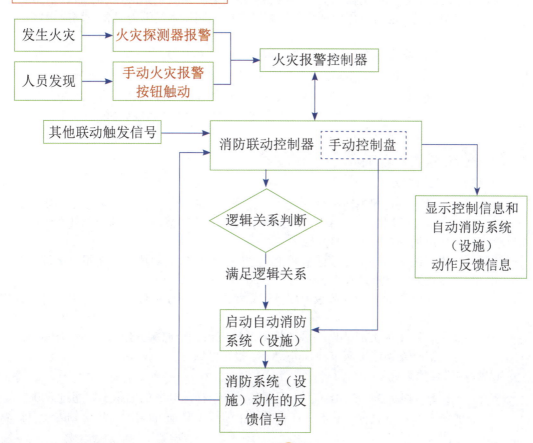

第三节 系统设计要求

1. 系统形式选择与设计要求

(1) 火灾自动报警系统的设计

① 区域报警系统的设计:
　　ⓐ 火灾报警控制器应设置在<u>有人员值班的场所</u>。
　　ⓑ 系统设置消防控制室图形显示装置时,该装置应具有传输相关设备的有关信息的功能;系统未设置消防控制室图形显示装置时,应设置火警传输设备。

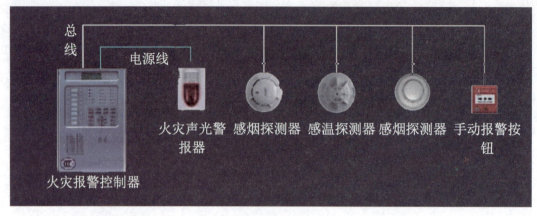

② 集中报警系统的设计：
　　系统中的火灾报警控制器、消防联动控制器和消防控制室图形显示装置、消防应急广播的控制装置、消防专用电话总机等起到集中控制作用的消防设备，均应设置在消防控制室内。

③ **控制中心报警系统的设计：**【2017 单】
　ⓐ 有两个及两个以上消防控制室时，应确定其中一个为主消防控制室。
　ⓑ 主消防控制室应能显示所有火灾报警信号和联动控制状态信号，并应能控制重要的消防设备；各分消防控制室内的消防设备之间可以互相传输并显示状态信息，但不应互相控制。

(2) 报警区域和探测区域的划分

① 报警区域的划分：
　ⓐ 报警区域应根据防火分区或楼层划分。可将一个防火分区或一个楼层划分为一个报警区域，也可将发生火灾时需要同时联动消防设备的相邻几个防火分区或楼层划分为一个报警区域。
　ⓑ 电缆隧道的一个报警区域宜由一个封闭长度区间组成，一个报警区域不应超过相连的 3 个封闭长度区间。
　ⓒ 道路隧道的报警区域应根据排烟系统或灭火系统的联动需要确定，且不宜超过 150m。
　ⓓ 甲、乙、丙类液体储罐区的报警区域应由一个储罐区组成，每个 50000m³ 及以上的外浮顶储罐应单独划分为一个报警区域。

② 探测区域的划分：
　ⓐ 探测区域应按独立房（套）间划分。一个探测区域的面积不宜超过 500m²。
　ⓑ 从主要入口能看清其内部，且面积不超过 1000m² 的房间，也可划为一个探测区域。
　ⓒ 红外光束感烟火灾探测器和缆式线型感温火灾探测器的探测区域的长度，不宜超过 100m。
　ⓓ 空气管差温火灾探测器的探测区域长度宜为 20～100m。

③ 应单独划分探测区域的场所：
　ⓐ 敞开或封闭楼梯间、防烟楼梯间。
　ⓑ 防烟楼梯间前室、消防电梯前室、消防电梯与防烟楼梯间合用的前室、走道、坡道。
　ⓒ 电气管道井、通信管道井、电缆隧道。
　ⓓ 建筑物闷顶、夹层。

2. 火灾探测器的选择

(1) 火灾探测器选择的一般规定

① 对火灾初期有阴燃阶段，产生大量的烟和少量的热，很少或没有火焰辐射的场所，应选择感烟火灾探测器。

② 对火灾发展迅速，可产生大量热、烟和火焰辐射的场所，可选择感温火灾探测器、感烟火灾探测器、火焰探测器或其组合。

③ 对火灾发展迅速，有强烈的火焰辐射和少量的烟、热的场所，应选择火焰探测器。

④ 对火灾初期有阴燃阶段，且需要早期探测的场所，宜增设一氧化碳火灾探测器。

(2) 点型火灾探测器的选择

① 下列场所宜选择点型感烟火灾探测器：
  ⓐ 饭店、旅馆、教学楼、办公楼的厅堂、卧室、办公室、商场等；
  ⓑ 计算机房、通信机房、电影或电视放映室等；
  ⓒ 楼梯、走道、电梯机房、车库等；
  ⓓ 书库、档案库等。

不宜选择点型离子感烟	不宜选择点型光电感烟
相对湿度经常大于95%	高海拔地区
气流速度大于5m/s	
有大量粉尘、水雾滞留	有大量粉尘、水雾滞留
可能产生腐蚀性气体	可能产生蒸气和油雾
在正常情况下有烟滞留	在正常情况下有烟滞留
产生醇类、醚类、酮类等有机物质	
一般场所首选感烟	

宜选择点型感温
相对湿度经常大于95%
可能发生无烟火灾
有大量粉尘
吸烟室等在正常情况下有烟或蒸气滞留的场所
厨房、锅炉房、发电机房、烘干车间【2017 单】
需要联动熄灭"安全出口"标志灯的安全出口内侧
无人滞留且不适合安装感烟

② 可能产生阴燃或发生火灾不及时报警将造成重大损失的场所，不宜选择点型感温火灾探测器；
温度在 0℃ 以下的场所，不宜选择定温探测器；
温度变化较大的场所，不宜选择具有差温特性的探测器。
③ 符合下列条件之一的场所，宜选择点型火焰探测器或图像型火焰探测器：
ⓐ 火灾时有强烈的火焰辐射；
ⓑ 可能发生液体燃烧等无阴燃阶段的火灾；
ⓒ 需要对火焰做出快速反应。
④ 符合下列条件之一的场所，不宜选择点型火焰探测器和图像型火焰探测器：
ⓐ 在火焰出现前有浓烟扩散；
ⓑ 探测器的镜头易被污染；
ⓒ 探测器的"视线"易被油雾、烟雾、水雾和冰雪遮挡；
ⓓ 探测区域内的可燃物是金属和无机物；
ⓔ 探测器易受阳光、白炽灯等光源直接或间接照射。
⑤ 探测区域内正常情况下有高温物体的场所，不宜选择单波段红外火焰探测器。
⑥ 正常情况下有阳光、明火作业，探测器易受 X 射线、弧光和闪电等影响的场所，不宜选择紫外火焰探测器。
⑦ 在火灾初期产生一氧化碳的下列场所可选择点型一氧化碳火灾探测器：
ⓐ 烟雾不容易对流或顶棚下方有热屏障的场所；
ⓑ 在棚顶上无法安装其他点型火灾探测器的场所；
ⓒ 需要多信号复合报警的场所。
⑧ 污物较多且必须安装感烟火灾探测器的场所，应选择间断吸气的点型采样吸气式感烟火灾探测器或具有过滤网和管路自清洗功能的管路采样吸气式感烟火灾探测器。

(3) 吸气式感烟火灾探测器的选择

① 下列场所宜选择吸气式感烟火灾探测器：
ⓐ 具有高速气流的场所；
ⓑ 点型感烟、感温火灾探测器不适宜的大空间、舞台上方、建筑高度超过 12m 或有特殊要求的场所；
ⓒ 低温场所；需要进行隐蔽探测的场所；
ⓓ 需要进行火灾早期探测的重要场所；
ⓔ 人员不宜进入的场所。
② 灰尘比较大的场所，不应选择没有过滤网和管路自清洗功能的管路采样式吸气感烟火灾探测器。

3. 系统设备的设计及设置

(1) 火灾报警控制器和消防联动控制器的设计容量

① 火灾报警控制器的设计容量：
任意一台火灾报警控制器所连接的火灾探测器、手动火灾报警按钮和模块等设备总数和地址总数，均不应超过 3200 点，其中每一总线回路连接设备的总数不宜超过 200 点，且应留有不少于额定容量 10% 的余量。
② 消防联动控制器的设计容量：
任意一台消防联动控制器地址总数或火灾报警控制器（联动型）所控制的各类模块总数不应超过 1600 点，每一联动总线回路连接设备的总数不宜超过 100 点，且应留有不少于额定容量 10% 的余量。

(2) 总线短路隔离器的设计参数

系统总线上应设置总线短路隔离器,每只总线短路隔离器保护的火灾探测器、手动火灾报警按钮和模块等消防设备的总数不应超过 32 点;总线穿越防火分区时,应在穿越处设置总线短路隔离器。

控制器		总数	回路	余量
一台控制器的设计容量	火灾报警控制器	3200	200	额定容量 10%
	联动控制器	1600	100	
总线短路隔离器	每只总线短路隔离器保护的火灾探测器、手动火灾报警按钮和模块等消防设备的总数不应超过 32 点;总线穿越防火分区时,应在穿越处设置总线短路隔离器			

(3) 火灾探测器的设置

① 点型感烟、感温火灾探测器的安装间距要求:【2015—2018 单】
  ⓐ 在宽度小于 3m 的内走道顶棚上设置点型探测器时,宜居中布置。
    感温火灾探测器的安装间距不应超过 10m;
    感烟火灾探测器的安装间距不应超过 15m;
    探测器至端墙的距离,不应大于探测器安装间距的 1/2。
  ⓑ 点型探测器至墙壁、梁边的水平距离,不应小于 0.5m。
  ⓒ 点型探测器周围 0.5m 内,不应有遮挡物。
  ⓓ 点型探测器至空调送风口边的水平距离不应小于 1.5m,并宜接近回风口安装。
    探测器至多孔送风顶棚孔口的水平距离不应小于 0.5m。

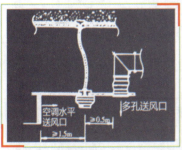
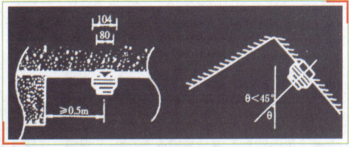

② 点型感烟、感温火灾探测器的设置数量:
  ⓐ 探测区域的每个房间应至少设置一只火灾探测器。
  ⓑ 在有梁的顶棚上设置点型感烟火灾探测器、感温火灾探测器时,应符合下列规定:
    ★ 当梁突出顶棚的高度小于 200mm 时,可不计梁对探测器保护面积的影响。
    ★ 当梁突出顶棚的高度超过 600mm 时,被梁隔断的每个梁间区域应至少设置一只探测器。
    ★ 当梁间净距小于 1m 时(视为平顶棚),可不计梁对探测器保护面积的影响。
  ⓒ 房间被书架、设备或隔断等分隔,其顶部至顶棚或梁的距离小于房间净高的 5% 时,每个被隔开的部分应至少安装一只点型探测器。

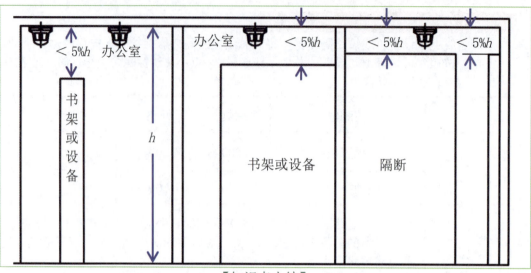

【知识点小结】

点型火灾探测器安装间距	宽度小于3m的内走道顶棚上设置时，宜居中布置
	感温间距不应超过10m；感烟不应超过15m
	至端墙的距离，不应大于探测器安装间距的1/2
	至墙壁、梁边的水平距离，不应小于0.5m
	周围0.5m内，不应有遮挡物
	至空调送风口边的水平距离不应小于1.5m，并宜接近回风口安装
	至多孔送风顶棚孔口的水平距离不应小于0.5m
	宜水平安装，确实需倾斜安装，倾斜角不应大于45°
梁或隔断的影响	梁凸出顶棚的高度小于200mm时，可不计梁的影响
	梁凸出顶棚的高度超过600mm时，被梁隔断的每个梁间区域应至少设置一只探测器。梁间净距小于1m时，可不计梁的影响
	锯齿形屋顶和坡度大于15°的"人"字形屋顶，应在每个屋脊处设置一排探测器
	房间被书架、设备或隔断等分隔，其顶部至顶棚或梁的距离小于房间净高的5%时，每个被隔开的部分应至少安装一只探测器

③ 线型光束感烟火灾探测器的设置：
  ⓐ 探测器的光束轴线至顶棚的垂直距离宜为0.3～1.0m，距地高度不宜超过20m。【2018 单】
  ⓑ 相邻两组探测器的水平距离不应大于14m，探测器至侧墙水平距离不应大于7m，且不应小于0.5m，探测器的发射器和接收器之间的距离不宜超过100m。【2018 单】

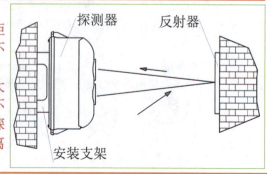

ⓒ 探测器应设置在固定结构上。在钢结构建筑中，发射器和接收器（反射式探测器的探测器和反射板）可设置在钢架上，但应考虑位移影响。

ⓓ 探测器的设置应保证其接收端（反射式探测器的探测器）避开日光和人工光源的直接照射。

ⓔ 选择反射式探测器时，应保证在反射板与探测器之间任何部位进行模拟试验时，探测器均能正确响应。

④ 线型感温火灾探测器的设置：

ⓐ 探测器应采用连续无接头方式安装，如确需中间接线，必须用专用接线盒连接；探测器安装敷设时不应硬性折弯、扭转，避免重力挤压冲击，探测器的弯曲半径宜大于 0.2m。

ⓑ 敷设在顶棚下方的线型感温火灾探测器，至顶棚距离宜为 0.1m，探测器的保护半径应符合点型感温火灾探测器的保护半径要求；探测器至墙壁距离宜为 1～1.5m。

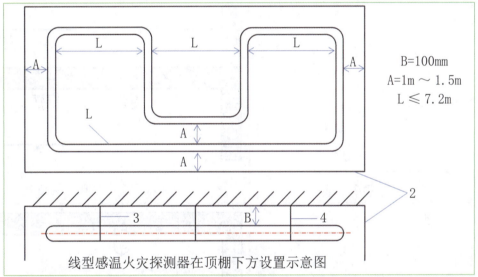

线型感温火灾探测器在顶棚下方设置示意图

⑤ 管路采样式吸气感烟火灾探测器的设置：

ⓐ 非高灵敏型探测器的采样管网安装高度不应超过 16m；高灵敏型探测器的采样管网安装高度可超过 16m；采样管网安装高度超过 16m 时，灵敏度可调的探测器应设置为高灵敏度，且应减小采样管长度和采样孔数量。

ⓑ 探测器的每个采样孔的保护面积、保护半径，应符合点型感烟火灾探测器的保护面积、保护半径的要求。

ⓒ <u>一个探测单元的采样管总长不宜超过 200m，单管长度不宜超过 100m，同一根采样管不应穿越防火分区。</u>采样孔总数不宜超过 100 个，单管上的采样孔数量不宜超过 25 个。【2018 单】

ⓓ 当采样管道采用毛细管布置方式时，毛细管长度不宜超过 4m。

ⓔ 吸气管路和采样孔应有明显的火灾探测器标识。

ⓕ 在设置过梁、空间支架的建筑中，采样管路应固定在过梁、空间支架上。

ⓖ 当采样管道布置形式为垂直采样时，每 2℃ 温差间隔或 3m 间隔（取最小者）应设置一个采样孔，采样孔不应背对气流方向。

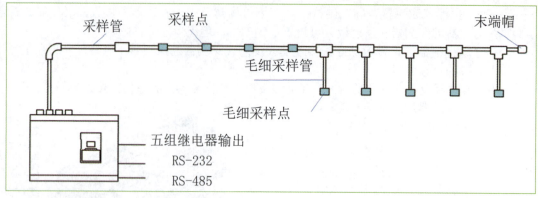

⑥ 其他说明。

序号	镂空面积与总面积的比例	感烟探测器安装位置
1	≤15%	格栅吊顶，吊顶
2	>30%	格栅吊顶，吊顶，火警确认灯
3	15%~30%	应根据实际试验结果确定
4	30%~70% 注：有活塞风影响的场所	格栅吊顶，吊顶

(4) 手动火灾报警按钮的设置

① 手动火灾报警按钮的安装间距：
　　ⓐ 每个防火分区应至少设置一只手动火灾报警按钮。
　　ⓑ 从一个防火分区内的任何位置到最邻近的手动火灾报警按钮的步行距离不应大于 30m。

② 手动火灾报警按钮的设置部位：
　　ⓐ 手动火灾报警按钮宜设置在疏散通道或出入口处。列车上设置的手动火灾报警按钮，应设置在每节车厢的出入口和中间部位。
　　ⓑ **手动火灾报警按钮应设置在明显和便于操作的部位。当安装在墙上时，其底边距地高度宜为 1.3~1.5m，且应有明显的标志。**【2016、2017 单】

(5) 区域显示器（火灾显示盘）的设置

① 每个报警区域宜设置一台区域显示器（火灾显示盘）。
② 宾馆、饭店等场所应在每个报警区域设置一台区域显示器。
③ 当一个报警区域包括多个楼层时，宜在每个楼层设置一台仅显示本楼层的区域显示器。
④ 区域显示器应设置在出入口等明显和便于操作的部位。
⑤ 当安装在墙上时，其底边距地面高度宜为 1.3～1.5m。

(6) 火灾警报器的设置

① 火灾警报器应设置在每个楼层的楼梯口、消防电梯前室、建筑内部拐角等处的明显部位，且不宜与安全出口指示标志灯具设置在同一面墙上。
② **每个报警区域内应均匀设置火灾警报器，其声压级不应小于 60dB。**
③ **在环境噪声大于 60dB 的场所，其声压级应高于背景噪声 15dB。**
④ 火灾警报器设置在墙上时，其底边距地面高度应大于 2.2m。

(7) 消防应急广播的设置

① 民用建筑内扬声器应设置在走道和大厅等公共场所。
② 每个扬声器的额定功率不应小于 3W，其数量应能保证从一个防火分区内的任何部位到最近一个扬声器的直线距离不大于 25m，走道末端距最近的扬声器距离不大于 12.5m。
③ 在环境噪声大于 60dB 的场所设置的扬声器，在其播放范围内最远点的播放声压级应高于背景噪声 15dB。
④ **客房设置专用扬声器时，其功率不宜小于 1.0W。壁挂扬声器的底边距地面高度应大于 2.2m。**【2016 单】

(8) 消防专用电话的设置

① 消防专用电话网络应为独立的消防通信系统。
消防控制室应设置消防专用电话总机。
多线制消防专用电话系统中的每个电话分机应与总机单独连接。
② 电话分机或电话插孔的设置，应符合下列规定：
　ⓐ 消防水泵房、发电机房、配变电室、计算机网络机房、主要通风和空调机房、防排烟机房、灭火控制系统操作装置处或控制室、企业消防站、消防值班室、总调度室、消防电梯机房及其他与消防联动控制有关且经常有人值班的机房均应设置消防专用电话分机。消防专用电话分机应固定安装在明显且便于使用的部位，并应有区别于普通电话的标识。
　ⓑ 设有手动火灾报警按钮或消火栓按钮等处，宜设置电话插孔，并宜选择带有电话插孔的手动火灾报警按钮。
　ⓒ 各避难层应每隔 20m 设置一个消防专用电话分机或电话插孔。
　ⓓ 电话插孔在墙上安装时，其底边距地面高度宜为 1.3～1.5m。
　ⓔ **消防控制室、消防值班室或企业消防站等处，应设置可直接报警的外线电话。**

(9) 模块的设置
① 每个报警区域内的模块宜相对集中设置在本报警区域内的金属模块箱中。
② 严禁将模块设置在配电（控制）柜（箱）内。
③ 本报警区域内的模块不应控制其他报警区域的设备。

（10）消防控制室图形显示装置的设置
① 消防控制室图形显示装置应设置在消防控制室内，并应符合火灾报警控制器的安装设置要求。
② 消防控制室图形显示装置与火灾报警控制器、消防联动控制器、电气火灾监控器、可燃气体报警控制器等消防设备之间，应采用专用线路连接。

（11）火灾报警传输设备或用户信息传输装置的设置
① 应设置在消防控制室内。
② 未设置消防控制室时，应设置在火灾报警控制器附近的明显部位。
③ 与火灾报警控制器、消防联动控制器等设备之间，应采用专用线路连接。
④ 应保证有足够的操作和检修间距。
⑤ 其手动报警装置，应设置在便于操作的明显部位。

（12）防火门监控器的设置
① 防火门监控器应设置在消防控制室内。
② 未设置消防控制室时，应设置在有人员值班的场所。
③ 电动开门器的手动控制按钮应设置在防火门内侧墙面上，距门不宜超过0.5m，底边距地面高度宜为 0.9～1.3m。
④ 防火门监控器的设置应符合火灾报警控制器的安装设置要求。

习题1 关于火灾探测器的说法，正确的是（　　）。
A. 点型感温探测器是不可复位探测器
B. 感烟型火灾探测器都是点型火灾探测器
C. 既能探测烟雾又能探测温度的探测器是复合火灾探测器
D. 剩余电流式电气火灾监控探测器不属于火灾探测器

【答案】C

习题2 根据国家标准《火灾自动报警系统设计规范》（GB 50116—2013），（　　）不属于区域火灾报警系统的组成部分。
A. 火灾探测器　　　　　　B. 消防联动控制器
C. 手动火灾报警按钮　　　D. 火灾报警控制器

【答案】B

习题3 根据现行国家标准《火灾自动报警系统设计规范》（GB 50116—2013），（　　）不应作为联动启动火灾声光警报器的触发器件。
A. 手动火灾报警按钮　　　B. 红紫外复合火灾探测器
C. 吸气式火灾探测器　　　D. 输出模块

【答案】D

习题4 下列场所中，不宜选择感烟探测器的是（　　）。
A. 汽车库　　　　　　　　B. 计算机房
C. 发电机房　　　　　　　D. 电梯机房

【答案】C

习题 5 关于控制中心报警系统的说法，不符合规范要求的是（　　）。
A. 控制中心报警系统至少包含两个集中报警系统
B. 控制中心报警系统具备消防联动控制功能
C. 控制中心报警系统至少设置一个消防主控制室
D. 控制中心报警系统各分消防控制室之间可以相互传输信息并控制重要设备

【答案】D

习题 6 某酒店厨房的火灾探测器经常误报火警，最可能的原因是（　　）。
A. 厨房内安装的是感烟火灾探测器
B. 厨房内的火灾探测器编码地址错误
C. 火灾报警控制器供电电压不足
D. 厨房内的火灾探测器通信信号总线故障

【答案】A

习题 7 某藏书 60 万册的图书馆，其条形疏散走道宽度为 2.1m，长度为 51m，该走道顶棚上至少应设置（　　）只点型感烟火灾探测器。
A. 2　　　　　　　　　　　B. 3
C. 5　　　　　　　　　　　D. 4

【答案】D

习题 8 根据现行国家标准《火灾自动报警系统设计规范》(GB 50116—2013)，关于探测器设置的说法，正确的是（　　）。
A. 点型感烟火灾探测器距墙壁的水平距离不应小于 0.5m
B. 在 2.8m 宽的内走道顶棚上安装的点型感温火灾探测器之间的间距不应超过 15m
C. 相邻两组线性光束感烟火灾探测器的水平距离不应超过 15m
D. 管路采样吸气式感烟火灾探测器的一个探测单元的采样管总长不宜超过 100m

【答案】A

习题 9 某建筑面积为 2000m² 的展厅，层高为 7m，设置了格栅吊顶，吊顶距离楼地面 6m，镂空面积与吊顶的总面积之比为 10%。该展厅内感烟火灾探测器应设置的位置是（　　）。
A. 吊顶上方　　　　　　　　B. 吊顶上方和下方
C. 吊顶下方　　　　　　　　D. 根据实际实验结果确定

【答案】C

习题 10 下列关于火灾自动报警系统组件设置的做法中，错误的是（　　）。
A. 壁挂手动火灾报警按钮的底边距离楼地面 1.4m
B. 壁挂紧急广播扬声器的底边距离楼地面 2.2m
C. 壁挂消防联动控制器的主显示屏的底边距离楼地面 1.5m
D. 墙上安装的消防专用电话插孔的底边距离楼地面 1.3m

【答案】B

习题 11 消防设施检测机构的人员对某建筑内火灾自动报警系统进行检测时，对在宽度小于 3m 的内走道顶棚上安装的点型感烟探测器进行检查。下列检测结果中，符合现行国家消防技术标准要求的是（　　）。
A. 探测器的安装间距为 16m　　　　B. 探测器至端墙的距离为 8m
C. 探测器的安装间距为 14m　　　　D. 探测器至端墙的距离为 10m

【答案】C

习题12 某建筑物内设有火灾自动报警系统,下列关于火灾探测器的安装质量检查结果中,不符合安装要求的是（　　）。

A. 安装在顶棚上的点型感烟探测距多孔送风顶棚孔口的水平距离为1m
B. 安装在宽度为2m的内走道顶棚上的点型感温探测器的间距为12m
C. 在净高为12m的中庭安装的一对红外光束感烟探测器距地面的垂直距离为11m,且在这一高度上没有任何遮挡物
D. 会议室内的感烟探测器的报警确认灯朝向会议室的门口

【答案】B

习题13 对某大型商业综合体的火灾自动报警系统的安装质量进行检查,下列检查结果中不符合现行国家标准《火灾自动报警系统施工验收规范》（GB 50166—2007）的是（　　）。

A. 在高度为12m的共享空间设置的红外光束感烟火灾探测器的光束轴线至顶棚的垂直距离为1.5m
B. 在商场顶棚安装的点型感烟探测器距多孔送风顶棚孔口的水平距离为0.6m
C. 在厨房内安装可燃气体探测器位于天然气管道及用气部位的上部顶棚处
D. 在宽度为2.4m的餐饮区走道顶棚上安装的点型感烟探测器间距为12.5m

【答案】A

习题14 某消防设施检测机构对建筑内火灾自动报警系统进行检测时,对手动火灾报警按钮进行检查,根据现行国家消防技术标准,关于手动火灾报警按钮安装的说法中,正确的是（　　）。

A. 手动火灾报警按钮的链接导线的余量不应小于150mm
B. 墙上手动火灾报警按钮的底边距离楼面高度应为1.5m
C. 墙上手动火灾报警按钮的底边距离楼面高度应为1.7m
D. 手动火灾报警按钮的链接导线的余量不应大于100mm

【答案】A

4. 布线设计要求

①火灾自动报警系统的供电线路、消防联动控制线路应采用耐火铜芯电线电缆,报警总线、消防应急广播和消防专用电话等传输线路应采用阻燃或阻燃耐火电线电缆。【2018 多】

②火灾自动报警系统用的电缆竖井,宜与电力、照明用的低压配电线路电缆竖井分别设置。如受条件限制必须合用时,应将火灾自动报警系统用的电缆和电力、照明用的低压配电线路电缆分别布置在竖井的两侧。**不同电压等级的线缆不应穿入同一根保护管内,当合用同一线槽时,线槽内应有隔板分隔。**

5. 消防联动控制设计要求 【2015—2018 单／多】【注:此条下的知识点为重点】

(1) 消防联动控制设计的一般规定

① 在火灾报警后经逻辑确认（或人工确认）,消防联动控制器应在3s内按设定的控制逻辑准确发出联动控制信号给相应的消防设备,当消防设备动作后将动作信号反馈给消防控制室并显示。

② 消防联动控制器的电压控制输出应采用直流24V,其电源容量在满足受控消防设备的同时启动且维持工作的控制容量要求,当供电线路电压降超过5%时,其直流24V电源应由现场提供。

③ 消防联动控制器与各个受控设备之间的接口参数应能够兼容和匹配。

④ 应根据消防设备的启动电流参数,结合设计的消防供电线路负荷或消防电源的额定容量,分时启动电流较大的消防设备。

⑤ 需要火灾自动报警系统联动控制的消防设备,其联动触发信号应采用两个报警触发装置报警信号的"与"逻辑组合。

⑥ 消防系统中常见连锁触发和连锁控制信号表:

系统名称		连锁触发信号	连锁控制信号
自动喷水灭火系统	湿式和干式系统	a. 系统出水干管上的低压压力开关; b. 高位消防水箱出水管上的流量开关; c. 报警阀压力开关的动作信号 湿式和干式系统、消火栓系统的联动控制不受消防联动控制器处于自动或手动状态的影响	启动消防泵
	预作用系统		
	雨淋系统		
	水幕系统		
消火栓系统			
排烟系统		排烟风机入口处总管上设置的280℃排烟防火阀动作信号	关闭排烟风机

⑦ 常见联动触发信号、联动控制信号及联动反馈信号表:

系统名称		报警信号来源	联动触发信号	联动控制信号
自动喷水灭火系统	湿式和干式系统	报警阀防护区域内	a. 压力开关+探测器 b. 压力开关+手报	启动喷淋泵,其余自喷同此
	预作用系统	同一报警区域内	a. 两只感烟 b. 一只感烟+一只手报	开启预作用阀组、开启快速排气阀前电力阀
	雨淋系统	同一报警区域内	a. 两只感温 b. 一只感温+一只手报	开启雨淋阀组
	水幕系统 用于防火卷帘的保护	同一报警区域内	a. 卷帘下落到楼板面+探测器 b. 卷帘下落到楼板面+手报	开启水幕系统控制阀组
	水幕系统 用于防火分隔	同一报警区域内	两只感温	开启水幕系统控制阀组

系统名称	报警信号来源	联动触发信号	联动控制信号
消火栓系统	消火栓按钮所在报警区域内	a. 消火栓按钮+探测器 b. 消火栓按钮+手报	启动消火栓泵
气体灭火系统 【2015多】	防护区域内	a. 一只感烟、其他类型或手报	启动保护区内的火灾声光报警器
		b. 相邻的感温、感烟探测器或手报	一、关闭通风和空调、防火阀、门窗; 二、不超过30s延时; 三、启动气体灭火装置、喷洒指示灯
			无人防护区: 一、路信号报警加关闭; 二、路信号无延时启动

系统名称	报警信号来源	联动触发信号	联动控制
防烟系统	加压送风口所在**防火分区内**	a. 两只探测器 b. 一只探测器＋一只手报	开启送风口 启动加压送风机
排烟系统	同一**防烟分区**内	a. 两只探测器 b. 一只探测器＋一只手报	开启排烟口（阀）、排烟窗，停止空调系统
		排烟口（阀）、排烟窗开启	启动排烟风机
挡烟垂壁	同一**防烟分区**内且位于挡烟垂壁附近	两只**感烟**	降落电动挡烟垂壁

系统名称		报警信号来源	联动触发信号	联动控制
防火卷帘【2015单】【2018单】【2018多】	疏散通道	防火卷帘所在防火分区内	两只感烟	防火卷帘下降至距楼板面1.8m处
		在卷帘的任一侧距卷帘纵深0.5～5m内应设置的不少于两只专用的感温	任一只专用的感烟	
			任一只专用的感温	防火卷帘下降到楼板面
	非疏散通道	防火卷帘所在防火分区内	两只探测器	防火卷帘直接下降到楼板表面
防火门系统		防火门所在防火分区内	a. 两只探测器； b. 一只探测器＋一只手报	关闭常开防火门

系统名称	报警信号来源	联动触发信号	联动控制
电梯	—		所有电梯停于首层或电梯转换层
火灾警报和消防应急广播系统	同一报警区域内	a. 两只探测器 b. 一只探测器＋一只手报	启动建筑内所有火灾声光警报器，启动全楼消防应急广播
消防应急照明和疏散指示系统			由发生火灾的报警区域开始，按顺序启动全楼消防应急照明和疏散指示系统

⑧ 消防水泵、防排烟风机的控制设备,除应采用联动控制方式外,还应在消防控制室火灾报警控制器(联动型)或消防联动控制器的手动控制盘采用直接手动控制,手动控制盘上的启停按钮应与消防水泵、防排烟风机的控制箱(柜)直接用控制线或控制电缆连接。

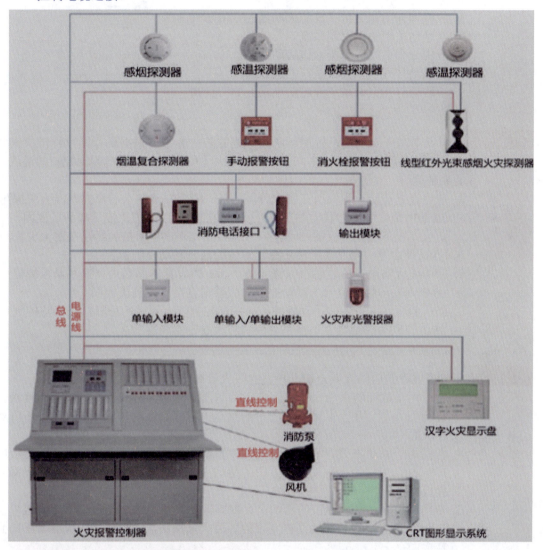

(2) 相关联动控制设计

① 消防联动控制器应具有切断火灾区域及相关区域的非消防电源的功能,当需要切断正常照明时,宜在自动喷淋系统、消火栓系统动作前切断。
② **火灾时可立即切断的非消防电源有普通动力负荷、自动扶梯、排污泵、空调用电、康乐设施、厨房设施等。火灾时不应立即切掉的非消防电源有正常照明、生活给水泵、安全防范系统设施、地下室排水泵、客梯和Ⅰ~Ⅲ类汽车库作为车辆疏散口的提升机。**
【2018 多】
③ 消防联动控制器应具有自动打开涉及疏散的电动栅杆等的功能,宜开启相关区域安全技术防范系统的摄像机监视火灾现场。消防联动控制器应具有打开疏散通道上由门禁系统控制的门和庭院的电动大门的功能,并应具有打开停车场出入口挡杆的功能。

习题 1 某单层洁净厂房，设有中央空调系统，用防火墙划分为两个防火分区，有一条输送带贯通两个防火分区，在输送带穿过防火墙处的洞口设有专用防火闸门，厂房内设置 IG541 组合分配灭火系统保护。下列关于该气体灭火系统启动联动控制的说法中，正确的有（　　）。
A. 应联动关闭输送带穿过防火墙处的专用防火闸门
B. 应联动关闭中央空调系统
C. 应由一个火灾探测器动作启动系统
D. 应联动打开气体灭火系统的选择阀
E. 应联动打开空调系统穿越防火墙处的防火阀

【答案】ABD

习题 2 某商场中庭开口部位设置用作防火分隔的防火卷帘。根据现行国家标准《火灾自动报警系统设计规范》（GB 50116—2013）关于该防火卷帘联动控制的说法，正确的是（　　）。
A. 应由设置在防火卷帘所在防火分区内任一专门联动防火卷帘的感温火灾探测器的报警信号作为联动触发信号，联动控制防火卷帘直接下降到楼板面
B. 防火卷帘下降到楼板面的动作信号和直接与防火卷帘控制器连接的火灾探测器报警信号，应反馈至消防控制室内的消防联动控制器
C. 应由防火卷帘一侧距卷帘纵深 0.5～5m 内设置的感温火灾探测器报警信号作为联动触发信号，联动控制防火卷帘直接下降到楼板面
D. 防火卷帘两侧设置的手动控制按钮应能控制防火卷帘的升降，在消防控制室内消防联动控制器上不得手动控制防火卷帘的降落

【答案】B

习题 3 在某商业建筑内的疏散走道上设置的防火卷帘，其联动控制程序应是（　　）。
A. 专门用于联动防火卷帘的感烟火灾探测器动作后，防火卷帘下降至距楼板面 1.8m 处；专门用于联动防火卷帘的感温火灾探测器动作后，防火卷帘下降到楼板面
B. 专门用于联动防火卷帘的感温火灾探测器动作后，防火卷帘下降至距楼板面 1.8m 处；专门用于联动防火卷帘的感烟火灾探测器动作后，防火卷帘下降到楼板面
C. 专门用于联动防火卷帘的感烟火灾探测器动作后，防火卷帘下降至距楼板面 1.5m 处；专门用于联动防火卷帘的感温火灾探测器动作后，防火卷帘下降到楼板面
D. 专门用于联动防火卷帘的感温火灾探测器动作后，防火卷帘下降至距楼板面 1.5m 处；专门用于联动防火卷帘的感温火灾探测器动作后，防火卷帘下降到楼板面

【答案】A

习题 4 根据现行国家标准《火灾自动报警系统设计规范》（GB 50116—2013），消防联动控制器应具有切断火灾区域及相关区域非消防电源的功能。当局部区域发生电气设备火灾时，不可立即切断的非消防电源有（　　）。
A. 客用电梯电源　　　　　　　B. 空调电源
C. 生活给水泵电源　　　　　　D. 自动扶梯电源
E. 正常照明电源

【答案】ACE

习题 5 某大厦地下车库共设置两樘防火卷帘,对其进行联动检查试验时,使两个独立的感烟探测器动作后,一樘防火卷帘直接下降到楼地面,另一樘防火卷帘未动作,但联动控制器显示控制该防火卷帘的模块已经动作。防火卷帘未动作的原因可能有( )。
A. 防火卷帘手动按钮盒上的按钮损坏　　B. 防火卷帘控制器未接通电源
C. 防火卷帘控制器中的控制继电器损坏　D. 联动控制防火卷帘的逻辑关系错误
E. 联动模块至防火卷帘控制器之间线路断路

【答案】BCE

第四节 可燃气体探测报警系统

可燃气体探测报警系统由可燃气体报警控制器、可燃气体探测器组成,能够在保护区域内泄漏可燃气体的浓度低于爆炸下限的条件下提前报警,避免由于可燃气体泄漏引发的火灾和爆炸事故的发生。

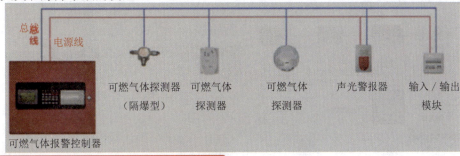

1. 可燃气体探测报警系统的工作原理

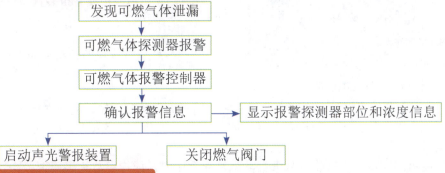

2. 系统设计

可燃气体探测报警系统是一个独立的子系统,属于火灾预警系统,应独立组成。可燃气体探测器应接入可燃气体报警控制器,不应直接接入火灾报警控制器的探测器回路。【2017、2018 单】

当可燃气体探测报警系统接入火灾自动报警系统中时,应由可燃气体报警控制器将报警信号传输至消防控制室的图形显示装置或集中火灾报警控制器上,但其显示应与火灾报警信息有区别。

(1) 可燃气体探测器的设置

① 探测气体密度小于空气密度的可燃气体探测器应设置在被保护空间的顶部,探测气体密度大于空气密度的可燃气体探测器应设置在被保护空间的下部,探测气体密度与空气密度相当的可燃气体探测器可设置在被保护空间的中间部位或顶部。【2018 单】

② 可燃气体探测器宜设置在可能产生可燃气体的部位附近。线型可燃气体探测器的保护区域长度不宜大于 60m。

(2) 可燃气体报警控制器的设置

① 当有消防控制室时,可燃气体报警控制器可设置在保护区域附近。
② 当无消防控制室时,可燃气体报警控制器应设置在有人员值班的场所。
③ 可燃气体报警控制器的设置应符合火灾报警控制器的安装设置要求。

第五节 电气火灾监控系统

1. 系统组成

(1) 电气火灾监控器

(2) 电气火灾监控探测器

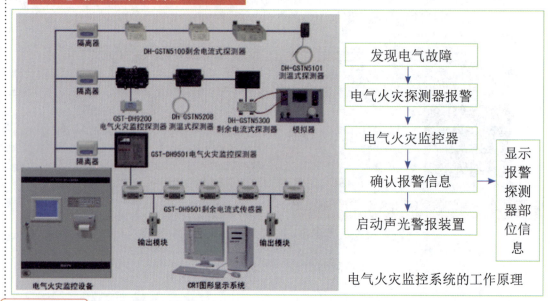

电气火灾监控系统的工作原理

2. 系统设计 【2016、2018 单】

① 电气火灾监控系统是一个独立的子系统,属于火灾预警系统,应独立组成。
② 电气火灾监控探测器应接入电气火灾监控器,不应直接接入火灾报警控制器的探测器回路。
③ 当电气火灾监控系统接入火灾自动报警系统中时,应由电气火灾监控器将报警信号传输至消防控制室的图形显示装置或集中火灾报警控制器上,但其显示应与火灾报警信息有区别。
④ 在无消防控制室且电气火灾监控探测器设置数量不超过 8 个时,可采用独立式电气火灾监控探测器。

(1) 剩余电流式电气火灾监控探测器的设置

① 剩余电流式电气火灾监控探测器应以设置在低压配电系统首端为基本原则,宜设置在第一级配电柜(箱)的出线端。
② 选择剩余电流式电气火灾监控探测器时,应计及供电系统自然漏流的影响,并选择参数合适的探测器;探测器报警值宜为 300～500mA。在供电线路泄漏电流大于 500mA 时,宜在其下一级配电柜(箱)上设置。
③ 剩余电流式电气火灾监控探测器不宜设置在 IT 系统的配电线路和消防配电线路中。具有探测线路故障电弧功能的电气火灾监控探测器,其保护线路的长度不宜大于 100m。

(2) 测温式电气火灾监控探测器的设置

① 测温式电气火灾监控探测器应设置在电缆接头、端子、重点发热部件等部位。
② 保护对象为1000V及以下的配电线路测温式电气火灾监控探测器应采用接触式设置。
③ 保护对象为1000V以上的供电线路，测温式电气火灾监控探测器宜选择光栅光纤测温式或红外测温式电气火灾监控探测器，光栅光纤测温式电气火灾监控探测器应直接设置在保护对象的表面。

(3) 电气火灾监控器的设置

① 设有消防控制室时，电气火灾监控器应设置在消防控制室内或保护区域附近。
② 设置在保护区域附近时，应将报警信息和故障信息传入消防控制室。
③ 未设消防控制室时，电气火灾监控器应设置在有人员值班的场所。

习题1 关于可燃气体探测报警系统设计的说法，符合规范要求的是（　　）。
A. 可燃气体探测器可接入可燃气体报警控制器，也可直接接入火灾报警控制器的探测回路
B. 探测天然气的可燃气体探测器应安装在保护空间的下部
C. 液化石油气探测器可采用壁挂及吸顶安装方式
D. 能将报警信号传输至消防控制室时，可燃气体报警控制器可安装在保护区域附近无人值班的场所

【答案】D

习题2 根据现行国家标准《火灾自动报警系统设计规范》（GB 50116—2013），关于可燃气体探测器和可燃气体报警控制器设置的说法，正确的是（　　）。
A. 可燃气体探测器少于8只时，可直接接入火灾报警控制器的探测回路
B. 可燃气体报警控制器发出报警信号后，应由消防联动控制器启动防护区的火灾声光警报器
C. 人工煤气探测器可安装在保护区的顶部
D. 天然气探测器可安装在保护区的下部

【答案】C

习题3 下列关于电气火灾监控系统设置的做法中，错误的是（　　）。
A. 将剩余电流式电气火灾监控探测器的报警值设定为400mA
B. 对于泄漏电流大于500mA的供电线路，将剩余电流式电气火灾监控探测器设置在下一级配电柜处
C. 将非独立式电气火灾监控探测器接入火灾报警探测器的探测回路
D. 将线型感温火灾探测器接入电气火灾监控器用于电气火灾监控

【答案】C

习题4 根据现行国家标准《火灾自动报警系统设计规范》（GB 50116—2013），关于电气火灾监控探测器设置的说法，正确的是（　　）。
A. 剩余电流式电气火灾监控探测器应设置在低压配电系统的末端配电柜内
B. 在无消防控制室且电气火灾监控探测器不超过10只时，非独立式电气火灾监控探测器可接入火灾报警控制器的探测器回路
C. 设有消防控制室时，电气火灾监控器的报警信息应在集中火灾报警控制器上显示
D. 电气火灾监控探测器发出报警信号后，应在3s内联动电气火灾监控器切断保护对象的供电电源

【答案】C

第六节 消防控制室

消防控制室是建筑消防系统的信息中心、控制中心、日常运行管理中心和各自动消防系统运行状态监视中心,也是建筑发生火灾和日常火灾演练时的应急指挥中心。

1. 消防控制室的功能要求

按规定,消防控制室内设置的消防控制室图形显示装置,应能显示建筑物内设置的全部消防系统及相关设备的动态信息,并应为远程监控系统预留接口,同时应具有向远程监控系统传输的有关信息的功能。【2018 单】

2. 消防控制室管理及应急程序

① 消防控制室管理应实行<u>每日 24h</u> 专人值班制度,每班<u>不应少于 2 人</u>。
② 火灾自动报警系统和灭火系统应处于<u>正常工作状态</u>。
③ 高位消防水箱、消防水池、气压水罐等消防储水设施应<u>水量充足</u>,消防泵出水管阀门、自动喷水灭火系统管道上的<u>阀门常开</u>。
④ 消防水泵、防排烟风机、防火卷帘等消防用电设备的配电柜开关处于<u>自动(接通)位置</u>。
⑤ 消防控制室的值班应急程序应符合下列要求。
　　ⓐ 接到火灾警报后,值班人员应立即以最快方式进行确认。
　　ⓑ 确认火灾后,值班人员立即将火灾报警联动控制开关转入自动状态(处于自动状态的除外),同时拨打"119"报警。
　　ⓒ 值班人员还应立即启动单位内部应急疏散和灭火预案,同时报告单位负责人。

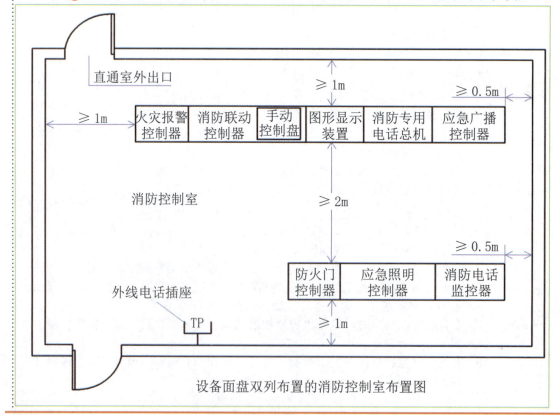

设备面盘双列布置的消防控制室布置图

3. 消防控制室的设备布置

① 消防控制室内设备面盘前的操作距离：
  ⓐ 单列布置时**不应小于** 1.5m；
  ⓑ 双列布置时**不应小于** 2m；
  ⓒ 在值班人员**经常**工作的一面，设备面盘至墙的距离**不应小于** 3m。

② 设备面盘后的维修距离不宜小于 1m；设备面盘的排列长度**大于** 4m 时，其两端应设置宽度**不小于** 1m 的通道；在与建筑其他弱电系统合用的消防控制室内，消防设备应集中设置，并应与其他设备之间有明显的间隔。

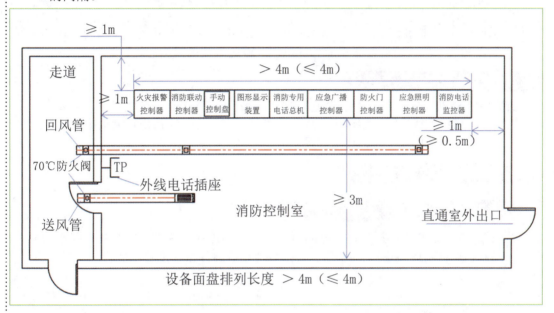

第七节 系统安装调试

1. 布线

① 火灾自动报警系统应单独布线，系统内**不同电压等级、不同电流类别的线路，不应布在同一管内或线槽的同一槽孔内**。

② 导线在管内或线槽内，**不应有接头或扭结**。导线的接头，应在接线盒内焊接或用端子连接。从接线盒、线槽等处引到探测器底座、控制设备、扬声器的线路，当采用**可挠金属管保护**时，其长度**不应大于 2m**。敷设在多尘或潮湿场所管路的管口和管子连接处，均应做密封处理。【2015 单】

③ 管路超过下列长度时，应在便于接线处装设接线盒：
  ⓐ 管子长度每超过 30m，无弯曲时；
  ⓑ 管子长度每超过 20m，有 1 个弯曲时；
  ⓒ 管子长度每超过 10m，有 2 个弯曲时；
  ⓓ 管子长度每超过 8m，有 3 个弯曲时。

④金属管子入盒,盒外侧应套锁母,内侧应装护口;在吊顶内敷设时,盒的内外侧均应套锁母。【2015 单】

⑤线槽敷设时,应在下列部位设置吊点或支点:

a. 线槽始端、终端及接头处;
b. 距接线盒 0.2m 处;
c. 线槽转角或分支处;
d. 直线段不大于 3m 处。

⑥管线经过建筑物的变形缝(包括沉降缝、伸缩缝、抗震缝等)处,应采取补偿措施,导线跨越变形缝的两侧应固定,并留有适当余量。

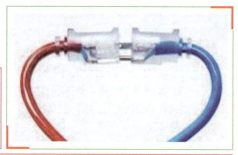

⑦同一工程中的导线,应根据不同用途选择不同颜色加以区分,相同用途的导线颜色应一致。**电源线正极应为红色,负极应为蓝色或黑色。**

2. 系统接地要求

交流供电和 36V 以上直流供电的消防用电设备的金属外壳应有接地保护,其接地线应与电气保护接地干线(PE)相连接。接地装置施工完毕后,应按规定测量接地电阻,并作记录,接地电阻值应符合设计文件要求。

3. 系统调试要求

(1) 火灾报警控制器

① 调试前应切断火灾报警控制器的所有外部控制连线,并将任一个总线回路的火灾探测器以及该总线回路上的手动火灾报警按钮等部件相连接后,接通电源。

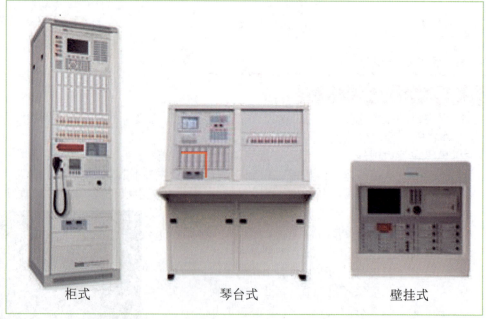

柜式　　　　　琴台式　　　　　壁挂式

② 采用观察、仪表测量等方法逐个对控制器进行下列功能检查并记录:【2018 单】【2017 多】

ⓐ 自检功能和操作级别。
ⓑ 使控制器与探测器之间的连线断路和短路,控制器应在100s内发出故障信号(短路时发出火灾报警信号除外);在故障状态下,使任一非故障部位的探测器发出火灾报警信号,控制器应在1min内发出火灾报警信号,并应记录火灾报警时间;再使其他探测器发出火灾报警信号,检查控制器的再次报警功能。
ⓒ 消音和复位功能。
ⓓ 使控制器与备用电源之间的连线断路和短路,控制器应在100s内发出故障信号。
ⓔ 屏蔽功能。
ⓕ 使总线隔离器保护范围内的任一点短路,检查总线隔离器的隔离保护功能。
ⓖ 使任一总线回路上有不少于10只的火灾探测器同时处于火灾报警状态,检查控制器的负载功能。
ⓗ 主用、备用电源的自动转换功能,并在备电工作状态下重复本条第7款检查。

▼ (2) 管路采样式吸气感烟火灾探测器　【2016 单】

① 逐一在采样管最末端(最不利处)采样孔加入试验烟,采用秒表测量探测器的报警响应时间,探测器或其控制装置应在120s内发出火灾报警信号。
② 根据产品说明书,改变探测器的采样管路气流,使探测器处于故障状态,采用秒表测量探测器的报警响应时间,探测器或其控制装置应在100s内发出故障信号。

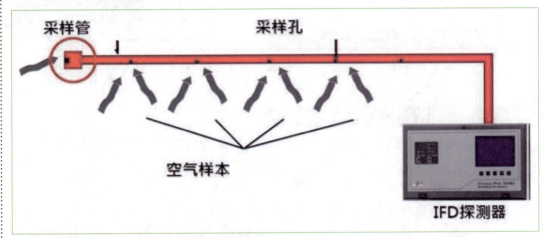

(3) 消防联动控制器调试要求

① 使消防联动控制器分别处于自动工作和手动工作状态,检查其状态显示。
ⓐ 消防联动控制器与备用电源之间的连线断路和短路时,消防联动控制器应能在100s内发出故障信号;
ⓑ 检查消音、复位功能;
ⓒ 检查屏蔽功能;
ⓓ 使总线隔离器保护范围内的任一点短路,检查总线隔离器的隔离保护功能;
ⓔ 使至少50个输入/输出模块同时处于动作状态(模块总数少于50个时,使所有模块动作),检查消防联动控制器的最大负载功能;
ⓕ 主、备电源的自动转换功能。

② 使消防联动控制器处于自动状态:
ⓐ 按设计的联动逻辑关系,使相应的火灾探测器发出火灾报警信号,检查消防联动控制器接收火灾报警信号的情况、发出联动控制信号的情况、模块动作的情

况、消防电气控制装置动作的情况、受控现场设备动作的情况、接收联动反馈信号（对于启动后不能恢复的受控现场设备，可模拟现场设备联动反馈信号）及各种显示情况。

ⓑ 手动插入优先功能。

（4）消防应急广播

① 使消防应急广播控制设备与扬声器间的广播信息传输线路断路、短路，消防应急广播控制设备应在 100s 内发出故障信号，并显示出故障部位。

② 将所有共用扬声器强行切换至应急广播状态，对扩音机进行全负荷试验，应急广播的语音应清晰，声压级应满足要求。

（5）火灾声光警报器

非住宅内使用室内型和室外型火灾声警报器的声信号至少在一个方向上 3m 处的声压级（A 计权）应不小于 75dB，且在任意方向上 3m 处的声压级（A 计权）应不大于 120dB。具有两种及以上不同音调的火灾声警报器，其每种音调应有明显区别。火灾光警报器的光信号在 100～500lx 环境光线下，25m 处应清晰可见。

（6）系统备用电源

使各备用电源放电终止，再充电 48h 后断开设备主电源，备用电源至少应保证设备工作 8h，且应满足相应的标准及设计要求。

（7）消防设备应急电源

切断应急电源应急输出时直接启动设备的连线，接通应急电源的主用电源。

① 手动启动应急电源输出，应急电源的主用电源和备用电源应不能同时输出，且应在 5s 内完成应急转换。

② 手动停止应急电源的输出，应急电源应恢复到启动前的工作状态。

③ 断开应急电源的主电源，应急电源应能发出声音提示信号，声信号应能手动消除；接通主用电源，应急电源应恢复到主电工作状态。

④ 给具有联动自动控制功能的应急电源输入联动启动信号，应急电源应在 5s 内转入应急工作状态，且主用电源和备用电源应不能同时输出；输入联动停止信号，应急电源应恢复到主电工作状态。

⑤ 具有手动和自动控制功能的应急电源处于自动控制状态，然后手动插入操作，应急电源应有手动插入优先功能，且应有自动控制状态和手动控制状态指示。

（8）可燃气体探测器

① 依次逐个对探测器施加达到响应浓度值的可燃气体标准样气，采用秒表测量、观察方法检查探测器的报警功能，探测器应在 30s 内响应；

② 撤去可燃气体，探测器应在 60s 内恢复到正常监视状态。

③ 对于线型可燃气体探测器除按要求检查报警功能外，还应将发射器发出的光全部遮挡，采用秒表测量、观察方法检查探测器的故障报警功能，探测器相应的控制装置应在 100s 内发出故障信号。

第三篇 建筑消防设施

习题 1 火灾自动报警系统施工安装过程中出现的下列现象中，错误是（　　）。
A. 将火灾报警总线金属管直接穿到安装盒中，并在盒外侧加锁母
B. 将不小心弄断的火灾报警总线重新剥线，烫锡后绞接，用胶布缠绕好后再穿管
C. 将不小心弄断的火灾报警总线重新剥线，烫锡，并在中断处增加一个接线盒，再将金属管切断后按要求接入接线盒
D. 接线过程中，如只剩下一种颜色的导线，将其中一根导线两端分别打个结，以区分电源极性
E. 施工人员在看起来十分干净、干燥的工作环境施工后，还特意将穿管与接线盒的接口处做了密封处理

【答案】BD

习题 2 消防工程施工单位对某体育场安装的火灾自动报警系统进行测试。下列调试方法中，不符合现行国家标准《火灾自动报警系统施工及验收规范》（GB 50166—2016）的是（　　）。
A. 使任一总线回路上多只火灾探测器时处于火灾报警状态，检查控制器的火警优先功能
B. 断开火灾报警控制器与任一探测之间连线，检查控制器的故障报警功能
C. 向任一感烟探测器发烟，检查点型感烟探测器的报警功能．火灾报警控制器的火灾报警功能
D. 使总线隔离器保护范围内的任一点短路，检查总线隔离器的隔离保护功能

【答案】A

习题 3 对某公共建筑火灾自动报警系统的控制器进行功能检查。下列检查结果中，符合现行国家消防技术标准要求的有（　　）。
A. 控制器与探测器之间的连线断路，控制器在 80s 时发生故障信号
B. 控制器与探测器之间的连线短路，控制器在 120s 时发生故障信号
C. 在故障状态下，使一非故障部位的探测器发出火灾报警信号，控制器在 50s 时发出火灾报警信号
D. 在故障状态下，使一非故障部位的探测器发出火灾报警信号，控制器在 70s 时发出火灾报警信号
E. 控制器与备用电源之间的连线断路，控制器在 90s 时发出故障信号

【答案】ACE

习题 4 对某展览馆安装的火灾自动报警系统进行验收前检测，下列检测结果中，符合现行国家标准《火灾自动报警系统施工及验收规范》（GB 50166—2016）的有（　　）。
A. 使用发烟器对任一感应探测器发烟，火灾报警控制器发出火灾报警信号
B. 在火灾报警控制器处于故障报警状态下，对任一非故障部位的探测器发出火灾报警信号后 55s，控制器发出火灾报警信号
C. 消防联动控制器接收到任意两只独立的火灾探测器的报警信号后，联动启动消防泵
D. 断开消防联动控制器与输入/输出模块的连线后 80s，控制器发出故障
E. 消防联动控制器接收到两只独立的火灾探测器的报警信号后，火警信号防火分区的火灾声光警报器启动

【答案】ABD

习题 5 根据现行国家标准《火灾自动报警系统设计规范》（GB 50116—2013），关于消防控制室设计的说法，正确的是（　　）。
A. 消防控制室内的消防控制室图形显示装置应能显示消防安全管理信息
B. 设有 3 个消防控制室时，各消防控制室可相互控制建筑内的消防设备
C. 一类高层民用建筑的消防控制室不应与弱电系统的中央控制室合用
D. 消防控制室内双列布置的设备面板前的操作距离不应小于 1.5m

【答案】A

习题 6 某建筑物内火灾自动报警系统施工结束后，调试人员对通过管路采样的吸气式火灾探测器进行调试。下列调试方式和结果中，不符合现行国家消防技术标准要求的是（　　）。
A. 在其中一根采样管最末端（最不利处）采样孔加入试验烟，控制器在 120s 内发出火灾报警信号
B. 断开其中一根探测器的采样管路，控制器在 100s 内发出故障信号
C. 断开其中一根探测器的采样管路，控制器在 120s 内发出故障信号
D. 在其中一根采样管最末端（最不利处）采样孔加入试验烟，控制器在 100s 内发出火灾报警信号

【答案】C

第八节　系统检测与维护

1. 系统检测

（1）系统设备检测数量要求

① 各类消防用电设备主、备电源的自动转换装置，应进行 3 次转换试验，每次试验均应正常。

② 火灾报警控制器（含可燃气体报警控制器和电气火灾监控设备）和消防联动控制器应按实际安装数量全部进行功能检验。消防联动控制系统中其他各种用电设备、区域显示器应按下列要求进行功能检验：

消防联动控制系统区域显示器	5 台以下全检	6～10 台检 5	超过 10 台，检 30%～50%，最少 5
火灾探测器	100 台以下检 20（各回路）	超过 100 台，10%～20%（各回路），最少 20	
室内消火栓	启、停泵 1～3 次	启泵按钮，检 5%～10%	
自喷系统	启、停泵 1～3 次	水流指示器、信号阀检 30%～50%	压力开关、电动、电磁阀等全检
气、泡、干粉	20%～30% 检自动、手动启动和紧急切断试验 1～3 次，包括联动		
电动防火门、卷帘	5 樘以下全检	超过 5 检 20%，最少 5	
防排烟风机	全检，联动启动 1～3 次	通风空调和防排烟设备的阀门，检 10%～20%	
消防电梯	1～2 次联动返回首层功能检验		

续表

应急广播设备	检 10%～20%	
消防专用电话	控制室与专用分机及外线 1～3 次通话试验	电话插孔检 10%～20% 通话试验
应急照明和疏散指示系统	1～3 次转入应急状态	

(2) 系统工程质量检测判定标准

① 系统内的设备及配件规格型号与设计不符、无国家相关证书和检验报告；
② 系统内的任一控制器和火灾探测器无法发出报警信号，无法实现要求的联动功能的，定为 A 类不合格。
③ 检测前提供的资料不符合相关要求的定为 B 类不合格。【2015 单】
④ 其余不合格项均为 C 类不合格。
⑤ 系统检测合格判定应为：A=0 且 B≤2，且 B+C≤检查项的 5% 为合格，否则为不合格。

2. 系统维护管理

① **系统每日检查要求：**
每日应检查火灾报警控制器的功能，并按要求填写相应的记录。

② **系统季度检查要求：**【2015、2017 多】
每季度应检查和试验火灾自动报警系统的下列功能，并按要求填写相应的记录：
ⓐ 采用专用检测仪器分期分批试验探测器的动作及确认灯显示；
ⓑ 试验火灾警报装置的声光显示；
ⓒ 试验水流指示器、压力开关等报警功能、信号显示；
ⓓ 对主电源和备用电源进行 1～3 次自动切换试验；
ⓔ 用自动或手动检查下列消防控制设备的控制显示功能：
★ 室内消火栓、自动喷水、泡沫、气体、干粉等灭火系统的控制设备；
★ 抽验电动防火门、防火卷帘门，数量不小于总数的 25%；【2015 多】
★ 选层试验消防应急广播设备，并试验公共广播强制转入火灾应急广播的功能，抽检数量不小于总数的 25%；
★ 火灾应急照明与疏散指示标志的控制装置；
★ 送风机、排烟机和自动挡烟垂壁的控制设备。
★ 检查消防电梯迫降功能；
★ 应抽取不小于总数 25% 的消防电话和电话插孔在消防控制室进行对讲通话试验。

③ **系统年度检查要求：**【2016 多】
ⓐ 应用专用检测仪器对所安装的全部探测器和手动报警装置试验至少 1 次；
ⓑ 自动和手动打开排烟阀，关闭电动防火阀和空调系统；
ⓒ 对全部电动防火门、防火卷帘的试验至少一次；
ⓓ 强制切断非消防电源功能试验；
ⓔ 对其他有关的消防控制装置进行功能试验。

3. 系统故障及处理方法

(1) 常见故障及处理方法

① 火灾探测器常见故障：
  ⓐ 故障现象：火灾报警控制器发出故障报警，故障指示灯亮，打印机打印探测器故障类型、时间、部位等。
  ⓑ 故障原因【2018 单】：
    ★探测器与底座脱落、接触不良；
    ★报警总线与底座接触不良；
    ★报警总线开路或接地性能不良造成短路；
    ★探测器本身损坏；
    ★探测器接口板故障。
  ⓒ 排除方法：
    ★重新拧紧探测器或增大底座与探测器卡簧的接触面积；
    ★重新压接总线，使之与底座有良好接触；
    ★查出有故障的总线位置，予以更换；
    ★更换探测器；
    ★维修或更换接口板。

② 主电源常见故障：
  ⓐ 故障现象：火灾报警控制器发出故障报警，主电源故障灯亮，打印机打印主电故障、时间。
  ⓑ 故障原因：
    ★市电停电；
    ★电源线接触不良；
    ★主电熔断丝熔断等。
  ⓒ 排除方法：
    ★连续停电 8h 时应关机，主电正常后再开机；
    ★重新接主电源线或使用烙铁焊接牢固；
    ★更换熔断丝或熔丝管。

③ 备用电源常见故障：
  ⓐ 故障现象：火灾报警控制器发出故障报警，备用电源故障灯亮，打印机打印备用电源故障、时间。
  ⓑ 故障原因：备用电源损坏或电压不足；备用电池接线接触不良；熔断丝熔断等。
  ⓒ 排除方法：
    ★开机充电 24h 后，备电仍报故障的，更换备用蓄电池；
    ★用烙铁焊接备用电源的连接线，使备用电源与主机良好接触；
    ★更换熔断丝或熔丝管。

④ 通信常见故障：
  ⓐ 故障现象：火灾报警控制器发出故障报警，通信故障灯亮，打印机打印通信故障、时间。
  ⓑ 故障原因：
    ★区域报警控制器或火灾显示盘损坏或未通电、开机；通信接口板损坏；
    ★通信线路短路、开路或接地性能不良造成短路。

- c 排除方法：
  - ★ 更换设备，使设备供电正常，开启报警控制器；
  - ★ 检查区域报警控制器与集中报警控制器的通信板，若存在故障，维修或更换通信板；
  - ★ 检查区域报警控制器与集中报警控制器的通信线路，若存在开路、短路、接地接触不良等故障，更换线路；若因为探测器或模块等设备造成通信故障，更换或维修相应设备。

(2) 重大故障

① 强电串入火灾自动报警及联动控制系统：
  - a 故障原因：主要是弱电控制模块与被控设备的启动控制柜的接口处，如防火卷帘、消防水泵、防烟排烟风机、防火阀等处发生强电的串入。
  - b 排除方法：在控制模块与受控设备间增设电气隔离模块。

② 短路或接地故障引起控制器损坏：
  - a 故障原因：传输总线与大地、水管、空调管等发生电气连接，从而造成控制器接口板的损坏。
  - b 排除方法：按要求做好线路连接和绝缘处理，使设备尽量与大地、水管、空调管隔开，保证设备和线路的绝缘电阻满足设计要求。

(3) 火灾自动报警系统误报的原因

① 产品质量；
② 设备选择和布置；
③ 环境因素；
④ 其他原因：
  - a 系统接地被忽略或达不到标准要求，线路绝缘达不到要求，线路接头压接不良或布线不合理，系统开通前防尘、防潮、防腐措施不当。
  - b 元件老化：一般火灾探测器使用寿命约为12年，每2年要求全面清洗1次。
  - c 灰尘和昆虫：据有关统计，60%的误报是因灰尘影响。
  - d 探测器损坏。

习题 1 在火灾自动报警系统工程质量验收判定准则中，下列情形中，可判定为 B 类不合格的是（　　）。
A. 报警控制器规格型号与设计不符
B. 施工过程质量管理检查记录不完整
C. 火灾探测器的备品数量不足
D. 系统抽检中有一探测器无法发出报警信号

【答案】B

习题 2 对火灾自动报警系统实施检查维护，每季度应开展一次检查和试验的项目有（　　）。
A. 强制切断非消防电源功能试验
B. 火灾警报装置的声光显示功能试验
C. 水流指示器、压力开关的报警功能试验
D. 1～3 次主电源和备用电源自动切换试验
E. 防火卷帘抽查试验

【答案】BCDE

习题 3 根据《火灾自动报警系统施工及验收规范》（GB 50166—2016）要求，下列关于火灾自动报警系统周期性维护保养的说法中，正确的是（　　）。
A. 点型感烟火灾探测器投入运行 3 年后，应每隔 2 年至少全部清洗一遍
B. 每年应用专用检测仪器对所安装的全部探测器试验至少 1 次
C. 每年应用专用检测仪器对所安装的全部手动报警装置试验至少 1 次
D. 每年应对全部防火卷帘的试验至少 1 次
E. 每年应对全部电动防火门的试验至少 1 次

【答案】BCDE

习题 4 根据现行国家标准《火灾自动报警系统施工及验收规范》（GB 50166—2016），下列火灾自动报警系统的功能中，应每季度进行检查和试验的有（　　）。
A. 分期分批试验探测器的动作及确认灯显示功能
B. 试验火灾警报装置的声光显示功能
C. 试验主、备电源自动切换功能
D. 试验非消防电源强制切断功能
E. 试验相关消防控制设备的控制显示功能

【答案】ABCE

习题 5 某消防技术服务机构对办公楼内的火灾自动报警系统进行维护保养。在检查火灾报警控制器的信息显示与查询功能时，发现位于会议室的 1 只感烟探测器出现故障报警信号。感烟探测器出现故障报警信号，可排除的原因是（　　）。
A. 感烟探测器与底座接触不良　　B. 感烟探测器本身老化损坏
C. 感烟探测器底座与吊顶脱离　　D. 感烟探测器底座一个接线端子松脱

【答案】C

10 第十章 防烟排烟系统

知识点框架图

防烟排烟系统
- 自然通风与自然排烟【2018 单】
- 机械加压送风系统【2016、2017 单】
- 机械排烟系统【2018 单】
- 防烟排烟系统的联动控制【2018 单】【2016—2018 多】
- 系统组件（设备）安装前检查【2016 单】
- 系统的安装检测与调试【2018 单】【2017、2018 多】
- 系统验收
- 系统维护管理【2015、2016、2018 单】

复习建议
1. 次点章节；
2. 必考章节。

1. 应设置排烟设施的民用建筑

① 设置在一、二、三层且房间建筑面积大于 100 ㎡和设置在四层及以上或地下、半地下的歌舞娱乐放映游艺场所；
② 中庭；
③ 公共建筑内建筑面积大于 100 ㎡且经常有人停留的地上房间；
④ 公共建筑内建筑面积大于 300 ㎡且可燃物较多的地上房间；
⑤ 建筑内长度大于 20m 的疏散走道。

2. 应设置排烟设施的工业建筑

① 人员或可燃物较多的丙类生产场所；
② 丙类厂房内建筑面积大于 300 ㎡且经常有人停留或可燃物较多的地上房间；
③ 建筑面积大于 5000 ㎡的丁类生产车间；
④ 占地面积大于 1000 ㎡的丙类仓库；
⑤ 高度大于 32m 的高层厂（库）房中长度大于 20m 的疏散走道，其他厂（库）房中长度大于 40m 的疏散走道。

3. 其他建筑

地下、半地下建筑（室）、地上建筑内的无窗房间，当总建筑面积大于 200 ㎡或一个房间建筑面积大于 50 ㎡，且经常有人停留或可燃物较多时，应设置排烟设施。

第一节 自然通风与自然排风

自然通风与自然排烟，是建筑火灾烟气控制中防排烟的方式，是经济适用且有效的防排烟方式。系统设计时，应根据使用性质、建筑高度及平面布置等因素，优先采用自然通风及自然排烟方式。

1. 自然通风方式

（1）自然通风方式的选择

当建筑物发生火灾时，疏散楼梯是建筑物内部人员疏散的唯一通道。前室、合用前室是消防队员进行火灾扑救的起始场所，也是人员疏散必经的通道。因此，发生火灾时无论采用何种防烟方法，都必须保证它的安全，防烟就是控制烟气不进入上述安全区域。

建筑高度小于等于50m的公共建筑、工业建筑和建筑高度小于等于100m的住宅建筑，防烟系统的选择，应符合下列规定：

① 当独立前室或合用前室满足下列条件之一时，楼梯间可不设置防烟系统：

　　a 采用全敞开的阳台或凹廊；

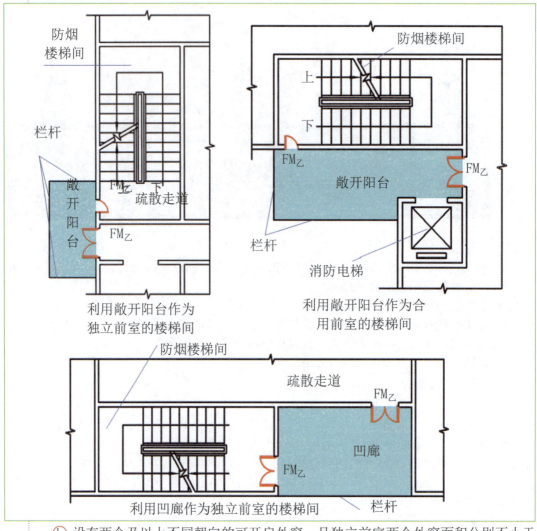

　　b 设有两个及以上不同朝向的可开启外窗，且独立前室两个外窗面积分别不小于2.0m²，合用前室两个外窗面积分别不小于3.0m²。

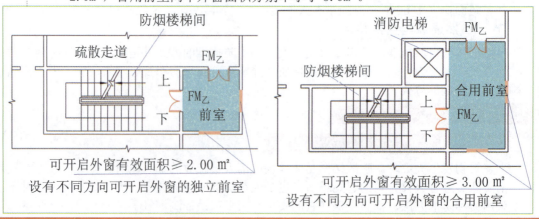

② 当独立前室、共用前室及合用前室的机械加压送风口设置在前室的顶部或正对前室入口的墙面时，楼梯间可采用自然通风系统；当机械加压送风口未设置在前室的顶部或正对前室入口的墙面时，楼梯间应采用机械加压送风系统。

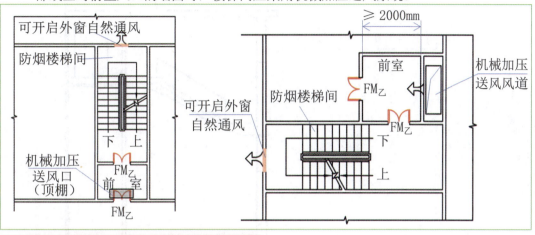

(2) 自然通风设施的设置

① 封闭楼梯间和防烟楼梯间，应在最高部位设置面积不小于 $1.0 m^2$ 的可开启外窗或开口；当建筑高度大于 10m 时，尚应在楼梯间的外墙上每 5 层内设置总面积不小于 $2.0 m^2$ 的可开启外窗或开口，且布置间隔不大于 3 层。【2018 单】（图见 374 页）

② 前室采用自然通风方式时，独立前室、消防电梯前室可开启外窗或开口的面积不应小于 $2.0 m^2$，共用前室、合用前室不应小于 $3.0 m^2$。

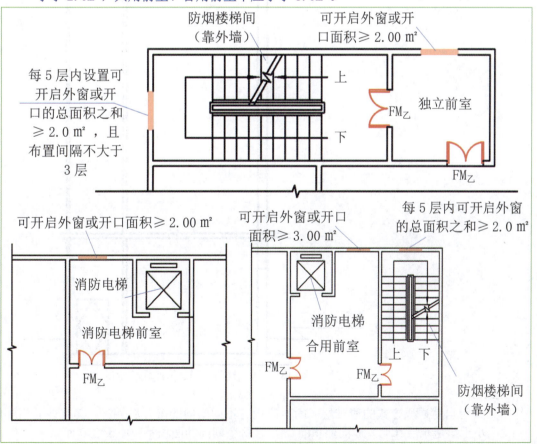

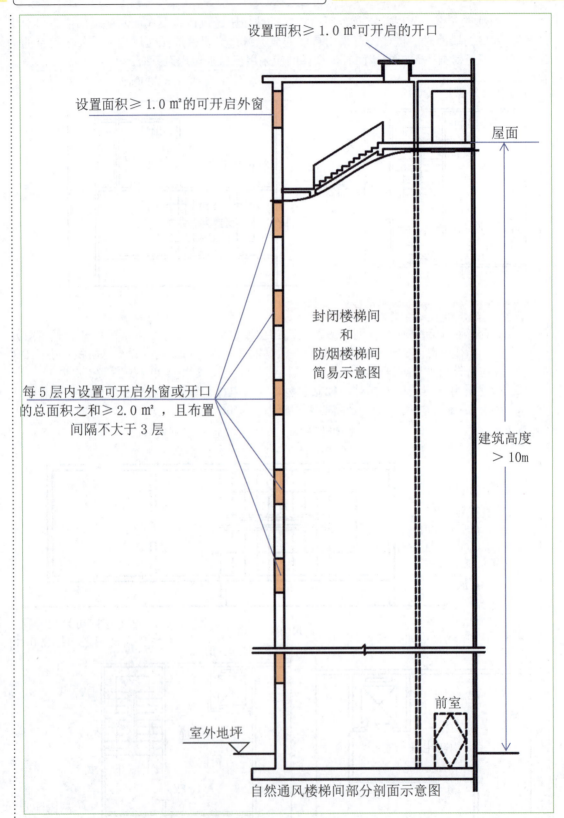

自然通风楼梯间部分剖面示意图

③ 采用自然通风方式的避难层（间）应设有不同朝向的可开启外窗，其有效面积不应小于该避难层（间）地面面积的2%，且每个朝向的面积不应小于2.0 ㎡。

④ 可开启外窗应方便直接开启，设置在高处不便于直接开启的可开启外窗应在距地面高度为 1.3～1.5m 的位置设置手动开启装置。

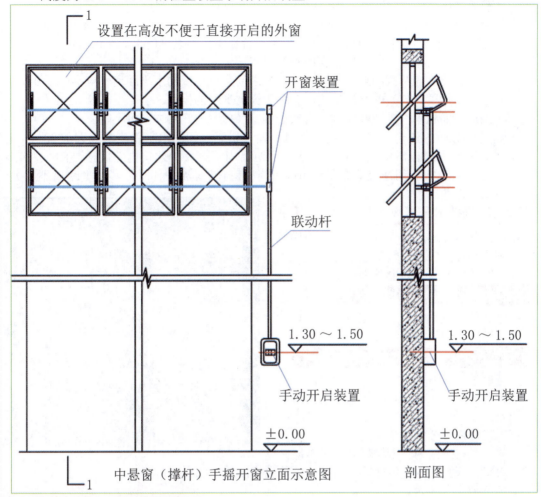

2. 自然排烟方式

（1）自然排烟的原理

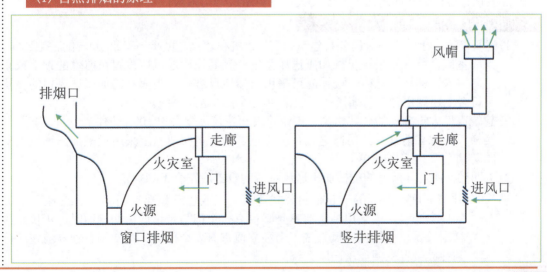

（2）自然排烟设施的设置

排烟窗应设置在排烟区域的顶部或外墙，并应符合下列要求：

① 当设置在外墙上时，自然排烟窗（口）应在储烟仓以内，但走道、室内空间净高不大于 3m 的区域的自然排烟窗（口）可设置在室内净高度的 1/2 以上。

② 宜分散均匀布置，每组排烟窗的长度不宜大于 3.0m。

③ 设置在防火墙两侧的自然排烟窗（口）之间最近边缘的水平距离不应小于 2.0m。

④ 自然排烟窗（口）的开启形式应有利于火灾烟气的排出。

⑤ 当房间面积不大于 200 ㎡时，自然排烟窗（口）的开启方向可不限。

⑥ 防烟分区内任一点与最近的自然排烟窗（口）之间的水平距离不应大于 30m。当工业建筑采用自然排烟方式时，其水平距离尚不应大于建筑内空间净高的 2.8 倍；当公共建筑空间净高大于等于 6m，且具有自然对流条件时，其水平距离不应大于 37.5m。

第二节 机械加压送风系统

在不具备自然通风条件时，机械加压送风系统是确保火灾中建筑疏散楼梯间及前室（合用前室）安全的主要措施。

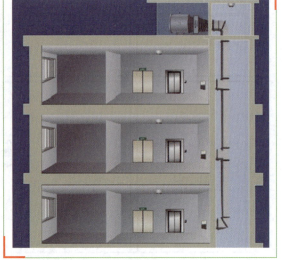

1. 机械加压送风系统的组成

机械加压送风系统主要由送风口、送风管道、送风机和吸风口组成。

2. 机械加压送风系统的工作原理

为保证疏散通道不受烟气侵害以及人员能安全疏散，发生火灾时，从安全性的角度出发，

高层建筑内可分为**四个安全区**：

第一类安全区为**防烟楼梯间、避难层**；
第二类安全区为**防烟楼梯间前室、消防电梯间前室或合用前室**；
第三类安全区为**走道**；
第四类安全区为**房间**。

依据上述原则，加压送风时应使**防烟楼梯间压力>前室压力>走道压力>房间压力**，同时还要保证各部分之间的压差不要过大，以免造成开门困难，从而影响疏散。

3. 机械加压送风系统的选择

① 建筑高度小于等于 50m 的公共建筑、工业建筑和建筑高度小于等于 100m 的住宅建筑，当前室或合用前室采用机械加压送风系统，且其加压送风口设置在前室的顶部或正对前室入口的墙面上时，楼梯间可采用自然通风方式。当前室的加压送风口的设置不符合上述规定时，防烟楼梯间应采用机械加压送风系统。

② **建筑高度大于 50m 的公共建筑、工业建筑和建筑高度大于 100m 的住宅建筑，其防烟楼梯间、独立前室、共用前室、合用前室、消防电梯前室应采用机械加压送风方式的防烟系统。**【2016 单】

③ 防烟楼梯间及其前室的机械加压送风系统的设置应符合下列规定：

ⓐ 建筑高度小于或等于 50m 的公共建筑、工业建筑和建筑高度小于或等于 100m 的住宅建筑，当采用独立前室且其仅有一个门与走道或房间相通时，可仅在楼梯间设置机械加压送风系统；当独立前室有多个门时，楼梯间、独立前室应分别独立设置机械加压送风系统。

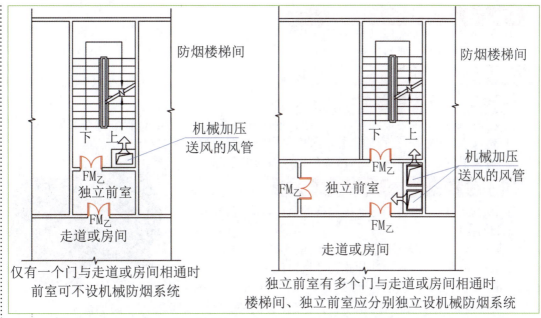

仅有一个门与走道或房间相通时
前室可不设机械防烟系统

独立前室有多个门与走道或房间相通时
楼梯间、独立前室应分别独立设机械防烟系统

ⓑ 当采用合用前室时，楼梯间、合用前室应分别独立设置机械加压送风系统。

ⓒ 当采用剪刀楼梯时，其两个楼梯间及其前室的机械加压送风系统应分别独立设置。

④ 带裙房的高层建筑的防烟楼梯间及其前室、消防电梯前室或合用前室，当裙房高度以上部分利用可开启外窗进行自然通风、裙房等高范围内不具备自然通风条件时，该高层建筑不具备自然通风条件的前室、消防电梯前室或合用前室应设置机械加压送风系统，其送风口也应设置在前室的顶部或正对前室入口的墙面上。

⑤ 当地下室、半地下室楼梯间与地上部分楼梯间均需设置机械加压送风系统时，应分别独立设置。当受建筑条件限制且地下部分为汽车库或设备用房时，可与地上部分的楼梯间共用机械加压送风系统，但应分别计算地上、地下的加压送风量，相加后作为共用加压送风系统风量，且应采取有效措施以满足地上、地下的送风量的要求。

⑥ 自然通风条件不能满足要求的封闭楼梯间和防烟楼梯间，应设置机械加压送风系统；当地下、半地下建筑（室）的封闭楼梯间不与地上楼梯间共用且地下仅为一层时，可不设置机械加压送风系统，但首层应设置有效面积不小于 1.20 m² 的可开启外窗或直通室外的疏散门。

⑦ 设置机械加压送风系统的避难层（间），尚应在外墙设置可开启外窗，其有效面积不应小于该避难层（间）地面面积的 1%。避难走道应在其前室及避难走道分别设置机械加压送风系统，但下列情况可仅在前室设置机械加压送风系统：

ⓐ 避难走道一端设置安全出口，且总长度小于 30m；

ⓑ 避难走道两端设置安全出口，且总长度小于 60m。

⑧ 建筑高度大于 100m 的建筑，其机械加压送风系统应竖向分段独立设置，且每段高度不应超过 100m。

⑨ 建筑高度小于等于 50m 的建筑，当楼梯间设置加压送风井（管）道确有困难时，楼梯间可采用直灌式加压送风系统，并应符合下列规定：

ⓐ 建筑高度大于 32m 的高层建筑，应采用楼梯间两点部位送风的方式，送风口之间距离不宜小于建筑高度的 1/2。

ⓑ 送风量应按计算值（或规定的）送风量增加 20%。

ⓒ 加压送风口不宜设在影响人员疏散的部位。

4. 机械加压送风系统的送风风速

当送风管道内壁为金属时，管道设计风速不应大于 20m/s。
当送风管道内壁为非金属时，不应大于 15m/s。加压送风口的风速不宜大于 7m/s。

5. 机械加压送风的组件与设置要求

（1）机械加压送风机

机械加压送风机可采用轴流风机或中、低压离心风机，其安装位置应符合下列要求：
① 送风机的进风口宜直通室外，且应采取防止烟气被吸入的措施。
② 送风机的进风口宜设在机械加压送风系统的下部。

（2）加压送风口

加压送风口用作机械加压送风系统的风口，具有赶烟和防烟的作用。

加压送风口分常开和常闭两种形式。【2017 单】
常开式即普通的固定叶片式百叶风口；
常闭式采用手动或电动开启，常用于前室或合用前室；
自垂百叶式平时靠百叶重力自行关闭，加压时自行开启，常用于防烟楼梯间。

① 除直灌式送风方式外，楼梯间宜每隔 2～3 层设一个常开式百叶送风口。
② 前室应每层设置一个常闭式加压送风口，并应设手动开启装置。
③ 送风口不宜设置在被门挡住的位置。采用机械加压送风的场所不应设置百叶窗，不宜设置可开启外窗。

（3）送风管道

① 送风管道应采用不燃烧材料制作且内壁应光滑，且不应采用土建风道。
② 竖向设置的送风管道应独立设置在管道井内，当确有困难时，未设置在管道井内或与其他管道合用管道井的送风管道，其耐火极限不应低于 1.00h。
③ 管道井应采用耐火极限不低于 1.00h 的隔墙与相邻部位分隔，当墙上必须设置检修门时，应采用乙（《建规》为丙级）级防火门。

（4）余压阀

余压阀是控制压力差的阀门。为了保证防烟楼梯间及其前室、消防电梯间前室和合用前室的正压值，防止正压值过大而导致疏散门难以推开，应在防烟楼梯间与前室、前室与走道之间设置余压阀，控制余压阀两侧正压间的压力差不超过 50Pa。

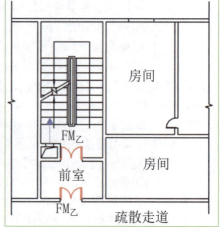

第三节　机械排烟系统

1. 机械排烟系统的组成

由挡烟垂壁、排烟口（或带有排烟阀的排烟口）、排烟防火阀、排烟道、排烟风机和排烟出口组成。

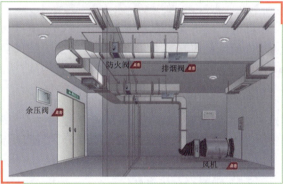

2. 机械排烟系统的选择

① 建筑内应设排烟设施，但不具备自然排烟条件的房间、走道及中庭等，均应采用机械排烟方式。高层建筑主要受自然条件（如室外风速、风压、风向等）的影响较大，一般采用机械排烟方式较多。同一个防烟分区内不应同时采用自然排烟方式和机械排烟方式。尤其是在排烟时，自然排烟口还可能在机械排烟系统动作后变成进风口，使其失去排烟作用。

② 当建筑的机械排烟系统沿水平方向布置时，每个防火分区的机械排烟系统应独立设置。

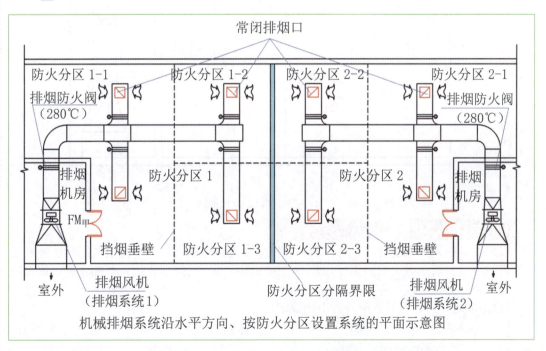

机械排烟系统沿水平方向、按防火分区设置系统的平面示意图

③ 建筑高度超过 50m 的公共建筑和建筑高度超过 100m 的住宅，其排烟系统应竖向分段独立设置，且公共建筑每段高度不应超过 50m，住宅建筑每段高度不应超过 100m。

3. 排烟风速
① 当排烟管道内壁为金属时，管道设计风速不应大于 20m/s。
② 当排烟管道内壁为非金属时，不应大于 15m/s。排烟口风速不宜大于 10m/s。

4. 机械排烟系统的组件与设置要求

(1) 排烟风机

排烟风机可采用离心式或轴流排烟风机（满足280℃时连续工作30min的要求）【2018 单】，排烟风机应与风机入口处的排烟防火阀连锁，当该阀关闭时，排烟风机应能停止运转。

(2) 排烟防火阀

排烟管道下列部位应设置排烟防火阀：
① 垂直风管与每层水平风管交接处的水平管段上；
② 一个排烟系统负担多个防烟分区的排烟支管上；
③ 排烟风机入口处；
④ 穿越防火分区处。

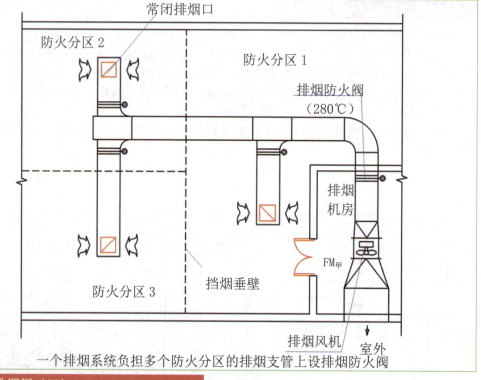

一个排烟系统负担多个防火分区的排烟支管上设排烟防火阀

(3) 排烟阀（口）

安装在机械排烟系统的风管（风道）侧壁上作为烟气吸入口，平时呈关闭状态并满足允许漏风量要求，火灾或需要排烟时手动或电动打开，起排烟作用，外加带有装饰口或进行过装饰处理的阀门称为排烟口。

① 排烟阀（口）的设置应符合下列要求：
  ⓐ 排烟口应设在防烟分区所形成的储烟仓内，且排烟口至该防烟分区最远点的水平距离不应超过 30m。
  ⓑ 走道、室内空间净高不大于 3m 的区域，其排烟口可设置在其净空高度的 1/2 以上，当设置在侧墙时，吊顶与其最近边缘的距离不应大于 0.5m。

第三篇 建筑消防设施

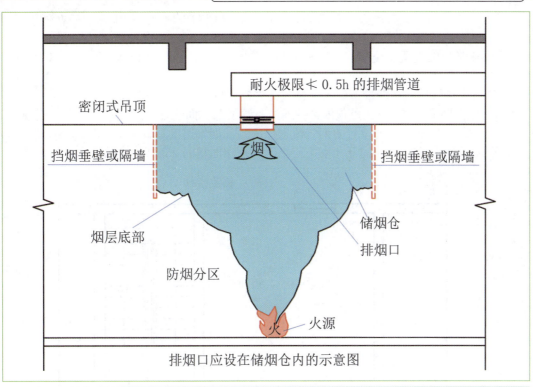

排烟口应设在储烟仓内的示意图

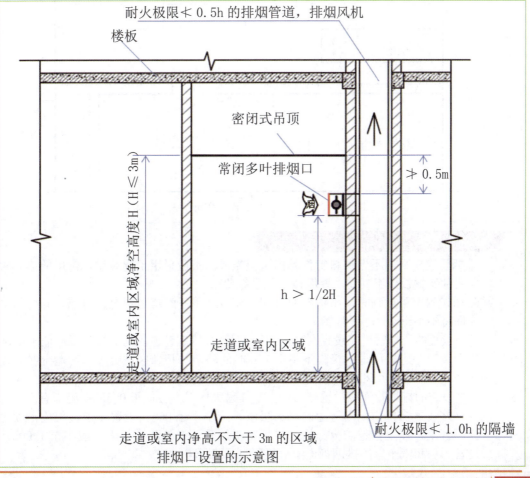

走道或室内净高不大于3m的区域
排烟口设置的示意图

② 火灾时由火灾自动报警系统联动开启排烟区域的排烟阀或排烟口，应在现场设置手动开启装置。

③ 排烟口的设置宜使烟流方向与人员疏散方向相反，排烟口与附近安全出口相邻边缘之间的水平距离不应小于1.5m。

④ 每个排烟口的排烟量不应大于最大允许排烟量。

⑤ 当排烟阀（口）设在吊顶内，并通过吊顶上部空间进行排烟时，应符合下列规定：

    ⓐ 封闭式吊顶上设置的烟气流入口的颈部烟气速度不宜大于1.5m/s。

    ⓑ 非封闭式吊顶的开孔率不应小于吊顶净面积的25%，且排烟口应均匀布置。

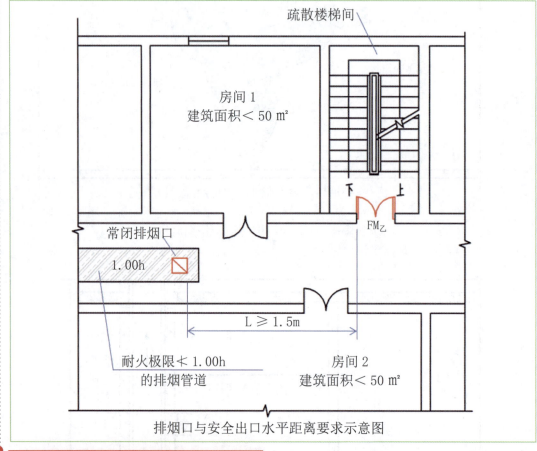

排烟口与安全出口水平距离要求示意图

（4）排烟管道

① 排烟管道应采用不燃材料制作且内壁应光滑，不应采用土建风道。常用的排烟管道采用镀锌钢板加工制作，厚度按高压系统要求。

② 当吊顶内有可燃物时，吊顶内的排烟管道应采用不燃烧材料进行隔热，并应与可燃物保持不小于150mm的距离。

③ 竖向设置的排烟管道应设置在独立的管道井内，排烟管道的耐火极限不应低于0.50h。排烟管道井应采用耐火极限不小于1.00h的隔墙与相邻区域分隔；当墙上必须设置检修门时，应采用乙级防火门。

④ 水平设置的排烟管道应设置在吊顶内，其耐火极限不应低于0.50h；当确有困难时，可直接设置在室内，但管道的耐火极限不应小于1.00h。设置在走道部位吊顶内的排烟管道，以及穿越防火分区的排烟管道，其管道的耐火极限不应小于1.00h，但设备用房和汽车库的排烟管道耐火极限可不低于0.5h。

5. 补风

(1) 补风原理

① 根据空气流动的原理，在排出某一区域空气的同时，需要有另一部分的空气补充。
② 当排烟系统排烟时，补风的主要目的是为了形成理想的气流组织，迅速排除烟气，有利于人员的安全疏散和消防救援。

(2) 补风系统的选择

对于地上建筑的走道、小于 500m² 的房间，由于这些场所的面积较小，排烟量也较小，因此可以利用建筑的各种缝隙，满足排烟系统所需的补风，为了简化系统管理和减少工程投入，可以不专门为这些场所设置补风系统。除这些场所以外的排烟系统均应设置补风系统。

(3) 补风的方式

可采用疏散外门、手动或自动可开启外窗等自然进风方式以及机械送风方式。防火门、窗不得用作补风设施。

(4) 补风的主要设计参数

① 补风量：补风系统应直接从室外引入空气，补风量不应小于排烟量的 50%。
② 补风风速：机械补风口的风速不宜大于 10m/s，人员密集场所补风口的风速不宜大于 5m/s；自然补风口的风速不宜大于 3m/s。

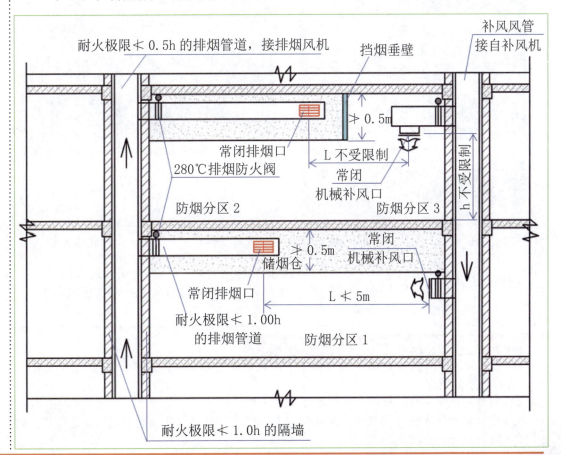

(5)补风系统组件与设置

① 补风口：

当补风口与排烟口设置在同一空间内相邻的防烟分区时，补风口位置不限；
当补风口与排烟口设置在同一防烟分区时，补风口应设在储烟仓下沿以下；
补风口与排烟口水平距离不应少于 5m。

② 补风机：

补风机的设置与机械加压送风机的要求相同。
排烟区域所需的补风系统应与排烟系统联动开闭。

第四节 防烟排烟系统的联动控制

1. 防烟系统的联动控制

(1) 加压送风机的启动应符合的规定

① 现场手动启动；
② 通过火灾自动报警系统自动启动；
③ 消防控制室手动启动；
④ 系统中任一常闭加压送风口开启时，加压送风机应能自动启动。

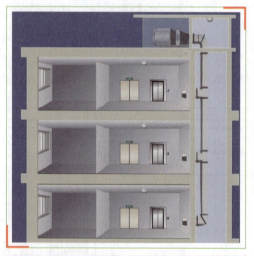
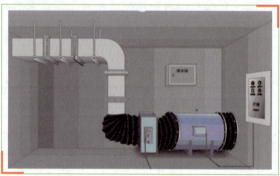

系统名称	联动触发信号	联动控制
防烟系统	加压送风口所在防火分区内的两只独立的火灾探测器或一只火灾探测器与一只手动火灾报警按钮的报警信号	开启送风口、启动加压送风机

(2) 加压送风口和加压送风机的开启规定

当防火分区内火灾确认后，应能在 15s 内联动开启常闭加压送风口和加压送风机，并应符合下列规定：

① 应开启该防火分区楼梯间的全部加压送风机；
② 应开启该防火分区内着火层及其相邻上下层前室及合用前室的常闭加压送风口，同时开启加压送风机。

2. 排烟系统的联动控制

排烟风机、补风机的控制应符合下列规定：

① 现场手动启动；
② 火灾自动报警系统自动启动；
③ 消防控制室手动启动；
④ 系统中任一排烟阀或排烟口开启时，排烟风机、补风机应能自动启动。
⑤ 排烟防火阀在280℃时应自行关闭，并应连锁关闭排烟风机和补风机。
⑥ 当火灾确认后，火灾自动报警系统应在15s内联动开启相应防烟分区的全部排烟阀、排烟口、排烟风机和补风设施，并应在30s内自动关闭与排烟无关的通风、空调系统。
⑦ 担负两个及以上防烟分区的排烟系统，应仅打开着火防烟分区的排烟阀或排烟口，其他防烟分区的排烟阀或排烟口应呈关闭状态。

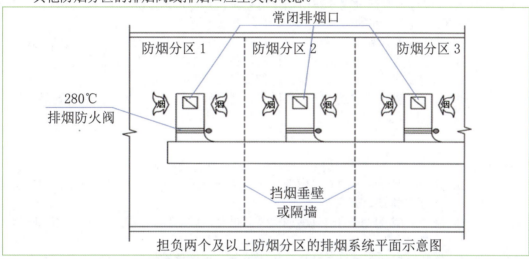

担负两个及以上防烟分区的排烟系统平面示意图

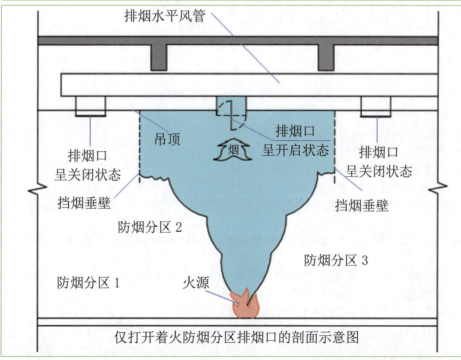

仅打开着火防烟分区排烟口的剖面示意图

系统名称	联动触发信号	联动控制
防烟系统 【2016、 2018 单】	加压送风口所在防火分区内的两只独立的火灾探测器或一只火灾探测器与一只手动火灾报警按钮的报警信号	开启送风口、启动加压送风机
排烟系统 【2016 多】 【2017 多】 【2018 多】	同一防烟分区内且位于电动挡烟垂壁附近的两只独立的感烟火灾探测器的报警信号	降落电动挡烟垂壁
	同一防烟分区内的两只独立的火灾探测器报警信号或一只火灾探测器与一只手动火灾报警按钮的报警信号	开启排烟口、排烟窗或排烟阀，停止该防烟分区的空气调节系统
	排烟口、排烟窗或排烟阀开启的动作信号	启动排烟风机

习题 1 根据现行国家标准《建筑防烟排烟系统技术标准》(GB 51251—2017)，下列民用建筑楼梯间的防烟设计方案中，错误的是（　　）。
A. 建筑高度为 97m 的住宅建筑，防烟楼梯间及其前室均采用自然通风方式防烟
B. 采用自然通风方式的封闭楼梯间，在最高部位设置 1.0m² 的固定窗
C. 建筑高度为 48m 的办公楼，防烟楼梯间及其前室均采用自然通风方式防烟
D. 采用自然通风方式的防烟楼梯间，楼梯间外墙上开设的可开启外窗最大的布置间隔为 3 层

【答案】B

习题 2 关于防烟排烟系统联动控制的做法，符合规范要求的有（　　）。
A. 同一防烟分区内的一只感烟探测器和一只感温探测器报警，联动控制该防烟分区的排烟口开启
B. 同一防烟分区内的两只感烟探测器报警，联动控制该防烟分区及相邻防烟分区的排烟口开启
C. 排烟口附近的一只手动报警按钮报警，控制该排烟口开启
D. 排烟阀开启动作信号联动控制排烟风机启动
E. 通过消防联动控制器上的手动控制盘直接控制排烟风机启动、停止

【答案】ADE

习题 3 在防排烟系统中，系统组件在正常工作状态下的启闭状态是不同的，关于防、排烟系统组件启闭状态的说法中，正确的是（　　）。
A. 加压送风口既有常开式，也有常闭式
B. 排烟防火阀及排烟阀平时均呈开启状态
C. 排烟防火阀及排烟阀平时均呈关闭状态
D. 自垂百叶式加压送风口平时呈开启状态

【答案】A

习题 4 某二类高层建筑设有独立的机械排烟系统，该机械排烟系统的组件可不包括（　　）。
A. 在 280℃的环境条件下能够连续工作 30min 的排烟风机
B. 动作温度为 70℃的防火阀
C. 采取了隔热防火措施的镀锌钢板风道
D. 可手动和电动启动的常闭排烟口

【答案】B

习题 5 下列关于建筑防烟系统联动控制要求的做法中,错误的是( )。

A. 常闭加压送风口开启由其所在防火分区内两只独立火灾探测器的报警信号作为联动触发信号
B. 加压送风机启动由其所在防火分区内的一只火灾探测器与一只手动火灾报警按钮的报警信号作为联动触发信号
C. 楼梯间的前室或合用前室的加压送风系统中任一常闭加压送风口开启时,联动启动该楼梯间各楼层的前室及合用前室内的常闭加压送风口
D. 对于防火分区跨越多个楼层的建筑,楼梯间的前室或合用前室内任一常闭加压送风口开启时联动启动该防火分区内全部楼层的楼梯间前室及合用前室内的常闭加压送风口

【答案】C

习题 6 下列建筑中,当其楼梯间的前室或合用前室采用敞开阳台时,楼梯间可不设置防烟系统的是( )。

A. 建筑高度为 68m 的旅馆建筑
B. 建筑高度为 52m 的生产建筑
C. 建筑高度为 81m 的住宅建筑
D. 建筑高度为 52m 的办公建筑

【答案】C

习题 7 某建筑高度为 24m 的商业建筑,中部设置一个面积为 600m²,贯穿建筑地上 5 层的中庭,该中庭同时设置线型光束感烟火灾探测器和图像型火灾探测器,中庭的环廊设置点型感烟火灾探测器,环廊与中庭之间无防烟分隔,中庭顶部设置机械排烟设施。下列报警信号中,可作为中庭顶部机械排烟设施开启的联动触发信号有( )。

A. 中庭任一线型光束感烟火灾探测器和任一图像型火焰探测器的报警信号
B. 中庭两个地址线型光束感烟火灾探测器的报警信号
C. 中庭任一线型光束感烟火灾探测器与环廊任一点型感烟火灾探测器的报警信号
D. 中庭两个地址图像型火焰探测器的报警信号
E. 环廊任一点型感烟火灾探测器及其相邻商铺内任一火灾探测器的报警信号

【答案】ABCD

习题 8 某多层商场、每层设有 3 个防火分区, 6 个防烟分区,根据现行国家标准《建筑防烟排烟系统技术标准》(GB 51251—2017),该建筑下列关于排烟系统控制的说法,错误的有( )。

A. 将排烟风机入口处设置的排烟防火阀的关闭动作信号作为排烟风机关闭的触发信号
B. 火灾确认后,火灾自动报警系统在 20s 内联动开启相应防烟分区的全部排烟口
C. 火灾确认后,火灾自动报警系统在 30s 内自动关闭与排烟无关的通风、空调系统
D. 每层设一套排烟系统,该层任一排烟阀开启后,该层排烟风机自动开启
E. 火灾确认后,火灾自动报警系统在 20s 内联动相应防烟分区的全部活动挡烟垂壁

【答案】BDE

> **习题 9** 关于建筑机械防烟系统联动控制的说法，正确的是（　　）。
> A. 由同一防火分区内的两只独立火灾探测器作为相应机械加压送风机开启的联动触发信号
> B. 火灾确认后，火灾自动报警系统应能在 30s 内联动开启相应的机械加压送风机
> C. 加压送风口所在防火分区确认火灾后，火灾自动报警系统应仅联动开启所在楼层前室送风口
> D. 火灾确认后，火灾自动报警系统应能在 20s 内联动开启相应的常闭加压送风口
>
> 【答案】A

第五节　系统组件（设备）安装前检查

现场检验

1. 风管检查要求

有耐火极限要求的风管的本体、框架与固定材料、密封垫料等必须为不燃材料。检查数量：按风管、材料加工批次的数量抽查 10%，且不得少于 5 件。

2. 风管部件检查要求

① 排烟防火阀、送风口、防烟阀、排烟阀或排烟口等符合有关消防产品标准的规定。检查数量：按种类、批抽查 10%，且不得少于 2 个。

② 电动防火阀、送风口和排烟阀（口）的驱动装置，动作应可靠，在最大工作压力下工作正常。检查数量：按批抽查 10%，且不得少于 1 件。【2016 单】

③ 防烟、排烟系统柔性短管的制作材料必须为不燃材料。

3. 活动挡烟垂壁及其电动驱动装置和控制装置检查要求
   检查数量：按批抽查 10%，且不得少于 1 件。

4. 自动排烟窗的驱动装置和控制装置检查要求
   检查数量：抽查 10% 且不得少于 1 件。

第六节　系统的安装检测与调试

1. 系统的安装与技术检测

（1）风管的安装与检测

① 金属风管的制作和连接：

　ⓐ 风管采用法兰连接时，其螺栓孔的间距不得大于 150mm，矩形风管法兰四角处应设有螺孔。

　ⓑ 板材应采用咬口连接或铆接，除镀锌钢板及含有复合保护层的钢板外，板厚大于 1.5mm 的可采用焊接。（板厚度≤1.2mm 可采用咬口连接）

　ⓒ 风管应以板材连接的密封为主，可辅以密封胶嵌缝或其他方法密封，密封面宜设在风管的正压侧。

　ⓓ 排烟风管的隔热层应采用厚度不小于 40mm 的不燃绝热材料。

② 非金属风管的制作和连接：
  ⓐ 法兰螺栓孔的间距不得大于120mm；矩形风管法兰的四角处，应设有螺孔。
  ⓑ 采用套管连接时，套管厚度不小于风管板材的厚度。
③ 风管的强度和严密性检验：
  风管应按系统类别进行强度和严密性检验，其强度和严密性应符合设计要求或相关规定。

④ 风管的安装：
  ⓐ 风管接口的连接应严密、牢固，垫片厚度不应小于3mm，不应凸入管内和法兰外；另外，排烟风管法兰垫片应为不燃材料，薄钢板法兰风管应采用螺栓连接。
  ⓑ 风管与风机的连接宜采用法兰连接，或采用不燃材料的柔性短管连接。如风机仅用于防烟、排烟时，不宜采用柔性连接。
  ⓒ 风管与风机连接若有转弯处，宜加装导流叶片，保证气流顺畅。
  ⓓ 当风管穿越隔墙或楼板时，风管与隔墙之间的空隙，应采用水泥砂浆等不燃材料严密填塞。
  ⓔ 吊顶内的排烟管道应采用不燃材料隔热，并应与可燃物保持不小于150mm的距离。

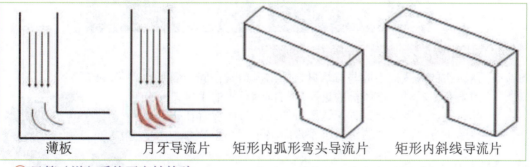

⑤ 风管（道）系统严密性检验：
  风管（道）系统安装完毕，应按系统分别进行严密性检验。
  检验应以主、干管道为主，漏风量应符合相关规范的规定。

(2) 部件的安装与检测

① 排烟防火阀：
  阀门应顺气流方向关闭，防火分区隔墙两侧的防火阀，距墙端面不应大于200mm。

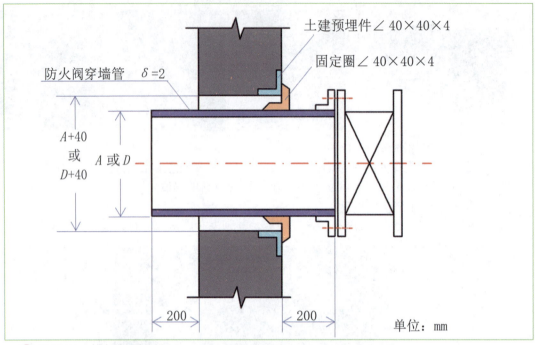

② 送风口、排烟阀（口）：
排烟口距可燃物或可燃构件的距离不应小于1.5m。

③ 常闭送风口、排烟阀（口）：
手动驱动装置应固定安装在明显可见、距楼地面1.3～1.5m的便于操作的位置，预埋套管不得有死弯及瘪陷，手动驱动装置操作应灵活。

(3) 风机的安装与检测

① 送风机的进风口不应与排烟风机的出风口设在同一面上。当确有困难时，送风机的进风口与排烟风机的出风口应分开布置，且竖向布置时，送风机的进风口应设置在排烟出口的下方，其两者边缘最小垂直距离不应小于6.0m；水平布置时，两者边缘最小水平距离不应小于20.0m。

② 风机外壳至墙壁或其他设备的距离不应小于600mm。

③ 应设在混凝土或钢架基础上，且不应设置减振装置；若排烟系统与通风空调系统共用需要设置减振装置时，不应使用橡胶减振装置。

④ 风机驱动装置的外露部位必须装设防护罩；
直通大气的进、出风口必须装设防护网或采取其他安全设施，并应采取防雨措施。

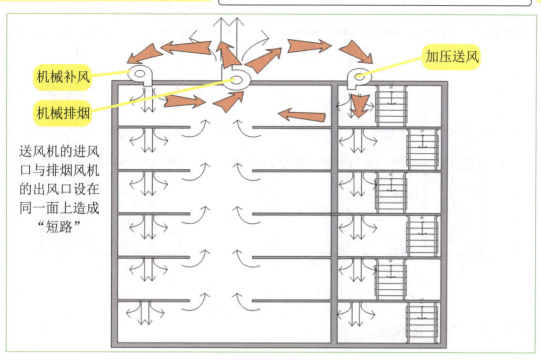

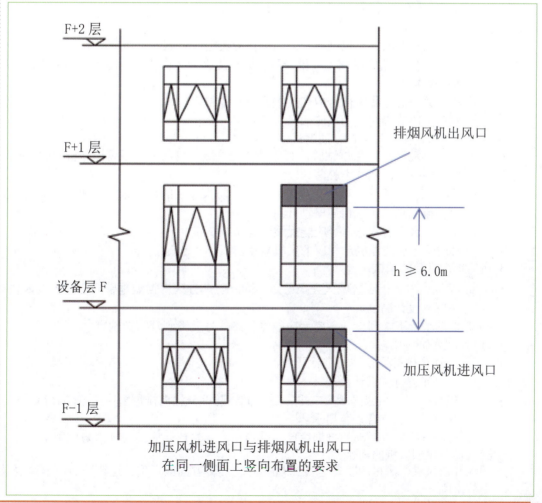

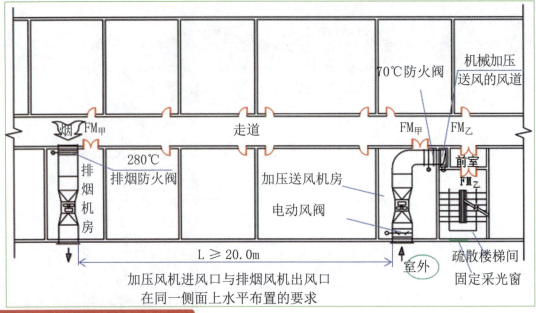

加压风机进风口与排烟风机出风口在同一侧面上水平布置的要求

2. 系统的调试

(1) 单机调试【2018 单】

① 排烟防火阀的调试:
  ⓐ 进行手动关闭、复位试验,阀门动作应灵敏、可靠,关闭应严密。
  ⓑ 模拟火灾,相应区域火灾报警后,同一防火分区内排烟管道上的其他阀门应联动关闭。
  ⓒ 阀门关闭后的状态信号应能反馈到消防控制室。
  ⓓ 阀门关闭后应能联动相应的风机停止。

② 常闭送风口、排烟阀(口)的调试:
  ⓐ 进行手动开启、复位试验,阀门动作应灵敏、可靠,远距离控制机构的脱扣钢丝连接应不松弛、不脱落。
  ⓑ 模拟火灾,相应区域火灾报警后,同一防火分区的常闭送风口和同一防烟分区内的排烟阀或排烟口应联动开启。
  ⓒ 阀门开启后的状态信号应能反馈到消防控制室。
  ⓓ 阀门开启后应能联动相应的风机启动。

③ 活动挡烟垂壁的调试:
  ⓐ 模拟火灾,相应区域火灾报警后,同一防烟分区内挡烟垂壁应在 60s 以内联动下降到设计高度。
  ⓑ 挡烟垂壁下降到设计高度后应能将状态信号反馈到消防控制室。

④ 自动排烟窗的调试:
  ⓐ 手动操作排烟窗按钮进行开启、关闭试验,排烟窗动作应灵敏、可靠,完全开启时间应符合设计要求。
  ⓑ 模拟火灾,相应区域火灾报警后,同一防烟分区内排烟窗应能联动开启;完全开启时间应符合规范要求。
  ⓒ 与消防控制室联动的排烟窗完全开启后,状态信号应反馈到消防控制室。

⑤ 送风机、排烟风机的调试:
  手动开启风机,风机应正常运转 2.0h,叶轮旋转方向应正确、运转平稳、无异常振动与声响。

⑥ 机械加压送风系统风速及余压的调试：
　　ⓐ 应选取送风系统末端所对应的送风最不利的三个连续楼层模拟起火层及其上下层，封闭避难层（间）仅需选取本层，调试送风系统使上述楼层的楼梯间、前室及封闭避难层（间）的风压值及疏散门的门洞断面风速值与设计值的偏差不大于10%。
　　ⓑ 对楼梯间和前室的调试应单独分别进行，且互不影响。
　　ⓒ 调试楼梯间和前室疏散门的门洞断面风速时，应符合《建筑防排烟技术标准GB51251-2017》3.4.6的规定。
⑦ 机械排烟系统风速和风量的调试：
　　ⓐ 应根据设计模式，开启排烟风机和相应的排烟阀或排烟口，调试排烟系统使排烟阀或排烟口处的风速值及排烟量值达到设计要求。
　　ⓑ 开启排烟系统的同时，还应开启补风机和相应的补风口，调试补风系统使补风口处的风速值及补风量值达到设计要求。
　　ⓒ 应测试每个风口风速，核算每个风口的风量及其排烟分区总风量。

(2) 联动调试【2017、2018 多】

① 机械加压送风系统的联动调试：
　　ⓐ 当任何一个常闭送风口开启时，送风机均能联动启动；
　　ⓑ 与火灾自动报警系统联动调试。当火灾自动报警探测器发出火警信号后，应在15s 启动有关部位的送风口、送风机，启动的送风口、送风机应与设计要求一致，联动启动方式应符合相关规定，其状态信号应反馈到消防控制室。
② 机械排烟系统的联动调试：
　　ⓐ 当任何一个常闭排烟阀（口）开启时，排烟风机均能联动启动。
　　ⓑ 与火灾自动报警系统联动调试。当火灾自动报警探测器发出火警信号后，机械排烟系统应启动有关部位的排烟阀或排烟口、排烟风机；启动的排烟阀或排烟口、排烟风机应与设计和规范要求一致，其状态信号应反馈到消防控制室。
　　ⓒ 有补风要求的机械排烟场所，当火灾确认后，补风系统应启动。
　　ⓓ 排烟系统与通风、空调系统合用，当火灾自动报警探测器发出火警信号后，由通风、空调系统转换为排烟系统的时间（30s 内）应符合规范要求。

第七节　系统验收

1. 资料查验内容
① 竣工验收申请报告。
② 施工图、设计说明书、设计变更通知书和消防设计审核意见书、竣工图。
③ 工程质量事故处理报告。
④ 防烟排烟系统施工过程质量检查记录。
⑤ 防烟排烟系统工程质量控制资料检查记录。

2. 系统工程质量验收判定条件
① 系统的设备、部件型号、规格与设计不符，无出厂质量合格证明文件及符合消防产品准入制度规定的检验报告，系统设备手动功能验收、联动功能验收、自然通风及自然排烟验收、机械防烟系统的主要性能参数验收、机械排烟系统的主要性能参数验收中任一款不符合规范要求的，定为A类不合格。
② 验收资料提供不全或不符合要求的，定为B类不合格。
③ 观感质量综合验收任一款不符合要求的，定为C类不合格。
④ 系统验收判定条件应为：A=0，且 B≤2，B+C ≤6 为合格，否则为不合格。

第八节　系统维护管理

1. 系统日常巡查内容　【2015 单】
- ①查看机械加压送风系统、机械排烟系统控制柜的标志、仪表、指示灯、开关和控制按钮；用按钮启停每台风机，查看仪表及指示灯显示。
- ②查看机械加压送风系统、机械排烟系统风机的外观和标志牌；在控制室远程手动启、停风机，查看运行及信号反馈情况。
- ③查看送风阀、排烟阀、排烟防火阀、电动排烟窗的外观；手动、电动开启，手动复位，动作和信号反馈情况。

2. 系统周期性检查维护　【2016、2018 单】
- ①每季度应对防烟排烟风机、活动挡烟垂壁、自动排烟窗进行一次功能检测启动试验及供电线路检查。
- ②每半年应对全部排烟防火阀、送风阀或送风口、排烟阀或排烟口进行自动和手动启动试验。
- ③每年应对全部防烟排烟系统进行一次联动试验和性能检测，其联动功能和性能参数应符合原设计要求。
- ④当防烟排烟系统采用无机玻璃钢风管时，应每年对该风管进行质量检查，检查面积应不少于风管面积的 30%。
- ⑤排烟窗的温控释放装置、排烟防火阀的易熔片应有 10% 的备用件，且不少于 10 只。

习题 1　防烟排烟系统施工安装前，对风管部件进行现场检查时，下列检查项目中，不属于现场检查项目的是（　　）。
A. 电动防火阀　　　　　　B. 送风口
C. 正压送风机　　　　　　D. 柔性短管
【答案】C

习题 2　防对某大厦设置的机械防烟系统的正压送风机进行单机调试，下列调试方法和结果中，符合现行国家标准《建筑防烟排烟系统技术标准》（GB 51251—2017）的是（　　）。
A. 模拟火灾报警后，相应防烟分区的正压送风口打开并联动正压送风机启动
B. 经现场测定，正压送风机的风量值、风压值分别为风机铭牌的 97%、105%
C. 在消防控制室远程手动启、停正压送风机，风机启动、停止功能正常
D. 手动开启正压送风机，风机正常运转 1.0h 后，手动停止风机
【答案】C

习题 3　消防设施检测机构对某建筑的机械排烟系统进行检测时，打开排烟阀，消防控制室接到风机启动的反馈信号，现场测量，排烟口入口处排烟风速过低，排烟口风速过低的可能原因有（　　）。
A. 风机反转　　　　　　　B. 风道阻力过大
C. 风口尺寸偏小　　　　　D. 风机位置不当
E. 风道漏风量过大
【答案】BE

习题 4　在防烟排烟系统的维护管理中，下列检查项目中，不属于每半年检查项目的是（　　）。
A. 防火阀　　　　　　　　B. 排烟口
C. 送风口（阀）　　　　　D. 联动功能
【答案】D

习题 5 消防工程施工单位对安装在某大厦地下车库的机械排烟系统进行系统联动调试。下列调试方法和结果中，符合现行国家标准《建筑防烟排烟系统技术标准》（GB 51251—2017）的有（　　）。

A. 手动开启任一常闭排烟口，相应的排烟风机联动启动
B. 模拟火灾报警后12s，相应的排烟口、排烟风机联动启动
C. 补风机启动后，在补风口处测得的风速为8m/s
D. 模拟火灾报警后20s，相应的补风机联动启动
E. 排烟风机启动后，在排烟口处测得的风速为12m/s

【答案】ABC

习题 6 某商场消防设施维护管理人员对商场设置的防烟排烟系统进行日常巡查，下列内容中，不属于防烟、排烟系统日常巡查的是（　　）。

A. 每天检查送风机、排烟风机及其控制框的外观及工作状态
B. 每天检查挡烟垂壁及其控制装置外观及工作状态
C. 每天检查送风阀、排烟阀联动启动送风机、排风机的功能
D. 每天检查电动排烟窗、自然排烟设施的外观

【答案】C

习题 7 消防技术服务机构设施设置的机械防烟系统，符合现行国家标准《建筑防烟排烟系统技术标准》（GB 51251—2017）的是（　　）。

A. 每年对全部送风口进行一次自动启动试验
B. 每年对机械防烟系统进行一次联动试验
C. 每半年对全部正压送风机进行一次功能检测自动试验
D. 每半年对正压送风机的供电线路进行一次检查

【答案】B

第十一章 消防应急照明和疏散指示系统

知识点框架图

消防应急照明和疏散指示系统
- 系统分类与组成
- 系统的工作原理与性能要求 【2015、2017、2018 单】
- 系统安装与调试 【2015、2016、2018 单】
- 系统检测与维护 【2017 单】

复习建议
1. 次重点章节；
2. 知识点零散，不集中。

第一节 系统的分类与组成

第二节 系统的工作原理与性能要求

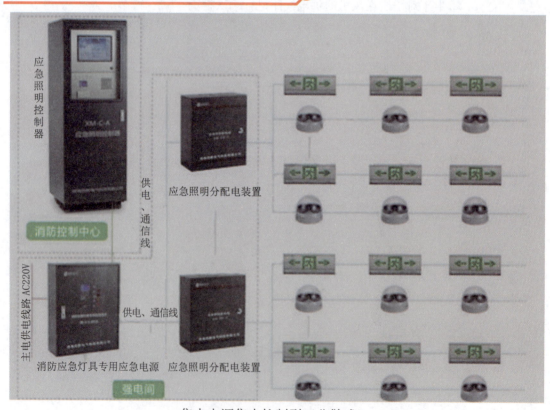

集中电源集中控制型（分散式）

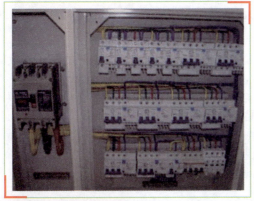

1. 自带电源非集中控制型系统

① 正常工作状态下，市电通过应急照明配电箱为灯具供电，用于正常工作和蓄电池充电。

② 发生火灾时，相关防火分区内的应急照明配电箱动作，切断消防应急灯具的市电供电线路，灯具的工作电源由灯具内部自带的蓄电池提供，灯具进入应急状态。

2. 自带电源集中控制型系统 【2017、2018 单】

① 正常工作状态时，市电通过应急照明配电箱为灯具供电，用于正常工作和蓄电池充电。应急照明控制器通过实时监测消防应急灯具的工作状态，实现灯具的集中监测和管理。

② 发生火灾时，应急照明控制器接收到消防联动信号后，下发控制命令至消防应急灯具，控制应急照明配电箱和消防应急灯具转入应急状态。

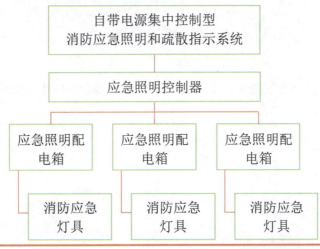

3. 集中电源非集中控制型系统 【2015 单】

① 正常工作状态时，市电接入应急照明集中电源，用于正常工作和电池充电，通过各防火分区设置的应急照明分配电装置将应急照明集中电源的输出提供给消防应急灯具。

② 发生火灾时，应急照明集中电源的供电电源由市电切换至电池，集中电源进入应急工作状态，通过应急照明分配电装置供电的消防应急灯具也进入应急工作状态。

4. 集中电源集中控制型系统 【2017、2018 单】

① 正常工作状态时，市电接入应急照明集中电源，用于正常工作和电池充电，通过各防火分区设置的应急照明分配电装置将应急照明集中电源的输出提供给消防应急灯具。应急照明控制器通过实时监测应急照明集中电源、应急照明分配电装置和消防应急灯具的工作状态，实现系统的集中监测和管理。

② 发生火灾时，应急照明控制器接收到消防联动信号后，下发控制命令至应急照明集中电源、应急照明分配电装置和消防应急灯具，控制系统转入应急状态。

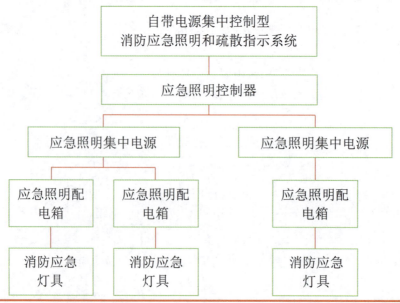

第三节 系统安装与调试

1. 系统安装

(1) 一般要求

① 消防应急灯具与供电线路之间不能使用插头连接。【2018 单】
② 消防应急灯具安装后不能对人员正常通行产生影响,消防应急标志灯具周围要保证无遮挡物。
③ 带有疏散方向指示箭头的消防应急标志灯具在安装时应保证箭头指示的疏散方向与实际疏散方向相同。
④ 指示出口的消防应急标志灯具应固定在坚固的墙上或顶棚下,可以明装,也可以嵌墙安装。
⑤ 消防应急灯具在安装时应保证灯具上的各种状态指示灯易于观察,试验按钮(开关)能被手动或遥控操作。
⑥ 消防应急照明灯具安装时,在正面迎向人员疏散方向,应有防止造成眩光的措施。
⑦ 消防应急灯具吊装时宜使用金属吊管,吊管上端应固定在建筑物实体或构件上。
⑧ 作为辅助指示的蓄光型标志牌只能安装在与标志灯具指示方向相同的路线上,但不能代替标志灯具。
⑨ 消防应急灯具宜安装在不燃烧墙体和不燃烧装修材料上。

(2) 系统主要组件安装

① 消防应急标志灯具的安装:
   ⓐ 在顶部安装时,尽量不要吸顶安装,灯具上边与顶棚距离宜大于 200mm。
   ⓑ 低位安装在疏散走道及其转角处时,应安装在距地面(楼面)1m 以下的墙上,标志表面应与墙面平行,凸出墙面的部分不应有尖锐角及伸出的固定件。
   ⓒ 安装在地面上时,灯具的所有金属构件应采用耐腐蚀构件或做防腐处理,电源连接和控制线连接应采用密封胶密封,标志灯具表面应与地面平行,与地面高度差不宜大于 3mm,与地面接触边缘不宜大于 1mm。

壁挂灯具

悬挂双面灯

地埋灯具

② 消防应急照明灯具的安装 【2016、2018 单】：
  ⓐ 消防应急照明灯具应均匀布置。
  ⓑ 在侧面墙上顶部安装时，其底部距地面距离不得低于 2m，在距地面 1m 以下侧面墙上安装时，应采用嵌入式安装。
③ 应急照明配电箱和分配电装置的安装：
应急照明配电箱和分配电装置落地安装时宜高出地面 50mm 以上。
④ 应急照明集中电源的安装：
落地安装时，宜高出地面 150mm 以上，屏前和屏后的通道应能够满足更换电池的需求。
⑤ 应急照明控制器的安装：
  ⓐ 在墙上安装时，应急照明控制器的底边距地（楼）面高度为 1.3～1.5m，靠近门或侧墙安装时应保证应急照明控制器门的正常开关，正面操作距离不应小于 1.2m；
  ⓑ 落地安装时，其底边宜高出地坪 0.1～0.2m。

应急照明控制器

集中电源

分配电装置

⑥ 疏散指示标志牌的安装：
  ⓐ 安装在疏散走道和主要疏散路线的地面时，其指示的疏散方向应与标志灯具指示方向相同，安装间距不应大于 1.5m。
  ⓑ 安装在地面上时，只能采用镶嵌式工艺，其安装后应平整、牢固。

2. 系统调试

(1) 消防应急标志灯具和消防应急照明灯具的调试

① 断开连续充电 24h 的消防应急灯具电源，使消防应急灯具转入应急工作状态，同时用秒表开始计时；消防应急灯具主电指示灯应处于非点亮状态，应急工作时间应不小于本身标称的应急工作时间。
② 使顺序闪亮形成导向光流的标志灯具转入应急工作状态，目测其光流导向应与设计的疏散方向相同。
③ 逐个切断各区域应急照明配电箱或应急照明集中电源的分配电装置，该配电箱或分配电装置供电的消防应急灯具应在 5s 内（高危险场所灯具光源应急点亮的响应时间不应大于 0.25s）转入应急工作状态。

(2) 应急照明集中电源的调试

断开主电电源，应急照明集中电源和该电源供电的所有消防应急灯具均应转入应急工作状态，应急工作时间应不小于本身标称的应急工作时间。【2015 单】

(3) 应急照明控制器的调试

① 断开任一消防应急灯具与应急照明控制器间连线，应急照明控制器应发出声、光故障信号，并显示故障部位。故障存在期间，操作应急照明控制器，应能控制与此故障无关的消防应急灯具转入应急工作状态。

② 断开应急照明控制器的主电源，使应急照明控制器转入备电工作状态，应急照明控制器在备电工作时各种控制功能应不受影响，备电工作时间不小于应急照明持续时间的 3 倍，且不小于 3h。

第四节 系统检测与维护

1. 系统检测

(1) 消防应急标志（照明）灯具检测项目　【2017 单】

① 连续 3 次操作试验机构，观察标志灯具自动应急转换情况。
② 应急工作时间应不小于其本身标称的应急工作时间。

(2) 应急照明集中电源检测项目

① 应急照明集中电源应显示主电电压、电池电压、输出电压和输出电流，并应设主电、充电、故障和应急状态指示灯，主电状态用绿色，故障状态用黄色，充电状态和应急状态用红色。

② 每个输出支路均应单独保护，且任一支路故障不应影响其他支路的正常工作。

(3) 应急照明控制器检测项目

① 应急照明控制器应安装在消防控制室或值班室内。
② 应急照明控制器应能防止非专业人员操作。
③ 应急照明控制器应能以手动、自动两种方式使与其相连的所有消防应急灯具转入应急状态，且应设置强制使所有消防应急灯具转入应急状态的按钮。
④ 当某一支路的消防应急灯具与应急照明控制器连接线开路、短路或接地时，不应影响其他支路的消防应急灯具和应急电源的工作。

(4) 系统功能检测项目

① 非集中控制型系统的应急控制：
　ⓐ 未设置火灾自动报警系统的场所，系统应在正常照明中断后转入应急工作状态。
　ⓑ 设置火灾自动报警系统的场所，自带电源非集中控制型系统应由火灾自动报警系统联动各应急照明配电箱实现工作状态的转换；集中电源非集中控制型系统应由火灾自动报警系统联动各应急照明集中电源和应急照明分配电装置实现工作状态的转换。
② 集中控制型系统的应急控制：
　ⓐ 应急照明控制器应能接收火灾自动报警系统的火灾报警信号或联动控制信号，并控制相应的消防应急灯具转入应急工作状态。
　ⓑ 自带电源集中控制型系统，应由应急照明控制器控制系统内的应急照明配电箱和相应的消防应急灯具及其他附件实现工作状态的转换。

2. 系统维护管理

(1) 月度检查要求

① 每月检查消防应急灯具，如果发出故障信号或不能转入应急工作状态，应及时检查电池电压。

② 每月检查应急照明集中电源和应急照明控制器的状态。

(2) 季度检查要求

每季度检查和试验系统的下列功能：

① 检查消防应急灯具、应急照明集中电源和应急照明控制器的指示状态；

② 检查应急工作时间；

③ 检查转入应急工作状态的控制功能。

(3) 年度检查要求

每年检查和试验系统的下列功能：

① 除季度检查内容外，还应对电池做容量检测试验。

② 试验应急功能。试验自动和手动应急功能，进行与火灾自动报警系统的联动试验。

习题 1 集中电源集中控制型消防应急照明和疏散指示系统不包括（　　）。
A. 分配电装置 B. 应急照明控制器
C. 输入模块 D. 疏散指示灯具

【答案】C

习题 2 某地铁地下车站，消防应急照明和疏散指示系统由一台应急照明控制器、2 台应急照明配电箱和 50 只消防应急照明灯具组成。现有 3 只消防应急灯具损坏需要更换，更换消防应急灯具可选类型（　　）。
A. 自带电源集中控制型 B. 集中电源非集中控制型
C. 自带电源非集中控制型 D. 集中电源集中控制型

【答案】A

习题 3 某小型机场航站楼，消防应急照明和疏散指示系统由 1 台应急照明控制器、1 台应急照明集中电源、3 台应急照明分配电装置和 100 只消防应急灯具组成。当应急照明系统由正常工作状态转为应急状态时，发出应急转换控制信号，但消防应急灯具未正常点亮。据此，可以排除的故障原因是（　　）。
A. 应急照明控制器未向系统内应急照明集中电源发出联动控制信号
B. 消防应急灯具电池衰减无法保证灯具转入应急工作状态
C. 系统内应急照明集中电源未转入应急输出
D. 系统内应急照明分配电装置未转入应急输出

【答案】B

习题 4 对建筑进行防火检查时，应对建筑内设置的应急照明和疏散指示标志进行检查，下列关于公共建筑内安装应急照明灯具的说法中，错误的是（　　）。
A. 在侧面墙上顶部安装时其底部距地面不得低于 1.8m
B. 消防应急照明灯具应均匀布置
C. 在距地面 1m 以下墙面上安装时应采用嵌入式安装
D. 在侧面墙上顶部安装时其底部距地面不得低于 2m

【答案】A

习题 5 消防应急照明集中电源的应急输出回路中,不应连接的设备是（　　）。
A. 应急照明配电箱　　　　　　B. 应急照明分配电装置
C. 应急照明灯具　　　　　　　D. 应急标志灯具

【答案】A

习题 6 对一家大型医院安装的消防应急照明和疏散指示系统的安装质量进行检查。下列检查结果中,符合现行国家标准《建筑设计防火规范》（GB 50016—2014）的是（　　）。
A. 消防控制室内的应急照明灯使用插头连接在侧墙上部的插座上
B. 疏散走道的灯光疏散指示标志安装在距离地面 1.1m 的墙面上
C. 主要疏散走道的灯光疏散指示标志的安装距离为 30m
D. 门诊大厅,疏散走道的应急照明灯嵌入式安装在吊顶上

【答案】D

习题 7 下列检测消防应急灯具的应急工作时间方法中,错误的是（　　）。
A. 切断所有消防应急灯具的电源,巡视每台灯具的应急工作情况,发现灯具熄灭时,记录灯具的应急工作时间
B. 切断集中电源型消防应急灯具的主电源,使其中一个供电回路供电的所有灯具转入应急工作状态,巡视每台灯具的应急工作情况,发现灯具熄灭时,记录灯具的应急工作时间
C. 依次切断不同防火分区内所有的消防应急灯具的主电源,巡视每台灯具的应急工作情况,发现灯具熄灭时,记录灯具的应急工作时间
D. 切断集中电源型消防应急灯具的主电源,使所有灯具转入应急工作状态,观察任意一台灯具,发现该灯具熄灭时,记录灯具的应急工作时间

【答案】B

习题 8 对建筑内的消防应急照明和疏散指示系统应定期进行维护保养。根据现行国家标准《建筑消防设施的维护与管理》（GB 25201—2010）,下列检测内容中,不属于消防应急照明系统检测内容的是（　　）。
A. 切断正常供电,测试电源切换和应急照明电源充电、放电功能
B. 通过报警联动,测试非消防用电应急强制切断功能
C. 通过报警联动,检查应急照明系统自动转入应急工作状态的控制功能
D. 测试应急照明系统应急电源供电时间

【答案】B

第十二章　城市消防远程监控系统

知识点框架图

城市消防远程监控系统
- 系统组成【2017 单】
- 系统安装与调试
- 系统检测与维护

复习建议
1. 非重点章节；
2. 几乎不考，略看。

第一节　系统组成

城市消防远程监控系统：【2017 单】
由<u>用户信息传输装置、报警传输网络、监控中心以及火警信息终端</u>等几部分组成。

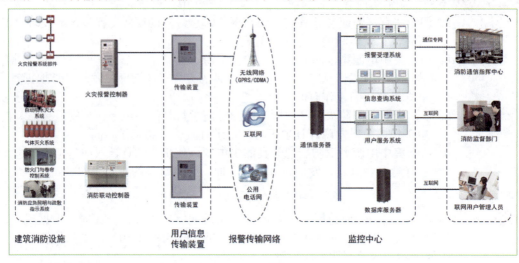

第二节　系统安装与调试

1. 系统调试

城市消防远程监控系统正式投入使用前，应对系统及系统组件进行调试。<u>系统在各项功能调试后进行试运行，试运行时间不少于 1 个月</u>。系统的设计文件和调试记录等文件要形成技术文档，存储备查。

2. 用户信息传输装置调试

① 手动报警功能，用户信息传输装置应能在 <u>10s 内</u>将手动报警信息传送至监控中心。传输期间，应发出手动报警状态光信号，该光信号应在信息传输成功后至少保持 <u>5min</u>。检查监控中心接收火灾报警信息的完整性。

② 模拟火灾报警（模拟建筑消防设施的各种状态），检查用户信息传输装置接收火灾报警信息的完整性，该传输装置应在 10s 内将信息传输至监控中心。在传输火灾报警信息期间，应发出指示火灾报警信息传输的光信号或信息提示。该光信号应在火灾报警信息传输成功或火灾自动报警系统复位后至少保持 <u>5min</u>。

③ 同时模拟火灾报警和建筑消防设施运行状态，检查监控中心接收信息的顺序是否体现<u>火警优先原则</u>。

第三节 系统检测与维护

城市消防远程监控系统竣工后,由建设单位负责组织相关单位进行工程检测,选择的测试联网用户数量为 5～10 个,检测不合格的工程不得投入使用。

1. 系统主要性能指标测试

① 连接 3 个联网用户,测试监控中心同时接收火灾报警信息的情况。
② 从用户信息传输装置获取火灾报警信息到监控中心接收显示的响应时间不大于 20s。
③ 监控中心向城市消防通信指挥中心或其他接处警中心转发经确认的火灾报警信息的时间不大于 3s。
④ 监控中心与用户信息传输装置之间能够动态设置巡检方式和时间,要求通信巡检周期不大于 2h。
⑤ 测试系统各设备的统一时钟管理情况,要求时钟累计误差不超过 5s。

2. 年度检查与维护保养

城市消防远程监控系统投入运行满 1 年后,每年度对下列内容进行检查:
① 每半年检查录音文件的保存情况,必要时清理保存周期超过 6 个月的录音文件;
② 每半年对通信服务器、报警受理系统、信息查询系统、用户服务系统、火警信息终端等组件进行检查、测试;
③ 每年检查系统运行及维护记录等文件是否完备;
④ 每年检查系统网络的安全性;
⑤ 每年检查监控系统日志并进行整理备份;
⑥ 每年检查数据库使用情况,必要时对硬盘存储记录进行整理;
⑦ 每年对监控中心的火灾报警信息、建筑消防设施运行状态信息等记录进行备份,必要时清理保存周期超过 1 年的备份信息。

> **习题** 各地在"智慧消防"建设过程中,积极推广应用城市消防远程监控系统。根据现行国家标准《城市消防远程监控系统技术规范》(GB 50440—2017),下列系统和装置中,属于城市消防远程监控系统构成部分的是( )。
> A. 火灾警报系统　　　　　　B. 火灾探测警报系统
> C. 消防联动控制系统　　　　D. 用户信息传输装置
>
> 【答案】D

第十三章 建筑灭火器配置

知识点框架图

建筑灭火器配置
- 灭火器的分类【2015 单】
- 灭火器的构造【2016、2017 单】
- 灭火器的灭火机理与适用范围【2017、2018 单】
- 灭火器的配置要求【2016—2018 单】
- 安装设置【2016—2018 单】
- 竣工验收【2015 单】【2016 多】
- 维护管理【2015—2017 单】【2015、2017、2018 多】

复习建议
1. 重点章节；
2. 知识点多，每年必考。

第一节 灭火器的分类

按其移动方式可分为	手提式和推车式	
按驱动灭火剂的动力来源	储气瓶式和储压式	
按所充装的灭火剂分为	水基型灭火器	清水灭火器
		水基型泡沫灭火器
		水基型水雾灭火器
	干粉灭火器	
	二氧化碳灭火器	
	洁净气体灭火器	
按灭火类型分为	A 类灭火器、B 类灭火器、C 类灭火器、D 类灭火器、E 类灭火器	

灭火器 M	手提式灭火器	S	手提式（水基型、干粉、二氧化碳、洁净气体）灭火器
	推车式灭火器	T	推车式（水基型、干粉、二氧化碳、洁净气体）灭火器
	简易式灭火器	J	简易式（水基型、干粉、氢氟烃类气体）灭火器
灭火剂 J	气体灭火剂	Q	二氧化碳、卤代烃、惰性气体灭火剂
	泡沫灭火剂	P	泡沫、A 类灭火剂
	干粉灭火剂	F	（BC、ABC、BC 超细、ABC 超细、D 类）干粉灭火剂
	水系灭火剂	S	水系、F 类灭火剂

【注释】

型号最后面的阿拉伯数字代表灭火剂质量或容积,一般单位为 kg 或 L,如"MF/ABC2"表示 2kg 的 ABC 干粉灭火器。【2015 单】

第二节 灭火器的构造

1. 手提式灭火器构造 【2017 单】

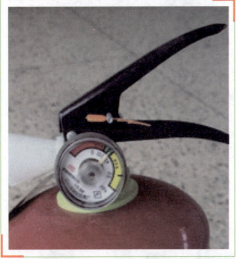
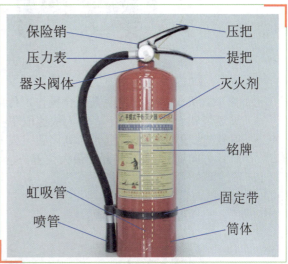

① 与其他手提式灭火器相比,二氧化碳灭火器的充装压力较大,取消了压力表,增加了安全阀。【2016 单】
② 判断二氧化碳灭火器是否失效一般采用称重法。
③ 标准要求二氧化碳灭火器每年至少检查一次,低于额定充装量的 95% 就应进行检修。
④ 使用时,不能将二氧化碳射流直接冲击可燃液面,以防止将可燃液体冲出容器而扩大火势,造成灭火困难。
⑤ 使用二氧化碳灭火器扑救电气火灾时,如果电压超过 600V,则应先断电后灭火。
⑥ 在室外使用的,应选择在上风方向喷射,使用时宜佩戴手套,不能直接用手抓住喇叭筒外壁或金属连接管,以防止手被冻伤。
⑦ 在室内狭小空间使用的,灭火后操作者应迅速离开,以防窒息。

2. 推车式灭火器构造

① 主要由灭火器筒体、阀门机构、喷管喷枪、车架、灭火剂、驱动气体（一般为氮气，与灭火剂一起密封在灭火器筒体内）、压力表及铭牌等组成。

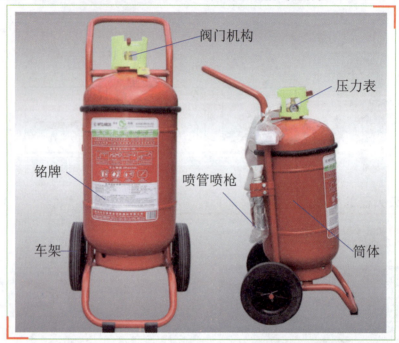

② 推车式灭火器一般由两人配合操作，使用时两人一起将灭火器推或拉到燃烧处，在离燃烧物 10m 左右停下，一人快速取下喷枪（二氧化碳灭火器为喇叭筒）并展开喷射软管，然后握住喷枪（二氧化碳灭火器为喇叭筒根部的手柄），另一人快速按逆时针方向旋动手轮，并开到最大位置。灭火方法和注意事项与手提式灭火器基本一致。

第三节 灭火器的灭火机理与适用范围

1. 灭火器的适用范围 【2017、2018 单】

A 类火灾 （固体物质火灾）	适用	水基型、泡沫、ABC 干粉灭火器
	不适用	二氧化碳、BC 干粉灭火器
B 类火灾 （液体或可熔化的 固体物质火灾）	适用	泡沫、BC 类或 ABC 类干粉、洁净气体、二氧化碳灭火器
	不适用	水基型灭火器（一般情况）
C 类火灾 （气体火灾）	适用	BC 类或 ABC 类干粉、洁净气体、二氧化碳灭火器
	不适用	泡沫、水基型灭火器
D 类火灾（金属火灾）		采用金属火灾专用灭火器
		也可用干砂、土或铸铁屑粉末代替进行灭火
E 类火灾（带电火灾）	适用	二氧化碳（不得选用装有金属喇叭筒的）灭火器
		洁净气体、干粉灭火器
	不适用	水基型灭火器
F 类火灾 （烹饪器具内的烹 饪物火灾）		一般可选用 BC 类干粉灭火器、水基型（水雾、泡沫）灭火器扑救
		二氧化碳灭火器扑救，容易复燃
		ABC 类干粉灭火器对 F 类火灾灭火效果不佳

2. 灭火器配置场所的危险等级

（1）工业建筑

危险等级 配置场所	严重危险级	中危险级	轻危险级
厂房	甲、乙类物品生产场所	丙类物品生产场所	丁、戊类物品生产场所
库房	甲、乙类物品储存场所	丙类物品储存场所	丁、戊类物品储存场所

(2) 民用建筑

民用建筑灭火器配置场所的危险等级举例

严重危险级	中危险级
① 县级及以上的文物保护单位、档案馆、博物馆的库房、展览室、阅览室	县级以下
② 设备贵重或可燃物多的实验室	一般
③ 广播电台、电视台的演播室、道具间和发射塔楼	会议室、资料室
④ 专用电子计算机房	设有集中空调、电子计算机、复印机等设备的办公室
⑤ 城镇及以上的邮政信函和包裹分拣房、邮袋库、通信枢纽及其电信机房	城镇以下
⑥ 客房数在50间以上的旅馆、饭店的公共活动用房、多功能厅、厨房	50间以下
⑦ 体育场（馆）、电影院、剧院、会堂、礼堂的舞台及后台部位	观众厅
⑧ 住院床位在50张以上的医院手术室、理疗室、透视室、心电图室、药房、住院部、门诊部、病历室	50张以下
⑨ 建筑面积在2000m² 及以上的图书馆、展览馆的珍藏室、阅览室、书库、展览厅	2000m² 以下
⑩ 民用机场的候机厅、安检厅及空管中心、雷达机房	检票厅、行李厅
⑪ 超高层建筑和一类高层建筑的写字楼、公寓楼	二类高层建筑的写字楼、公寓楼
⑫ 电影、电视摄影棚	高级住宅、别墅
⑬ 建筑面积在1000m² 及以上的经营易燃易爆化学物品的商场、商店的库房及铺面	1000m² 以下
⑭ 建筑面积在200m² 及以上的公共娱乐场所	200m² 以下
⑮ 老人住宿床位在50张以上的养老院	50张以下

续表

严重危险级	中危险级
⑯ 幼儿住宿床位在 50 张以上的托儿所、幼儿园	50 张以下
⑰ 学生住宿床位在 100 张以上的学校集体宿舍	100 张以下
⑱ 县级及以上的党政机关办公大楼的会议室	县级以下
⑲ 建筑面积在 500m² 及以上的车站和码头的候车(船)室、行李房	500m² 以下
⑳ 城市地下铁道、地下观光隧道	学校教室、教研室
㉑ 汽车加油站、加气站	民用燃油、燃气锅炉房
㉒ 机动车交易市场(包括旧机动车交易市场)及其展销厅	百货楼、超市、综合商场的库房、铺面
㉓ 民用液化气、天然气灌装站、换瓶站、调压站	民用的油浸变压器室和高、低压配电室

危险等级	举 例
轻危险级	①日常用品小卖店及经营难燃烧或非燃烧的建筑装饰材料商店
	②未设集中空调、电子计算机、复印机等设备的普通办公室
	③旅馆、饭店的客房
	④普通住宅
	⑤各类建筑物中以难燃烧或非燃烧的建筑构件分隔的并主要存储难燃烧或非燃烧材料的辅助房间

第四节 灭火器的配置要求

1. 灭火器的基本参数

灭火器的灭火级别,表示灭火器能够扑灭不同种类火灾的效能,由表示灭火效能的数字和灭火种类的字母组成,如 MF ABC1 灭火器对 A、B 类火灾的灭火级别分别为 1A 和 21B。对于建设工程灭火器配置,灭火器的灭火类别和灭火级别是主要参数。

2. 灭火器的配置

(1) 灭火器配置场所计算单元的划分

① 计算单元划分

- ⓐ 灭火器配置场所的危险等级和火灾种类均相同的相邻场所,可将一个楼层或一个防火分区作为一个计算单元。
- ⓑ 灭火器配置场所的危险等级或火灾种类不相同的场所,应分别作为一个计算单元。
- ⓒ 同一计算单元不得跨越防火分区和楼层。

② 计算单元保护面积（S）的计算
　　ⓐ 建筑物应按其建筑面积进行计算。
　　ⓑ 可燃物露天堆场，甲、乙、丙类液体储罐区，可燃气体储罐区按堆垛和储罐的占地面积进行计算。

(2) 计算单元的最小需配灭火级别的计算 【2016、2018 单】

$$Q = K \frac{S}{U}$$

式中 Q——计算单元的最小需配置灭火级别（A 或 B）；
　　 S——计算单元的保护面积（m²）；
　　 U——A 类或 B 类火灾场所单位灭火级别最大保护面积（m²/A 或 m²/B）；
　　 K——修正系数。

① A 类火灾场所灭火器的最低配置基准如下表：

危险等级	严重危险级	中危险级	轻危险级
单具灭火器最小配置灭火级别	3A	2A	1A
单位灭火级别最大保护面积/（m²/A）	50	75	100

② B、C 类火灾场所灭火器的最低配置基准如下表：

危险等级	严重危险级	中危险级	轻危险级
单具灭火器最小配置灭火级别	89B	55B	21B
单位灭火级别最大保护面积/（m²/B）	0.5	1.0	1.5

③ 修正系数如下表： 【2017 单】

计算单元的减压阀设置	K
未设室内消火栓系统和灭火系统	1.0
设有室内消火栓系统	0.9
设有灭火系统	0.7
设有室内消火栓系统和灭火系统	0.5
可燃物露天堆场甲、乙、丙类液体储罐区可燃气体储罐区	0.3

【注】

歌舞娱乐放映游艺场所、网吧、商场、寺庙以及地下场所等的计算单元的最小需配灭火级别应在计算结果的基础上增加 30%。

(3) 灭火器设置点的确定 【2016、2018 单】
应保证最不利点至少在 1 具灭火器的保护范围内。

① A 类火灾场所的灭火器最大保护距离应符合下表： （单位：m）

危险等级 \ 灭火器类型	手提式灭火器	推车式灭火器
严重危险级	15	30
中危险级	20	40
轻危险级	25	50

② 计算单元中每个灭火器设置点的最小需配灭火级别计算如下：

$Qe = \dfrac{Q}{N}$ 式中 Qe——计算单元中每个灭火器设置点的最小需配灭火级别（A 或 B）；
N——计算单元中的灭火器设置点数（个）。

③ 灭火器配置场所的配置设计计算如下：
一个计算单元内的灭火器数量不应少于 2 具，每个设置点的灭火器数量不宜多于 5 具。

习题 1 某场所配置的灭火器型号为"MF/ABC10"。下列对该灭火器类型、规格的说明中，正确的是（　　）。
A. 该灭火器是 10kg 手提式（磷酸铵盐）干粉灭火器
B. 该灭火器是 10kg 推车式（磷酸铵盐）干粉灭火器
C. 该灭火器是 10L 手提式（碳酸氢钠）干粉灭火器
D. 该灭火器是 10L 手提式（磷酸铵盐）干粉灭火器
【答案】A

习题 2 灭火器组件不包括（　　）。
A. 筒体、阀门　　　　　　B. 压力开关
C. 压力表、保险销　　　　D. 虹吸管、密封阀
【答案】B

习题 3 与其他手提式灭火器相比，手提式二氧化碳灭火器的结构特点是（　　）。
A. 取消了压力表，增加虹吸管　　B. 取消了安全阀，增加了虹吸管
C. 取消了安全阀，增加了压力表　　D. 取消了压力表，增加了安全阀
【答案】D

习题 4 下列场所灭火器配置方案中，错误的是（　　）。
A. 商场女装库房配置水型灭火器
B. 碱金属（钾、钠）库房配置水型灭火器
C. 食用油库房配置泡沫灭火器
D. 液化石油气罐瓶间配置干粉灭火器
【答案】B

习题 5 某综合楼的变配电室拟配置灭火器，该配电室应配置的灭火器是（　　）。
A. 水基型灭火器　　　　　B. 磷酸铵盐干粉灭火器
C. 泡沫灭火器　　　　　　D. 装有金属喇叭筒的二氧化碳灭火器
【答案】B

习题6 关于灭火器配置计算修正系数的说法，错误的是（　　）。
A. 同时设置室内消火栓系统、灭火系统和火灾自动报警系统时，修正系数为0.3
B. 仅设置室内消火栓系统时，修正系为0.9
C. 仅设有灭火系统时，修正系为0.7
D. 同时设置室内消火栓系统和灭火系统时，修正系为0.5

【答案】A

习题7 某二级耐火等级的3层养老院，老人住宿床位数80张，总建筑面积为4000m²，设置了室内外消火栓系统、自动喷水灭火系统、火灾自动报警系统等，下列关于该场所配置手提式灭火器的说法中，正确的是（　　）。
A. 单具灭火器的最低配置基准应为3A，最大保护距离应为15m
B. 单具灭火器的最低配置基准应为5A，最大保护距离应为15m
C. 单具灭火器的最低配置基准应为3A，最大保护距离应为20m
D. 单具灭火器的最低配置基准应为5A，最大保护距离应为20m

【答案】A

习题8 根据现行国家标准《建筑灭火器配置设计规范》（GB 50140—2005），下列建筑灭火器的配置方案中，正确的是（　　）。
A. 某电子游戏厅，建筑面积150 m²，配置2具MF/ABC4型手提式灭火器
B. 某办公楼，将1间计算机房和5间办公室作为一个计算单元配置灭火器
C. 某酒店建筑首层的门厅与二层相通，两层按照一个计算单元配置灭火器
D. 某高校教室，配置的MF/ABC3型手提式灭火器，最大保护距离为25m

【答案】A

习题9 某服装加工厂，共4层，建筑高度为23m，呈矩形布置，长40m，宽25m，设有室内消火栓系统和自动喷水灭火系统，该服装加工厂拟配置MF/ABC3型手提式灭火器，每层配置的灭火器数量至少应为（　　）。

A类火灾场所灭火器的最低配置基准

危险等级	严重危险级	中危险级	轻危险级
单具灭火器最小配置灭火级别	3A	2A	1A
单位灭火级别最大保护面积（m²/A）	50	75	100

A. 6具　　　　　　　　　　B. 5具
C. 4具　　　　　　　　　　D. 3具

【答案】C

第五节 安装设置

1. 灭火器及灭火器箱现场检查

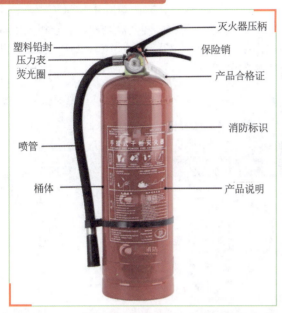

(1) 箱体结构及箱门（盖）开启性能检查

符合下列要求的，灭火器箱体结构及箱门性能检查判定为合格：

① 翻盖式灭火器箱正面的上挡板在箱盖打开后能够翻转下落。
② 开门式灭火器箱箱门设有箱门关紧装置，且无锁具。
③ 灭火器箱箱门、箱盖开启操作轻便灵活，无卡阻。
④ 经测力计实测检查，开启力不大于50N；箱门开启角度不小于175°，箱盖开启角度不小于100°。

> 关于"箱门开启角度"，《建筑灭火器配置验收及检查规范》（GB 50444—2008） 3.2.3 中为"不小于175°"，《灭火器箱》（GA139—2009） 5.4.3 为"160°"。

(2) 灭火器及其附件现场质量检查

① 外观标志检查的合格判定标准：　　　　【2018 单】

　　ⓐ 灭火器上的发光标志，无明显缺陷和损伤，能够在黑暗中显示灭火器位置。

　　ⓑ 灭火器认证标志、铭牌的主要内容齐全，包括：灭火器名称、型号和灭火剂种类，灭火级别和灭火种类，使用温度，驱动气体名称和数量（压力），制造企业名称，使用方法，再充装说明和日常维护说明等。

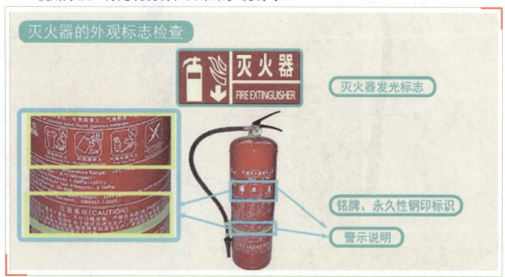

　　ⓒ 灭火器底圈或者颈圈等不受压位置的水压试验压力和生产日期等永久性钢印标志、钢印打制的生产连续序号等清晰。　　　　【2018 单】

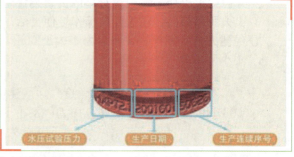

　　ⓓ 灭火器压力指示器表盘有灭火剂适用标识（如，干粉灭火剂用"F"表示，水基型灭火剂用"S"表示，洁净气体灭火剂用"J"表示等）；指示器红区、黄区范围分别标有"再充装"、"超充装"的字样。

　　ⓔ 推车式灭火器采用旋转式喷射枪的，其枪体上标注有指示开启方法的永久性标识。

② 结构检查合格判定标准:

ⓐ 除二氧化碳灭火器以外的贮压式灭火器装有压力指示器。经检查,压力指示器的种类与灭火器种类相符,其指针在绿色区域范围内;压力指示器20℃时显示的工作压力值与灭火器标志上标注的20℃的充装压力相同。

ⓑ 二氧化碳灭火器的阀门能够手动开启、自动关闭,其器头设有超压保护装置,保护装置完好有效。

ⓒ 3kg(L)以上充装量的配有喷射软管,经钢卷尺测量,手提式灭火器喷射软管的长度(不包括软管两端的接头)不得小于400mm,推车式灭火器喷射软管的长度(不包括软管两端的接头和喷射枪)不得小于4m。【2017 单】

ⓓ 手提式灭火器装有间歇喷射机构。除二氧化碳灭火器以外的推车式灭火器的喷射软管前端,装有可间歇喷射的喷射枪,设有喷射枪夹持装置,灭火器推行时喷射枪不脱落。

ⓔ 推车式灭火器的行驶结构完好,有足够的通过性能,推行时无卡阻;经直尺实际测量,灭火器整体(轮子除外)最低位置与地面之间的间距不小于100mm。

2. 灭火器安装设置

(1) 灭火器及其指示标志安装设置要求

① 安装灭火器时,要将灭火器铭牌朝外,器头向上;
② 灭火器设置点的环境温度不得超出灭火器使用温度范围。

(2) 手提式灭火器安装设置要求

① 灭火器箱的安装:

ⓐ 灭火器箱不得被遮挡、上锁或者拴系。

ⓑ 灭火器箱箱门开启方便灵活,开启后不得阻挡人员安全疏散。开门型灭火器箱的箱门开启角度不得小于175°。

灭火器箱

手提式灭火器(铭牌朝外)

ⓒ 嵌墙式灭火器箱的安装高度,按照手提式灭火器顶部与地面距离不大于1.50m,底部与地面距离不小于0.08m 的要求确定。
【2016 单】

② 灭火器挂钩、托架等附件安装：
  ⓐ 挂钩、托架安装后，能够承受 5 倍的手提式灭火器（当 5 倍的手提式灭火器质量小于 45kg 时，按 45kg 计）的静载荷，承载 5min 后，不出现松动、脱落、断裂和明显变形等现象。
  ⓑ 挂钩、托架按照下列要求安装：
    ★ 保证可用徒手的方式便捷地取用设置在挂钩、托架上的手提式灭火器。
    ★ 2 具及 2 具以上手提式灭火器相邻设置在挂钩、托架上时，可任取其中 1 具。
    ★ 挂钩、托架的安装高度满足手提式灭火器顶部与地面距离不大于 1.50m，底部与地面距离不小于 0.08m 的要求。

第六节 竣工验收

1. 灭火器配置验收合格判定标准

① 配置单元内的灭火器类型、规格、灭火级别和配置数量符合消防设计审核、备案检查合格的消防设计文件要求。
② 每个配置单元内灭火器数量不少于 2 具，每个设置点灭火器不多于 5 具；住宅楼每层公共部位建筑面积超过 100㎡ 的，配置 1 具 1A 的手提式灭火器；每增加 100㎡，增配 1 具 1A 的手提式灭火器。
③ 经核对，同一配置单元配置的不同类型灭火器，其灭火剂类型属于能相容的灭火剂。

2. 建筑灭火器配置验收判定标准

① 项目缺陷划分为：严重缺陷项（A）、重缺陷项（B）和轻缺陷项（C）。
② 灭火器配置验收的合格判定条件为：A=0，且 B≤1，且 B+C≤4；否则，验收评定为不合格。

建筑灭火器安装设置验收报告　【2015 单】【2016 多】

序号	序号	缺陷项级别
1	灭火器的类型、规格、灭火级别和配置数量符合建筑灭火器配置要求	严重（A）
2	灭火器的产品质量符合国家有关产品标准的要求	严重（A）
3	同一灭火器配置单元内的不同类型灭火器，其灭火剂能相容	严重（A）
4	灭火器的保护距离符合规定，保证配置场所的任一点都在灭火器设置点的保护范围内	严重（A）

第三篇 建筑消防设施

【补充】手提式灭火器类型、规格和灭火级别 【2016 多】

灭火器类型	灭火剂充装量（规格）		灭火器类型规格代码（型号）	灭火级别	
	L	kg		A 类	B 类
干粉（磷酸铵盐）	—	1	MF/ABC1	1A	21B
	—	2	MF/ABC2	1A	21B
	—	3	MF/ABC3	2A	34B
	—	4	MF/ABC4	2A	55B
	—	5	MF/ABC5	3A	89B
	—	6	MF/ABC6	3A	89B
	—	8	MF/ABC8	4A	144B
	—	10	MF/ABC10	6A	144B

习题 1 下列检查项目中，不属于推车式干粉灭火器进场检查项目的是（ ）。
A. 间歇喷射机构　　　　　　　B. 筒体
C. 灭火器结构　　　　　　　　D. 行驶机构

【答案】A

习题 2 某消防工程施工单位对进场的一批手提式二氧化碳灭火器进行现场检查，根据现行国家标准《建筑灭火器配置验收及检查规范》（GB 50444—2008），（ ）不符合该灭火器的进场检查项目。
A. 市场准入证明　　　　　　　B. 压力表指针位置
C. 筒体机械损伤　　　　　　　D. 永久性钢印标识

【答案】B

习题 3 在对建筑灭火器进行防火检查时，应注意检查灭火器箱与地面的距离，根据现行国家消防技术标准，灭火器箱底部距地面的高度不应小于（ ）cm。
A. 8　　　　　　　　　　　　B. 5
C. 10　　　　　　　　　　　　D. 15

【答案】A

习题 4 建筑灭火器配置缺陷项分为三类，分别为严重（A）、重（B）、轻（C）。下列灭火器装置中，属于严重缺陷项的有（ ）。
A. 堆场上露天设置 MFT/ABC20 灭火器
B. 柴油发电机房设置 1 具磷酸铵盐灭火器及 1 具碳酸氢钠灭火器
C. 建筑地下室灭火器被锁在灭火器箱中
D. 普通住宅内配置的灭火器未取得 3C 认证证书
E. 民用机场候机厅配置的灭火器型号为 MF/ABC4

【答案】BDE

习题5　对在同一配置单元内设置有两种类型的灭火器的场所进行验收检查时,下列检查结论中正确的是(　　)。
A. 核查灭火器的类型、数量、规格、灭火级别均符合设计要求,而且两种灭火剂的充装量相等,判定灭火器的配置合格
B. 核查灭火器的类型、数量、规格、灭火级别均符合设计要求,而且两种灭火剂的类型不相容,判定灭火器的配置合格
C. 核查灭火器的类型、数量、规格、灭火级别均符合设计要求,而且两种灭火剂的类型相容,判定灭火器的配置合格
D. 核查灭火器的类型、数量、规格、灭火级别均符合设计要求,但两种灭火剂的充装量不相等,判定灭火器的配置不合格

【答案】C

第七节　维护管理

1. 灭火器日常管理

(1) 巡查

① 巡查周期
重点单位每天至少巡查1次,其他单位每周至少巡查1次。

② 巡查要求

ⓐ 灭火器配置点符合安装配置图表要求,配置点及其灭火器箱上有符合规定要求的发光指示标识。

ⓑ 灭火器数量符合配置安装要求,**灭火器压力指示器指向绿区**。

ⓒ 灭火器外观无明显损伤和缺陷,**保险装置的铅封(塑料带、线封)完好无损**。

ⓓ 经维修的灭火器,维修标识符合规定。

(2) 检查周期　【2016 单】【2018 多】

灭火器的配置、外观等全面检查每月进行1次,候车(机、船)室、歌舞娱乐放映游艺等人员密集的公共场所以及堆场、罐区、石油化工装置区、加油站、锅炉房、地下室等场所配置的灭火器每半月检查一次。

2. 灭火器维修与报废

(1) 灭火器送修

① 报修条件及维修年限:【2018 单】【2015 多】
日常管理中,发现灭火器使用达到维修年限,或者灭火器存在机械损伤、明显锈蚀、灭火剂泄漏、被开启使用过、压力指示器指向红区等问题,或者符合其他报修条件的,建筑(场所)使用管理单位应按照规定程序予以送修。

② 使用达到下列规定年限的灭火器,建筑使用管理单位需要**分批次**向灭火器维修企业送修。

ⓐ 手提式、推车式水基型灭火器出厂期满3年,首次维修以后每满1年。

ⓑ 手提式、推车式干粉灭火器、洁净气体灭火器、二氧化碳灭火器出厂期满5年;首次维修以后每满2年。

③ 送修灭火器时，一次送修数量不得超过计算单元配置灭火器总数量的1/4。【2018 单】超出时，需要选择相同类型、相同操作方法的灭火器替代，且其灭火级别不得小于原配置灭火器的灭火级别。

④ 维修标识：每具灭火器维修后，经维修出厂检验合格后，维修机构在灭火器筒体或者气瓶上粘贴维修标识，即灭火器维修合格证。建筑（场所）使用管理单位根据维修合格证的信息对灭火器进行定期送修和报废更换。

（2）灭火器维修

灭火器维修按照拆卸灭火器、灭火剂回收处理、水压试验、更换零部件、再充装、维修记录等步骤逐步进行。

① 拆卸灭火器：

灭火器拆卸过程中，维修人员要按照操作规程，采用安全的拆卸方法，采取必要的安全防护措施拆卸灭火器；在确认灭火器内部无压力后，方可拆卸灭火器器头或者阀门。

② 灭火剂回收处理：

灭火器拆卸后，首先要对灭火器内的灭火剂进行清除；为防止灭火剂对环境造成污染，要对维修中清除出的灭火剂进行分类回收处理。

③ 水压试验：

ⓐ 试验压力。按照灭火器铭牌标志上规定的水压试验压力进行水压试验。

ⓑ 试验要求。
水压试验时，不得有泄漏、部件脱落、破裂、可见的外观变形；
二氧化碳灭火器气瓶的残余变形率不得大于 3%。

④ 更换零部件：

ⓐ 经对灭火器零部件检查和水压试验后，维修机构对具有缺陷需要更换的零部件进行更换，但不得更换灭火器筒体或者气瓶。

ⓑ 灭火器的密封片、密封圈、密封垫等密封零件，水基型灭火剂，二氧化碳灭火器的超压安全膜片等零部件，每次维修均须更换。【2017 单】

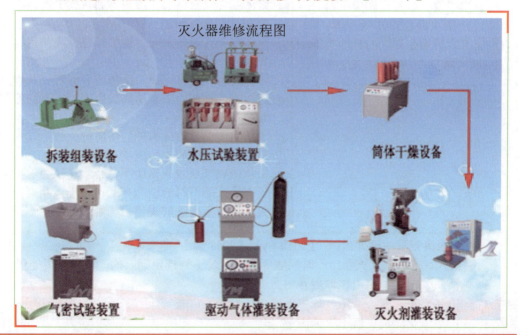

灭火器维修流程图

⑤ 再充装：
- ⓐ 再充装前，对经水压试验合格、未更换的零部件进行清洁干燥处理。
- ⓑ 再充装的灭火剂要与原灭火器生产企业提供的灭火剂的特性保持一致。灭火剂质量检验合格后，方可进行再充装。
- ⓒ 灭火剂的充装采用专用灌装设备。
- ⓓ ABC 干粉、BC 干粉灌装设备分别独立使用，充装场地完全独立分隔，以确保不同种类干粉不相互混合、不交叉污染。
- ⓔ 充气时，根据充装的环境温度调整充装气体压力，驱动气体充压不得采用灭火器压力指示器作计量器具。
- ⓕ 灭火器的驱动气体储气瓶按照原灭火器生产企业的要求进行再充装，或者采用由原生产企业提供的已充装的储气瓶进行更换。
- ⓖ 再充装后的储压式灭火器、储气瓶要逐具进行气密性试验，气密性试验过程中不得有气泡泄漏现象，并做好试验记录。

(3) 灭火器报废与回收处置

灭火器报废分为四种情形：
一是列入国家颁布的淘汰目录的灭火器；
二是达到报废年限的灭火器；
三是使用中出现或者检查中发现存在严重损伤或者重大缺陷的灭火器；
四是维修时发现存在严重损伤、重大缺陷的灭火器。

① 列入国家颁布的淘汰目录的灭火器：【2017 多】

列入国家颁布的淘汰目录的灭火器	存在严重损伤、缺陷的灭火器
ⓐ 酸碱型灭火器； ⓑ 化学泡沫型灭火器； ⓒ 倒置使用型灭火器； ⓓ 氯溴甲烷、四氯化碳灭火器； ⓔ 1211 灭火器、1301 灭火器； ⓕ 国家政策明令淘汰的其他类型灭火器	ⓐ 永久性标志模糊，无法识别； ⓑ 筒体或者气瓶被火烧过； ⓒ 筒体或者气瓶有严重变形； ⓓ 筒体或者气瓶外部涂层脱落面积大于筒体或者气瓶总面积的三分之一； ⓔ 筒体或者气瓶外表面、连接部位、底座有腐蚀的凹坑； ⓕ 筒体或者气瓶有锡焊、铜焊或补缀等修补痕迹； ⓖ 筒体或者气瓶内部有锈屑或内表面有腐蚀的凹坑； ⓗ 水基型灭火器筒体内部的防腐层失效； ⓘ 筒体或者气瓶的连接螺纹有损伤； ⓙ 筒体或者气瓶水压试验不符合水压试验的要求； ⓚ 灭火器产品不符合消防产品市场准入制度； ⓛ 灭火器由不合法的维修机构维修的

② 达到报废年限的灭火器：【2015 单】【2017 多】
手提式、推车式灭火器出厂时间达到或者超过下列规定期限的，予以报废处理：
- ⓐ 水基型灭火器出厂期满 6 年。
- ⓑ 干粉灭火器、洁净气体灭火器出厂期满 10 年。
- ⓒ 二氧化碳灭火器出厂期满 12 年。

第三篇 建筑消防设施

习题 1 某消防技术服务机构的检测人员对一大型商业综合体设置的各类灭火器进行检查,根据现行国家标准《建筑灭火器配置验收及检查规范》(GB 50444—2008)的要求,下列关于灭火器的检查结论,正确的是( )。
A. 每个月对顶层办公区域配置的灭火器进行一次检查,符合要求
B. 每个月对商场部分配置的灭火器进行一次检查,符合要求
C. 每个月对地下室配置的灭火器进行一次检查,符合要求
D. 每个月对锅炉房配置的灭火器进行一次检查,符合要求

【答案】A

习题 2 灭火器日常检查中,发现灭火器达到维修条件或维修期限时,建筑使用管理单位应及时按照规定程序送修。( )的灭火器应及时送修。
A. 未曾使用过但出厂期刚满 2 年   B. 机械损伤
C. 筒体明显锈腐蚀   D. 灭火剂泄漏
E. 再次维修以后刚满 2 年

【答案】BCD

习题 3 某幼儿园共配置了 20 具 4kg 磷酸铵盐干粉灭火器,委托某消防技术服务机构进行检查维护,经检查有 8 具灭火器需送修。该幼儿园无备用灭火器,根据现行国家标准《建筑灭火器配置验收及检查规范》(GB 50444—2008),幼儿园一次送修的灭火器数量最多为( )。
A. 8 具   B. 6 具
C. 5 具   D. 7 具

【答案】C

习题 4 根据现行国家行业标准《灭火器维修》GA95,下列零部件和灭火剂中,无需在每次维修灭火器时都更换的是( )。
A. 密封垫   B. 二氧化碳灭火器的超压安全膜片
C. 水基型灭火器的滤网   D. 水基型灭火剂

【答案】C

习题 5 某消防技术服务机构对某歌舞厅的灭火器进行日常检查维护。该消防技术服务机构的下列检查维护工作中,符合现行国家标准要求的有( )。
A. 每半月对灭火器的零部件完整性开展检查并记录
B. 将筒体严重锈蚀的灭火器送至专业维修单位维修
C. 每半月对灭火器的驱动气体压力开展检查并记录
D. 将筒体明显锈蚀的灭火器送至该灭火器的生产企业维修
E. 将灭火剂泄漏的灭火器送至该灭火器的生产企业维修

【答案】ACDE

习题 6 灭火器使用一定年限后,对符合报废条件、报废年限的灭火器,建筑使用管理单位应及时采购符合要求的灭火器进行等效更换。下列灭火器中,正常情况下出厂时间已满 10 年但不满 12 年可不报废的是( )。
A. 二氧化碳灭火器   B. 水基型灭火器
C. 洁净气体灭火器   D. 干粉灭火器

【答案】A

习题 7 根据现行国家标准《建筑灭火器配置验收及检查规范》（GB 50444—2008），下列灭火器中，应报废的有（　　）。
A. 筒体表面有凹坑的灭火器
B. 出厂期满 2 年首次维修后，4 年内又维修 2 次的干粉灭火器
C. 出厂满 10 年的二氧化碳灭火器
D. 无间歇喷射机构的手提式灭火器
E. 筒体为平底的灭火器

【答案】ADE

第十四章 消防供配电

知识点框架图

消防供配电
- 消防用电及负荷等级【2015—2018 单】
- 消防电源供配电系统【2015—2018 单】
- 电气防火要求及技术措施【2015、2016、2018 单】【2015 多】

复习建议
1. 重点章节；
2. 知识点虽然不多，但每年必考。

第一节　消防用电及负荷等级

1. 消防用电

消防电源是指在火灾时能保证消防用电设备继续正常运行的<u>独立</u>电源。

2. 消防用电的负荷等级

基本概念

消防用电负荷指消防用电设备根据供电可靠性及中断供电所造成的损失或影响的程度，分为：<u>一级负荷、二级负荷及三级负荷</u>。

（1）一级负荷

① 一级负荷适用的场所，下列场所的消防用电应按一级负荷供电：【2016—2018 单】
　ⓐ 建筑高度大于 50m 的乙、丙类生产厂房和丙类物品库房。
　ⓑ 一类高层民用建筑。
　ⓒ 一级大型石油化工厂、大型钢铁联合企业、大型物资仓库等。

② 一级负荷的电源供电方式，一级负荷应由两个电源供电，且两个电源要符合下列条件：
　ⓐ 当一个电源发生故障时，另一个电源不应同时受到破坏。
　ⓑ 一级负荷中特别重要的负荷，除由两个电源供电外，还应增设应急电源，并严禁将其他负荷接入应急供电系统。应急电源可以是独立于正常电源的发电机组、供电网中独立于正常电源的专用的馈电线路、蓄电池或干电池。

③ 结合消防用电设备的特点，以下供电方式可视为一级负荷供电：【2016 单】
　ⓐ 电源来自两个不同的发电厂。
　ⓑ 电源来自两个区域变电站（电压在 35kV 及以上）。
　ⓒ 电源来自一个区域变电站，同时另设一台自备发电机组。

（2）二级负荷

① 二级负荷适用的场所，下列建筑物、储罐（区）和堆场的消防用电应按二级负荷供电：
  ⓐ 室外消防用水量大于 30L/s 的厂房（仓库）。
  ⓑ 室外消防用水量大于 35L/s 的可燃材料堆场、可燃气体储罐（区）和甲、乙类液体储罐（区）。
  ⓒ 粮食仓库及粮食筒仓。
  ⓓ 二类高层民用建筑。
  ⓔ 座位数超过 1500 个的电影院、剧场，座位数超过 3000 个的体育馆，任一层建筑面积大于 3000m² 的商店和展览建筑，省（市）级及以上的广播电视、电信和财贸金融建筑，室外消防用水量大于 25L/s 的其他公共建筑。

② 二级负荷的电源供电方式。二级负荷的电源供电方式可以根据负荷容量及重要性进行选择：
  ⓐ 二级负荷的供电系统要尽可能采用两回线路供电。
  ⓑ 在负荷较小或地区供电条件较困难的条件下，允许有一回路 6kV 以上专线架空线或电缆供电。当采用架空线时，可为一回路架空线供电；当用电缆线路供电时，由于电缆发生故障恢复时间和故障点排查时间长，故应采用两个电缆组成的线路供电，且每个电缆均应能承受 100％ 的二级负荷。

（3）三级负荷

三级消防用电设备采用专用的单回路电源供电，并在其配电设备设有明显标志。其配电线路和控制回路应按照防火分区进行划分。

注意：消防控制室、消防水泵、消防电梯、防烟排烟风机等的供电，要在最末一级配电箱处设置自动切换装置。切换部位是指各自的最末一级配电箱，如消防水泵应在消防水泵房的配电箱处切换、消防电梯应在电梯机房配电箱处切换。

3. 消防用电设备供电线路的敷设

① 当采用矿物绝缘电缆时，可直接采用明敷设或在吊顶内敷设。
② 当采用难燃性电缆或有机绝缘耐火电缆时，在电气竖井内或电缆沟内敷设可不穿导管保护，但应采取与非消防用电电缆隔离的措施。
③ 采用明敷设、吊顶内敷设或架空地板内敷设时，要穿金属导管或封闭式金属线槽保护，所穿金属导管或封闭式金属线槽要采用涂防火涂料等防火保护措施。
④ 当线路暗敷设时，要穿金属导管或难燃性刚性塑料导管保护，并要敷设在不燃烧结构内，保护层厚度不要小于 30mm。

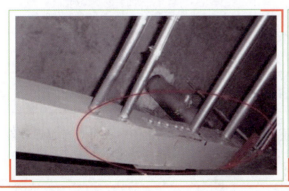

第二节 消防电源供配电系统

1. 消防负荷的电源设计

① 消防电源要在变压器的低压出线端设置单独的主断路器,不能与非消防负荷共用同一路进线断路器和同一低压母线段。
② 消防电源应独立设置,即从建筑物变电所低压侧封闭母线处或进线柜处就将消防电源分出而各自成独立系统。
③ 如果建筑物为低压电缆进线,则从进线隔离电器下端将消防电源分开,从而确保消防电源相对建筑物而言是独立的,提高了消防负荷供电的可靠性。

2. 消防备用的电源设计 【2015、2017 单】

① 当消防电源由自备应急发电机组提供备用电源时,消防用电负荷为一级或二级的要设置自动和手动启动装置,并在 30s 内供电。
② 工作电源与应急电源之间要采用自动切换方式,同时按照负载容量由大到小的原则依次启动。电动机类负载启动间隔宜在 10～20s 之间。

3. 配电设计 【2015、2016、2018 单】

① 消防水泵、喷淋水泵、水幕泵和消防电梯要由变配电站或主配电室直接出线,采用放射式供电。
② 防排烟风机、防火卷帘以及疏散照明可采用放射式或树干式供电。
③ 消防水泵、防排烟风机及消防电梯的两路低压电源应能在设备机房内自动切换,其他消防设备的电源应能在每个防火分区配电间内自动切换。
④ 消防控制室的两路低压电源应能在消防控制室内自动切换。
⑤ 消防负荷的配电线路所设置的保护电器要具有短路保护功能,但不宜设置过负荷保护装置,如设置只能动作于报警而不能用于切断消防供电。
⑥ 消防负荷的配电线路不能设置剩余电流动作保护和过、欠电压保护,因为在火灾这种特殊情况下,不管消防线路和消防电源处于什么状态或故障,为消防设备供电是最重要的。

第三节 电气防火要求及技术措施

1. 防火的检查内容

(1) 室外变、配电站平面布置

	建筑类型	距离不小于
室外变、配电站间距要求	堆场、可燃液体储罐和甲、乙类厂房库房	25m
	其他建筑物	10m
	液化石油气罐	35m
	石油化工装置的变、配电室还应布置在装置的一侧,并位于爆炸危险区范围以外	

(2) 户内变压设备平面布置

户内变压设备要求	级别		要求
	≤ 10kV		不应设在爆炸危险环境的正上方或正下方
	> 10kV	总油量＜60kg 的充油设备	两侧有隔板
		60～600kg	有防爆隔墙的间隔内
		＞600kg 以上	单独的防爆间隔内
	变电室与各级爆炸危险环境毗连，**最多只能有两面相连的墙**与危险环境共用		

2. 防火措施的检查

(1) 变、配电装置防火措施的检查

① 过电流保护措施：
  a 回路内应装设断路器、熔断器之类的过电流防护电器来防范电气过载引起的灾害。【2015 单】
  b 防护电器的设置参数应满足下列要求：
    ★ 防护电器的额定电流或整定电流不应小于回路的计算负载电流。
    ★ 防护电器的额定电流或整定电流不应大于回路的允许持续载流量。
    ★ 防护电器有效动作的电流不应大于回路载流量的 1.45 倍。

② 剩余电流保护装置：
  剩余电流保护装置的漏电、过载和短路保护特性均由制造厂调整好，不允许用户自行调节。

(2) 低压配电和控制电器防火措施的检查

① 同一端子上导线连接不应多于 2 根，且 2 根导线线径相同。【2015 单】
② 电器相间绝缘电阻不应小于 5MΩ。

(3) 电气线路防火措施的检查

① 预防电气线路短路的措施：
  a 要根据导线使用的具体环境选用不同类型的导线，正确选择配电方式；
  b 安装线路时，电线之间、电线与建筑构件或树木之间要保持一定距离；
  c 在距地面 2m 高以内的电线，应用钢管或硬质塑料保护，以防绝缘遭受损坏；
  d 在线路上应按规定安装断路器或熔断器，以便在线路发生短路时能及时、可靠地切断电源。

② 预防电气线路过载的措施：
  a 根据负载情况，选择合适的电线；【2016 单】
  b 严禁滥用铜丝、铁丝代替熔断器的熔丝；
  c 不准乱拉电线和接入过多或功率过大的电气设备；
  d 严禁随意增加用电设备尤其是大功率用电设备；
  e 应根据线路负荷的变化及时更换适宜容量的导线；
  f 可根据生产程序和需要，采取排列先后控制使用的方法，把用电时间调开，以使线路不超过负荷。

③ 预防电气线路接触电阻过大的措施：
　　ⓐ 导线与导线、导线与电气设备的连接必须牢固可靠；
　　ⓑ 铜线、铝线相接，宜采用铜铝过渡接头，也可采用在铜线接头处搪锡；【2015 单】
　　ⓒ 通过较大电流的接头，应采用油质或氧焊接头，在连接时加弹力片后拧紧；
　　ⓓ 要定期检查和检测接头，防止接触电阻增大，对重要的连接接头要加强监测。

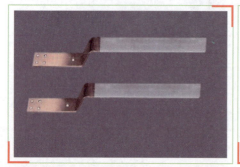

（4）插座与照明开关

① 配套的插头应按直流、交流和不同电压等级区别使用。在潮湿场所插座应采用密封型并带保护地线触头的保护型插座，安装高度不低于 1.5m。

② 在使用 I 类电器的场所，必须设置带有保护线触头的电源插座，并将该触头与保护地线（PE 线）连成电气通路。车间及试（实）验室的插座安装高度距地面不小于 0.3m；特殊场所暗装的插座安装高度距地面不小于 0.15m；同一室内插座安装高度一致。

③ 非临时用电，不宜使用移动式插座。当使用移动式插座时，电源线要采用铜芯电缆或护套软线；具有保护接地线（PE 线）；禁止放置在可燃物上；禁止串接使用；严禁超容量使用。

（5）照明器具

① 卤素灯、60W 以上的白炽灯等高温照明灯具不应设置在火灾危险性场所。

② 库房照明宜采用投光灯采光。储存可燃物的仓库及类似场所照明光源应采用冷光源，其垂直下方与堆放的可燃物品水平间距不应小于 0.5m，不应设置移动式照明灯具；应采用有防护罩的灯具和墙壁开关，不得使用无防护罩的灯具和拉线开关。

③ 超过 60W 的白炽灯、卤素灯、荧光高压汞灯等照明灯具（包括镇流器）不应安装在可燃材料和可燃构件上，聚光灯的聚光点不应落在可燃物上。

第三篇 建筑消防设施

习题 1 消防用电应采用一级负荷的建筑是（　　）。
A. 建筑高度为 45m 的乙类厂房　　B. 建筑高度为 55m 的丙类仓库
C. 建筑高度为 50m 的住宅　　　　D. 建筑高度为 45m 的写字楼

【答案】B

习题 2 消防用电负荷按供电可靠性及中断供电所造成的损失或影响程度分为一级负荷、二级负荷和三级负荷。下列供电方式中，不属于一级负荷的是（　　）。
A. 来自两个不同发电厂的电源
B. 来自同一变电站的两个 6kV 回路
C. 来自两个 35kV 的区域变电站的电源
D. 来自一个区域变电站和一台柴油发电机的电源

【答案】B

习题 3 某建筑面积为 70000m²，建筑高度为 80m 的办公建筑，下列供电电源中，不能满足该建筑消防用电设备供电要求的是（　　）。
A. 由城市一个区域变电站引来 2 路电源，并且每根电缆均能承受 100% 的负荷
B. 由城市不同的两个区域变电站引来两路电源
C. 由城市两个不同的发电厂引来两路电源
D. 由城市一个区域变电站引来一路电源，同时设置一台自备发电机组

【答案】A

习题 4 对建筑物进行防火检查时，应注意检查建筑物的消防用电负荷设置的合理性。下列建筑中，消防用电应按一级负荷供电的是（　　）。
A. 座位数超过 1500 个的电影院
B. 座位数超过 3000 个的体育馆
C. 建筑高度大于 50m 的乙、丙类厂房和丙类库房
D. 省级电信和财贸金融建筑

【答案】C

习题 5 某省政府机关办公大楼建筑高度为 31.8m，大楼地下一层设置柴油发电机作为备用电源，市政供电中断时柴油发电机自动启动。根据现行国家标准《建筑设计防火规范》(GB 50016—2014)，市政供电中断时，自备发电机最迟应在（　　）s 内正常供电。
A. 30　　　　　　　　　　　　B. 10
C. 20　　　　　　　　　　　　D. 60

【答案】A

习题 6 某建筑高度为 50m 的宾馆，采用一路市政电源供电，柴油发电设备作为备用电源，建筑内的排烟风机采用主备电源自动切换装置。下列关于主备电源自动切换装置的设置中，不合理的是（　　）。
A. 自动切换装置设置在变电站内
B. 自动切换装置设置在排烟风机房的风机控制配电箱内
C. 主备电源自动切换时间为 20s
D. 主备电源自动切换时间为 25s

【答案】A

习题 7 某高层宾馆，下列关于消防设备配电装置的做法中，不能满足消防设备供电要求的是（　　）。

A. 引至消防泵的两路电源在泵房内末端自动切换
B. 消防负荷的配电线路设置短路动作保护装置
C. 消防负荷的配电线路设置过负荷和过、欠电压保护装置
D. 消防负荷的配电线路未设置剩余电流保护装置

【答案】C

习题 8 可以安装在消防配电线路上，以保证消防用电设备供电安全性和可靠性的装置是（　　）。

A. 过流保护装置　　　　　　B. 剩余电流动作保护装置
C. 欠压保护装置　　　　　　D. 短路保护装置

【答案】D

习题 9 下列接线方式中，符合电气防火要求的是（　　）。

A. 将2根不同线径的单芯铜导线直接压接在同一个端子上
B. 将铜导线和铝导线直接绞结后用胶布缠绕
C. 将铜导线和铝导线烫锡后接到接线端子上
D. 将单芯导线烫锡后绞结，再用防水胶布缠绕

【答案】C

习题 10 下列关于电气防火说法中，错误的是（　　）。

A. 在供配电线路上加装过流保护装置可保证该线路不会引发火灾
B. 在供电线路上加装剩余电流式电气火灾监控探测器，可有效降低火灾发生的概率
C. 采用矿物绝缘电缆可保证该线路本身不会着火
D. 供配电线路上加装过电压保护装置可有效降低火灾发生的概率

【答案】A

习题 11 为防止电气火灾发生，应采取有效措施，预防电气线路过载，下列预防电气线路过载的措施中，正确的是（　　）。

A. 根据负载的情况选择合适的电线　　B. 安装电气火灾监控器
C. 安装剩余电流保护装置　　　　　　D. 安装测温式电气火灾监控探测器

【答案】A

习题 12 对某印刷厂的印刷成品仓库进行电气防火检查，下列检查结果中，不符合现行国家标准《建筑设计防火规范》（GB 50016—2014）的是（　　）。

A. 仓库安装了40W白炽灯照明　　B. 对照明灯具的发热部件采取了隔热措施
C. 在仓库外部设有1个照明配电箱　　D. 在仓库内部设有2个照明开关

【答案】D

习题 13 用电设施安装或使用不规范是引发电气火灾事故的重要原因之一。下列用电设施的安装方案中，正确的有（　　）。

A. 采用A级材料将配电箱箱体与墙面装饰布隔离
B. 开关和插座直接安装在墙面的木饰面板上
C. 白炽灯直接安装在木纹人造吊顶上
D. 设在吊顶内的配电线路穿金属管保护
E. 吊灯安装在塑料贴面装饰板下

【答案】AD

第四篇 其他建筑、场所防火

> **学习建议**
>
> 其他建筑和场所防火是指使用功能和建筑条件特殊，有专业设计规范的建筑和场所防火，主要包括石油化工、地铁、城市交通隧道、加油加气站、发电厂与变电站、飞机库、汽车库与修车库、洁净厂房、信息机房、古建筑和人民防空工程防火等。本篇内容属于非重点篇章，考题主要集中在《消防安全技术实务》这门课程中，每年考试分值在20分左右。但是由于涉及专业设计规范较多，所以全部掌握是比较困难的。据此，根据历年考情，编者对于考点分布相对较多的石油化工防火、地铁防火、城市交通隧道防火、加油加气站防火、汽车库与修车库防火、古建筑和人民防空工程防火等相关的知识点进行了总结。

01 第一章 石油化工防火

第一节 生产防火

1. 泄压排放设施的种类

按其功能分为：

正常情况下排放
如生产装置开车时，工艺设备吹扫时和停车检修时，需将设备内的废气、废液排空。

事故情况下排放
①当反应物料发生剧烈反应，采取加强冷却，减少投料等措施难以奏效，不能防止反应设备因超压、超温而发生爆燃或分解爆炸事故时，应将设备内物料及时排放，防止事故扩大。
②或紧急情况下自动启动安全阀、爆破片动作泄压。
③或发生火灾时，为了安全，将危险区域的易燃物料放空。
④甲、乙、丙类的设备均应有这些事故紧急排放设施。

大型的石油化工生产装置都是通过火炬来排放易燃易爆气体的。

当中小型企业设置专用火炬进行排放有困难时，可将易燃易爆无毒的气体通过放空管（排气筒）直接排入大气，一般放空管安装在化学反应器和储运容器等设备上。

2. 火炬系统的安全设置

防火间距

①全厂性火炬，应布置在工艺生产装置、易燃和可燃液体与液化石油气等可燃气体的储罐区和装卸区，以及全厂性重要辅助生产设施及人员集中场所**全年最小频率风向的上风侧**。

②距火炬筒 30m 范围内严禁可燃气体放空。

3. 放空管的安全设置的安装要求 【2017 单】

① 放空管一般应设在设备或容器的顶部，室内设备安放空管应引出室外，其管口要高于附近有人操作的最高设备 2m 以上。

② 此外，连续排放的放空管口，还应高出半径 20m 范围内的平台或建筑物顶 3.5m 以上。

③ 间歇排放的放空管口，应高出 10m 范围内的平台或建筑物顶 3.5m 以上。

④ 平台或建筑物应与放空管垂直面呈 45 度。

4. 安全阀的设置

根据国家现行相关法规规定，在非正常条件下，可能超压的下列设备应设安全阀：

① 顶部最高操作压力大于等于 0.1MPa 的压力容器。

② 顶部最高操作压力大于 0.03MPa 的蒸馏塔、蒸发塔和汽提塔（汽提塔蒸汽通入另一蒸馏塔者除外）。

③ 往复式压缩机各段出口或电动往复泵、齿轮泵、螺杆泵等容积式泵的出口（设备本身已有安全阀者除外）。

④ 凡与鼓风机、离心式压缩机、离心泵或蒸汽往复泵出口连接的设备不能承受其最高压力时，鼓风机、离心式压缩机、离心泵或蒸汽往复泵的出口。

⑤ 可燃气体或液体受热膨胀，可能超过设计压力的设备。

⑥ 顶部最高操作压力为 0.03～0.1MPa 的设备应根据工艺要求设置。

第二节 储运防火

1. 罐区防火设计

① 液化石油气储罐（区）宜布置在地势平坦、开阔等不易积存液化石油气的地带。

② 四周应设置高度不小于 1.0m 的不燃烧体实体防护墙。

③ 罐组内，相邻可燃液体地上储罐的防火间距不小于下表规定。

罐组内相邻可燃液体地上储罐的防火间距

液体类别	储罐形式			
	固定顶罐		浮顶、内浮顶罐	卧罐
	≤1000m³	>1000m³		
甲B、乙类	0.75D	0.6D	0.4D	0.8m
丙A类	0.4D			
丙B类	2m	5m		

【注】表中 D 为相邻较大罐的直径。

2. 装卸设施防火

(1) 铁路装卸防火设计要求及措施

①装卸栈桥：

装卸栈桥采用非燃材料建造，是装卸油品的操作台。
在距离装卸栈桥边缘 10m 以外的油品输入管道上，设有紧急切断阀。

②装卸作业的防火措施：

a. 装卸前：装卸作业前，油罐车需要调到指定车位，并采取固定措施。机车必须离开。操作人员要认真检查相关设施，确认油罐车缸体和各部件正常，装卸设备和设施合格，栈桥、鹤管、铁轨的静电跨接线连接牢固，静电接地线接地良好。

b. 装卸时：装卸时严禁使用铁器敲击罐口。灌装时，要按列车沿途所经地区最高气温下的允许灌装速度予以灌装，鹤管内的油品流速要控制在 4.5m/s 以下。雷雨天气或附近发生火灾时，不得进行装卸作业，应盖严油罐车罐口，关闭有关重要阀门，断开有关设备的电源。

c. 装卸后：装卸完毕后，须静止至少 2min，然后再进行计量等作业。作业结束后，要及时清理作业现场，整理归放工具，切断电源。

(2) 装卸码头的防火设计要求

总平面布置

①油品码头宜布置在港口的边缘区域。内河港口的油品码头宜布置在港口的下游，当岸线布置确有困难时，可布置在港口上游。油品泊位与其他泊位的船舶间距应符合相应规范要求。

②海港或河港中位于锚地上游的装卸甲、乙类油品泊位与锚地的距离不应小于 1000m，装卸丙类油品泊位与锚地的距离不应小于 150m，河港中位于锚地下游的油品泊位与锚地的间距不应小于 150m。

③甲、乙类油品码头前沿线与陆上储油罐的防火间距不应小于 50m，装卸甲、乙类油品的泊位与明火或散发火花地点的防火间距不应小于 40m，陆上与装卸作业无关的其他设施与油品码头的间距不应小于 40m。油品泊位的码头结构应采用不燃烧材料，油品码头上应设置必要的人行通道和检修通道，并应采用不燃或难燃性的材料。

02 第二章 地铁防火

1. 建筑防火

(1) 耐火等级

① 地下的车站、区间、变电站等主体工程及出入口通道、风道的耐火等级应为一级。
② 地面出入口、风亭等附属建筑,地面车站、高架车站及高架区间的建、构筑物,耐火等级不得低于二级。【2018 单】
③ 控制中心建筑耐火等级应为一级。

(2) 防火分区

① 地下车站站台和站厅公共区应划为一个防火分区,设备与管理用房区每个防火分区的最大允许使用面积不应大于 1500 ㎡。
② 地下换乘车站当共用一个站厅时,站厅公共区面积不应大于 5000 ㎡。
③ 地上的车站站厅公共区采用机械排烟时,防火分区的最大允许建筑面积不应大于 5000 ㎡,其他部位每个防火分区的最大允许建筑面积不应大于 2500 ㎡。

(3) 装修材料要求

① 地下车站公共区和设备与管理用房的顶棚、墙面、地面装修材料及垃圾箱,应采用 A 级不燃材料。
② 地上车站公共区的墙面、顶面的装修材料及垃圾箱,应采用 A 级不燃材料,地面应采用不低于 B1 级难燃材料。
③ 地上、地下车站公共区的广告灯箱、导向标志、休息椅、电话亭、售检票机等固定服务设施的材料,应采用不低于 B1 级难燃材料。
④ 装修材料不得采用石棉、玻璃纤维、塑料类等制品。

(4) 防烟分区

① 地下车站的公共区,以及设备与管理用房,应划分防烟分区,且防烟分区不得跨越防火分区。
② 站厅与站台的公共区每个防烟分区的建筑面积不宜超过 2000 ㎡,设备与管理用房每个防烟分区的建筑面积不宜超过 750 ㎡。
③ 防烟分区可采取挡烟垂壁等措施,挡烟垂壁等设施的下垂高度不应小于 500mm。

2. 安全疏散

(1) 一般规定

地铁车站安全疏散设计应按在 6min 内将必须疏散乘客全部疏散至安全区为原则。【2018 单】消防专用梯及垂直电梯不应作为疏散设施。

(2) 安全出口【2017 单】

① 车站每个站厅公共区安全出口的数量应经计算确定,且应设置不少于两个直通地面的安全出口。
② 地下单层侧式站台车站,每侧站台安全出口数量应经计算确定,且不应少于两个直通地面的安全出口。
③ 地下车站的设备与管理用房区域安全出口的数量不应少于两个,其中有人值守的防火分区应有 1 个安全出口直通地面。
④ 安全出口应分散设置,当同方向设置时,两个安全出口通道口部之间的净距不应小于 10m。

⑤ 站厅公共区与物业开发等非地铁运营相关建筑的安全出口应各自独立设置。当合用出入口时必须保证每个站厅公共区有不少于 2 个独立直通地面的安全出口。

⑥ 竖井、爬梯、电梯、消防专用通道，以及设在两侧式站台之间的过轨地道、地下换乘车站的换乘通道不应作为安全出口。

⑦ 区间隧道轨道区在车站均应设置到达站台的疏散楼梯，横向平行设置的 2 条单线区间隧道，长度超过 600m 时应设置联络通道，相邻 2 个联络通道的间距不应大于 600m。

3. 消防设施

（1）自动喷水灭火系统设置场所

地下车站设置的商铺总面积超过 500m² 时应设自动喷水灭火系统。

（2）防排烟设施设置场所

① 地下车站及区间隧道内必须设置防烟、排烟和事故通风系统。

② 地下车站的站厅和站台、连续长度大于 300m 的区间隧道和全封闭车道、防烟楼梯间和前室应设置机械防排烟设施。

③ 同一个防火分区内的地下车站设备与管理用房的总面积超过 200m²，或面积超过 50m² 且经常有人停留的单个房间、最远点到车站公共区的直线距离超过 20m 的内走道、连续长度大于 60m 的地下通道和出入口通道应设置机械排烟设施。

（3）电缆（电线）选择及敷设方式

由变配电所（或总配电室）引至消防设备的电源主干线应采用无卤、低烟、阻燃耐火电缆或矿物绝缘电缆，但在地下车站宜采用矿物绝缘电缆。

03 第三章 城市交通隧道防火

第一节 隧道分类

单孔和双孔隧道分类表

用途	一类	二类	三类	四类
	隧道封闭段长度 L/m			
可通行危险化学品等机动车	L＞1500	500＜L≤1500	L≤500	
仅限通行非危险品等机动车	L＞3000	1500＜L≤3000	500＜L≤1500	L≤500
仅限人行或通行非机动车			L＞1500	L≤1500

第二节 隧道建筑防火设计要求

1. 构件燃烧性能要求

① 为了减少隧道内固定火灾荷载，隧道衬砌、附属构筑物、疏散通道的建筑材料及其内装修材料，除施工缝嵌缝材料外均应采用不燃烧材料。通风系统的风管及其保温材料应采用不燃烧材料，柔性接头可采用难燃烧材料。

② 隧道内的灯具、紧急电话箱（亭）应采用不燃烧材料制作的防火桥架。隧道内的电缆等应采用阻燃电缆或矿物绝缘电缆，其桥架应采用不燃烧材料制作的防火桥架。

2. 隧道的消防设施配置

(1) 灭火设施

① 消防给水系统：
隧道内的消火栓用水量不应小于20L/s，隧道外不应小于30L/s。对于长度小于1000m的三类隧道，隧道内、外的消火栓用水量可分别为10L/s和20L/s。

② 灭火器：
隧道内灭火器设置按中危险级考虑。隧道内应设置ABC类灭火器，设置点间距不应大于100m。运行机动车的一、二类隧道和运行机动车并设置3条及以上车道的三类隧道，在隧道两侧均应设置灭火器，每个设置点不应少于4具；其他隧道，可在隧道一侧设置，每个设置点不应少于2具。

(2) 防烟、排烟系统

① 防烟、排烟系统的一般规定：
通行机动车的一、二、三类隧道应设置防烟、排烟设施。当隧道长度短、交通量低时，火灾发生概率较低，人员疏散比较容易，可以采用洞口自然排烟方式。长度较长、交通量较大的隧道应设置机械排烟系统。

② 排烟模式：

ⓐ 纵向排烟。发生火灾时，隧道内烟气沿隧道纵向流动的排烟模式为纵向排烟模式，这是一种常用的烟气控制方式，可通过悬挂在隧道内的射流风机或其他射流装置、风井送排风设施等及其组合方式实现。

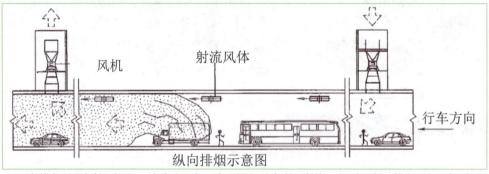

纵向排烟示意图

该排烟方式较适用于单向行驶、交通量不大的隧道。纵向通风排烟时，气流方向与车行方向一致。以火源点为分界，火源点下游为烟区，上游为清洁区，司乘人员向气流上游疏散。

ⓑ 横向（半横向）排烟。排烟和平时隧道通风系统兼用，横向方式通常设置风道均匀排风、均匀补风，半横向方式通常设置风道均匀排风、集中补风或不补风。火灾情况下，利用排风风道均匀排烟。适用于单管双向交通或交通量大、阻塞发生率较高的单向交通隧道。

横向（半横向）排烟示意图

ⓒ 重点排烟。重点排烟是将烟气直接从火源附近排走的一种方式,从 两端洞口自然补风,隧道内可形成一定的纵向风速。该方式在隧道 纵向设置专用排烟风道,并设置一定数量的排烟口。发生火灾时,火源附近的排烟口开启,将烟气快速有效地排离隧道。

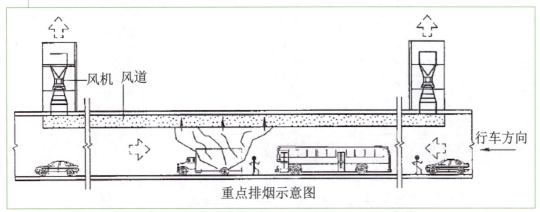

重点排烟示意图

重点排烟适用于双向交通的隧道或交通量较大、阻塞发生率较高的隧道。排烟口的大小和间距对烟气的控制有较明显的影响。

04 第四章 加油加气站防火

第一节 加油加气站的分类分级

1. 加油加气站的分类

分类
- 汽车加油站
- 汽车加气站 — LPG 是液化石油气；CNG 是压缩天然气；LNG 是液化天然气
- 汽车加油加气合建站

2. 加油加气站的等级分类

(1) 汽车加油站的等级分类

加油站的等级划分

级别	油罐容积 / m³	
	总容积	单罐容积
一级	$150 < V \leqslant 210$	$V \leqslant 50$
二级	$90 < V \leqslant 150$	$V \leqslant 50$
三级	$V \leqslant 90$	汽油罐 $V \leqslant 30$，柴油罐 $V \leqslant 50$

注：柴油罐容积可折半计入总容积。

(2)LPG 加气站的等级分类

LPG 加气站的等级划分

级别	LPG 罐容积 /m³	
	总容积	单罐容积
一级	$45 < V \leqslant 60$	$V \leqslant 30$
二级	$30 < V \leqslant 45$	$V \leqslant 30$
三级	$V \leqslant 30$	$V \leqslant 30$

(3)CNG 车载储气瓶组拖车

作为站内储气设施使用的 CNG 车载储气瓶组拖车，其单车储气瓶组的总容积不应大于 24m³。

第二节 加油加气站的防火设计要求

1. 站址选择

在城市建成区
在城市中心区
【2016 多】
↓
不宜建一级加油站、一级加气站、一级加油加气合建站、CNG 加气母站

城市建成区内的加油加气站
↓
宜靠近城市道路，但不宜选在城市干道的交叉路口附近

2. 平面布局

①站区内停车位和道路应符合下列规定：

　a. CNG 加气母站内，单车道或单车停车位宽度不应小于4.5m，双车道或双车停车位宽度不应小于9m；其他类型加油加气站的车道或停车位，单车道或单车停车位宽度不应小于4m，双车道或双车停车位宽度不应小于6m。

　b. 站内停车位应为平坡，道路坡度不应大于8%，且宜坡向站外。

　c. 加油加气作业区内的停车位和道路路面不应采用沥青路面。

②加油加气作业区内，不得有"明火地点"或"散发火花地点"。

③加油加气站的变配电间或室外变压器应布置在爆炸危险区域之外,且与爆炸危险区域边界线的距离不应小于3m。变配电间的起算点应为门窗等洞口。

3. 汽车加油站的建筑防火要求

① 除撬装式加油装置所配置的防火防爆油罐外,加油站的汽油罐和柴油罐应埋地设置,严禁设在室内或地下室内。

② 加油机不得设在室内。

③ 油罐车卸油必须采用密闭方式。加油站内的工艺管道除必须露出地面的以外,均应埋地敷设。当采用管沟敷设时,管沟必须用中性沙子或细土填满、填实。

4. 消防设施

(1) 灭火器材配置

① 每两台加气机应配置不少于两具 4kg 手提式干粉灭火器,加气机不足两台应按两台配置。

② 每两台加油机应配置不少于两具 4kg 手提式干粉灭火器,或 1 具 4kg 手提式干粉灭火器和 1 具 6L 泡沫灭火器。加油机不足两台应按两台配置。

③ 地上 LPG 储罐、地上 LNG 储罐、地下和半地下 LNG 储罐、CNG 储气设施,应配置两台不小于 35kg 推车式干粉灭火器。当两种介质储罐之间的距离超过 15m 时,应分别配置。

④ 地下储罐应配置 1 台不小于 35kg 推车式干粉灭火器。当两种介质储罐之间的距离超过 15m 时,应分别配置。

⑤ LPG 泵和 LNG 泵、压缩机操作间(棚),应按建筑面积每 50 ㎡ 配置不少于两具 4kg 手提式干粉灭火器。

⑥ 一、二级加油站应配置灭火毯 5 块、沙子 2m³;三级加油站应配置灭火毯不少于两块、沙子 2m³。加油加气合建站应按同级别的加油站配置灭火毯和砂子。

(2) 消防给水设施

① 液化石油气加气站、加油和液化石油气加气合建站应设消防给水系统。

② 消防给水管道可与站内的生产、生活给水管道合并设置,但应保证消防用水量的要求。消防水量应按固定式冷却水量和移动水量之和计算。

③ **消防水泵宜设两台。当设两台消防水泵时,可不设备用泵。【2015 单】** 当计算消防用水量超过 35L/s 时,消防水泵应设双动力源。

(3) 火灾报警系统【2015 单】

① 加气站、加油加气合建站应设置可燃气体检测报警系统。

② 加气站、加油加气合建站内设置有 LPG 设备、LNG 设备的场所和设置有 CNG 设备(包括罐、瓶、泵、压缩机等)的房间内、罩棚下,应设置可燃气体检测器。

③可燃气体检测器一级报警设定值应小于或等于可燃气体爆炸下限的25%。
④LPG储罐和LNG储罐应设置液位上限、下限报警装置和压力上限报警装置。
⑤报警控制器宜集中设置在控制室或值班室内。
⑥报警系统应配有不间断电源。
⑦LNG泵应设超温、超压自动停泵保护装置。

习题 1
关于石油化工企业可燃气体放空管设置的说法,错误的是( )。
A. 连续排放的放空管口,应高出20m范围内平台或建筑物顶3.5m以上并满足相关规定
B. 间歇排放的放空管口,应高出10m范围内平台或建筑物顶3.5m以上并满足相关规定
C. 无法排入火炬或装置处理排放系统的可燃气体,可通过放空管向大气排放
D. 放空管管口不宜朝向邻近有人操作的设备

【答案】C

习题 2
根据现行国家标准《地铁设计规范》(GB 50157—2013),下列场所中,可按二级耐火等级设计的是( )。
A. 高架车站   B. 地下车站疏散楼梯间
C. 控制中心   D. 地下车站风道

【答案】A

习题 3
关于地铁防排烟设计的说法,正确的是( )。
A. 地下车站的设备用房和管理用房的防烟分区可以跨越防火分区
B. 站台公共区每个防烟分区的建筑面积不宜超过2000㎡
C. 站厅公共区每个防烟分区的建筑面积不宜超过3000㎡
D. 地铁内设置的挡烟垂壁等设施的下垂高度不应小于450mm

【答案】B

习题 4
关于地铁车站安全出口设置的说法,错误的是( )。
A. 每个站厅公共区应设置不少于2个直通地面的安全出口
B. 地下车站的设备与管理用房区域安全出口的数量不应少于2个
C. 地下换乘车站的换乘通道不应作为安全出口
D. 安全出口同方向设置时,两个安全出口通道口部之间的净距不应小于5m

【答案】D

习题 5
根据现行国家标准《地铁设计规范》(GB 50157—2013),地铁车站发生火灾时,该列车所载的乘客及站台上的候车人员全部撤离至安全区最长时间应为( )。
A. 6min   B. 5min
C. 8min   D. 10min

【答案】A

习题 6
下列汽车加油加气站中,不应在城市中心建设的有( )。
A. 一级加油站   B. LNG加油站
C. CNG常规加油站   D. 一级加气站
E. 一级加油加气合建站

【答案】ADE

习题 7 某新建的汽车加油、加气合建站,设置消防设施时,下列说法中,错误的是( )。
A. 在 LNG 储存和加气站应设置可燃气体检测报警系统
B. 设置 2 台消防水泵时,可不设备用消防水泵
C. 在加油站的罩棚下应设置事故照明
D. 可燃气体检测器的一级警报值应设定为天然气爆炸下限的 30%

【答案】D

05 第五章 汽车库、修车库防火

第一节 汽车库、修车库的分类

汽车库可以按照停车数量和总建筑面积、建筑高度、停车方式的机械化程度等进行分类。

名称		I	II	III	IV
汽车库【2018 单】	停车数量（辆）	＞300	151～300	51～150	≤50
	或总建筑面积（㎡）	＞10000	5001～10000	2001～5000	≤2000
修车库	车位数（个）	＞15	6～15	3～5	≤2
	或总建筑面积（㎡）	＞3000	1001～3000	501～1000	≤500
停车场	停车数量（辆）	＞400	251～400	101～250	≤100

第二节 汽车库、修车库的防火设计要求

1. 总平面布局

(1) 一般规定

① 汽车库、修车库、停车场不应布置在易燃、可燃液体或可燃气体的生产装置区和储存区内。**汽车库不应与甲、乙类厂房、仓库贴邻或组合建造。**

② I 类修车库应单独建造；II、III、IV 修车库可设置在一、二级耐火等级建筑的首层或与其贴邻，但不得与甲、乙类厂房、仓库、明火作业的车间、托儿所、幼儿园、中小学校的教学楼、老年人建筑、病房楼及人员密集场所组合建造或贴邻。当符合下列要求时，汽车库可设置在托儿所、幼儿园、老年人建筑、中小学校的教学楼、病房楼等的地下部分：【2017、2018 单】

ⓐ 汽车库与托儿所、幼儿园、老年人建筑、中小学校的教学楼、病房楼等建筑之间，应采用耐火极限不低于 2.00h 的楼板完全分隔；

ⓑ 汽车库与托儿所、幼儿园、老年人建筑、中小学校的教学楼、病房楼等的安全出口和疏散楼梯应分别独立设置。

③ **地下、半地下汽车库内不应设置修理车位、喷漆间、充电间、乙炔间和甲、乙类物品库房。**【2015 多】汽车库和修车库内不应设置汽油罐、加油机、液化石油气或液化天然气储罐、加气机。

④ 燃油或燃气锅炉、油浸变压器、充有可燃油的高压电容器和多油开关等，不应设置在汽车库、修车库内。

⑤ 甲、乙类物品运输车的汽车库、修车库应为单层建筑，且应独立建造。

当停车数量不大于 3 辆时，可与一、二级耐火等级的Ⅳ类汽车库贴邻，但应采用防火墙隔开。

(2) 防火间距

汽车库、修车库之间及汽车库、修车库与除甲类物品仓库外的其他建筑物的防火间距

名称和耐火等级	汽车库、修车库		厂房、仓库、民用建筑		
	一、二级	三级	一、二级	三级	四级
一、二级汽车库、修车库	10	12	10	12	14
三级汽车库、修车库	12	14	12	14	16

① 高层汽车库与其他建筑物，汽车库、修车库与高层建筑的防火间距应按表中的规定值增加 3m。

② 汽车库、修车库与甲类厂房的防火间距应按以上规定值增加 2m。

③ 甲、乙类物品运输车的汽车库、修车库与民用建筑的防火间距不应小于 25m，与重要公共建筑的防火间距不应小于 50m。

④ 甲类物品运输车的汽车库、修车库与明火或散发火花地点的防火间距不应小于 30m。

2. 防火分隔

(1) 防火分区

汽车库防火分区最大允许建筑面积如下表（单位：m²）：

耐火等级	单层汽车库	多层汽车库、半地下汽车库	地下汽车库、高层汽车库
一、二级	3000	2500	2000
三级	1000	不允许	不允许

【注】

① 敞开式、错层式、斜楼板式汽车库的上下连通层面积应叠加计算，每个防火分区的最大允许建筑面积不应大于以上规定的 2 倍。

② 室内有车道且有人员停留的机械式汽车库，其防火分区最大允许建筑面积应按以上规定减少 35%。

③ 汽车库内设有自动灭火系统，其每个防火分区的最大允许建筑面积不应大于以上规定的 2 倍。

a. 机械式汽车库要求：

室内无车道且无人员停留的机械式汽车库，当停车数量超过 100 辆时，应采用无门、窗、洞口的防火墙分隔为多个停车数量不大于 100 辆的区域，但当采用防火隔墙和耐火极限不低于 1.00h 的不燃性楼板分隔成多个停车单元，且停车单元内的停车数量不大于 3 辆时，应分隔为停车数量不大于 300 辆的区域。

b. 甲、乙类物品运输车的汽车库、修车库要求：

甲、乙类物品运输车的汽车库、修车库，每个防火分区的最大允许建筑面积不应大于 500m²。

c. 修车库要求：

修车库每个防火分区的最大允许建筑面积不应大于 2000m²，当修车部位与相邻使用有机溶剂的清洗和喷漆工段采用防火墙分隔时，每个防火分区的最大允许建筑面积不应大于 4000m²。

(2) 其他防火分隔要求

① 为汽车库、修车库服务的以下附属建筑，可与汽车库、修车库贴邻，但应采用防火墙隔开，并应设置直通室外的安全出口：【2018 单】
  ⓐ 储存量不大于 1.0t 的甲类物品库房。
  ⓑ 总安装容量不大于 5.0m³/h 的乙炔发生器间和储存量不超过 5 个标准钢瓶的乙炔气瓶库。
  ⓒ 1 个车位的非封闭喷漆间或不大于 2 个车位的封闭喷漆间。
  ⓓ 建筑面积不大于 200m² 的充电间和其他甲类生产场所。

② 汽车库、修车库与其他建筑合建时，当贴邻建造时应采用防火墙隔开；设在建筑物内的汽车库（包括屋顶停车场）、修车库与其他部分之间，应采用防火墙和耐火极限不低于 2.00h 的不燃性楼板分隔；汽车库、修车库的外墙门、洞口的上方，应设置耐火极限不低于 1.00h、宽度不小于 1.0m 的不燃性防火挑檐；汽车库、修车库的外墙上、下窗之间墙的高度，不应小于 1.2m 或设置耐火极限不低于 1.00h、宽度不小于 1.0m 的不燃性防火挑檐。【2018 单】

③ 汽车库内设置修理车位时，停车部位与修车部位之间应采用防火墙和耐火极限不低于 2.00h 的不燃性楼板分隔。修车库内使用有机溶剂清洗和喷漆的工段，当超过 3 个车位时，均应采用防火隔墙等分隔措施。

3. 安全疏散

（1）人员安全出口
汽车库、修车库的人员安全出口和汽车疏散出口应分开设置。设在工业与民用建筑内的汽车库，其车辆疏散出口应与其他部分的人员安全出口分开设置。

（2）疏散楼梯
① 建筑高度大于 32m 的高层汽车库、室内地面与室外出入口地坪的高差大于 10m 的地下汽车库，应采用防烟楼梯间。
② 其他车库应采用封闭楼梯间；楼梯间和前室的门应采用乙级防火门，并应向疏散方向开启。
③ 疏散楼梯的宽度不应小于 1.1m。

（3）疏散距离
汽车库室内任一点至最近人员安全出口的疏散距离不应大于 45m，当设置自动灭火系统时，其距离不应大于 60m，对于单层或设置在建筑首层的汽车库，室内任一点至室外出口的距离不应大于 60m。

4. 消防设施

（1）消防给水
汽车库、修车库应设置消防给水系统，耐火等级为一、二级的Ⅳ类修车库和耐火等级为一、二级且停放车辆不大于 5 辆的汽车库可不设消防给水系统。

（2）室内外消火栓
① 室外消火栓系统：【2017 单】
汽车库、修车库应设室外消火栓给水系统，其室外消防用水量应按消防用水量最大的一座计算。
  ⓐ Ⅰ、Ⅱ类汽车库、修车库的室外消防用水量不应小于 20L/s；
  ⓑ Ⅲ类汽车库、修车库的室外消防用水量不应小于 15L/s；
  ⓒ Ⅳ类汽车库、修车库的室外消防用水量不应小于 10L/s。

② 室内消火栓系统：
ⓐ 设置范围。汽车库、修车库应设室内消火栓给水系统。
ⓑ 设置要求。Ⅰ、Ⅱ、Ⅲ类汽车库及Ⅰ、Ⅱ类修车库的用水量不应小于 10L/s，系统管道内的压力应保证相邻两个消火栓的水枪充实水柱同时到达室内任何部位；Ⅳ类汽车库及Ⅲ、Ⅳ类修车库的用水量不应小于 5L/s，系统管道内的压力应保证一个消火栓的水枪充实水柱到达室内任何部位。

(3) 自动喷水灭火系统设置范围 【2016 多】

除敞开式汽车库外，Ⅰ、Ⅱ、Ⅲ类地上汽车库，停车数大于 10 辆的地下、半地下汽车库，机械式汽车库，采用汽车专用升降机作汽车疏散出口的汽车库，Ⅰ类修车库均要设置自动喷水灭火系统。环境温度低于 4 度时间较短的非严寒或寒冷地区，可采用湿式自动喷水灭火系统，但应采取防冻措施。

(4) 火灾自动报警系统设置范围 【2017 单】

除敞开式汽车库外，Ⅰ类汽车库、修车库，Ⅱ类地下、半地下汽车库、修车库，Ⅱ类高层汽车库、修车库，机械式汽车库，以及采用汽车专用升降机作汽车疏散出口的汽车库应设置火灾自动报警系统。

(5) 防排烟

① 设置范围：
除敞开式汽车库、建筑面积小于 1000 ㎡ 的地下一层汽车库和修车库外，汽车库、修车库应设置排烟系统。

② 设置要求：
ⓐ 汽车库、修车库应划分防烟分区，防烟分区的建筑面积不宜大于 2000㎡，且防烟分区不应跨越防火分区。防烟分区可采用挡烟垂壁、隔墙或从顶棚下凸出不小于 0.5m 的梁划分。【2018 单】
ⓑ 排烟系统可采用自然排烟方式或机械排烟方式。
★ 当采用自然排烟方式时，可采用手动排烟窗、自动排烟窗、孔洞等作为自然排烟口。
★ 自然排烟口应设置在外墙上方或屋顶上，并应设置方便开启的装置。
★ 房间外墙上的排烟口（窗）宜沿外墙周长方向均匀分布，排烟口（窗）的下沿不应低于室内净高的 1/2，并应沿气流方向开启，总面积不应小于室内地面面积的 2%。【2018 单】
★ 室内无车道且无人员停留的机械式汽车库排烟口设置在运输车辆的通道顶部。

习题 1 某公共建筑的地下一层至地下三层为汽车库，每层建筑面积为 2000 ㎡，每层设有 50 个车位。根据现行国家标准《汽车库、修车库、停车场设计防火规范》（GB 50067—2014），该汽车库属于（　　）车库。
A. Ⅰ类　　　　　　　　　　B. Ⅲ类
C. Ⅳ类　　　　　　　　　　D. Ⅱ类
【答案】D

习题 2 为修车库服务的下列附属建筑中，可与修车库贴邻，但应采用防火隔开，并应设置直通室外的安全出口是（　　）。
A. 储存 6 个标准钢瓶的乙炔气瓶库　　B. 储存量为 1.0t 的甲类物品库房
C. 3 个车位的封闭喷漆间　　　　　　D. 总安装流量为 6m³/h 的乙炔发生器间
【答案】B

习题 3 关于汽车库防火设计的做法，不符合规范要求的是（　　）。
A. 社区幼儿园与地下车库之间采用耐火极限不低于 2.0h 的楼板完全分隔，安全出口和疏散楼梯分别独立设置
B. 地下二层设置汽车库，设备用房，存放丙类物品的工具库和自行车库
C. 地下一层汽车房附设一个修理车位，一个喷漆间
D. 地下二层设置谷物运输车、大巴车和垃圾运输车车间

【答案】C

习题 4 根据现行国家标准《汽车库、修车库、停车场设计防火规范》（GB 50067—2014）附设在幼儿园建筑地下部分的汽车库的下列设计方案中，正确的是（　　）。
A. 汽车库与幼儿园的疏散楼梯在首层采用耐火极限为 3.0h 的防火隔墙和甲级防火门分隔
B. 汽车库与幼儿园的疏散楼梯在首层采用耐火极限为 2.00h 的防火隔墙和乙级防火门分隔
C. 汽车库内设 1 个面积为 100 ㎡ 的充电间
D. 汽车库与幼儿园之间采用耐火极限为 2.00h 的楼板完全分隔

【答案】D

习题 5 根据现行国家标准《汽车库，修车阵、停车场设计防火规范》（GB 50067—2014），汽车库的下列防火设计方案中，正确的是（　　）。
A. 汽车库外墙上、下层开口之间设置宽度为 1.0m 的防火挑檐
B. 汽车库与商场之间采用耐火极限为 3.00h 的防火隔墙分隔
C. 汽车库与商场之间采用耐火极限为 1.50h 的楼板分隔
D. 汽车库外墙上、下层开口之间设置高度为 1.0m 的实体墙

【答案】A

习题 6 新建一座大型的商业建筑，地下一层为汽车库，可停车 300 辆。下列设施和房间中，不应设置在该地下汽车库内的有（　　）。
A. 汽油罐　　　　　　　　　B. 加油机
C. 修理车位　　　　　　　　D. 丙类库房
E. 充电间

【答案】ABCE

习题 7 根据现行国家标准《汽车库、修车库、停车场设计防火规范》（GB 50067—2014）关于汽车库排烟设计的说法，错误的是（　　）。
A. 建筑面积为 1000 ㎡ 的地下一层汽车库应设置排烟系统
B. 自然排烟口的总面积不应小于室内地面面积的 1%
C. 防烟分区的建筑面积不宜大于 2000 ㎡
D. 用从顶棚下凸出 0.5m 的梁来划分防烟分区

【答案】B

习题 8 下列汽车库、修车库、停车场中，可不设置自动喷水灭火系统的有（　　）。
A. Ⅳ 类地上汽车库　　　　　B. 机械式汽车库
C. Ⅰ 类汽车库　　　　　　　D. 屋面停车场
E. 停车数量为 10 辆的地下停车库

【答案】ADE

习题 9 下列场所中，不需设置火灾自动报警系统的是（ ）。
A. 采用机械设备进行垂直或水平移动形式停放汽车的敞开汽车库
B. 高层建筑首层停车数为 200 辆的汽车库
C. 采用汽车专用升降机做汽车疏散出口的汽车库
D. 停车数为 350 辆的单层汽车库

【答案】A

习题 10 根据《汽车库、修车库、停车场设计防火规范》（GB 50067—2014），关于室外消火栓用水量的说法，正确的是（ ）。
A. Ⅱ类汽车库、修车库、停车场室外消防栓用水量不应小于 15L/s
B. Ⅰ类汽车库、修车库、停车场室外消防栓用水量不应小于 10L/s
C. Ⅲ类汽车库、修车库、停车场室外消防栓用水量不应小于 15L/s
D. Ⅳ类汽车库、修车库、停车场室外消防栓用水量不应小于 20L/s

【答案】C

06 第六章 人民防空工程防火

1. 总平面布局和平面布局 【2016 单、2017 多】

①人防工程内不得使用和储存液化石油气、相对密度（与空气密度比值）大于或等于 0.75 的可燃气体和闪点小于 60℃ 的液体燃料。人防工程内不得设置油浸电力变压器和其他油浸电气设备。

②人防工程内不应设置哺乳室、托儿所、幼儿园、游乐厅等儿童活动场所和残障人士活动场所。医院病房以及歌舞娱乐放映游艺场所，不应设置在人防工程内地下二层及以下层；当设置在地下一层时，室内地面与室外出入口地坪高差不应大于 10m。

③人防工程内地下商店不应经营和储存火灾危险性为甲、乙类储存物品属性的商品；营业厅不应设置在地下三层及三层以下；当地下商店总建筑面积大于 20000 ㎡时，应采用防火墙进行分隔，且防火墙上不得开设门窗洞口，相邻区域确需局部连通时，应采取可靠的防火分隔措施。

2. 防火分隔措施

(1) 防火分区

① 防火分区的划分：
人防工程内设置有旅店、病房、员工宿舍时，不得设置在地下二层及以下层，并应划分为独立的防火分区，其疏散楼梯不得与其他防火分区的疏散楼梯共用。

② 防火分区建筑面积：
ⓐ 人防工程每个防火分区的允许最大建筑面积，除另有规定者外，不应大于 500 ㎡。当设置有自动灭火系统时，允许最大建筑面积可增加 1 倍；局部设置时，增加的面积可按该局部面积的 1 倍计算。水泵房、污水泵房、水池、厕所、盥洗间等无可燃物的房间，其面积可不计入防火分区的面积之内。

ⓑ 人防工程内商业营业厅、展览厅、电影和礼堂的观众厅、溜冰馆、游泳馆、射击馆、保龄球馆等防火分区建筑面积如下：
★设置有火灾自动报警系统和自动灭火系统的商业营业厅、展览厅等，当采用 A 级装修材料装修时，防火分区允许最大建筑面积不应大于 2000 ㎡。

★ 电影院、礼堂的观众厅，其防火分区允许最大建筑面积不应大于 1000 m²。当设置有火灾自动报警系统和自动灭火系统时，其允许最大建筑面积也不得增加。

★ 溜冰馆的冰场、游泳馆的游泳池、射击馆的靶道区、保龄球馆的球道区等，其面积可不计入溜冰馆、游泳馆、射击馆、保龄球馆的防火分区面积内。溜冰馆的冰场、游泳馆的游泳池、射击馆的靶道区等，其装修材料应采用 A 级。

(2) 防火门和防火卷帘

① 人防工程位于防火分区分隔处安全出口的门应为甲级防火门，当使用功能上确实需要采用防火卷帘分隔时，应在其旁设置与相邻防火分区的疏散走道相通的甲级防火门。

② 防护门、防护密闭门、密闭门代替甲级防火门时，其耐火性能应符合甲级防火门的要求且不得用于平战结合公共场所的安全出口处。

3. 安全疏散设施

① 设有下列公共活动场所的人防工程，当底层室内地面与室外出入口地坪高差大于 10m 时，应设置防烟楼梯间。

② 当地下为两层，且地下第二层的室内地面与室外出入口地坪高差不大于 10m 时，应设置封闭楼梯间：
  ⓐ 电影院、礼堂。
  ⓑ 建筑面积大于 500m² 的医院、旅馆。
  ⓒ 建筑面积大于 1000m² 的商场、餐厅、展览厅、公共娱乐场所（礼堂、多功能厅、歌舞娱乐放映游艺场所等）、健身体育场所（溜冰馆、游泳馆、体育馆、保龄球馆、射击馆等）等。

习题 1 某人防工程设置在地下一层，其室内地面与室外出入口地坪的高差为 8m。下列场所中，不能设置在该人防工程内的是（　　）。
A. 歌舞娱乐放映游艺场所　　B. 医院病房
C. 儿童游乐厅　　D. 百货商店

【答案】C

习题 2 某平战结合的人防工程，地下 3 层，下列防火设计中，符合《人民防空工程设计防火规范》（GB 50098—2009）要求的有（　　）。
A. 地下一层靠外墙部位设油浸电力变压器室
B. 地下一层设卡拉 OK 室，室内地坪与室外出入口地坪高差 6m
C. 地下三层设沉香专卖店
D. 地下一层设员工宿舍
E. 地下一层设 400m² 儿童游乐场，游乐场下层设汽车库

【答案】BD

05 第五篇 消防安全评估

> **学习建议**
> 非重点篇章,主要考技术实务和综合能力两科,考分较少,酌情规划时间备考。

01 第一章 火灾风险识别

1. 火灾隐患与火灾风险

火灾隐患与火灾风险的关系

2. 火灾危险源与火灾风险源

　　第一类危险源是指产生能量的能量源或拥有能量的载体。它的存在是事故发生的前提。【2016 单】没有第一类危险源就谈不上能量或危险物质的意外释放,也就无所谓事故。由于第一类危险源在事故时释放的能量是导致人员伤害或财物损坏的能量主体,所以它决定了事故后果的严重程度。

　　第二类危险源是指导致约束、限制能量屏蔽措施失效或破坏的各种不安全因素。它是第一类危险源导致事故的必要条件。如果没有第二类危险源破坏第一类危险源的控制,也就不会发生能量或危险物质的意外释放。所以,第二类危险源出现的难易程度决定了事故发生的可能性大小。

火灾危险源与火灾风险源的关系

　　火灾中的第一类危险源包括可燃物、火灾烟气及燃烧产生的有毒、有害气体成分;第二类危险源是人们为了防止火灾发生、减小火灾损失所采取的消防措施中的隐患。火灾自动报警、自动灭火系统、应急广播及疏散系统等消防措施属于第二类危险源。

02 第二章 火灾风险评估方法概述

第一节 安全检查表法

1. 安全检查表的形式

2. 安全检查表的编制方法

安全检查表的编制方法 一般采用 经验方法 ←→ 系统安全分析法

3. 安全检查表的编制与实施（注意排序）【2015 多】

- 确定系统 → 确定系统是指确定所要检查的对象叙述
- 找出危险点 → 这一部分是编制安全检查表的关键
- 确定项目与内容编制成表
- 检查应用
- 整改
- 反馈

第二节 事件树分析法

事件树分析法是由初始事件推论事故后果的方法。

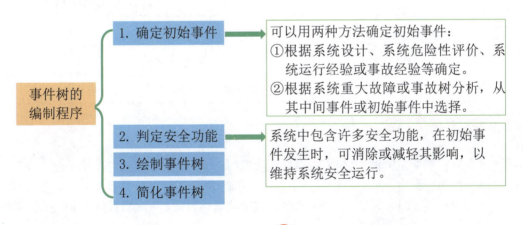

事件树的编制程序：
1. 确定初始事件 —— 可以用两种方法确定初始事件：
   ①根据系统设计、系统危险性评价、系统运行经验或事故经验等确定。
   ②根据系统重大故障或事故树分析，从其中间事件或初始事件中选择。
2. 判定安全功能 —— 系统中包含许多安全功能，在初始事件发生时，可消除或减轻其影响，以维持系统安全运行。
3. 绘制事件树
4. 简化事件树

第三节 事故树分析法

事故树分析法是系统安全工程中最常用的分析方法之一，是一种由事故树演绎推理事故过程和原因的评估方法。
事故树分析法是一种演绎推理法。事故树分析法是具体运用运筹学原理，对事故原因和结果进行逻辑分析的方法。

03 第三章 区域消防安全评估方法与技术要求

1. 评估范围

评估范围包括整个区域范围内存在火灾危险的社会因素、建筑群和交通路网等。

2. 评估流程

① 信息采集；
② 风险识别；
③ 评估指标体系建立；
④ 风险分析与计算；
⑤ 确定评估结论；
⑥ 风险控制。

【巧记】"集市里分戒指"

（1）信息采集 【2017、2018 单】

包括：评估区域内人口、经济、交通等概况，区域内消防重点单位情况，周边环境情况，市政消防设施相关资料，火灾事故应急救援预案，消防安全规章制度等。

（2）风险识别 【2018 单】

客观因素	气象因素	大风、雷电	
		降水	抑制
			催化自燃物质
			积水造成电气设备短路
		高温	用电负荷将增大
			有利于自燃
	电气		
	易燃易爆品		
人为因素	用火不慎、不安全吸烟、人为纵火		

（3）评估指标体系建立 【2018 单】

① 一级指标：
包括：火灾危险源、区域基础信息、消防能力和社会面防控能力等。

② 二级指标：
包括：客观因素、人为因素、城市公共消防基础设施、灭火救援能力、火灾预警能力、消防管理、消防宣传教育等。

③ 三级指标：
三级指标一般包括易燃易爆危险品、燃气管网密度、加油加气站密度、电气火灾、用火不慎、放火致灾、吸烟不慎、温度、湿度、风力、雷电、建筑密度、人口密度、经济密度、路网密度、重点保护单位密度、消防车通行能力、消防站建设水平、消防车道、消防供水能力、消防装备配置水平、消防员万人比、消防通信指挥调度能力、多种形式消防力量、消防安全责任制落实情况、应急预案完善情况、重大隐患排查整治情况、社会消防宣传力度、消防培训普及程度、多警联动能力、临时避难区域设置、医疗机构分布及水平等相关内容等。

（4）确定评估结论

根据评估结果，明确指出建筑设计或建筑本身的消防安全状态，提出合理可行的消防安全意见。

（5）风险控制

```
           风险控制
    ┌────┬────┬────┐
   规避  减轻  转移  自留
```

04 第四章 建筑火灾风险分析方法与评估要求

1. 评估流程 【2015 单】

① 信息采集；
② 风险识别；
③ 评估指标体系建立；
④ 风险分析与计算；
⑤ 风险等级判断；
⑥ 风险控制措施。

【巧记】"才别离计胖子"

2. 火灾风险识别 【2017、2018 单】

开展火灾风险评估，首要任务是要确定评估对象可能面临的火灾风险主要来自哪些方面，将这个查找风险来源的过程称之为火灾风险识别。火灾风险识别是开展火灾风险评估工作所必需的基础环节，只有充分、全面地把握评估对象所面临的火灾风险的来源，才能完整、准确地对各类火灾风险进行分析、评判，进而采取针对性的火灾风险控制措施，确保将评估对象的火灾风险控制在可接受的范围之内。通常认为，火灾风险是火灾概率与火灾后果的综合度量。因此，衡量火灾风险的高低，不但要考虑起火的概率，而且考虑火灾所导致的后果严重程度。

① 影响火灾发生的因素：

场所	控制对象	重点	措施
存在生产生活用火的场所	时间空间		
其他场所	可燃物	易燃物质	控制存放数量和场所
	助燃剂	强氧化剂（非氧气）	
	火源	受人的主观能动性影响最大，火灾控制的首要任务	

② 措施有效性分析：【2018 单】

为了预防和减少火灾，通常都会按照法律法规采取一些消防安全措施。这些消防安全措施一般包括防火（防止火灾发生、防止火灾扩散）、灭火（初起火灾扑救、专业队伍扑救）和应急救援（人员自救、专业队伍救援）等。消防安全措施有效性分析一般可以从以下几个方面入手：

① 防止火灾发生；
② 防止火灾扩散；
③ 初起火灾扑救；
④ 专业队伍扑救；
⑤ 紧急疏散逃生；
⑥ 消防安全管理。

3. 风险控制措施

常用的风险控制措施包括：风险消除、风险减少、风险转移。【2016 单】

风险消除	是指消除能够引起火灾的要素，也是控制风险的最有效的方法
风险减少	在建筑的使用过程中，经常会出现需要在有可燃物的附近进行用火、电焊等存在引起火灾可能性的情况，这时候既不能消除火源，也不能清除可燃物
风险转移	风险转移主要通过建筑保险来实现

习题 1 对某石油库进行火灾风险评估，辨识火灾危险源时，下列因素中，应确定为第一类危险源的是（　　）。
A. 雷电　　　　　　　　　　　B. 油罐呼吸阀故障
C. 操作人员在卸油时打手机　　D. 2000m^3 的柴油罐

【答案】D

习题 2 某化工企业拟采用安全检查表法对甲醇合成车间进行火灾风险评估。编制安全检查表的主要步骤应包括（　　）。
A. 确定检查对象　　　　B. 找出危险点
C. 预案演练　　　　　　D. 确定检查内容
E. 编制检查表

【答案】ABDE

习题 3 进行区域火灾风险评估时，在明确火灾风险评估目的和内容的基础上，应进行信息采集，重点收集与区域安全相关的信息。下列信息中，不属于区域火灾风险评估时应重点采集的信息是（　　）。
A. 区域内人口概况　　　B. 区域的环保概况
C. 消防安全规章制度　　D. 区域内经济概况

【答案】B

习题 4 建筑火灾风险评估流程顺序描述正确的是（　　）。
A. 信息采集—风险识别—评估指标体系建立—风险分析与计算—风险等级判断—风险控制措施
B. 信息采集—风险识别—风险分析与计算—风险等级判断—评估指标体系建立—风险控制措施
C. 信息采集—评估指标体系建立—风险识别—风险分析与计算—风险等级判断—风险控制措施
D. 评估指标体系建立—信息采集—风险识别—风险分析与计算—风险等级判断—风险控制措施

【答案】A

习题 5 对某区域进行区域火灾风险评估时，应遵照系统性、实用性、可操作性原则进行评估。下列区域火灾风险评估的做法中，错误的是（   ）。
A. 把评估范围确定为整个区域范围内的社会因素、建筑群和交通路网等
B. 信息采集是采集评估区域内的人口情况、经济情况和交通情况等
C. 建立评估指标体系时将区域基础信息、火灾危险源作为二级指标
D. 在进行风险识别时把火灾风险分为客观因素和人为因素两类

【答案】C

习题 6 对建筑进行火灾风险评估时，应确定评估对象可能面临的火灾风险。关于火灾风险识别的说法中，错误的是（   ）。
A. 查找火灾风险来源的过程称为火灾风险识别
B. 火灾风险识别是开展火灾风险评估工作所必需的基础环节
C. 消防安全措施有效性分析包括专业队伍扑救能力
D. 衡量火灾风险的高低主要考虑起火概率大小

【答案】D

习题 7 对建筑进行火灾风险评估之后，需要采取一定的风险控制措施，下列措施中，不属于风险控制措施的是（   ）。
A. 风险消除   B. 风险减少
C. 风险分析   D. 风险转移

【答案】C

习题 8 某大型体育中心，设有多个竞赛场馆和健身、商业、娱乐、办公等设施。中心进行火灾风险评估时，消防安全措施有效分析属于（   ）。
A. 信息采集   B. 风险识别
C. 评估指标体系建立 D. 风险分析与计算

【答案】B

习题 9 消防性能化设计以消防安全工程学为基础，是一种先进、有效、科学、合理的防火设计方法。下列属于建筑物消防性能化设计的基本步骤的有（   ）。
A. 确定建筑物的消防安全总体目标
B. 进行性能化防火试设计和评估验证
C. 修改、完善设计并进一步评估验证确实是否满足所确定的消防安全目标
D. 编制设计说明与分析报告、提交审查与批准
E. 确定建筑各楼层和区域的使用功能

【答案】ABCD

05 第五章 建筑性能化防火设计评估

第一节 消防性能化设计的适应范围

①目前，具有下列情形之一的工程项目，可对其全部或部分进行消防性能化设计：

a. 超出现行国家消防技术标准适用范围的。
b. 按照现行国家消防技术标准进行设计时，难以满足工程项目特殊使用功能的。

② 下列情况不应采用性能化设计评估方法：
- a. 国家法律法规和现行国家消防技术标准强制性条文规定的。
- b. 国家现行消防技术标准已有明确规定，且无特殊使用功能的建筑。
- c. 居住建筑。
- d. 医疗建筑、教学建筑、幼儿园、托儿所、老年人建筑、歌舞娱乐游艺场所。
- e. 室内净高小于 8.0m 的丙、丁、戊类厂房和丙、丁、戊类仓库。
- f. 甲、乙类厂房，甲、乙类仓库，可燃液体、气体储存设施及其他易燃易爆工程或场所。

第二节　建筑消防性能化设计的基本程序与设计步骤

建筑消防性能化设计的基本程序如下：【2015 多】
- ① 确定建筑的使用功能、用途和建筑设计的适用标准。
- ② 确定需要采用性能化设计方法进行设计的问题。
- ③ 确定建筑的消防安全总体目标。
- ④ 进行消防性能化试设计和评估验证。
- ⑤ 修改、完善设计，并进一步评估验证，确定性能是否满足既定的消防安全目标。
- ⑥ 编制设计说明与分析报告，提交审查和批准。

第三节　火灾场景和疏散场景设定

1. 火灾场景确定的原则
火灾场景的确定应根据最不利的原则确定。

2. 确定火灾场景的方法
- ① 事件树；
- ② 发生的概率；
- ③ 火灾后果的考虑；
- ④ 风险评定；【巧记】"事发后，评定中"
- ⑤ 最终的选择。

3. 火灾场景设计

（1）火灾场景设计

火灾的增长规律可用下面的方程描述：

$$Q = at^2$$ 【2015、2017 单】

式中：Q——热释放速率（kW）；
$\quad a$——火灾增长系数（kW/s）；
$\quad t$——时间（s）。

"t 平方火"的增长速度一般分为：
慢速、中速、快速、超快速四种类型。

增长类型	火灾增长系数（kW/s²）	达到 1MW 的时间 /s	典型可燃材料
超快速	0.1876	75	油池火、易燃的装饰家具、轻质的窗帘
快速	0.0469	150	装满东西的邮袋、塑料泡沫、叠放的木架
中速	0.01172	300	棉与聚酯纤维弹簧床垫、木制办公桌
慢速	0.00293	600	厚重的木制品

四种"t 平方火"增长曲线（超快速、快速、中速、慢速）

（2）设定火灾

① 根据燃烧实验数据确定：
根据物品的实际燃烧实验数据来确定最大热释放速率是最直接和最准确的方法。

② 根据轰燃条件确定：【2016 单】
轰燃是火灾从初期的增长阶段向充分发展阶段转变的一个相对短暂的过程。发生轰燃时室内的大部分物品开始剧烈燃烧，可以认为此时的火灾功率（即热释放速率）达到最大值。

第四节　人员疏散分析

1. 影响人员安全疏散的因素

（1）人员内在影响因素

① 人员心理因素；
② 人员生理因素；
③ 人员现场状态因素；
④ 人员社会关系因素。

【巧记】"心生嫌隙"

（2）外在环境影响因素

外在环境影响因素主要是指建筑物的空间几何形状、建筑功能布局以及建筑内具备的防火条件等因素。

2. 人员安全疏散分析的目的及性能判定标准

（1）人员安全疏散分析的目的

人员安全疏散分析的目的是通过计算可用疏散时间（ASET）和必需疏散时间（RSET），从而判定人员在建筑物内的疏散过程是否安全。

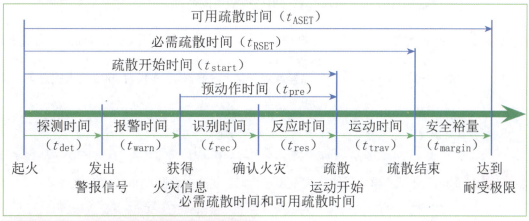

必需疏散时间和可用疏散时间

（2）安全疏散标准

疏散时间（t_{RSET}）包括：疏散开始时间（t_{start}）和疏散行动时间（t_{action}）两部分。

疏散开始时间（t_{start}）

① 疏散开始时间即从起火到开始疏散的时间。
② 疏散开始时间（t_{start}）可分为探测时间（t_d）、报警时间（t_a）和人员的疏散预动时间（t_{pre}）。

③ 探测时间（t_d）：火灾发生、发展将触发火灾探测与报警装置而发出报警信号，使人们意识到有异常情况发生，或者人员通过本身的味觉、嗅觉及视觉系统察觉到火灾征兆的时间。

④ 报警时间（t_a）：从探测器动作或报警开始至警报系统启动的时间。

⑤ 人员的疏散预动时间（t_{pre}）：人员的疏散预动时间为人员从接到火灾警报之后到疏散行动开始之前的这段时间间隔，包括识别时间（t_{rec}）和反应时间（t_{res}）。

⑥ 识别时间（t_{rec}）：为从火灾报警或信号发出后到人员还未开始反应的这一时间段。

⑦ 反应时间（t_{res}）：为从人员识别报警或信号并开始做出反应至开始直接朝出口方向疏散之间的时间。

（3）疏散相关参数

① 火灾探测时间：

通常，感烟探测器要快于感温探测器，感温探测器要快于自动喷水灭火系统喷头的动作时间，线型感烟探测器的报警时间与探测器安装高度及探测间距有关，图像火焰探测器则与火焰长度有关。因此，在计算火灾探测时间时可以通过计算火灾中烟气的减光度、温度或火焰长度等特性参数来预测火灾探测时间。

② 疏散准备时间：

发生火灾时，通知人们疏散的方式不同，建筑物的功能和室内环境不同，人们得到发生火灾的消息并准备疏散的时间也不同。

（4）人员安全疏散分析的性能判定标准

人员安全疏散分析的性能判定标准为：可用疏散时间（ASET）必须大于必需疏散时间（RSET）。

3. 人员疏散时间计算方法与分析参数

① 行走时间：行走时间是指行走到疏散线路上安全出口的时间。

② 通过时间：通过时间是指人流通过出口或通道的时间。

习题 1 火灾从点燃到发展至充分燃烧阶段，其热释放速率大体按照时间的平方关系增长，通常采用"t^2 火"火灾增长模型表征实际火灾发展情况。按"t^2 火"火灾增长模型，从火灾发生至热释放速率达到1MW所需时间为300s的火灾是（　　）"t^2 火"。

A. 中速　　　　　　　　B. 慢速
C. 快速　　　　　　　　D. 超快速

【答案】A

习题 2 采用"t^2 火"模型描述火灾发展过程时，装满书籍的厚布邮袋火灾属于（　　）。

A. 超快速　　　　　　　B. 中速
C. 慢速　　　　　　　　D. 快速

【答案】D

习题 3 在开展建筑消防性能化设计与评估时，预测自动喷水灭火系统洒水喷头的启动时间，主要应考虑火灾的（　　）阶段。

A. 阴燃　　　　　　　　B. 全面发展
C. 增长　　　　　　　　D. 衰退

【答案】C

习题 4 在进行建筑消防安全评估时，关于疏散时间的说法，正确的有（　　）。
A. 疏散开始时间是指从起火到开始疏散时间
B. 疏散行动时间是指从疏散开始至疏散安全地点的时间
C. 与疏散相关的火灾探测时间可以采用喷头动作的时间
D. 疏散准备时间与通知人们疏散的方式有较大关系
E. 疏散开始时间不包括火灾探测时间

【答案】ABCD

习题 5 对建筑进行性能化防火设计评估中，在计算人员安全疏散时间时，应确定人员密度、疏散宽度、行走速度等相关参数。行走速度的确定需考虑影响行走速度的因素。影响行走速度的因素主要包括（　　）。
A. 灭火器配置　　　　　　　B. 人员自身条件
C. 报警时　　　　　　　　　D. 建筑情况
E. 人员密度

【答案】BDE

习题 6 为了防止建筑物在火灾时发生轰燃，有效的方法是采用自动喷水灭火系统保护建筑物，闭式自动喷水灭火系统必须在（　　）启动并控制火灾的增长。
A. 火灾自动报警系统的感烟探测器探测到火灾之前
B. 火灾自动报警系统的感温探测器探测到火灾之前
C. 火灾自动报警系统接收到手动报警按钮信号之前
D. 起火房间达到轰燃阶段之前

【答案】D

06 第六篇　消防法及相关法律法规与消防职业道德

历年分值统计

章节		2015	2016	2017	2018
第一章	消防法及相关法律法规	6	5	7	10
第二章	注册消防工程师职业道德	2	1	0	0
	小计	8	6	7	10

学习建议

本篇考点主要在综合能力和案例分析两科当中，特别是第一章，大家要重视起来。

01 第一章 消防法及相关法律法规

第一节 《中华人民共和国消防法》

1. 单位消防安全责任

单位消防安全职责	消防安全重点单位还应履行的责任
①落实消防安全责任制，制定本单位的消防安全制度、消防安全操作规程，制定灭火和应急疏散预案； ②按照国家标准、行业标准配置消防设施、器材，设置消防安全标志，并定期组织检验、维修，确保完好有效； ③对建筑消防设施每年至少进行一次全面检测； ④保障疏散通道、安全出口、消防车通道畅通，保证防火防烟分区、防火间距符合消防技术标准； ⑤组织防火检查，及时消除火灾隐患； ⑥组织进行有针对性的消防演练	①确定消防安全管理人，组织实施本单位的消防安全管理工作； ②建立消防档案，确定消防安全重点部位，设置防火标志，实行严格管理； ③实行每日防火巡查，并建立巡查记录； ④对职工进行岗前消防安全培训，定期组织消防安全培训和消防演练

规定同一建筑物由**两个以上**单位管理或者使用的，应当明确各方的消防安全责任，并确定责任人对共用的**疏散通道、安全出口、建筑消防设施和消防车通道**进行统一管理

2. 建设工程消防设计审核、消防验收和备案抽查制度

① 对按照国家工程建设消防技术标准需要进行消防设计的建设工程，实行建设工程消防设计审查验收制度。

② 国务院住房和城乡建设主管部门规定的特殊建设工程，建设单位应当将消防设计文件报送住房和城乡建设主管部门审查，住房和城乡建设主管部门依法对审查的结果负责。对规定以外的其他建设工程，建设单位申请领取施工许可证或者申请批准开工报告时应当提供满足施工需要的消防设计图纸及技术资料。

③ 特殊建设工程未经消防设计审查或者审查不合格的，建设单位、施工单位不得施工；其他建设工程，建设单位未提供满足施工需要的消防设计图纸及技术资料的，有关部门不得发放施工许可证或者批准开工报告。

④ 国务院住房和城乡建设主管部门规定应当申请消防验收的建设工程竣工，建设单位应当向住房和城乡建设主管部门申请消防验收。对于规定以外的其他建设工程，建设单位在验收后应当报住房和城乡建设主管部门备案，住房和城乡建设主管部门应当进行抽查。

⑤ 依法应当进行消防验收的建设工程，未经消防验收或者消防验收不合格的，禁止投入使用；其他建设工程经依法抽查不合格的，应当停止使用。

⑥ 建设工程消防设计审查、消防验收、备案和抽查的具体办法，由国务院住房和城乡建设主管部门规定。

⑦ 《建设工程消防监督管理规定》（公安部令第119号）中关于大型的人员密集场所和其他特殊建筑工程的规定如下：

人员密集场所【2015 单】	
建筑总面积＞20000m²	体育场馆、会堂、公共展览馆、博物馆的展示厅【巧记】"体会展馆"
建筑总面积＞15000m²	民用机场航站楼、客运车站候车室、客运码头候船厅【巧记】"马云马航"
建筑总面积＞10000m²	宾馆、饭店、商场、市场【巧记】"衣食住行"
建筑总面积＞2500m²	影剧院，公共图书馆的阅览室，营业性室内健身、休闲场馆，医院的门诊楼，大学的教学楼、图书馆、食堂，劳动密集型企业的生产加工车间，寺庙、教堂
建筑总面积＞1000m²	托儿所、幼儿园的儿童用房，儿童游乐厅等室内儿童活动场所，养老院、福利院，医院、疗养院的病房楼，中小学校的教学楼、图书馆、食堂，学校的集体宿舍，劳动密集型企业的员工集体宿舍
建筑总面积＞500m²	歌舞厅、录像厅、放映厅、卡拉OK厅、夜总会、游艺厅、桑拿浴室、网吧、酒吧，具有娱乐功能的餐馆、茶馆、咖啡厅

其他特殊工程
①设有上表所列的人员密集场所的建设工程
②国家机关办公楼、电力调度楼、电信楼、邮政楼、防灾指挥调度楼、广播电视楼、档案楼
③本条第一项、第二项规定以外的单体建筑面积大于40000m²或者建筑高度超过50m的公共建筑
④国家标准规定的一类高层住宅建筑
⑤城市轨道交通、隧道工程，大型发电、变配电工程
⑥生产、储存、装卸易燃易爆危险物品的工厂、仓库和专用车站、码头，易燃易爆气体和液体的充装站、供应站、调压站

3. 公众聚集场所使用、营业前的消防安全检查

① 规定公众聚集场所在投入使用、营业前，建设单位或者使用单位应当向场所所在地的县级以上地方人民政府消防救援机构申请消防安全检查。

② 消防救援机构应当自受理申请之日起十个工作日内，根据消防技术标准和管理规定，对该场所进行消防安全检查。未经消防安全检查或者经检查不符合消防安全要求的，不得投入使用、营业。

③ 对公众聚集场所未经消防安全检查或者经检查不符合消防安全要求擅自投入使用、营业的消防安全违法行为，直接给予责令停止施工、停止使用、停产停业和罚款等行政处罚。

《中华人民共和国消防法》（以下简称《消防法》）第三十四条规定："消防产品质量认证、消防设施检测、消防安全监测等消防技术服务机构和执业人员，应当依法获得相应的资质、资格；依照法律、行政法规、国家标准、行业标准和执业准则，接受委托提供消防技术服务，并对服务质量负责。"【2015 单】

4.《消防法》关于法律责任的规定 【2016、2017 单】

原因	后果
未经依法审查或者审查不合格，擅自施工的	责令停工，罚 3 万～30 万
建筑施工企业不按消防设计文件和技术标准施工，降低消防施工质量	责令改正或停工，罚 1 万～10 万
消防产品质量认证、消防设施检测等消防技术服务机构出具虚假文件的（造假的）	责令改正，罚 5 万～10 万（单位）
	罚 1 万～5 万（直接负责的主管人员和其他直接责任人员）
消防技术服务机构出具失实文件，给他人造成损失的	依法承担赔偿责任；造成重大损失的，由原许可机关依法责令停止执业或者吊销相应资质、资格

【补充】

法律规定	处罚类型	处罚行为（关键字）	罚款额度	条文号
《消防法》	不符合消防设计审查、验收、安全检查的行为	存在未审查、审查不合格、未经消防验收、消防验收不合格、抽查不合格、公众聚集场所未经消防安全检查或者经检查不符合消防安全要求等情况，擅自施工、使用、营业等	3 万～30 万元	第五十八条
	未按规定备案	未备案	5000 元以下	第五十八条
	不按消防技术标准设计、施工的行为	降低标准设计施工．不按标准强制性要求设计，降低消防施工质量	1 万～10 万元	第五十九条
	违反消防单位安全职责	占用通道、损坏设施、封闭出口、妨碍出行等常见问题	单位：5000～5 万 个人：警告或者 500 元以下	第六十条
	易燃易爆危险品生产经营场所设置不符合规定	易燃易爆危险品生产、储存与居住合建不符合标准的	5000～5 万	第六十一条
	过失引起火灾、阻拦报警等	强令他人冒险作业、过失引起火灾、阻拦报警、拆封封条、破坏现场等	不构成犯罪的，10～15 日拘留；情节轻，500 元以下	第六十四条
	消防技术服务机构失职	提供虚假文件（造假的）	单位：5 万～10 万元 个人：1 万～5 万元	第六十九条

第六篇 消防法及相关法律法规与消防职业道德

法律规定	处罚类型	处罚行为（关键字）	罚款额度	条文号
《注册消防工程师管理规定》	违规注册	单位提供虚假材料，个人采用欺骗和贿赂等手段	单位：1万～3万元 个人：1万元以下	第五十条
	违规执业	未注册执业或注销后执业	1万～3万元	第五十一条
		应变更而未准许变更从而继续执业、技术文件未签名或盖章、未按要求执业或质量不合格	1000～1万元	第五十二条至第五十四条
		个人名义执业、倒卖出租证书、超范围执业	1万～2万元	第五十五条
		两个以上组织执业	5000～1万元	第五十六条

法律规定	处罚类型	处罚行为（关键字）	罚款额度	条文号
《社会消防技术服务管理规定》	违规取得资质	欺骗和贿赂等手段取得资质	2万～3万元	第四十六条
	违规从业	未取得资质、已注销资质、冒用他人资质	2万～3万元	第四十七条
	不规范执业	超范围、倒卖资质、转包服务等	1万～2万元	第四十八条
	管理不规范	未设立负责人、文件未签名盖章、未办理相应手续等	1万元以下	第四十九条
	不符合标准	未按标准从业或质量不符合标准要求	1万～3万元	第五十条
	未公示信息	在建筑醒目位置未公示机构信息	5000元以下	第五十条

习题1 建设单位应当将大型的人员密集场所和其他特殊建设工程的消防设计文件报送应急管理部门审核。下列场所中，不属于大型人员密集场所的是（　　）。
A. 建筑面积 21000m^2 的饭店
B. 建筑面积 1800m^2 的医院门诊楼
C. 建筑面积 1100m^2 的劳动密集型企业的员工集体宿舍
D. 建筑面积 580m^2 的网吧

【答案】B

习题2 消防设施检测机构在某单位自动喷水灭火系统未安装完毕的情况下出具了合格的《建筑消防设施检测报告》。针对这种行为，根据《中华人民共和国消防法》，应对消防设施检测机构进行处罚。下列罚款中，正确的是（　　）。
A. 五万元以上十万元以下
B. 十万元以上二十万元以下
C. 五千元以上五万元以下
D. 一万元以上五万元以下

【答案】A

习题 3 消防技术服务机构的执业人员，依法获得相应的（　　）后，方可执业。
A. 学位　　　　　　　　B. 职称
C. 学历　　　　　　　　D. 资格

【答案】D

习题 4 某消防设施检测机构在某建设工程机械排烟系统未施工完成的情况下出具了检测结果为合格的《建筑消防设施检测报告》。根据《中华人民共和国消防法》，对该消防设施检查机构直接负责的主管人员和其他直接责任人员应予以处罚，下列处罚中，正确的是（　　）。
A. 五千元以上一万元以下罚款　　B. 一万元以上五万元以下罚款
C. 五万元以上十万元以下罚款　　D. 十万元以上二级十万元以下罚款

【答案】B

习题 5 某消防安全评估机构（二级资质）受某单位委托，对该单位的重大火灾隐患整改进行咨询指导，并出具了书面结论报告。根据《社会消防技术服务管理规定》，该评估机构超越了其资质许可范围从事社会消防技术服务活动，公安机关应急管理部门可对其处以（　　）的处罚。
A. 五千元以上一万元以下罚款　　B. 一万元以上二万元以下罚款
C. 二万元以上三万元以下罚款　　D. 三万元以上五万元以下罚款

【答案】B

习题 6 某住宅小区物业管理公司，在10号住宅楼一层设置了瓶装液化石油气经营店。根据《中华人民共和国消防法》，应责令该经营店停业，并对其处（　　）罚款。
A. 三千元以上三万元以下　　B. 五千元以上五万元以下
C. 三万元以上十万元以下　　D. 警告或者五百元以下

【答案】B

习题 7 某商业广场首层为超市，设置了12个安全出口。超市经营单位为了防盗封闭了10个安全出口，根据《中华人民共和国消防法》，消防部门在责令超市经营单位改正的同时，应当并处（　　）。
A. 五千元以上五万元以下罚款　　B. 责任人五日以下拘留
C. 一千元以上五千元以下罚款　　D. 警告或者五百元以下罚款

【答案】A

第二节 相关法律

《中华人民共和国刑法》（以下简称《刑法》） 【2016—2018 单】

罪名	行为	立案标准（以上，或）	刑罚
失火罪	过失引起火灾，造成严重后果，危害公共安全的行为	1死3重伤 森林2公顷、其他4公顷	3～7年；3年以下或拘役
消防责任事故罪	经消防监督机构通知采取改正措施而拒绝执行	10户（失火罪独有） 50万	3～7年；3年以下或拘役
重大责任事故罪	在生产、作业中违反有关安全管理规定	1死 3重伤 50万	3～7年；3年以下或拘役
强令违章冒险作业罪	强令他人违章冒险作业		5年以上；5年以下或拘役
重大劳动安全事故罪	安全生产设施或者安全生产条件不符合国家规定	矿山100万	3～7年；3年以下或拘役

罪名	行为	立案标准（以上，或）	刑罚
大型群众性活动重大安全事故罪	举办大型群众性活动违反安全管理规定	1死 3重伤 50万	3～7年； 3年以下或拘役
工程重大安全事故罪	单位违反国家规定，降低工程质量标准		5～10年； 5年以下或拘役，并罚金

第三节 部门规章

1. 公共娱乐场所消防安全管理规定

（1）公共娱乐场所的概念

公共娱乐场所是指向公众开放的下列室内场所：
① 影剧院、录像厅、礼堂等演出、放映场所；
② 舞厅、卡拉 OK 厅等歌舞娱乐场所；
③ 具有娱乐功能的夜总会、音乐茶座和餐饮场所；
④ 游艺、游乐场所；
⑤ 保龄球馆、旱冰场、桑拿浴室等营业性健身、休闲场所。

（2）公共娱乐场所的消防安全技术及管理要求

① 公共娱乐场所内严禁带入和存放易燃易爆物品；
② 严禁在公共娱乐场所营业时进行设备检修、电气焊、油漆粉刷等施工、维修作业；
③ 演出、放映场所的观众厅内禁止吸烟和明火照明；
④ 公共娱乐场所在营业时，不得超过额定人数等。

2. 机关、团体、企业、事业单位消防安全管理规定

《机关、团体、企业、事业单位消防安全管理规定》（公安部令第61号）经2001年10月19日公安部部长办公会议通过，自2002年5月1日起施行。该规章共10章48条。
① 单位应逐级落实消防安全责任制和岗位消防安全责任制。
② 消防安全责任人和消防安全管理人的消防安全职责（见下表）【2015、2017 单】

消防安全责任人的消防安全职责	消防安全管理人的消防安全职责
将消防与本单位的生产经营活动统筹安排，批准实施年度消防工作计划	拟订年度消防工作计划，组织实施日常消防安全管理工作
确定逐级消防安全责任，批准实施消防安全制度和操作规程	组织制订消防安全制度和保障消防安全的操作规程并检查督促其落实
为本单位的消防安全提供必要的经费和组织保障	拟订消防安全工作的资金投入和组织保障方案
组织防火检查，督促落实火灾隐患整改及时处理消防安全重大问题	组织实施防火检查和火灾隐患整改工作
建立专职消防队、义务消防队	组织管理专职消防队和义务消防队

消防安全责任人的消防安全职责	消防安全管理人的消防安全职责
组织制定符合本单位实际的灭火和应急疏散预案，并实施演练	在员工中组织开展消防知识、技能的宣传教育和培训，组织灭火和应急疏散预案的实施和演练
贯彻执行消防法规，保证单位消防安全符合规定，掌握本单位的消防安全情况	组织实施对本单位消防设施、灭火器材和消防安全标志的维护保养，确保其完好有效，确保疏散通道和安全出口畅通

③加强防火检查，落实火灾隐患整改：

单位类型	巡查频率
公众聚集场所	营业期间至少每两小时一次，结束时再检查【2016、2018 单】
消防安全重点单位	每日
机关、团体、事业单位	至少每季度进行一次防火检查
其他单位	至少每月进行一次防火检查
医院、养老院、寄宿制的学校、托儿所、幼儿园	加强夜间防火巡查，其他消防安全重点单位可以结合实际组织夜间防火巡查

④开展消防宣传教育培训和疏散演练：

情形		要求
消防安全培训	消防安全重点单位	对每名员工至少每年一次
	公众聚集场所	至少每半年一次
	新上岗和进入新岗位的员工	上岗前的消防安全培训
疏散演练	消防安全重点单位	至少每半年一次
	其他单位	至少每年一次

3.《社会消防安全教育培训规定》

(1) 消防安全教育培训【2018 单】

单位应当建立健全消防安全教育培训制度，保障教育培训工作经费，按照规定对职工进行消防安全教育培训；在建工程的施工单位应当在施工前对施工人员进行消防安全教育，并做好建设工地宣传和明火作业管理工作等，建设单位应当配合施工单位做好消防安全教育工作；各类学校、居（村）委员会、新闻媒体、公共场所、旅游景区、物业服务企业等单位应依法履行消防安全教育培训工作职责。

(2) 消防安全教育培训 【2017 单】

国家机构以外的社会组织或者个人利用非国家财政性经费,创办消防安全专业培训机构,面向社会从事消防安全专业培训的,应当经**省级教育行政部门或者人力资源社会保障部门依法批准**,并到**省级民政部门**申请民办非企业单位登记。消防安全专业培训机构应当按照有关法律法规、规章和章程规定,开展消防安全专业培训,保证培训质量。消防安全专业培训机构开展消防安全专业培训,应当将消防安全管理、建筑防火和自动消防设施施工、操作、检测、维护技能作为培训的重点,对经理论和技能操作考核合格的人员,颁发培训证书。

4. 火灾事故调查规定

管辖分工	地域管辖、共同管辖、指定管辖和特殊管辖
管辖分工	**简易**调查程序,由**一名**火灾事故调查人员调查。**一般**调查程序,不得少于**两人**
复核	当事人对火灾事故认定有异议的,可以自火灾事故认定书送达之日起**15日内**,向上一级应急管理部门提出书面**复核**申请;对省级人民政府应急管理部门有异议的,向省级应急管理部门提出

第四节 规范性文件

注册消防工程师的权利和义务 【2016、2017 单】

权利	义务
①使用注册消防工程师称谓; ②在规定范围内从事消防安全技术执业活动; ③对违反相关法律、法规和技术标准的行为提出劝告,并向本级别注册审批部门或者上级主管部门报告; ④接受继续教育; ⑤获得与执业责任相应的劳动报酬; ⑥对侵犯本人权利的行为进行申诉	①遵守法律、法规规定,恪守职业道德; ②执行消防法律、法规、规章及有关技术标准; ③履行岗位职责,保证消防安全技术执业活动质量,并承担相应责任; ④保守知悉的国家秘密和聘用单位的商业、技术秘密; ⑤不得允许他人以本人名义执业; ⑥不断更新知识,提高消防安全技术能力; ⑦完成注册管理部门交办的相关工作等

习题 1 某建筑进行内部装修,一名电工违章电焊施工作业,结果引发火灾,造成 3 人死亡。根据《刑法》,对该电工依法追究刑事责任。下列定罪中,正确的是( )。
A. 重大劳动安全事故罪 B. 重大责任事故罪
C. 消防责任事故罪 D. 工程重大安全事故罪

【答案】B

习题 2 《机关、团体、企业、事业单位消防安全管理规定》(公安部令第 61 号)规定,消防安全重点单位应当进行每日防火巡查,并确定巡查的内容和频次。公众聚集场所在营业期间的防火巡查,应当至少每( )小时一次。
A. 2 B. 1
C. 3 D. 4

【答案】A

习题 3 某服装生产企业在厂房内设置了15天住宿的员工宿舍,总经理陈某拒绝执行消防部门责令搬迁员工宿舍的通知,某天深夜,该厂房发生火灾,造成员工宿舍内的2名员工死亡,根据《刑法》,陈某犯消防责任事故罪,后果严重,应予以处( )。
A. 三年以下有期徒刑或拘役
B. 七年以上十年以下有期刑
C. 五年以上七年以下有期刑
D. 三年以上五年以下有期刑

【答案】A

习题 4 已确定消防安全管理人员的单位,消防安全责任人应履行的消防安全责任不包括( )。
A. 贯彻执行消防法规,保障单位消防安全符合规定,掌握本单位的消防安全情况
B. 将消防工作与本单位的生产、科研、经营、管理等活动统筹安排,批准实施年度消防工作计划
C. 拟订年度消防工作计划,组织实施日常消防安全管理工作
D. 确定逐级消防安全责任,批准实施消防安全制度和保障消防安全的操作规程

【答案】C

习题 5 关于消防安全管理人及其职责的说法,错误的是( )。
A. 消防安全管理人应是单位中负有一定领导职责和权限的人员
B. 消防安全管理人应负责拟订年度消防工作计划,组织制定消防安全制度
C. 消防安全管理人应每日测试主要消防设施功能并及时排除故障
D. 消防安全管理人应组织实施防火检查和火灾隐患整改工作

【答案】C

习题 6 根据《刑法》的有关规定,下列事故中,应按重大责任事故予以立案追诉的是( )。
A. 违反消防管理法规,经消防监督机构通知采取改正措施而拒绝执行,导致发生死亡2人的火灾事故
B. 在生产、作业中违反有关安全管理的规定,导致发生重伤4人的事故
C. 强令他人违章冒险作业,导致发生直接经济损失60万元的事故
D. 安全生产设施不符合国家规定,导致死亡2人的事故

【答案】B

习题 7 某5层购物中心,建筑面积80000m²,根据《机关、团体、企业、事业单位消防安全管理规定》(公安部令第61号),该购物中心在营业期间的防火巡查应当至少( )。
A. 每两小时一次
B. 每日一次
C. 每八个小时一次
D. 每四个小时一次

【答案】A

习题 8 某人从部队转业后,准备个人出资创办一家消防安全专业培训机构,面向社会从事消防安全专业培训,他应当经( )或者人力资源和社会保障部门依法批准,并向同级人民政府部门申请非民办企业单位登记。
A. 省级教育行政部门
B. 省级公安机关应急管理部门
C. 地市级教育行政部门
D. 地市级公安机关应急管理部门

【答案】A

| 习题 9 | 某在建工程的施工单位对施工人员开展消防安全教育培训，根据《社会消防安全教育培训规定》（公安部令第 109 号），该施工单位开展消防安全教育培训的方法和内容不包括（　　）。
A. 工程施工队施工人员进行消防安全教育
B. 在工地醒目位置、住宿场所设置消防安全宣传栏和警示标识
C. 对施工人员进行消防产品进场使用方法培训
D. 对明火作业人员进行经常性的消防安全教育

【答案】C

| 习题 10 | 根据《注册消防工程师制度暂行规定》，下列行为中，不属于注册消防工程师义务的是（　　）。
A. 在规定范围内从事消防安全技术执业活动
B. 履行岗位职责
C. 不得允许他人以本人名义执业
D. 不断更新知识，提高消防安全技术能力

【答案】A

| 习题 11 | 注册消防工程师享有诸多权利，但享有的权利不包括（　　）。
A. 接受继续教育
B. 在规定范围内从事消防安全技术执业活动
C. 对侵犯本人权利的行为进行申诉
D. 不得允许他人以本人名义执业

【答案】D

02 第二章　注册消防工程师职业道德

1. 注册消防工程师职业道德的根本原则【2015 单】
- ① 维护公共安全原则；
- ② 诚实守信原则。

2. 注册消防工程师职业道德规范【2015 单】
- ① 爱岗敬业；
- ② 依法执业；
- ③ 客观公正；
- ④ 公平竞争；
- ⑤ 提高技能；
- ⑥ 保守秘密；
- ⑦ 奉献社会。

【巧记】"锦衣关公社保高"

3. 职业道德修养的途径和方法
- ① 自我反思；
- ② 向榜样学习；
- ③ 坚持"慎独"：即不管所在单位的制度有无规定，也不管有无人监督，领导管理严不严，都能够自觉地严格要求自己，遵守职业道德原则和规范，坚决杜绝不正之风和违法乱纪行为。【2016 单】
- ④ 提高道德选择能力。

习题 1 注册消防工程师职业道德最根本的原则是（　　）和诚实守信。
A. 确保经济效益　　　　　　　　B. 维护公共安全
C. 确保工程进度　　　　　　　　D. 团结协作配合

【答案】B

习题 2 注册消防工程师职业道德的基本规范可以归纳为爱岗敬业、公平竞争、客观公正、奉献社会、保守秘密、提高技能和（　　）。
A. 行业协同　　　　　　　　　　B. 依法执业
C. 服务业主　　　　　　　　　　D. 顾全大局

【答案】B

习题 3 注册消防工程师应当在履行职业过程中加强职业道德修养，坚持"慎独"是进行道德修养的方法之一。"慎独"指的是（　　）。
A. 学习先进模范人物，立志在本岗位建工立业
B. 能够及时调整和修正自己的执业行为方向
C. 加强有关专业知识的学习，提高职业道德水平
D. 能够自觉地严格要求自己，遵守职业道德原则和规范

【答案】D

07 第七篇 消防安全管理

历年分值统计

章节		2015	2016	2017	2018
第一章	消防安全管理概述	0分	0分	0分	0分
第二章	社会单位消防安全管理	4分	2分	6分	5分
第三章	社会单位消防宣传与教育培训	1分	1分	1分	0分
第四章	应急预案编制与演练	1分	5分	4分	0分
第五章	施工消防安全管理	2分	1分	2分	2分
第六章	大型群众活动消防安全管理	1分	1分	0分	1分
	小计	9分	10分	13分	8分

学习建议

本篇考点主要在综合能力和案例分析两科当中，特别是第二章，不仅是综合能力的重点，也是案例重点考查的一个地方。

01 第一章 消防安全管理概述

顾名思义，消防安全管理就是指对各类消防事务的管理，其具体含义通常是指依照消防法律法规及规章制度，遵循火灾发生、发展的规律及国民经济发展的规律，运用管理科学的原理和方法，通过各种消防管理职能，合理有效地利用各种管理资源，为实现消防安全目标所进行的各种活动的总和。

社会上的一切组织及个人都应遵守消防法律法规，各负其责地对本单位内部的消防安全工作进行管理。

02 第二章 社会单位消防安全管理

安全疏散

- 消防安全重点单位【2018 单】
- 消防安全组织和职责
- 消防安全制度和落实【2017 单】
- 消防安全重点部位的确定和管理【2015、2018 单】
- 火灾隐患及重大火灾隐患的判定【2017、2018 单】【2015、2016、2018 多】
- 消防档案

复习建议

1. 重点章节；
2. 知识点不少，要进行有针对性的复习。

消防轻松记忆通关一本通

第一节 消防安全重点单位

1. 消防安全重点单位的界定标准

(1) 商场（市场）、宾馆（饭店）、体育场（馆）、会堂、公共娱乐场所等公众聚集场所
- ① 建筑面积在1000㎡（含本数，下同）以上且经营可燃商品的商场（商店、市场）；
- ② 客房数在50间以上的（旅馆、饭店）；
- ③ 公共的体育场（馆）、会堂；
- ④ 建筑面积在200㎡以上的公共娱乐场所。

(2) 医院、养老院和寄宿制的学校、托儿所、幼儿园
- ① 住院床位在50张以上的医院；
- ② 老人住宿床位在50张以上的养老院；
- ③ 学生住宿床位在100张以上的学校；
- ④ 幼儿住宿床位在50张以上的托儿所、幼儿园。

(3) 国家机关
(4) 广播、电视和邮政、通信枢纽
(5) 客运车站、码头、民用机场
- ① 候车厅、候船厅的建筑面积在500㎡以上的客运车站和客运码头；
- ② 民用机场。

(6) 公共图书馆、展览馆、博物馆、档案馆以及具有火灾危险性的文物保护单位
- ① 建筑面积在2000㎡以上的公共图书馆、展览馆；
- ② 博物馆、档案馆；
- ③ 具有火灾危险性的县级以上文物保护单位。

(7) 发电厂（站）和电网经营企业
(8) 易燃易爆化学物品的生产、充装、储存、供应、销售单位
- ① 生产易燃易爆化学物品的工厂；
- ② 易燃易爆气体和液体的灌装站、调压站；
- ③ 储存易燃易爆化学物品的专用仓库（堆场、储罐场所）；
- ④ 易燃易爆化学物品的专业运输单位；
- ⑤ 营业性汽车加油站、加气站、液化石油气供应站（换瓶站）；
- ⑥ 经营易燃易爆化学物品的化工商店（其界定标准，以及其他需要界定的易燃易爆化学品性质的单位及其标准，由省级应急管理部门根据实际情况确定）。

(9) 劳动密集型生产、加工企业
- ○ 生产车间员工在100人以上的服装、鞋帽、玩具等劳动密集型企业。

(10) 重要的科研单位
(11) 高层公共建筑、地下铁道、地下观光隧道，粮、棉、木材、百货等物资仓库和堆场，重点工程的施工现场

2. 消防安全重点单位的界定程序

消防安全重点单位的界定程序包括申报、核定、告知、公告等步骤。

符合消防安全重点单位界定标准的单位,向所在地应急管理部门申报备案,申报时,单位填写"消防安全重点单位申报登记表",连同所确定的本单位**消防安全责任人、消防安全管理人**名单和资料一并报所在地应急管理部门。单位规模变化或者人员发生变动的,及时报告应急管理部门。**对符合消防安全重点单位界定标准但未申报备案的单位,应急管理部门可依法将其确定为消防安全重点单位。**单位申报时应注意以下几点:【2018 单】

① 个体工商户如符合企业登记标准且经营规模符合消防安全重点单位界定标准,应当向当地应急管理部门备案。

② 重点工程的施工现场符合消防安全重点单位界定标准的,由施工单位负责申报备案。

③ 同一栋建筑物中各自独立的产权单位或者使用单位,符合重点单位界定标准的,应当各自独立申报备案;建筑物本身符合消防安全重点单位界定标准的,建筑物产权单位也要独立申报备案。

④ 符合消防安全重点单位的界定标准,不在同一县级行政区域且有隶属关系的单位,法人单位要向所在地应急管理部门申报备案;同一县级行政区域内且有隶属关系的单位,下属单位具备法人资格的,各单位都需向所在地应急管理部门申报备案。

第二节 消防安全组织和职责

1. 单位职责

单位是消防安全管理的责任主体,单位的法定代表人或者主要负责人、实际控制人是本单位、本场所的消防安全责任人,按照安全自查、隐患自除、责任自负的工作原则,对单位、场所消防安全全面负责。消防安全重点单位依法确定消防安全管理人,具体负责组织实施单位消防安全管理工作。

(1) 一般单位职责

单位依法组织实施消防安全管理工作,建立健全消防安全责任体系,必须落实消防安全主体责任,履行下列职责:

① 明确各级、各岗位消防安全责任人及其职责,制定本单位的消防安全制度、消防安全操作规程、灭火和应急疏散预案。定期组织开展灭火和应急疏散演练,进行消防工作检查考核,保证各项规章制度落实。

② 保证防火检查巡查、消防设施器材维护保养、建筑消防设施检测、火灾隐患整改、专职或者志愿消防队和微型消防站建设等消防工作所需资金的投入。生产经营单位安全费用中应列支适当比例用于消防工作。

③ 按照相关标准配备消防设施、器材,设置消防安全标志,定期检验维修,对建筑消防设施每年至少组织一次全面检测,确保完好有效。设有消防控制室的,实行 24h 值班制度,每班不少于 2 人,并持证上岗。

④ 保障疏散通道、安全出口、消防车通道畅通,保证防火防烟分区、防火间距符合消防技术标准。保证建筑构件、建筑材料和室内装修装饰材料等符合消防技术标准。人员密集场所的门窗不得设置影响逃生和灭火救援的障碍物。

⑤ 定期开展防火检查、巡查,及时消除火灾隐患。

⑥ 根据需要建立专职或者志愿消防队、微型消防站,加强队伍建设,定期组织训练演练,加强消防装备配备和灭火药剂储备,建立与消防专业队伍联勤联动机制,提高扑救初起火灾能力。

⑦ 消防法律、法规、规章以及政策文件规定的其他职责。

(2) 消防安全重点单位职责

消防安全重点单位除依法履行单位消防安全管理职责外，还需履行下列职责：
① 明确承担单位消防安全管理的部门，**确定消防安全管理人**，并报当地应急管理部门备案，组织实施本单位消防安全管理。消防安全管理人应依法经过消防培训。
② **建立消防档案，确定消防安全重点部位**，设置防火标志，实行严格管理。
③ 按照相关标准和用电、用气安全管理规定，安装、使用电器产品、燃气用具和敷设电气线路、管线，并定期维护保养、检测。
④ **组织员工进行岗前消防安全培训，定期组织消防安全培训和疏散演练。**
⑤ 根据需要建立微型消防站，积极参与消防安全区域联防联控，提高自防自救能力。
⑥ 积极应用消防远程监控、电气火灾监测、物联网技术等技防物防措施。

(3) 火灾高危单位职责

对容易造成群死群伤火灾的人员密集场所、易燃易爆单位和高层、地下公共建筑等火灾高危单位，除履行一般单位职责、消防安全重点单位职责外，还要履行下列职责：
① 定期召开消防安全工作例会，研究本单位消防工作，处理涉及消防经费投入、消防设施设备购置、火灾隐患整改等重大问题。
② 鼓励消防安全管理人取得注册消防工程师执业资格，消防安全责任人和特有工种人员须经消防安全培训；自动消防设施操作人员应取得建（构）筑物消防员资格证书。
③ 专职消防队或者微型消防站应当根据本单位火灾危险特性配备相应的消防装备器材，储备足够的灭火救援药剂和物资，定期组织消防业务学习和灭火技能训练。
④ 按照国家标准配备应急逃生设施设备和疏散引导器材。
⑤ 建立消防安全评估制度，由具有资质的机构定期开展评估，评估结果向社会公开。
⑥ 参加火灾公众责任保险。

(4) 多单位共用建筑的单位职责

大（中）型建筑，尤其是各类综合体建筑中，大量存在两个及两个以上产权单位、租赁单位共同使用建筑的情况，为了方便管理，建筑产权、使用单位通常将这类建筑委托物业服务单位统一管理。

这类建筑中的相关单位，按照下列要求履行职责：
① 建设（产权）单位提供符合消防安全要求的建筑物，并提供经应急管理部门验收合格或者竣工验收备案抽查合格、已备案的证明文件资料。
② 产权单位、使用单位、管理单位等在订立的合同中，依照有关规定明确各方的消防安全责任，明确消防专有、共用部位，以及专有、共用消防设施的消防安全责任、义务。
③ 产权单位、使用单位确定责任人或者委托管理，对共用的疏散通道、安全出口、建筑消防设施和消防车通道进行统一管理；其他单位对各自使用、管理场所依法履行消防安全管理职责。
④ 物业服务单位按照合同约定提供消防安全管理服务，对管理区域内的共用消防设施和疏散通道、安全出口、消防车通道进行维护管理，及时劝阻和制止占用、堵塞、封闭疏散通道、安全出口、消防车通道等行为，劝阻和制止无效的，立即向相关主管部门报告；定期开展防火检查巡查和消防宣传教育。
⑤ 建筑局部施工需要使用明火时，施工单位和使用管理单位要共同采取措施，将施工区和使用区进行防火分隔，清除动火区域的易燃物、可燃物，配置消防器材，专人监护，确保施工区和使用区的消防安全。

2. 人员职责

消防安全管理人员主要分为消防安全责任人、消防安全管理人、专（兼）职消防安全管理人员、自动消防设施操作人员、部门消防安全负责人等。

（1）消防安全责任人职责（同第六篇）
（2）消防安全管理人职责（同第六篇）
（3）专（兼）职消防管理人员职责

① 掌握消防法律法规，了解本单位消防安全状况，及时向上级报告；
② 提请确定消防安全重点单位，提出落实消防安全管理措施的建议；
③ 实施日常防火检查、巡查，及时发现火灾隐患，落实火灾隐患整改措施；
④ 管理、维护消防设施、灭火器材和消防安全标志；
⑤ 组织开展消防宣传，对全体员工进行教育培训；
⑥ 编制灭火和应急疏散预案，组织演练；
⑦ 记录有关消防工作开展情况，完善消防档案；
⑧ 完成其他消防安全管理工作。

（4）自动消防系统的操作人员职责

自动消防设施操作人员包括单位消防控制室值班操作人员以及自动消防设施维护管理人员等。

① 消防控制室值班操作人员应履行下列职责：
　ⓐ 熟悉和掌握消防控制室设备的功能及操作规程，持证上岗；按照规定测试自动消防设施的功能，保障消防控制室设备的正常运行。
　ⓑ 核实、确认火警信息，火灾确认后，立即报火警并向消防主管人员报告，随即启动灭火和应急疏散预案。
　ⓒ 及时确认故障报警信息，排除消防设施故障，不能排除的立即向部门主管人员或者消防安全管理人报告。
　ⓓ 不间断值守岗位，做好消防控制室的火警、故障和值班记录。
② 自动消防设施维护管理人员应履行下列职责：
　ⓐ 熟悉和掌握消防设施的功能和操作规程。
　ⓑ 按照管理制度和操作规程等对消防设施进行检查、维护和保养，保证消防设施和消防电源处于正常运行状态，确保有关阀门处于正确位置。
　ⓒ 发现故障及时排除，不能排除的及时向上级主管人员报告。
　ⓓ 做好运行、操作和故障记录。

第三节　消防安全制度和落实

1. 消防安全制度的种类和主要内容

根据《消防法》和《机关、团体、企业、事业单位消防安全管理规定》（公安部61号令）的规定，单位的消防安全制度主要包括以下内容：
① 消防安全责任制；
② 消防安全教育、培训；
③ 防火巡查、检查；
④ 安全疏散设施管理；

⑤ 消防设施器材维护管理；
⑥ 消防（控制室）值班；
⑦ 火灾隐患整改；
⑧ 用火、用电安全管理；
⑨ 灭火和应急疏散预案演练；
⑩ 易燃易爆危险品和场所防火防爆管理；
⑪ 专职（志愿）消防队的组织管理；
⑫ 燃气和电气设备的检查和管理（包括防雷、防静电）；
⑬ 消防安全工作考评和奖惩等制度。

消防安全责任制是单位消防安全管理制度中最根本的制度。消防安全责任制主要内容包括：

① 确定单位消防安全委员会（或者消防安全领导小组）领导机构及其责任人的消防安全职责。
② 明确消防安全管理归口部门和消防安全管理人的消防安全职责。
③ 明确单位各个部门、岗位消防安全责任人以及专（兼）职消防安全管理人员的职责。
④ 明确单位志愿消防队、专职消防队、微型消防站的组成及其人员职责。
⑤ 明确各个岗位员工的岗位消防安全职责。

2. 单位消防安全制度的落实

(1) 确定消防安全责任
(2) 定期开展防火巡查、检查
(3) 组织消防安全知识宣传教育培训
(4) 开展灭火和疏散逃生演练
(5) 建立健全消防档案
(6) 消防安全重点单位"三项"报告备案制度【2017 单】

① 消防安全管理人员报告备案 ⎫
② 消防设施维护保养报告备案 ⎬ 5 个工作日内
③ 消防安全自我评估报告备案 ⎭

第四节 消防安全重点部位的确定和管理

1. 消防安全重点部位的确定 【2015、2018 单】

① **容易发生火灾的部位**，如化工生产车间，油漆、烘烤、熬炼、木工、电焊气割操作间，化验室、汽车库、化学危险品仓库，易燃、可燃液体储罐，可燃、助燃气体钢瓶仓库和储罐，液化石油气瓶或者储罐，氧气站，乙炔站，氢气站，易燃的建筑群等。
② **发生火灾后对消防安全有重大影响的部位**，如与火灾扑救密切相关的变配电室，消防控制室，消防水泵房等。
③ **性质重要、发生事故影响全局的部位**，如发电站、变配电站（室），通信设备机房、生产总控制室，电子计算机房、锅炉房，档案室，资料，贵重物品和重要历史文献收藏室等。
④ **财产集中的部位**，如储存大量原料、成品的仓库、货场，使用或者存放先进技术设备的实验室、车间、仓库等。
⑤ **人员集中的部位**，如单位内部的礼堂（俱乐部）、托儿所、集体宿舍、医院病房等。

2. 消防安全重点部位的管理

① 制度管理；
② 标识化管理；
③ 教育管理；
④ 档案管理；
⑤ 日常管理；
⑥ 应急管理。

【巧记】"指标教案日记"

第五节　火灾隐患及重大火灾隐患的判定

1. 火灾隐患

《消防监督检查规定》（公安部第120号令）规定，具有下列情形之一的，确定为火灾隐患：

① 影响人员安全疏散或者灭火救援行动，不能立即改正的。
② 消防设施未保持完好有效，影响防火灭火功能的。
③ 擅自改变防火分区，容易导致火势蔓延、扩大的。
④ 在人员密集场所违反消防安全规定，使用、储存易燃易爆危险品，不能立即改正的。
⑤ 不符合城市消防安全布局要求，影响公共安全的。

2. 重大火灾隐患

重大火灾隐患是违反消防法律法规、不符合消防技术标准，可能导致火灾发生或者火灾危害扩大，并由此可能造成重大、特别重大火灾事故或者严重社会影响的各类潜在的不安全因素。

(1) 重大火灾隐患直接判定【2017、2018 单】【2015、2016、2018 多】

符合下列情况之一的，可以直接判定为重大火灾隐患：

① 生产、储存和装卸易燃易爆危险品的工厂、仓库和专用车站、码头、储罐区，未设置在城市的边缘或相对独立的安全地带。
② 生产、储存、经营易燃易爆危险品的场所与人员密集场所、居住场所设置在同一建筑物内，或与人员密集场所、居住场所的防火间距小于国家工程建设消防技术标准规定值的75%。
③ 城市建成区内的加油站、天然气或液化石油气加气站、加油加气合建站的储量达到达到或者超过《汽车加油加气站设计与施工规范》（GB 50156—2012）（2014年版）一级站的规定。
④ 甲、乙类生产场所和仓库设置在建筑的地下室或半地下室。
⑤ 公共娱乐场所、商店、地下人员密集场所的安全出口数量不足或其总净宽度小于国家工程建设消防技术标准规定值的80%。
⑥ 旅馆、公共娱乐场所、商店、地下人员密集场所未按国家工程建设消防技术标准的规定设置自动喷水灭火系统或火灾自动报警系统。
⑦ 易燃可燃液体、可燃气体储罐（区）未按国家工程建设消防技术标准的规定设置固定灭火、冷却、可燃气体浓度报警、火灾报警设施。
⑧ 在人员密集场所违反消防安全规定使用、储存或销售易燃易爆危险品。
⑨ 托儿所、幼儿园的儿童用房以及老年人活动场所，所在楼层位置不符合国家工程建设消防技术标准的规定。
⑩ 人员密集场所的居住场所采用彩钢夹芯板搭建，且彩钢夹芯板芯材的燃烧性能等级低于《建筑材料及制品燃烧性能分级》（GB 8624—2012）规定的A级。

2. 重大火灾隐患的综合判定

人员密集场所（≥3条）	①建筑内的避难走道、避难间、避难层的设置不符合国家工程建设消防技术标准的规定，或者避难走道、避难间、避难层被占用； ②人员密集场所内疏散楼梯间的设置形式不符合国家工程建设消防技术标准的规定； ③除公共娱乐场所、商店、地下人员密集场所外的其他场所或者建筑物的安全出口数量或者宽度不符合国家工程建设消防技术标准的规定，或者既有安全出口被封堵； ④按国家工程建设消防技术标准的规定，建筑物应设置独立的安全出口或者疏散楼梯而未设置； ⑤商店营业厅内的疏散距离大于国家工程建设消防技术标准规定值的125%； ⑥高层建筑和地下建筑未按国家工程建设消防技术标准的规定设置疏散指示标志，应急照明或者所设置设施的损坏率大于标准规定要求设置数量的30%；其他建筑未按国家工程建设消防技术标准的规定设置疏散指示标志，应急照明或者所设置设施的损坏率大于标准规定要求设置数量的50%； ⑦设有人员密集场所的高层建筑的封闭楼梯间或者防烟楼梯间的门的损坏率大于其设置总数的20%；其他建筑的封闭楼梯间或者防烟楼梯间的门的损坏率大于其设置总数的50%； ⑧人员密集场所内疏散走道、疏散楼梯间、前室的室内装修材料的燃烧性能不符合《建筑内部装修设计防火规范》（GB 50222—2017）的规定； ⑨人员密集场所的疏散走道、楼梯间、疏散门或者安全出口设置栅栏、卷帘门
	未按规定设置防烟排烟设施，或已设置但不能正常使用或运行
	违反国家工程建设消防技术标准的规定使用燃油、燃气设备，或燃油、燃气管道敷设和紧急切断装置不符合标准规定
易燃易爆化学物品场所（≥3条）	①未按国家工程建设消防技术标准的规定或城市消防规划的要求设置消防车道或消防车道被堵塞、占用； ②建筑之间的既有防火间距被占用或小于国家工程建设消防技术标准的规定值的80%，明火和散发火花地点与易燃易爆生产厂房、装置设备之间的防火间距小于国家工程建设消防技术标准的规定值； ③在厂房、库房、商场中设置员工宿舍，或是在居住等民用建筑中从事生产、储存、经营等活动，且不符合《住宿与生产储存经营合用场所消防安全技术要求》（GA 703—2007）的规定
	①未按国家工程建设消防技术标准的规定设置除自动喷水灭火系统外的其他固定灭火设施； ②已设置的自动喷水灭火系统或其他固定灭火设施不能正常使用或运行

第六节 消防档案

1. 消防档案的作用

① 消防档案是消防安全重点单位在消防安全管理工作中,直接形成的文字、图表、声像记录。

② 建立健全消防档案是消防安全重点单位做好消防安全管理工作的一项重要内容,是保障单位消防安全管理工作以及各项消防安全措施的基础工作。

2. 消防档案的内容

(1) 消防安全基本情况的内容

① 单位基本概况和消防安全重点部位情况;
② 建筑物或者场所施工、使用或者开业前的消防设计审核、消防验收以及消防安全检查的文件、资料;
③ 消防管理组织机构和各级消防安全责任人;
④ 消防安全制度;
⑤ 消防设施、灭火器材情况;
⑥ 专职消防队、义务消防人员及其消防装备配备情况;
⑦ 与消防安全有关的重点工种人员情况;
⑧ 新增消防产品、防火材料的合格证明材料;
⑨ 灭火和应急疏散预案。

(2) 消防安全管理情况的内容

① 是应急管理部门依法填写制作的各类法律文书。主要有《消防监督检查记录表》《责令改正通知书》以及涉及消防行政处罚的有关法律文书。
② 是有关工作记录。主要有:
  ⓐ 消防设施定期检查记录、自动消防设施检查检测报告以及维修保养的记录;
  ⓑ 火灾隐患及其整改情况记录;
  ⓒ 防火检测、巡查记录;
  ⓓ 有关燃气、电气设备检测等记录;
  ⓔ 消防安全培训记录;
  ⓕ 灭火和应急疏散预案的演练记录;
  ⓖ 火灾情况记录;
  ⓗ 消防奖惩情况记录。

上述第 a~d 项记录要填写检查人员的姓名、时间、部位、内容、发现的火灾隐患以及处理措施等;第 e 项记录应填写培训的时间、参加人员、内容等;第 f 项记录应填写演练的时间、地点、内容、参加部门以及人员等。

> **习题 1** 某 28 层大厦,建筑面积 50000 ㎡,分别由百货公司、宴会酒楼、温泉酒店使用,三家单位均符合消防安全重点单位界定标准,应当由( )向当地消防部门申报消防安全重点单位备案。
> A. 各单位分别　　　　　　B. 大厦物业管理单位
> C. 三家单位联合　　　　　D. 大厦消防设施维保单位
>
> 【答案】A

习题 2 某政府办公楼,地下 1 层,地上 16 层,建筑高度为 52m,建筑面积为 36800 ㎡。该办公楼的下列场所中,不属于消防安全重点部位的是（　　）。
A. 档案室
B. 健身房
C. 自备柴油发电机房
D. 计算机数据中心

【答案】B

习题 3 某星级宾馆属于消防安全重点单位,关于该星级宾馆消防安全重点部位的确定的说法,错误的是（　　）。
A. 应将空调机房确定为消防安全重点部位
B. 应将厨房、发电机房确定为消防安全重点部位
C. 应将夜总会确定为消防安全重点部位
D. 应将变配电室、消防控制室确定为消防安全重点部位

【答案】A

习题 4 根据《重大火灾隐患判定方法》（GB 35181—2017）,下列可直接判定为重大火灾隐患的有（　　）。
A. 甲类生产场所设在半地下室内
B. 某旅馆,地上 5 层,总建筑面积 3600 ㎡,未设置自动喷水灭火系统
C. 占地面积 1500 ㎡ 的小商品市场,沿宽度为 6m 的消防车道上搭建长 80m,宽 3m 的彩钢临时仓库
D. 某公共娱乐场所位于多层建筑的第四层,设置封闭楼梯间
E. 易燃易爆化学危险品仓库未设置在相对独立的安全地带

【答案】ABE

习题 5 针对人员密集场所存在的下列隐患情况,根据《重大火灾隐患判定办法》（GA 35181—2017）的规定,可判定为重大火灾隐患要素的有（　　）。
A. 火灾自动报警系统处于故障状态,不能恢复正常运行
B. 一个防火分区设置的 6 樘防火门有 2 樘损坏
C. 设置的防排烟系统不能正常使用
D. 安全出口被封堵
E. 商场营业厅内的疏散距离超过规定的距离的 20%

【答案】ACD

习题 6 对某大型工厂进行防火检查,发现的下列火灾隐患中,可以直接判定为重大火灾隐患的是（　　）。
A. 室外消防给水系统消防泵损坏
B. 将氨压缩机房设置在厂房的地下一层
C. 在主厂房变的消防车道上堆满了货物
D. 在 2 号车间与 3 号车间之间的防火间距空地搭建了一个临时仓库

【答案】B

习题 7 对某商业大厦进行消防安全检查,发现存在火灾隐患,根据现行国家标准《重大火灾隐患判定方法》（GB 35181—2017）,可以直接判定为重大火灾隐患的是（　　）。
A. 消防电梯故障
B. 火灾自动报警系统集中控制器电源不能正常切换
C. 防排烟风机不能联动启动
D. 第十层开办幼儿园且有 80 名儿童住宿

【答案】D

习题 8 某城市天然气调配站建有 4 个储气罐，消防检查发现存在火灾隐患，根据现行国家标准《重大火灾隐患判定方法》（GB 35181—2017），下列检查结果中，可以综合判定为重大火灾隐患的综合判定要素的有（   ）。
A. 推车式干粉灭火器压力表指针位于黄区
B. 有一个天然气储罐未设置固定喷水冷却装置
C. 室外消火栓阀门关闭不严漏水
D. 消防车道被堵塞
E. 有一个天然气储罐已设置的固定喷水冷却装置不能正常使用

【答案】CDE

习题 9 消防安全重点单位"三项"报告备案制度中，不包括（   ）。
A. 消防安全管理人员报告备案　　B. 消防设施维护保养报告备案
C. 消防规章制度报告备案　　　　D. 消防安全自我评估报告备案

【答案】C

03 第三章　社会单位消防宣传与教育培训

1. 单位消防安全宣传的主要内容和形式

各单位应当开展下列消防安全宣传工作：
① 各单位应建立消防安全宣传教育制度，健全机构，落实人员，明确责任，定期组织开展消防安全宣传活动。
② 各单位应制定灭火和应急疏散预案，张贴逃生疏散路线图。消防安全重点单位至少每半年、其他单位至少每年应组织一次灭火、逃生疏散演练。
③ 各单位应设置消防宣传阵地，配备消防安全宣传教育资料，经常开展消防安全宣传教育活动；单位广播、闭路电视、电子屏幕、局域网等应经常宣传消防安全知识。

2. 单位消防安全教育培训的主要内容和形式

各单位根据自身特点，建立健全消防安全教育培训制度，明确机构和人员，保障教育培训工作经费，重点对下列人员进行不同形式的消防安全教育培训：
① 新上岗和进入新岗位的职工岗前培训。
② 在岗的职工定期培训。
③ 消防安全管理相关人员专业培训。

（1）消防安全教育培训形式
① 定期开展全员消防教育培训，落实从业人员上岗前消防安全培训制度；
② 组织全体从业人员参加灭火、疏散演练；
③ 到消防安全教育场馆参观体验，确保人人懂本场所火灾危险性，并会报警、会灭火、会逃生。

（2）职工的消防安全教育培训内容
本单位的火灾危险性、防火灭火措施、消防设施及灭火器材的操作使用方法、人员疏散逃生知识等。

04 第四章 应急预案编制与演练

第一节 应急预案编制

1. 应急预案的编制范围

主要包括消防安全重点单位、在建重点工程、其他需要制定应急预案的单位或场所。

2. 预案制定的程序

- ① 明确范围，明确重点部位；
- ② 调查研究，收集资料；
- ③ 科学计算，确定人员力量和器材装备；
- ④ 确定灭火救援应急行动意图；
- ⑤ 严格审核，不断充实完善。

【巧记】"奠基人—和珅"

3. 应急预案的编制内容及应急组织机构

（1）应急预案的编制内容应包括：【2015、2016、2018 单】

单位基本情况、应急组织机构、火情预想、报警和接警处置程序、初起火灾处置程序和措施、应急疏散的组织程序和措施、安全防护救护和通信联络的程序及措施、绘制灭火和应急疏散计划图、注意事项等。

（2）应急组织机构

- ① 火场指挥部。
- ② 灭火行动组。
- ③ 疏散引导组→疏散引导组负责引导人员疏散自救，确保人员安全快速疏散。【2017 单】
- ④ 安全防护救护组→安全防护救护组负责对受伤人员进行紧急救护，并视情转送医疗机构。
- ⑤ 火灾现场警戒组。
- ⑥ 后勤保障组→后勤保障组负责通信联络、车辆调配、道路畅通、供电控制、水源保障。
- ⑦ 机动组→机动组受火场指挥部的指挥，负责增援行动。

（3）报警、接警处置程序

① 报警：
以快捷方便为原则确定发现火灾后的报警方式，如口头报警、有线报警、无线报警等，报警的对象为"119"火警台（"三台合一"的地区为"110"指挥中心）、单位值班领导、消防控制中心等。报警时应说明以下情况：着火单位、着火部位、着火物质及有无人员被困、单位具体位置、报警电话号码、报警人姓名；同时，还要将火情报告给本单位值班领导和有关部门。

② 接警：
单位领导接警后，启动应急预案，按预案确定内部报警方式和疏散范围，组织指挥初期火灾的扑救和人员疏散工作，安排力量做好警戒工作。有消防控制室的场所，值班员接到火情消息后，立即通知有关人员前往核实火情，火情核实确认后，立即报告公安消防队和值班负责人，通知灭火行动组人员前往着火地点。

（4）初起火灾处置程序和措施

① 发现火灾时，起火部位现场员工应当<u>于 1min 内形成灭火第一战斗力量</u>，在第一时间内采取如下措施：灭火器材、设施附近的员工利用现场灭火器、消火栓等器材、设施灭火；电话或火灾报警按钮附近的员工打 119 电话报警、报告消防控制室或单位值班人员；安全出口或通道附近的员工负责引导人员进行疏散。

② <u>若火势扩大，单位应当于 3min 内形成灭火第二战斗力量</u>，及时采取如下措施：通信联络组按照应急预案要求通知预案涉及的员工赶赴火场，向火场指挥员报告火灾情况，将火场指挥员的指令下达给有关员工；灭火行动组根据火灾情况利用本单位的消防器材、设施扑救火灾；疏散引导组按分工组织引导现场人员进行疏散；安全救护组负责协助抢救、护送受伤人员；现场警戒组阻止无关人员进入火场，维持火场秩序。

③ 相关部位人员负责关闭空调系统和煤气总阀门，及时疏散易燃易爆危险品及其他重要物品。

（5）应急疏散的组织程序和措施

① 疏散通报：

a. 语音通报

b. 警铃通报

② 疏散引导：【2016 单】
　ⓐ 划定安全区；
　ⓑ 明确责任人；
　ⓒ 及时变更修正；　【巧记】"劝人变种"
　ⓓ 突出重点。

第二节　应急预案演练

1. 应急预案演练目的
- ① 检验预案；
- ② 完善准备；
- ③ 锻炼队伍；　【巧记】"吉普上练剑"
- ④ 磨合机制；
- ⑤ 科普宣教。

2. 应急预案演练分类　【2016 单】
① 按组织形式划分，分为桌面演练和实战演练。
② 按演练内容划分，分为单项演练和综合演练。
③ 按演练目的与作用划分，分为检验性演练、示范性演练和研究性演练。

3. 应急演练保障
① 人员保障
② 经费保障
③ 场地保障
④ 物资和器材保障　【2017 多】
　根据需要，准备必要的演练材料、物资和器材，制作必要的模型设施等，主要包括：

- ⓐ 信息材料：主要包括应急预案和演练方案的纸质文本、演示文档、图表、地图、软件等。
- ⓑ 物资设备：主要包括各种应急抢险物资、特种装备、办公设备、录音摄像设备、信息显示设备等。
- ⓒ 通信器材：主要包括固定电话、移动电话、对讲机、海事电话、传真机、计算机、无线局域网、视频通信器材和其他配套器材，尽可能使用已有通信器材。
- ⓓ 演练情景模型：搭建必要的模拟场景及装置设施。

⑤ 通信保障。
⑥ 安全保障。

习题 1 按《机关、团体、企业、事业单位消防安全管理规定》（公安部令 61 号）的规定，下列内容中，不属于应急预案编制内容的是（　　）。
A. 应急组织机构　　　　　　　　B. 报警和接警处置程序
C. 应急疏散的组织程序和措施　　D. 员工的消防培训计划

【答案】D

习题 2 根据《建设工程施工现场消防安全技术规范》（GB 50720—2011），施工单位应编制现场灭火及应急疏散预案。下列内容中，不属于灭火及应急疏散预案主要内容的是（　　）。
A. 应急疏散及救援的程序和措施
B. 应急灭火处置机构及各级人员应急处置职责
C. 动火作业的防火措施
D. 报警、接警处置的程序和通信联络的方式

【答案】C

习题 3 某公司拟在一体育馆举办大型周年庆典活动，根据相关要求成立了活动领导小组，并安排公司的一名副经理担任疏散引导组的组长。根据相关规定，疏散引导组职责中不包括（　　）。
A. 熟悉体育馆所在安全通道、出口的位置
B. 在每个安全出口设置工作人员，确保通道、出口畅通
C. 安排人员在发生火灾时第一时间引导参加活动的人员从最近的安全出口疏散
D. 进行灭火和应急疏散预案的演练

【答案】D

习题 4 某 3 层大酒店，营业面积 8000 ㎡，可容纳 2000 人同时用餐，厨房用管道天然气作为热源，大酒店制定了灭火和应急疏散预案。预案中关于处置燃气泄漏的措施，第一步应是（　　）。
A. 打燃气公司报警电话　　　　B. 立即关阀断气
C. 打 119 电话报警　　　　　　D. 立即关闭电源

【答案】B

习题 5 某消防安全重点单位根据有关规定制定了消防应急疏散预案，将疏散引导工作分为四大块，下列工作内容中不属于疏散引导工作内容的是（　　）。
A. 拨打 119 电话　　　　　　　B. 根据火场情况划定安全区
C. 明确疏散引导责任人　　　　D. 根据需要及时变更疏散路线

【答案】A

习题 6 消防应急预案演练可以按照组织形式、演练内容、演练目的与作用等不同分类方法进行划分。下列演练中，属于按照演练内容进行划分的是（　　）。
A. 检验性演练　　　　　　　　B. 综合性演练
C. 示范性演练　　　　　　　　D. 研究性演练

【答案】B

习题 7 某五星级酒店拟进行应急预案演练，在应急预案演练保障方面，酒店拟从人员、经费、场地、物质和器材等各方面都给予保障。在物质和器材方面，酒店应提供（　　）。
A. 信息材料　　　　　　　　　B. 建筑模型
C. 应急抢险物资　　　　　　　D. 录音摄像设备
E. 通信器材

【答案】ACDE

05 第五章　施工消防安全管理

第一节　施工现场的火灾风险

施工现场的火灾危险性

① 易燃、可燃材料多；
② 临建设施多，防火标准低；
③ 动火作业多；
④ 临时用电安全隐患大；
⑤ 施工临时员工多，流动性强，素质参差不齐；
⑥ 既有建筑进行扩建、改建火灾危险性大；
⑦ 易燃、可燃的隔音、保温材料用量大；
⑧ 现场施工消防安全管理不善。

第二节　施工现场总平面布局

1. 重点区域的布置原则

（1）施工现场设置出入口的基本原则

施工现场出入口的设置应满足消防车通行的要求，并宜布置在不同方向，其数量不宜少于 2 个。

当确有困难只能设置 1 个出入口时，应在施工现场内设置满足消防车通行的环形道路。

（2）固定动火作业场的布置原则

固定动火作业场应布置在可燃材料堆场及其加工场、易燃易爆危险品库房等全年最小频率风向的上风侧；宜布置在临时办公用房、宿舍、可燃材料库房、在建工程等全年最小频率风向的上风侧。

（3）危险品库房的布置原则

易燃易爆危险品库房应远离明火作业区、人员密集区和建筑物相对集中区。可燃材料堆场及其加工场、易燃易爆危险品库房不应布置在架空电力线下。

2. 防火间距

(1) 临建用房与在建工程的防火间距

① 人员住宿、可燃材料及易燃易爆危险品储存等场所**严禁设置于在建工程内**。
② 易燃易爆危险品库房与在建工程应保持足够的防火间距。
③ 可燃材料堆场及其加工场、固定动火作业场与在建工程的防火间距**不应小于10m**。
④ 其他临时用房、临时设施与在建工程的防火间距**不应小于6m**。

(2) 临建用房之间的防火间距

当办公用房、宿舍成组布置时，其防火间距可适当减小，但应符合以下要求：
① 每组临时用房的栋数不应超过10栋，组与组之间的防火间距不应小于8m。
② 组内临时用房之间的防火间距不应小于3.5m；当建筑构件燃烧性能等级为A级时，其防火间距可减少到3m。
③ 临时消防车道的净宽度和净空高度均不应小于4m。
④ 临时消防车道的右侧应设置消防车行进路线指示标识。
⑤ 临时消防车道路基、路面及其下部设施应能承受消防车通行压力及工作荷载。

3. 临时消防车道

(1) 临时消防车道设置要求

① 施工现场内应设置临时消防车道，同时，考虑灭火救援的安全以及供水的可靠，临时消防车道与在建工程、临时用房、可燃材料堆场及其加工场的距离，**不宜小于5m，且不宜大于40m**。
② **施工现场周边道路满足消防车通行及灭火救援要求时，施工现场内可不设临时消防车道**。
③ 临时消防车道宜为环形，如设置环形车道确有困难，应在消防车道尽端设置尺寸不小于12m×12m的回车场。
④ 临时消防车道的净宽度和净空高度均不应小于4m。
⑤ 临时消防车道的**右侧**应设置消防车行进路线指示标识。
⑥ 临时消防车道路基、路面及其下部设施应能承受消防车通行压力及工作荷载。

(2) 临时消防救援场地的设置

① 下列施工现场需设临时消防救援场地
  ⓐ 建筑高度**大于24m**的在建工程。
  ⓑ 建筑工程单体**占地面积大于3000㎡**的**在建工程**。
  ⓒ **超过10栋**，且为成组布置的**临时用房**。
② 临时消防救援场地的设置要求
  ⓐ 临时消防救援场地应在在建工程**装饰装修阶段**设置；
  ⓑ 临时消防救援场地应设置在成组布置的**临时用房场地的长边一侧及在建工程的长边一侧**；
  ⓒ 场地宽度应满足消防车正常操作要求且**不应小于6m**，与在建工程外脚手架的净距**不宜小于2m，且不宜超过6m**。

第三节 施工现场内建筑的防火要求

1. 临时用房防火要求

(1) 宿舍、办公用房的防火要求

① 建筑构件的燃烧性能等级应为 A 级。当临时用房是金属夹芯板时,其芯材的燃烧性能等级应为 A 级。
② 建筑层数不应超过 3 层,每层建筑面积不应大于 300 ㎡。
③ 建筑层数为 3 层或每层建筑面积大于 200 ㎡时,应设置不少于 2 部疏散楼梯,房间疏散门至疏散楼梯的最大距离不应大于 25m。
④ 单面布置用房时,疏散走道的净宽度不应小于 1.0m;双面布置用房时,疏散走道的净宽度不应小于 1.5m。
⑤ 疏散楼梯的净宽度不应小于疏散走道的净宽度。
⑥ 宿舍房间的建筑面积不应大于 30 ㎡,其他房间的建筑面积不宜大于 100 ㎡。
⑦ 房间内任一点至最近疏散门的距离不应大于 15m,房门的净宽度不应小于 0.8m,房间建筑面积超过 50 ㎡时,房门的净宽度不应小于 1.2m。
⑧ 隔墙应从楼地面基层隔断至顶板基层底面。

(2) 特殊用房的防火要求

除办公、宿舍用房外,施工现场内诸如发电机房、变配电房、厨房操作间、锅炉房、可燃材料和易燃易爆危险品库房,是施工现场火灾危险性较大的临时用房,对于这些用房提出防火要求,有利于火灾风险的控制。

① 建筑构件的燃烧性能等级应为 A 级。
② 建筑层数应为 1 层,建筑面积不应大于 200 ㎡;可燃材料、易燃易爆物品存放库房应分别布置在不同的临时用房内,每栋临时用房的面积均不应超过 200 ㎡。
③ 可燃材料库房应采用不燃材料将其分隔成若干间库房,如施工过程中某种易燃易爆物品需用量大,可分别存放于多间库房内。单个房间的建筑面积不应超过 30 ㎡,易燃易爆危险品库房单个房间的建筑面积不应超过 20 ㎡。
④ 房间内任一点至最近疏散门的距离不应大于 10m,房门的净宽度不应小于 0.8m。

2. 在建工程防火要求

(1) 既有建筑进行扩建、改建施工的防火要求

既有建筑进行扩建、改建施工时,必须明确划分施工区和非施工区。施工区不得营业、使用和居住;

非施工区继续营业、使用和居住时,应符合下列要求:

① 施工区和非施工区之间应采用不开设门、窗、洞口的耐火极限不低于 3.0h 的不燃烧体隔墙进行防火分隔。
② 非施工区内的消防设施应完好和有效,疏散通道应保持畅通,并应落实日常值班及消防安全管理制度。
③ 施工区的消防安全应配有专人值守,发生火情应能立即处置。
④ 施工单位应向居住和使用者进行消防宣传教育,告知建筑消防设施、疏散通道的位置及使用方法,同时应组织进行疏散演练。
⑤ 外脚手架搭设不应影响安全疏散、消防车正常通行及灭火救援操作。

(3) 其他防火要求

① 外脚手架、支模架:
为保护施工人员免受火灾伤害,外脚手架、支模架的架体宜采用不燃或难燃材料搭设。其中,高层建筑和既有建筑改造工程的外脚手架、支模架的架体应采用不燃材料搭设。【2015 单】

② 安全网：
下列安全防护网应采用阻燃型安全防护网：
ⓐ 高层建筑外脚手架的安全防护网。
ⓑ 既有建筑外墙改造时，其外脚手架的安全防护网。
ⓒ 临时疏散通道的安全防护网。

第四节　施工现场临时消防设施设置

1. 临时消防设施设置原则

同步设置原则

临时消防设施应与在建工程的施工同步设置。
施工过程中，临时消防设施的设置与在建工程主体结构施工进度的差距不应超过3层。

2. 灭火器设置

施工现场的下列场所应配置灭火器：

(1) 设置场所

① 易燃易爆危险品存放及使用场所。
② 动火作业场所。
③ 可燃材料存放、加工及使用场所。
④ 厨房操作间、锅炉房、发电机房、变配电房、设备用房、办公用房、宿舍等临时用房。
⑤ 其他具有火灾危险的场所。

(2) 设置要求

经计算确定，且每个场所的灭火器数量不应少于2具。

3. 临时消防给水系统设置

(1) 临时室外消防给水系统设置要求

① 设置条件：
ⓐ 临时用房建筑面积之和大于1000 ㎡或在建工程单体体积大于10000m³ 时，应设置临时室外消防给水系统。当施工现场处于市政消火栓150m 保护范围内且市政消火栓的数量满足室外消防用水量要求时，可不设置临时室外消防给水系统。
ⓑ 在建工程的临时室外消防用水量。

在建工程（单体）体积	火灾延续时间/h	消火栓用水量/（L/s）	每支消防水枪最小流量/（L/s）
10000m³＜体积≤30000m³	1	15	5
体积＞30000m³	2	20	5

② 设置要求【2015 单】：
ⓐ 临时给水管网宜根据施工现场实际情况布置成环状。
ⓑ 临时室外消防给水干管的管径应依据施工现场临时消防用水量和干管内水流计算速度进行计算确定，且最小管径不应小于DN100。
ⓒ 室外消火栓应沿在建工程、临时用房及可燃材料堆场及其加工场均匀布置，距在建工程、临时用房及可燃材料堆场及其加工场的外边线不应小于5m。
ⓓ 室外消火栓的间距不应大于120m。
ⓔ 室外消火栓的最大保护半径不应大于150m。

(2) 临时室内消防给水系统设置要求

① 设置条件:
建筑高度大于 24m 或单体体积超过 30000m^3 的在建工程,应设置临时室内消防给水系统。

② 室内消防用水量:

建筑高度、在建工程体积（单体）	火灾延续时间 /h	消火栓用水量 / (L/s)	每支消防水枪最小流量 / (L/s)
24m＜建筑高度≤50m 或 30000m^3＜体积≤50000m^3	1	10	5
建筑高度＞50m 或 体积＞50000m^3	1	15	5

③ 设置要求:

ⓐ 室内消防竖管设置要求。
★ 消防竖管的设置位置应便于消防人员操作,其数量不应少于 2 根,当结构封顶时,应将消防竖管设置成环状。
★ 消防竖管的管径应根据在建工程临时消防用水量、竖管内水流计算速度进行计算确定,且不应小于 DN100mm。

ⓑ 室内消火栓快速接口及消防软管设置要求。设置临时室内消防给水系统的在建工程,各结构层均应设置室内消火栓接口及消防软管接口,并应符合下列要求:
★ 在建工程的室内消火栓接口及软管接口应设置在位置明显且易于操作的部位。
★ 消火栓接口的前端应设置截止阀。
★ 消火栓接口或软管接口的间距,多层建筑不大于 50m,高层建筑不大于 30m。

ⓒ 消防水带、水枪及软管设置要求。为确保消防水带、水枪及软管的设置既可以满足初起火灾的扑救要求,又可以减少消防水带和水枪的配置,便于维护和管理,在建工程结构施工完毕的每层楼梯处,应设置消防水带、水枪及软管,且每个设置点不应少于 2 套。

4. 临时应急照明设置

(1) 临时应急照明设置场所

① 自备发电机房及变、配电房。
② 水泵房。
③ 无天然采光的作业场所及疏散通道。
④ 高度超过 100m 的在建工程的室内疏散通道。
⑤ 发生火灾时仍需坚持工作的其他场所。

(2) 临时应急照明设置要求

① 作业场所应急照明的照度不应低于正常工作所需照度的 90%,疏散通道的照度值不应小于 0.5lx。
② 临时消防应急照明灯具宜选用自备电源的应急照明灯具,自备电源的连续供电时间**不应小于 60min**。

第五节　施工现场的消防安全管理要求

1. 施工现场消防安全管理

(1) 消防安全责任制

根据我国现行法律法规的规定施工现场的消防安全管理应由施工单位负责。施工现场实行施工总承包的，由总承包单位负责。

(2) 消防安全管理制度

消防安全管理制度应包括下列主要内容：
① 消防安全教育与培训制度；
② 可燃及易燃易爆危险品管理制度；
③ 用火、用电、用气管理制度；
④ 消防安全检查制度；
⑤ 应急预案演练制度。

(3) 防火技术方案

施工单位应编制施工现场防火技术方案，并应根据现场情况变化及时对其修改、完善。防火技术方案应包括下列主要内容：
① 施工现场重大火灾危险源辨识。
② **施工现场防火技术措施**，即施工人员在具有火灾危险的场所进行施工作业或实施具有火灾危险的工序时，在"人、机、料、法、环"等方面应采取的防火技术措施。
③ 临时消防设施、临时疏散设施配备，并应具体明确以下相关内容：
　ⓐ 明确配置灭火器的场所、选配灭火器的类型和数量及最小灭火级别。
　ⓑ 确定消防水源，临时消防给水管网的管径、敷设线路、给水工作压力及消防水池、水泵、消火栓等设施的位置、规格、数量等。
　ⓒ 明确设置应急照明的场所和应急照明灯具的类型、数量、安装位置等。
　ⓓ 在建工程永久性消防设施临时投入使用的安排及说明。
　ⓔ 明确安全疏散的线路（位置）、疏散设施搭设的方法及要求等。
④ 临时消防设施和消防警示标识布置图。

(4) 灭火及应急疏散预案

施工单位应编制施工现场灭火及应急疏散预案，并依据预案，定期开展灭火及应急疏散的演练。

灭火及应急疏散预案应包括下列主要内容：
① 应急灭火处置机构及各级人员应急处置职责；
② 报警、接警处置的程序和通信联络的方式；
③ 扑救初起火灾的程序和措施；
④ 应急疏散及救援的程序和措施。

(5) 消防安全教育和培训

施工人员进场前，施工现场的消防安全管理人员应对施工人员进行消防安全教育和培训。

消防安全教育和培训应包括下列内容：
① 施工现场消防安全管理制度、防火技术方案、灭火及应急疏散预案的主要内容；
② 施工现场临时消防设施的性能及使用、维护方法；
③ 扑灭初起火灾及自救逃生的知识和技能；
④ 报火警、接警的程序和方法。

(6) 消防安全技术交底

施工作业前,施工现场的施工管理人员应向作业人员进行消防安全技术交底。消防安全技术交底是安全技术交底的一部分,可与安全技术交底一并进行,也可单独进行。消防安全技术交底的对象为在具有火灾危险场所作业的人员或实施具有火灾危险工序的人员。交底应针对具有火灾危险的具体作业场所或工序,向作业人员传授如何预防火灾、扑灭初起火灾、自救逃生等方面的知识、技能。**消防安全技术交底应包括下列主要内容:**

① 施工过程中可能发生火灾的部位或环节;
② 施工过程应采取的防火措施及应配备的临时消防设施;
③ 初起火灾的扑救方法及注意事项;
④ 逃生方法及路线。

(7) 消防安全检查

施工过程中,施工现场的消防安全负责人应定期组织消防安全管理人员对施工现场的消防安全进行检查。**消防安全检查应包括下列主要内容:**【2017 单】

① 可燃物及易燃易爆危险品的管理是否落实;
② 动火作业的防火措施是否落实;
③ 用火、用电、用气是否存在违章操作,电、气焊及保温防水施工是否执行操作规程;
④ 临时消防设施是否完好有效;
⑤ 临时消防车道及临时疏散设施是否畅通。

(8) 消防安全管理档案

施工单位应做好并保存施工现场消防安全管理的相关文件和记录,建立现场消防安全管理档案。

施工现场消防安全管理档案包括以下文件和记录:

① 施工单位组建施工现场防火安全管理机构及聘任现场防火管理人员的文件;
② 施工现场防火安全管理制度及其审批记录;
③ 施工现场防火安全管理方案及其审批记录;
④ 施工现场防火应急预案及其审批记录;
⑤ 施工现场防火安全教育和培训记录;
⑥ 施工现场防火安全技术交底记录;
⑦ 施工现场消防设备、设施、器材验收记录;
⑧ 施工现场消防设备、设施、器材台账及更换、增减记录;
⑨ 施工现场灭火和应急疏散演练记录;
⑩ 施工现场防火安全检查记录(含防火巡查记录、定期检查记录、专项检查记录、季节性检查记录,以及防火安全问题或隐患整改通知单、问题或隐患整改回复单、问题或隐患整改复查记录);
⑪ 施工现场火灾事故记录及火灾事故调查报告;
⑫ 施工现场防火工作考评和奖惩记录。

2. 可燃物及易燃易爆危险品管理

可燃材料及易燃易爆危险品应按计划限量进场。

① 进场后,可燃材料宜存放于库房内,如露天存放时,应分类成垛堆放,垛高不应超过 2m,单垛体积不应超过 $50m^3$,垛与垛之间的最小间距不应小于 2m,且应采用不燃或难燃材料覆盖;
② 易燃易爆危险品应分类专库储存,库房内通风良好,并设置禁火标志。

3. 用火、用电、用气管理

（1）用火管理

① 施工现场动火作业前，应由动火作业人提出动火作业申请。动火作业申请至少应包含动火作业的人员、内容、部位或场所、时间、作业环境及灭火救援措施等内容。
② "动火许可证"的签发人收到动火申请后，应前往现场查验并确认动火作业的防火措施落实后，方可签发"动火许可证"。
③ 动火操作人员应按照相关规定，具有相应资格，并持证上岗作业。
④ 焊接、切割、烘烤或加热等动火作业前，应对作业现场的可燃物进行清理。作业现场及其附近无法移走的可燃物，应采用不燃材料对其覆盖或隔离。
⑤ 施工作业安排时，宜将动火作业安排在使用可燃建筑材料的施工作业前进行。确需在使用可燃建筑材料的施工作业之后进行动火作业，应采取可靠的防火措施。
⑥ 严禁在裸露的可燃材料上直接进行动火作业。
⑦ 焊接、切割、烘烤或加热等动火作业，应配备灭火器材，并设动火监护人进行现场监护，每个动火作业点均应设置一个监护人。
⑧ 五级（含五级）以上风力时，应停止焊接、切割等室外动火作业。
⑨ 动火作业后，应对现场进行检查，确认无火灾危险后，动火操作人员方可离开。

（2）用电管理

普通灯具与易燃物距离**不宜**小于 300mm；聚光灯、碘钨灯等高热灯具与易燃物距离**不宜**小于 500mm。

（3）用气管理

① 气瓶运输、存放、使用时，应符合下列规定：
  ⓐ 气瓶应远离火源，距火源距离**不应**小于 10m，并应采取避免高温和防止暴晒的措施。
  ⓑ 燃气储装瓶罐应设置**防静电装置**。
  ⓒ 空瓶和实瓶同库存放时，应分开放置，两者间距**不应**小于 1.5m。
② 气瓶使用时，应符合下列规定：
  氧气瓶与乙炔瓶的工作间距**不应**小于 5m，气瓶与明火作业点的距离**不应**小于 10m。

第六章 大型群众性活动消防安全管理

第一节 大型群众性活动消防安全责任

大型群众性活动消防安全责任如下： 【2015、2018 单】

① 大型群众性活动的承办者对其承办活动的安全负责，承办者的主要负责人为大型群众性活动的安全责任人。

② 承办人应当依法向公安机关申请安全许可，制订灭火和应急疏散预案并组织演练，明确消防安全责任分工，确定消防安全管理人员，保持消防设施和消防器材配置齐全、完好有效，保证疏散通道、安全出口、疏散指示标志、应急照明和消防车通道符合消防技术标准和管理规定。

第二节 大型群众性活动消防工作实施

大型群众性活动的消防安全工作主要分前期筹备、集中审批和现场保卫三个阶段，其消防安全管理包括：防火巡查、防火检查以及制定灭火和应急疏散预案等内容。

大型群众性活动消防安全责任的工作内容如下：

① 防火巡查：
大型群众性活动应当组织具有专业消防知识和技能的巡查人员在活动举办前 2 小时进行一次防火巡查。

② 防火检查：
大型群众性活动应当在活动前 12 小时内进行防火检查。

习题 1 既有建筑改造工程的外脚手架，应采用（　　）材料搭设。
A. 难燃　　　　　　　　B. 可燃
C. 易燃　　　　　　　　D. 不燃
【答案】D

习题 2 某 5 层综合楼在建工程，建筑高度为 26m，单层建筑面积为 2000 ㎡。该工程施工工地设置有临时室内、室外消防给水系统。下列关于临时消防给水系统设置的做法中，错误的是（　　）。
A. 室外消防给水管管径为 DN100
B. 室内消防给水系统消防竖管管径为 DN100
C. 室内消防给水系统消防竖管在建筑封顶时将竖管连接成环状
D. 室内消防给水系统的消防用水量为 10L/s
【答案】D

习题 3 在建工程施工过程中，施工现场的消防安全负责人应定期组织消防安全管理人员对施工现场的消防安全进行检查。施工现场定期防火检查内容不包括（　　）。
A. 防火巡查是否记录　　　　B. 动火作业的防火措施是否落实
C. 临时消防设施是否有效　　D. 临时消防车道是否畅通
【答案】A

习题 4 大型群众性活动承办人的消防安全职责不包括（　　）。
A. 制定灭火和疏散预案并组织演练
B. 办理大型群众性活动所在建筑的消防验收手续
C. 明确消防安全责任分工
D. 确定消防安全管理人员
【答案】B

习题 5　某市在会展中心举办农产品交易会,有 2000 家厂商参展,根据《消防法》,该场所不符合举办大型群众性活动消防安全的规定的做法是(　　)。
A. 由举办单位负责人担任交易会的消防安全责任人
B. 会展中心的消防水泵有故障,由政府专职消防队现场守护
C. 制定灭火和应急疏散预案并组织演练
D. 疏散通道、安全出口保持畅通

【答案】B

参 考 文 献

[1] 中国消防协会．消防安全技术实务 [M]．北京：中国人事出版社，2018.

[2] 中国消防协会．消防安全技术综合能力 [M]．北京：中国人事出版社，2018.

[3] 中国消防协会．消防安全案例分析 [M]．北京：中国人事出版社，2018.

[4] 中国建筑标准设计研究院．国家建筑标准设计图集．《建筑设计防火规范》图示 [S]．北京：中国计划出版社，2018.

[5] 中国建筑标准设计研究院．国家建筑标准设计图集．《建筑防烟排烟系统技术标准》图示 [S]．北京：中国计划出版社，2018.

[6] 中国建筑设计院有限公司．《消防给水及消火栓系统技术规范》图示 [S]．中国计划出版社，2015.

[7] 中国建筑标准设计研究院．《火灾自动报警系统设计规范》图示 [S]．北京：中国计划出版社，2014.

[8] 陈育坤．建筑消防设施操作与检查 [M]．昆明：云南美术出版社，2011.